烹饪学概论

马健鹰　嵇娟娟　编著

中国纺织出版社有限公司

内 容 提 要

本书以研究中国烹饪学各学科性质、内容特点及学科间的关系为主要内容，从理论上对中国烹饪体系的各个组成部分给予了提纲挈领的展示，为学习其他专业课打下基础，又从文化的角度展现了中国烹饪所创造的高度物质文明与精神文明，使学生在学习过程中可以深刻感悟到中国烹饪文化的博大精深。

图书在版编目（CIP）数据

烹饪学概论 / 马健鹰，嵇娟娟编著 . -- 北京：中国纺织出版社有限公司，2020.7（2023.8重印）
"十三五"普通高等教育本科部委级规划教材
ISBN 978-7-5180-7266-8

Ⅰ . ①烹… Ⅱ . ①马… ②嵇… Ⅲ . ①烹饪 – 方法 – 中国 – 高等学校 – 教材 Ⅳ . ① TS972.117

中国版本图书馆 CIP 数据核字（2020）第 052966 号

责任编辑：舒文慧　　特约编辑：范红梅
责任校对：王花妮　　责任印制：王艳丽

中国纺织出版社有限公司出版发行
地址：北京市朝阳区百子湾东里 A407 号楼　邮政编码：100124
销售电话：010—67004422　传真：010—87155801
http：//www.c-textilep.com
中国纺织出版社天猫旗舰店
官方微博 http：//weibo.com/2119887771
三河市宏盛印刷有限公司印刷　各地新华书店经销
2020 年 7 月第 1 版　　2023 年 8 月第 4 次印刷
开本：710×1000　1/16　印张：22.75
字数：409 千字　定价：49.80 元

前　言

雄洲泱泱，史程荡荡；英杰星灿，文明辉煌。纵观中华历史，以文明创造为发展主脉；文明创造，又以烹饪饮食独具特色。烹饪饮食，素为帝王庶民所重，帝王庶民，共呼“民以食为天！”烹饪饮食活动，乃是人类生存之首要，文明演进之起步，世界任何一个民族的发展史，无不以该民族之烹饪饮食活动为起点，然而大多民族在历史发展中，只将烹饪饮食视为果腹充饥与营养身体罢了，都未曾将重视饮食文明之创造贯彻于始终；唯中国，上自帝王将相，下至布衣黎庶，皆对烹饪饮食甚为关注。庖厨之事，自古不小：汤任伊尹为相，春秋易牙得宠，此后，梁人孙谦、北魏侯刚之辈，莫不以精于厨艺而得取高官厚禄。至于布衣平民，因高超庖术厨技而名传于世者不可胜数，膳祖、梵正、萧美人、王小余，身虽平民，然厨技卓越，为世人称道。“民以食为天”，并非空穴之风，中国自古以农立国，传统文化以“和”为最高境界，而烹饪饮食可谓“和”之大道，是故华夏民族创造文明以烹饪饮食为始，今以烹饪饮食之卓然盛态夺目于世，中国烹饪已独成一学，为世界文明做出巨大贡献，《诗·大雅·荡》云：“靡不有初，鲜克有终。”亦或此之谓耶？

时逢今之盛世，国民经济发达，餐饮市场出现史无前例之繁荣，如此形势，更需培养造就大量烹饪生产与管理人才。培养人才，先行教材。烹饪学概论，即以研究中国烹饪学各学科性质、内容特点及学科间的关系为主要内容，乃是高等烹饪专业与高等餐饮服务专业之入门课与必修课。它从理论上对中国烹饪体系之各个组成部分给予提纲挈领之展示，使学生在理论上对中国烹饪有一整体宏观之把握，为学习其他专业课打好基础。另外，它从文化角度展现了中国烹饪所创造之高度物质文明与精神文明，学生在学习过程中应能从中深刻感悟中华民族烹饪文化之博大与深厚。鉴于高等烹饪专业与高等餐饮服务专业之教学积累和现今餐饮市场之变化规律，结合当前最新之烹饪理论研究成果，笔者编写本部《烹饪学概论》教材，强调以下几点。

思想性 烹饪学概论乃为理论性较强之课程，倘无正确思想理论以指导编写，学生则不能系统深刻地掌握学习内容，更不能学会看待事物与分析处理问题之正确方法。新编教材运用历史的科学的观点和理论与实际密切结合的思想方法，分析和总结中国烹饪在特定历史条件下，在多种因素综合制约中发展到今天。使学生从新编教材中处处感受到中国烹饪文化之辉煌与所面临之挑战，正确把握中国烹饪发展规律，引导学生对中国烹饪做到扬长避短，弘扬传统，发挥优势，科学创新。

客观性 新编教材充分注意到饮食文化学在近年来烹饪餐饮业中新的客观进展，充分考虑到高等餐饮管理与服务类专业学生之实际基础与客观需求，为学生开拓知识提供客观素材，加大近年来烹饪理论研究与餐饮市场方面出现的信息量，给学生以更为广阔自由之思想空间与创造空间，以提高学生独立思考能力和学术研究水平。

准确性 新编教材将借鉴以往教材编写经验和教训，从教材体系制定，到概念定义表达，从学术问题之理论阐述，到学术思想之具体分析，力求准确严谨，对有争议之学术性问题，进行了客观地比较和分析，从而得出能为餐饮业认可并为广大学生接受的准确结论。准确性不仅是学术的基本特征，更是教材的生命所在，学生通过对教材的学习与把握，基本上能够感受准确的分析与表达是学术研究的必行之路，从而养成认真求实、严肃准确的良好治学作风。

系统性 烹饪学是一门学科领域跨度广泛的课程，它涉及营养学、化学、生物学、物理学、医学、农学、水产学、林学、畜牧学、食品学、工艺学、民俗学、人类学、社会学、美学、哲学、历史学、考古学、语言学等多门学科，这就要求新编教材必须构建出科学完整之系统模式，形成内容全面、逻辑清楚、层次分明之科学体系，使烹饪学所涉及的各门学科皆能科学有序、深入浅出地为学生所掌握，使学生在学习过程中，能按照系统工程之递进模式循序渐进。

创新性 新编教材在章节结构、学术思想、案例选排、辅助阅读和课后习题方面将均有创新，使学生在真正感受新编教材所具备的知识性、可读性、趣味性和可操作性之同时，也培养学生在学术研究和实际运用中所应具备之创新精神。

实用性 学以致用，此乃学习之真正目的。新编教材将改进以往《烹饪学概论》教材之不足，密切结合餐饮业之实际需求，坚持理论、方法与案例相结合，定性研究与定量分析相结合，其理论既有对现实之归纳总结，又有自身之逻辑推演，从而揭示烹饪的本质及其发展规律，大量案例分析来源于餐饮企业实际操作与管理，使教材更具有现实指导性和实用性。

本教材在编写过程中，笔者就中国烹饪学各学科之内容与特点进行理论阐述，力求全方位把握和体现中国烹饪学之总体精神，既有一定深度，又根据教材使用对象之实际情况，力求行文通俗易懂。笔者诚望广大读者在阅读和学习使用本教材时，不断提出意见和建议，以便今后再版时修改和完善。

马健鹰

2019 年 8 月

《烹饪学概论》教学内容及课时安排

章	课程性质 / 课时	节	课程内容
第一章	绪论（4 课时）	一	烹饪与烹饪文化的概念
		二	中国烹饪文化的内涵
		三	中国烹饪文化的基本特征
		四	烹饪学理论中的常见概念
第二章	中国烹饪历史发展（6 课时）	一	中国烹饪的原始阶段
		二	中国烹饪的形成阶段
		三	中国烹饪的发展阶段
		四	中国烹饪的成熟阶段
		五	现代中国烹饪文化
第三章	中国烹饪原料（2 课时）	一	中国烹饪原料的基本概念及开发利用的历程
		二	中国烹饪原料的特点与分类
第四章	中国烹饪工艺（4 课时）	一	中国烹饪工艺的内容组成与基本特点
		二	选料与清理工艺
		三	分解工艺
		四	混合工艺
		五	优化工艺
		六	制熟工艺
第五章	中国烹饪生产管理与产品销售（2 课时）	一	中国烹饪生产管理特点与要求
		二	中国烹饪生产管理
		三	中国烹饪产品的市场营销

《烹饪学概论》教学内容及课时安排

章	课程性质 / 课时	节	课程内容
第六章	中国烹饪风味流派（6 课时）	一	中国烹饪风味流派的界定
		二	四大菜系
		三	历史传承风味
		四	其他主要地方风味流派
		五	主要少数民族风味
		六	中国清真菜
第七章	中国烹饪文化积淀（6 课时）	一	中国古代烹饪文献
		二	中国烹饪饮食思想
		三	中国烹饪饮食器具
		四	中国食俗
第八章	中国饮食烹饪科学（2 课时）	一	中国饮食烹饪科学思想体系
		二	中国传统饮食结构
		三	“调以滑甘”的科学内涵
第九章	中国烹饪艺术（4 课时）	一	中国烹饪艺术的基本精神
		二	中国烹饪艺术的主要内容
		三	中国饮食烹饪活动中的象征艺术
第十章	中国烹饪的现状与未来发展趋势（2 课时）	一	中国烹饪发展现状
		二	中国烹饪的未来发展

注：各院校可根据自身的教学计划对课程时数进行调整。

目　录

第一章

绪　论

本章内容： 烹饪与烹饪文化的概念
中国烹饪文化的内涵
中国烹饪文化的基本特征
烹饪学理论中的常见概念

教学时间： 4 课时

教学方式： 理论教学

教学要求： 1. 解析烹饪的概念；
2. 分析具体案例，诠释中国烹饪文化的内涵；
3. 解析中国烹饪文化与中国饮食文化在理论意义上的区别；
4. 阐述中国烹饪文化的基本特征；
5. 梳理和界定烹饪理论中的一系列常用概念。

课前准备： 指导学生阅读有关烹饪文化和相关概念方面的书籍。

第一节　烹饪与烹饪文化的概念

一、烹饪

先民对“烹饪”的理解有过漫长的历史积淀过程。烹，东汉许慎《说文解字》未收此字，很有可能在东汉以前，这个字没有出现。宋人宋祁、郑戬编纂的《集韵》收录了此字，并释曰：“烹，煮也。”饪，西汉扬雄《方言》释曰：“熟也。徐、扬之间曰饪。”从字面的意义上看，烹饪就是把食材煮熟，即烧饭做菜。但从理论上看，问题并非这么简单。“烹饪”一词，最早出现在《易》中。《易·象传》：“鼎，象也。以木巽火，亨饪也。”先秦无“烹”字，以“亨”作“烹”，“亨”“烹”二字通假。亨，古字写作“亯”。清人吴大澂《古籀补》：“亯，象宗庙之形。”宗庙为先民举行祭祀的场所，祭祀的重要内容就是要向神灵敬献美食美饮，以求得与神灵亨通，进而得到神灵的护佑。饪，古字写作“肚”，意即烹肉致熟，到了肉汁流淌的程度，可让神灵享受美好的味道。先民根据祭祀对象的不同，将“肚”与“腥”“烂”和“糜”确定为食物生熟程度的四个标准。在先民看来，烹饪不只是为了人类的自身生存，还有一个重要功能，那就是祭神祀祖，显然，烹饪在我国很早的时候就带有原始宗教的色彩，自那时起，烹饪就已经具有了一定的文化意蕴了。

从烹饪学理论的角度看，“烹饪”概念应作如下定义：烹饪是人类为了满足生理需求和心理需求，把食材用适当方法加工成为直接食用成品的活动。它包括对食材的认识、选择和组合设计，烹调法的应用与菜点的制作和艺术审美的体现等全部过程相关。烹饪是人类文明的标志之一。

二、文化

“文化”是一个被广泛运用的语词。至今，全世界的学者已经给“文化”一词下的定义不少于160个，却仍无公认而统一的认识。

现在，我国较为流行的定义有两说。一是《辞海》对“文化”下的定义：“从广义上说，指人类社会历史实践过程中所创造的物质财富和精神财富的总和；从狭义上说，是指社会的意识形态，以及相适应的制度和组织机构。”二是《现代汉语词典》对“文化”下的定义：“人类社会历史发展过程中所创造的物质财富和精神财富的总和，特反映精神财富，如文学、艺术、文化、科学等。”

人们常说的“文化水平”和“学习文化”，是指运用文字的能力及一般知识；

考古学中常提起的“仰昭文化”和“河姆渡文化”，是指在一定历史时期中出现的遗迹、遗物的综合体；国家机构如“文化部”和“文化厅”，社会设施形态如“文化宫”和“文化馆”，则特指管理国家文化事业的政府职能部门及社会文化设施；“文化人”则是指社会群体中从事文化工作的人或知识分子。在中国古代文献中提出的“文化”一词，则通常指人文教化，是封建王朝所实施的文治和教化的总称。中国文化也叫“中华文化”，它是以人为中心的天、地、人“三才文化”。在三才文化中，先民是将人置于天地中心位置的，其基本文化精神是注重整体思维，讲求平衡和谐、崇尚群体利益，自强不息，开放兼容，因此，它具有强大的生命力、创造力和凝聚力。

如今，中国文化越来越受到世界的注意和认同。自19世纪中叶德国出现了“文化学”之后，世界上日渐兴起了对各种文化现象和文化体系的研究，文化学成为了一门新兴的学科。但是，由于“文化”的含义广泛而复杂，所以很难给它下一个简明而准确的定义。如果统计一下目前世界流行的“文化”的定义，至少有百余种之多。

近现代以来，我国许多文化人对“文化”这个问题进行了理性的思考和定义。他们一方面有较为深厚的国学根基，另一方面他们汲取外来文化的营养，并在二者融会的基础上界定文化。如梁启超在《什么是文化》中说：“文化者，人类心能所开积出来之有价值的共业也。”又说：“文化是包含人类物质精神两面的业种业果而言。”蔡元培在《何谓文化》中说：“文化是人生发展的状况。”梁漱溟在《中国文化要义》中说：文化“是生活的样法”，又说：“文化，就是吾人生活所依靠之一切。”陈独秀在《新文化运动是什么？》中，有感于过于宽泛的文化概念，指出“文化是对军事、政治（是指实际政治而言，至于政治哲学仍然应该归到文化）、产业而言”，“文化底内容，是包含着科学、宗教、道德、美术、音乐这几种。”

较20世纪以前中国“文化”概念的“前科学”状态，这些文化定义已具有明显的现代意味，并与世界性的文化观取得了大体近似的步调。随着时代的进步，随着人类创制的文化不断向深度和广度扩展，“文化”这一概念所包含的内容也日益丰富。今天，人们对“文化”的内质有了更为明确的认识：自然界是文化产生的基本条件，而人类劳动本身乃是自然力的表现之一，社会是文化得以运动的须臾不可脱离的环境。人类的劳动和劳动对象与劳动环境共同成为文化产生与发展的源泉。文化创造是人类的劳动与自然和社会相交作用的过程，在这一过程中，人不仅改变了外部世界，而且也不断地改变人类自身的性质和内在世界，诸如观念、情感、思想、能力等。所以，我们完全可以把文化看作是主体与客体在人类社会实践中的对立统一物。

根据上述的论述及“文化”所涵盖的范围及所处的角度而论，“文化”的最基本的定义可以归纳为两大类：一类是广义的“文化”概念，即人类在改造自然、进行社会活动的实践中所创造、引发的一切物质、行为和精神现象及其相互联系的事物总和。另一类是狭义的“文化”概念，即人类实践活动中一切行为、精神现象及其联系的总和。

这样看来，文化可划分为两大体系：技术体系和价值体系。文化的技术体系是指人类加工自然造成的技术的、器物的、非人格的、客观的东西；文化的价值体系是指人类在加工自然、塑造自我的过程中形成的规范的、精神的、人格的、主观的东西。

总之，文化是一个有机的整体，而任何一种文化都有其独自的运动历程，中国饮食文化是中国文化不可或缺的重要组成部分。中国饮食文化在其生命运动与演化进程中形成了自身完备的技术体系和价值体系。

三、中国烹饪文化与中国饮食文化

中国烹饪文化和饮食文化是在中国传统文化背景下产生的。中国文化也叫“中华文化”，它是以人为中心的天、地、人“三才文化”。在三才文化中，先民是将人置于天地中心位置的，其基本文化精神是注重整体思维，讲求平衡和谐，崇尚群体利益，自强不息，开放兼容，因此，它具有强大的生命力、创造力和凝聚力。如今，中国文化越来越受到世界的注意和认同。

中国烹饪文化是中国人在社会历史过程中，为生存、发展、享受的需要而进行的将食材通过适当的技术和方式进行生产加工、使之成为色香味形俱美的、安全的、有营养的食物的生产活动。

中国饮食文化是人们在消费烹饪加工而成的饮食的历史过程中，形成的观念、制度、习俗、礼仪、规范，以及反映这些方面积淀的饮食文化遗产。

从烹饪文化与饮食文化的性质和关系看，前者是生产文化，后者是消费文化，饮食文化是由烹饪文化派生出来的。

第二节　中国烹饪文化的内涵

在漫长的历史长河中，中国烹饪文化积累了深厚的文化积淀，形成了广博的文化内涵。揭开这些内涵的每一个层次，都会令人感受到中国先民的睿智和创造力。烹饪的生产与消费活动激发了先民更多的想象，使烹饪现象不再孤单，而是与政治、经济、宗教、审美、哲学、文学、乐舞、民俗等诸多领域发生联系，极大地丰富了中国烹饪的文化内涵。

一、烹饪与政治

早在传说中的尧时代，烹饪与政治之间就有了密切的关系。《楚辞·天问》云："彭铿斟雉，帝何飨？"王逸《楚辞章句》曰："彭铿，彭祖也，好和滋味，善斟雉羹，能事尧，尧美而飨食之。"柳宗元《天对》曰："铿羹于帝，圣孰耆味？"洪兴祖《楚辞补注》曰："彭祖姓篯名铿，帝颛顼之玄孙，善养性，能调鼎，进雉羹于尧，尧封于彭城。"蒋骥《山带阁注楚辞》曰："彭，国名，今地在徐州。"综合这些历史文献可知，彭祖善于烹调雉羹（野鸡汤），曾以雉羹奉献尧帝，尧帝尝之，甚觉滋味鲜美，高兴之下，将彭城（今徐州）封给了彭祖，从此，他便成了尧帝手下一个地方行政长官了。徐州至今仍有座彭祖庙，彭祖也因烹调技术精湛，被后人尊之为厨师的鼻祖。彭祖庙内有一巨鼎，墙上还有"捉雉烹羹"的壁画。殷初的伊尹，地位也很显赫，《楚辞·天问》云："缘鹄饰玉，后帝是飨。"王逸《楚辞章句》曰："后帝，谓殷汤也。言伊尹始仕，因缘烹鹄鸟之羹。修玉鼎，以事于汤。汤贤之，遂以为相也。"《史记·殷本纪》："伊尹名阿衡，……乃为有莘氏媵臣，负鼎俎，以滋味说汤，致于王道。"伊尹将鸿鹄烹制之羹，盛入玉饰之鼎，以之飨汤，汤任之为相，用之谋略，终灭夏桀。这段史实从侧面反映出奴隶主阶级对味的重视。

在周代，司政与司味结合的史实就更多了。春秋时的易牙，辨味能力惊人。《淮南子》记述了孔子与白公（楚平王之孙）的一段对话："白公曰：'若以石投水中，何如？'（孔子）曰：'吴越之善没者能取之矣。'曰：'若以水投水，何如？'孔子曰：'淄渑（按：淄，今山东境内淄河；渑，源于山东淄博东北）之水合，易牙尝而知之。'"由于易牙在辨味和烹调上的本领超人，因此齐桓公委以重权，"雍巫（按：即易牙。雍通饔，即饔人，烹调菜肴的人。巫，易牙之名）有宠于卫共姬，因寺人貂以荐羞于公，亦有宠，公许之立武孟。管仲卒，五公子皆求立。冬十月乙亥，齐桓公卒，易牙入与寺人貂因内宠以杀群吏，而立公子无亏（按：即武孟）"（见《左传》僖公十七年）。易牙能够发动宫变，剪除异己，这与他因善烹调而获得政治上的地位有直接关系。无独有偶，发生此事的32年以前（即公元前675年），周朝廷内部就发生过类似的事件，有个叫石速的厨师，是周惠王的膳夫，仅仅因为惠王收了他的官禄，他就伙同蔿国、边伯、詹父、子禽发动宫变，"秋，五大夫奉子颓以伐王，不克，出奔温。苏子奉子颓以奔卫。卫师、燕师伐周。冬，立子颓"（见《左传》庄公十九年）。可见，膳夫这个官爵在天子脚下权势不小，石速竟能发动宫变，并引起卫、燕两国出兵与周师作战，进而改变了一朝天子。这表明，膳夫之爵在当时直接参政，在政治上有着相当高的地位。《周礼·天官冢宰》将"膳夫""庖人""亨人""内饔""外饔""笾人""醢人""醯人"等一干负责王族成员日常饮食生活的官员统统归在掌理国务政务、辅佐天子治理天下的“天官冢宰”的编制之中，可见，司味与司政也是合一的。

烹饪与政治合一，两者形成了密不可分的关系，这种现象在中国确实是历史悠久。起初，人们的物欲很简单。在物欲内容中，饮食享受占主要地位，人们的智慧也主要体现在烹饪技艺上，因而能使统治者的口腹之欲得到满足的人必具有较高的智慧并会获得相应的政治地位和权力。尧之彭祖、殷之伊尹等都属于这类情况。至周，特别是进入春秋时期，随着周人整个认识水平的发展以及挽救奴隶制危机的需要，他们对味与政之关系的认识有了明显提高。他们认为，“味以行气，气以立志，志以定言，言以出令”“味入不精则气佚，气佚则不和。于是乎有狂悖之言，有眩惑之明，有转易之名，有过慝之度”（《国语·周语》）。这里所说的“气”，即指饮食之物转化而成的气，与后世所谈的气不同。周人根据日常生活的经验，感到吃饱、喝好就有气力，精神饱满，感觉敏锐，心志稳定，思虑通畅，反映在君主决定及其实施政令时，就会达到令行禁止、政通人和的效果。这就突出了味对政的决定作用。在周官制上则体现为烹饪与政治的合一，反映了我国奴隶制下特有的哲学认识。当然，随着历史的发展，饮食地位逐渐下降，宫阁台榭和声乐文饰逐渐突出起来，这表明人们的审美能力又有了进一步的提高，物欲的内容发生了深刻的变化，后世的厨师地位逐渐下降，也是这个原因。但是，钟鸣鼎食，是历代统治者求味治合一的主题形态，是烹饪与政治密争相关的文化符号。以明代为例，扬州菜肴在明初就成为宫廷御膳。洪武帝朱元璋在南京登基后，设立扬州总督府，对以扬州菜为核心的淮扬菜颇为欣赏，徽厨、扬厨多入南京，钦定扬厨专司内膳。永乐皇帝朱棣迁鼎北京，不仅把南京的鸭馔带到了北京，成就了今天享誉天下的北京烤鸭，而且还带扬厨随宫入京，扬州菜在京师生根，这对淮扬菜的发展推动很大。明代下德皇帝朱厚照，清代康熙、乾隆皇帝均多次南巡，大运河两岸的两淮、扬州、镇江、苏州，屡次接驾，钦差往返频繁，迎驾官宦都要贡献美味，大摆宴席，挥金如土，山珍海味，力求精治，各方风味，汇聚而来。从社会生活发展史的角度看，帝王对美味的追求，就是政治力量对烹饪技术的发展的有力推动，是烹饪与政治关系的有力说明。这种主题形态和文化符号在中国历史长河中相激相荡，奔腾不息，极大地丰富了中国烹饪文化的内涵。

二、烹饪与经济

烹饪活动，既是人类的生活现象，也是人类的经济现象。《吕氏春秋·本味》载：伊尹“说汤以至味。汤曰：‘可对而为乎？’对曰：‘君之国小，不足以具之。’”在伊尹看来，国力决定着烹饪的质量，物产决定着烹饪的技艺，经济条件是烹饪生产发展的前提。后世历史发展证明了这一点。

淮扬菜的发展历程就很能说明这一点。两汉以来，南方和沿海经济逐渐发达起来，位于长江、大运河交汇处的“东南重镇”扬州成为经济发达的盐运和漕运中心。到了唐代，中国已成为世界上经济最发达的国家，并形成了海上丝绸之路。扬州恃其临海倚江跨运通航的优越地理位置，成为我国海运陆运的枢纽，成为对外贸易的世界级港埠，海盐、漕米、茶叶、陶瓷、丝绸等在扬州集散，征帆云集，商贾如织。“万商日落船交尾，一市春风酒并垆”，形象地写出了当时这个东方国际大都会的经济繁华给烹饪饮食行业带来的兴旺景象。至清代，扬州仅盐税收一项就占全国税收的1/4，江、浙、皖、晋诸省的豪商巨贾来扬州业盐，也带来了各地菜点的烹饪技艺，以漕、盐运为中心的商品经济的繁荣，促进了淮扬菜系的形成和发展，使得扬州市厨、家厨、官厨、僧厨各显神通，淮扬菜品制作精美，烹饪技术呈现出高超于各大菜系之势。

再以现代餐饮业发展为例。改革开放后，长江三角洲、珠江三角洲的经济高度繁荣，淮扬菜系、粤菜系得到了蓬勃发展，自2000年以来，在中国餐饮百强企业排行榜上，地处长江三角洲、珠江三角洲的餐饮业经营状况明显优于其他地区，因而连续数年排名靠前，这不能不说是地方经济高度繁荣推动餐饮业发展的结果。

三、烹饪与宗教

我国先民早期的烹饪活动与原始宗教间有着密切的关系。宗教意识是人类文明发展到一定程度的产物，在人类的蒙昧时代，先民在自然灾害面前只有惊恐畏惧，但又无能为力。进入文明社会后，宗教产生了，先民似乎找到了精神庇护之所，天神鬼魅都被人们想像成庇护神，为了感激他们的庇护，先民开始了祭祀活动。

《礼记·祭统》曰：“凡治人之道，莫急于礼；礼有五经，莫重于祭。”据其内容看，周代人认为，重视祭礼有益于稳固统治者的政治地位。由于统治者自命是上天之子，因此，他们很需要通过各种环境、渠道和手段来渲染出一种“君权神授”的气氛。而“祭礼”是最重要、最有效的办法。通过向自己的祖先和神灵敬献美食美饮，来沟通神、人之间的感情，使臣民对天子或国君受命于天的神圣深信不疑。对于统治者来说，祭祀活动绝非可有可无，而是治国的根本要政，“夫祀，国之大节也，而节，政之所成也。故慎制祀，以为国典”（《国语·鲁语》），“国之大事在祀与戎”（《左传》成公十三年），因此，统治者对祭祀中烹饪行为不能不给予重视。《左传》对此多有记述，诸如“虞公曰：‘吾享祀丰洁，神必据我。’”（僖公五年）“公（按：鲁庄公）曰：‘牺牲玉帛，弗敢加也，必以信。’”（庄公十年）。“随侯曰：‘吾牺牲肥腯，粢盛丰备，何则不信。’”（桓公六年）等。这些都从侧面反映了周统治者重视烹饪以娱神灵的政治目的和宗教与烹饪两位一体的内在联系。周代的宗教活动离不开烹饪场面，所谓“礼终而宴”是说烹饪已成为祭礼中不可缺少的一部分。如周天子行籍田大礼时，其中的烹饪宴饮场面相当可观，“先时五日，瞽告有协风至，王即斋宫，百官御事，各即其斋三日。王乃淳濯飨醴，及期，郁人荐鬯，牺人荐醴，王裸鬯，飨醴乃行，百官、庶民毕从。及籍，后稷监之，膳夫、农正陈籍礼，太史赞王，王敬从之。王耕一坺，班三之，庶民终于千亩。其后稷省功，太史监之，司徒省民，太师监之。毕，宰夫陈飨，膳夫赞王，王歆太牢，班尝之，庶人终食”（《国语·周语》）；《诗》中对烹饪与宗教之关系加以描述的诗也为数不少，如《周颂》中《载芟》《良耜》《丝衣》；《商颂》中《烈祖》，《大雅》中《生民》等。而各种宗教祭祀中的烹饪活动无不体现着周人的礼乐精神，作为礼的一个重要内容，尊卑贵贱长幼之序，又无不在烹饪宴饮中充分体现出来。如何“谋宾”，如何“迎宾”，献宾中如何“酬”“酢”“献”，以及不同身份的人如何进退取止，这在《仪礼》和《礼记》中都有十分详尽的描述。

突出宗教祭礼中的烹饪程序和宴饮仪式，其目的不仅为了人神相通，还有个目的，就是由神及人，使人具有内在的道德风范和好礼从善的欲求，从而形成一个上自天子下至庶民层层隶属的统治形态。烹饪宴饮之礼的这一作用，《国语·楚语》记述的观射父答楚昭王的一段话阐述得很明白：“合其州乡朋友婚姻，比尔兄弟亲戚，于是尔弭其百苛，殄其谗慝，合其嘉好，结其亲暱，亿其上下，以申固其姓。上所以教民虞也，下所以昭事上也。”可见，周人的饮食活动相当复杂，宗教礼仪为其表，政治内容为其宗。《礼记·内则》中的“八珍”，《楚辞》中《大招》和《招魂》两篇描写的各类美味及其烹饪方法，它们的产生与宗教、政治的混合力量在当时的推动作用有很大关系，而考古发掘的大量饮食器皿与《墨子·辞过》中描述的“大国累百器，小国累十器，前方丈，目不能偏视，手不能偏操，口不能偏味”互为印证，亦反映出周代烹饪文化的高度发达。随着历史的发展，道教、佛教对中国烹饪又产生了深远的影响，促成了中国烹饪文化中的寺院风味流派，这应被视为先秦时期烹饪与宗教密切相关的历史延续。正因如此，中华民族传统的烹饪文化，也总是带有浓厚的宗教色彩，而这也正是我国烹饪文化史册中颇具特色的一页。

四、烹饪与审美

烹饪是艺术，这是中国烹饪文化历史长河中最为欢腾活跃的主流，而对烹饪产品的审美，则是中国烹饪艺术这股历史主流的主旋律。它主要塑造的是美味的形象，表达的是烹饪者复杂的审美情感。特别是烹饪者往往会对烹饪产品寄予精神上的复杂的审美情趣和审美价值。以烹饪原料“羊”为例，先民就曾赋予它深厚的审美观照。

从文字学的角度看，“羊”不仅与“美”字关系密切，而且与美味等美性事物之间有着内在的联系。在这里，我们先看看“美”字在《说文》中的本义。依据《说文》，“美”字从“羊”从“大”，就是说，它是由“羊”和“大”二字组合而成的，其本义是“甘”（《说文·羊部》）。可见，“美”字在先民原初的美意识阶段中，其本义是限于这个字的自身结构来考虑的，是表示“羊躯体肥大”的意思。一些学者在“美”的字源问题上曾经作出过不少假设，例如著名学者萧兵、李泽厚等认为，美的原来含义是冠戴羊形或羊头装饰的大人，最初是“羊人为美”，后来演变为“羊大为美”。这表明，“美”字的含义就源于对“羊大”的感受，它表现出羊的体肥毛密、生命力旺盛和羊之强壮姿态的意思。看来，先民最原初的美意识是起源于“甘”的美味的感受。但随着社会生产力的提高和人们食源获取空间与数量的扩大，烹饪生活发生了变化，饮食质量得到了一定程度的改善，于是在先民的眼里，羊体肥硕，未必为美，反而小羊羔却颇受人们的喜爱，如羹，即从羔从美，这是滋味甚美的汤。另一方面，从《诗》中的描述看，先民把羔羊视为珍味和上好烹饪原料，如《豳风·七月》中有“……四之日其蚤，献羔祭韭。九月肃霜，十月涤场，朋酒斯飨，曰杀羔羊，跻彼公堂，称彼兕觥，万寿无疆”之句；《召南·羔羊》中有“羔羊之皮，素丝五紽。……羔羊之皮，素丝五绒。……羔羊之皮，素丝五总”之句；《郑风·羔裘》中有“羔裘如濡，洵直且侯。……羔裘豹饰，孔武有力。……羔裘晏兮，三英灿兮”之句；《唐风·羔裘》中有“羔裘豹袪，自我人居居。……羔裘豹褎，自我人究究”之句；《桧风·羔裘》中有“羔裘逍遥，狐裘以朝。……羔裘翱翱，狐裘在堂。……羔裘如膏，日出有曜”之句。以上所引之诗，尽可看出先民对“羊大为美”这一观念的转变，这种观念的转变不仅在《诗》中多有体现，在《左传》《盐铁论》《汉书》等文献中反映得更为明显：《左传》定公八年载：“夏，齐国夏、高张伐我西鄙。晋士鞅、赵鞅、荀寅救我。公会晋师于瓦。范献子执羔，赵简子、中行文子皆执雁。鲁于是始尚羔。”又有《盐铁论·散不足》载：“今熟食遍列，殽施成市，作业堕怠，食必趣时，杨豚韭卵，狗马朘，煎鱼切肝，羊淹鸡寒，挏马酪酒，蹇捕胃脯，胹羔豆赐，彀膹鴈羹，臭鲍甘瓠，熟梁貊炙。”《汉书·公孙刘田王杨蔡陈郑传》载：“田家作苦，岁时伏腊，亨羊炰羔，斗酒自劳。”诸如此类记载还有很多，这说明，自周、秦汉以后，当饲养业发展到一定程度时，人们对美的认知已不再限于肥硕之羊，而是把羊羔视为美味，美的意思发生变化，美的概念开始抽象，这种抽象还是由羊引起。

另一方面，“羊”和“甘”诸字又表达着先民对烹饪的审美定位。《说文·甘部》："甘，美也。"清人段玉裁注曰："甘为五味之一，而五味之可口皆曰甘。"由此可知，"甘"为五味之一，即甜，然而其本义与五味之"甘"（甜）无关，而是适合人之口味的意思。在中国先民的味感中，"甘"是不带任何刺激的正味。《春秋繁露·五行之义》："甘者，五味之本也。"汉代五行配五味，总是用中央"土"来配"甘"。《黄帝内经·素问》："物之味甘者，皆土气之所生也。"《淮南子·原道训》："味者，甘立而五味亭矣。"《庄子·外物》："口彻为甘。"这些都是在说明，"甘"是一种不带任何刺激的、对口舌非常适应因而通畅无阻的味道，从汉字的构形可以看出，表示其他味觉的字都从"酉"、从"卤"、从"草"，这是从某种植物、矿物或酒中体会出来的味道，唯有"甘"字从"口"，中间的"一"，《说文》释曰："道也。"正因如此，《礼记》和《周礼》都指出："凡和，春多酸，夏多苦，秋多辛，冬多咸，调以滑甘。"可见，甘是本味，是不带有刺激感的美味，入口很舒适。它应该是"和"在味感上的一种理想境界，是美性的味觉体验。

其实，"甘"的这种含义就源于先民对羊及羊肉的审美感受。在先民最原初的美意识中，体硕肥胖的羊肉，其味必美，味美为甘，"甘"，又作"甜"，这是作用于舌的美味感受，按照清代文字训诂学家的解释，"美"从"羊"从"大"，本义并非专指对羊的感性认知，而是指肥硕之羊对人们来说是"甘"的，是表达"甘"的审美感受。但这种"甘"已不是单纯的味觉审美了，随着经济水平的发展，先民的"甘"的审美内涵已经超出了味觉的范畴。在古代中国，羊在先民的日常生活中具有相当重要的价值和意义。羊毛和羊皮就被广泛地用为防寒之具，而羊肉更是人们重要的饮食原料，而且是难得的美味。这说明，羊在中国古代先民的经济生活中，是物物交换的一种重要财货。当时，一说"羊大"，使人立刻联想到羊的毛密肉肥、骨骼强壮的姿态，这种联想已不是仅仅停留在视觉感受上，而是带着人们的功利意识。丰富的羊毛和羊皮是人们喜好的防寒之具，特别是肥厚多油的羊肉，使人联想到"甘"字，引发人们一饱口福的欲望。"甘"除指美味以外，又有"悦"和"快"之意，如《史记·晋世家》"币厚言甘"（甘，悦耳之意）；《淮南子·缪称训》"人之甘甘"，高诱注为"犹乐乐而为之"；《玉篇》"甘，乐也"；《左传》庄公九年"请受而甘心焉"，杜注为"甘心，言欲快意戮杀之。""甘"具有美性的含义，那么，先民从硕肥之羊身上所感受的就绝不是单纯的美味，而是具有一定的价值取向在其中。羊之硕肥，对于以羊这种重要财货为物物交换的牧羊部落来说，它的交换价值就高，就意味着值得庆贺的吉祥，从而他们的生活感情规定了他们的生活意义。正因如此，许慎在《说文》中释曰："羊，祥也。"中国人最原初的美意识开始发生了变化，"美"的概念由原来的感官感受演变为具有普遍意义的美性。

先民由羊而觉美，再由美而知“味”、知“肥”。所以羊使人们对美、味、肥也产生了美性认识。这在语源学上也有所体现。当“美”被理解为盛大之义时，“美”“肥”“味”三者在训诂过程中可以互相通训。“味”，《说文·未部》：“滋味也，从口。未声。”味的语源就是“未”。《说文》：“未，味也。”《史记·律书》：“未者，言万物皆成，有滋味也。”而“滋味”即“美味”，《吕氏春秋·适音》：“口之情欲滋味”，高诱注：“滋味，美味。”“肥美”自古就叠成一词，《战国策·秦策一》：“田肥美，民殷富。”《说文·肉部》：“肥，多肉也。”所以，古代有“肥醲”又构成对文，《淮南子·主术训》：“肥醲甘脆，非不美也。”因为“醲”也就是“肥”，“醲”的语源是“农”，从“农”得声的一系列字大都有肥厚之义。

从上述所论可知，在烹饪与审美的关系上，羊对于我国先民最原初的美意识的形成产生过重要影响，因而人们的烹饪行为、饮食心理活动都因此而具有了不同程度的美性体现和美性感受。所谓烹饪饮食过程的“甘”和“美”，就是说的肉体的、官能的体验，是指食物在口中，引起口舌的快感，并从而给心以喜悦、快乐的感受。因为“甘”字的写法本来就是表示口中含食物的样子，所以它又是“含”字的初文；“甜”从“甘”和“舌”，且“甘”有快乐的意义（《玉篇》释“甘”）；“美”往往与好、快、乐、喜、悦等具有美性含义的字通训。所有这些都是由“羊”给先民带来的美性思考引起的。正为如此，在烹饪与审美的关系链上，羊在人们饮食生活中的地位很特别，它并非单纯意义上的美味，它在人们的心目中已具有的美性的象征意义，这种象征意义在古代表现的很明显，今天，许多地方的饮食风俗仍保留着羊的美性象征意蕴。

五、烹饪与哲学

我国先民对烹饪活动的哲学思辨曾引发过第一次哲学史上的哲学大讨论。周初，厨师实践过程中提出的“齐”与“和”的概念，引起了哲学家们的思考，并将“齐”与“和”被视为最初的一对哲学范畴。较早地提出“齐”与“和”概念的主要是《周礼》，诸如“内饔，掌王及后、世子膳羞之割烹煎和之事”“亨人，掌共鼎镬以给水火之齐”“食医，掌和王之六食六饮六膳百酱八珍之齐”等。史称《周礼》是周公旦在辅佐周成王时所作，也就是说，本来反映农事的“齐”与“和”至少在周初开始运用到烹饪生活中去了，并且“齐和”这一概念在烹饪实践活动中日渐明朗。周幽王时的思想家史伯对当时担任司徒的郑桓公纵论当时的局势，阐发了前所未有的哲学思想：“夫和实生物，同则不继。以他平他谓之和，故能丰长而物归之。若以同裨同，尽乃弃矣。故先王以土与金木火水杂，以成百物。是以和调口。”（《国语·郑语》）随后，春秋时齐相晏子与齐侯就君臣之事、治国之理也展开了类似的讨论：“公曰：‘和与同异乎？’对曰：‘异。和如羹焉。水火醯醢盐梅以烹鱼肉，燀之以薪。宰夫和之，齐之以味，济其不及，以泄其过。君子食之，以平其心。君臣亦然。’”（《左传》昭公二十年）史伯和晏子都借烹饪齐和之事以寓政，而所论“齐和”正揭示出烹饪之道。烹饪要有水、火、醋、酱、盐、梅、鱼、肉等材料，还要相互作用，这里面有水煮，有火攻，有五味调和，以去腥膻异味，最后烹制成美味佳肴。由此我们可以看出，史伯和晏子的“齐”与“和”有着很深的哲学内涵。从哲学意义上看，“和”与“同”是两个相对立的概念。史伯认为，一种东西同另一种东西互相配合，互相克制，得到均衡与统一，就叫作“和”。另一方面，他反对“同”，所谓“同”，就是绝对的同一，没有对立面，没有配合，相同的东西加在一起，就不能产生新的东西，也就不能生长或发展。史伯把这个哲学思想运用到人们的日常烹饪实践中去，就是说五味调和才有滋味，同一种味道不能使人满足，当然也就不能产生美感。显然，晏子继承并发展了史伯的思想，晏子的“和”体现了矛盾的统一，这个统一是和谐的统一，表现在烹饪活动中，以水兑水，结果还是水；以盐加盐，结果都是咸，由于没有矛盾的对立面，当然就无“和”可言，也就不会有美味出现。不难看出，“和”就是在参与烹饪的诸多要素（如水与火，各种主原料、配料、调料、主食与副食等）之中，寻求谐调与适中，以达到整体的最佳效应。“和”是体现烹饪方面的总特点。《周礼·内饔》所说的“割烹煎和”，其中，前三者都是局部过程，只有“和”是贯穿全过程的。“和”是在多样和差异中经过调节达到适中和平衡，而不是单调的千篇一律。因此，“和”是美味的最高表现，是古代庖厨追求的最高的哲学境界。

齐和者，因齐而和也。齐是一种手段，是达到“和”的科学方法。本来，“和”是我国先民创造出来的一个最能体现中国古代辩证之理的哲学范畴。表现在烹饪过程中，就是烹饪者将原料的差异归之于味的平衡，不偏不倚，不过不欠，持中协调，适度节制；表现在烹饪过程中，就是厨师烹饪过程中能感悟出最为和谐的美好效果，不烈不酷，不柴不腻，色润气香，引人入胜。厨师在完成“和”的过程中，始终以一种审美尺度、一种理念来处理料、味、水、火、炉、器、色、香、形、质、养、名、时等环环相扣的关系，这种尺度和理念就是“齐”。

我国传统烹饪的发展从未游离出“齐”的运行轨道。它是技与量的组合，但又不同于西方烹饪的量化指标，否则，中国烹饪文化所独具的“和”的本性便不复存在，中西烹饪文化也就没了区别。事实上，中国烹饪中“齐”的过程既有科学与理性的一面，又有情感导向与人文色彩，反映着华夏民族不同于西方民族的文化体质与思维模式。中国人对客观事物的认识以情为导向而非以量化分析为主导，趋向价值选择而非真假判断。这种传统思维方式是使中国文化呈现出与西方截然不同的一面，表现在传统烹饪上，形成了中国人独特的烹饪理念：即以情感为导向，这就是“齐”。反映在原料使用上，“齐”规定了一顿餐饭的结构，即“五谷为养，五果为助，五畜为益，五菜为充”（《黄帝内经·素问·藏气法时论》），如果让西方人用量化的眼光看，中国人饮食结构的荤素比例关系是1∶3，但若按中国人传统观念看，“肉虽多，不使胜食气”（《论语·乡党》），这是食礼所定，是“和”的要求与表现；“齐”反映在传统烹饪的分解工艺上，也体现了这个问题，孟母切韭以寸为段，孟子观而不解，问其道理，母曰：“修身正德。”与孔子“割不正不食”之言着实别无二致，共同印证了我国刀工技术自古就有着浓厚的人文色彩，体现出“齐”与西方烹饪理念的天壤之别。中国人对刀工技术的要求很高，加工出的料形要求大小适中，粗细均匀，厚薄一致，长短相等，这不仅是制熟工艺的需要，也是审美与道德评判的需要；“齐”反映在火候与烹饪方法上则更具特色，对火候不以温度而论，而以旺弱文武等意味深长的字眼儿来表述；烹饪方法丰富多样，且每类方法都有若干个分类，如“熘”，就有脆熘、滑熘、软熘、焦熘四种方法。方法不同，对原料的选取、加工程序就不同，菜品所呈现出的个性也就不一样，这一点就比西餐复杂得多。可见，在对火候及烹饪法的把握上，“齐”表现出了深长的哲学意味和厚重的情感意识。

正因为“齐”具有上述的独特表现形态，因此它更多地突出了中国传统文化的悟性与情感的整合性特征。中国传统烹饪中有许多方法非常奇特，很多熟食方法（如砂炒、盐焗、泥烤、拔丝、挂霜、汆、涮、糟、腌、变、炝等）运用千载，而先民对它们的原理从未进行过科学剖析，就像四大发明虽出自古代中国而先民却从未对它们作过科学系统的理论性总结一样。何以致此？究其原因，与先民“为用而知”的知行整合的思维方式有关。特别是传统的烹饪教育方式是师徒口传身试，而最基本的传承方法就是悟性与感觉，“齐”之众法中有许多是只能意会难以言传的（这当然也与旧时老厨师的文化水平及表述能力有关，但这并不是主要问题）。然而，也正因如此，才会有作为中华民族独有的评判美食标准——“和”。

作为中国传统烹饪的基本发展规律，以齐致和还充分表现出中国传统文化中深蕴的哲学思辨。老子说：“大音希声，大象希形。”（《道德经》四十一章）中国传统烹饪的“齐”究竟是怎样把“和”创造并表现出来的呢？用那种西式量化的手段其实是难以行通的。不能否认，中国的老厨师也用“量化指标”，但这种运用往往表现为感觉与经验，而不是以资料为基础。在传统食谱中，原料（主、配、调、辅）的投放量一向以“若许”“少许”“若干”或“一碗”“一勺”“一撮”等这类模糊的语言来表示。“和”出乎自然，“齐”必法自然。老子所谓的“道法自然”（《道德经》二十五章）从客观上高度概括出“齐”的精妙本性。因此，一定要庖厨按西方量化标准去创造中餐的和美佳味，未必就能达到其妙境。工厂里生产出的袋装的“东坡肉”，其主配调辅料的配比与火候的把握等都是严格依照经验丰富的老厨师之口传投放的，但怎么吃也不及老厨师亲手做出来的香嫩醉人。如果要去析别中国的“齐”究竟与西方的量化烹饪有何不同，我认为，那就是感觉和悟性。老厨师烧菜，撮一把盐投入炒勺，其量恰到好处，烹制出的菜味美怡人，妙不可言。那一撮盐的量是通过什么把握住的？南朝山水画家宗炳说“澄怀味象。”（《画山水序》）这“味象”就是感觉经验，如果把他的话结合到烹饪中，就是心领神会，顺其自然。《庄子·养生主》中的“游刃有余”，所述刀法之精妙，并不在于庖丁对牛的骨骼有什么量化认识，而在于庖丁的感觉经验。庖丁运刀十九年，解牛数千头，而刀刃犹利，是牛体大小一致、骨骼位置均同？非也。而是庖丁对“技”的超越。这是中国传统烹饪工艺中“齐”的最高表现，是经过艰苦磨炼后才获得的科学方法，是达到“和”的最重要的管道，是西方烹饪所不能做到，甚至是西方一般的厨师所难能理解的。

综上所述，中国传统烹饪的最高境界与最佳表现形态是“和”，创造与表现“和”的最重要的方法就是“齐”。“齐和”既是中国传统烹饪的基本发展规律，也是中国烹饪文化别于西方烹饪文化的一个根本原因，更是中国烹饪技艺与中国哲学思辨相互渗透的结果。

六、烹饪与文学

在我国文学史上，很多文学作品与烹饪之间的关系甚为密切，从《诗经》和《楚辞》中即可看出。这些文学作品通过文字表达艺术，生动地向今人描述了先民的烹饪活动，从而也展现出古代我国的烹饪活动中的伟大创造和文化内涵。

众所周知，《诗》中内含着相当丰富的烹饪文化，它从不同侧面反映着从西周初到春秋中叶这五百年间周人的烹饪饮食活动状况。烹饪原料和烹饪工艺问题在《诗》中表现尤为突出。

从《诗》中反映出的周人在采集、渔猎、农植等生产劳动时猎取的烹饪原料看，当时的蔬菜类、鱼类、肉类可谓丰富。《诗》中提到的百余种植物中，作为烹饪原料的就有20多种，如荇、荼、莜、菲、葑、薇、蕨、茆等。就“葑”“菲”而言，《诗》中有多处诵唱，如“采葑采菲”（见《邶风·谷风》）、“爰采葑矣”（见《鄘风·桑中》）、“采葑采葑”（见《唐风·采苓》）等。这里的“葑”即蔓菁，它直根肥大，质较萝卜细密，其味甘甜。“菲”即萝卜，又称“葸菜”。对“葑”“菲”的吃法，王夫之在《诗经稗疏》中说得很透：“此二菜，初则食叶，后乃食根。当食根时，叶粗老而不堪食，则是根可食而苗为人弃。无以下体者，不可以其茎叶之恶，而采其根也，草木逆生，则根在下为上体，叶在上为下体。”这段文字是王夫之根据《诗》之描述，对周人长期烹饪实践中积累的择蔬经验的总结。《诗中》荇菜，又名莕菜，系多年生水生草本植物，茎细且长，节上生根，沉没水中，嫩叶可食，它是周人的家常蔬品。因其叶对生并浮于水面，故《关雎》对它一唱三叹："参差荇菜，左右流之""参差荇菜，左右采之""参差荇菜，左右芼之"。闻一多认为，这是诗人用以比兴"女子采荇于河滨，男子见而悦之"（闻一多：《风诗类钞》），很符合该诗本义。蕨菜、薇菜也被周人视作蔬类，它们一般生长在山野里，故《召南·草虫》曰："陟彼南山，言采其蕨""陟彼南山，言采其薇"，这也是写实。此二菜可谓上品，至今仍为人所食用。"荼"有三义，其一曰茅草、芦苇之类的白草；其二同"茶"意，《尔雅》郭璞注曰："树小如栀子，冬生叶，可煮作羹饮。今呼早采者为荼，晚取者为茗。"其三即苦菜，也就是《豳风·鸱鸟》和《邶风·谷风》中都提到的周人烹食的蔬类。历史发展到今天，"蔬菜"这一概念的外延较之周代已发生了不少变化，《诗》中许多被周人视为蔬菜的品种，在今已不再被视为蔬菜了，如"芣苢"（《周南·芣苢》）、"蓷"（《王风·中谷有蓷》）之类在周代是重要蔬菜，而今天却已变成了纯粹的中草药，其烹饪原料的意义已不复存在。而《诗》中提到的荠、蕨、菲、芹、韭、椒等蔬菜还是延传下来了，并成为今天的主要烹饪原料。《诗》中提到的鱼类烹饪原料有十余种，其中的黄河鲤鱼被周人视为珍品，《陈风·衡门》中"岂其食鱼，必河之鲤"这一反诘，就可以看出这一点。此外，这首诗中还有"岂其食鱼，必河之鲂"之问，足见鲂鱼也是黄河水中的重要鱼类，并深得周人的珍视。《诗》中还提到鳣、鲔这两种鱼，《卫风·硕人》中"施罛濊濊，鳣鲔发发。"今人将周人所谓的鳣鱼、鲔鱼合称为鲟鳇鱼。鲟鱼色青，鳇鱼色黄，而鳣鱼专指鳇鱼，在《诗》中经常出现。另外，《诗》中还提到了其他几种鱼类烹饪原料，如《豳风·九罭》中的鳟鱼，《小雅·鱼丽》中的鳢鱼（今名黑鱼）、鲿鱼（苏浙称昂刺鱼）、鲨鱼（今吹沙鱼）和鰋鱼（今名鲶鱼），《小雅·系绿》中的鱮鱼（今人称鲢鱼）等，足见周人食鱼的种类相当之多。《诗》中谈及的狩猎对象和宴饮场面，其中也有不少关于周人食肉的描述，其中有猪、羊、兔、狐、鹿、貛、狼、牛、雉等。如《豳风·七月》之"献羔献韭""曰杀羔羊"，《王风·兔爰》之"有兔爰爰"，《王风·君子于役》之"雉离于罗"，《郑风·女曰鸡鸣》之"将翱将翔，弋凫与雁"等。从《诗》中可知，猪在周人的肉食品中占有量较大，《召南·驺虞》中有"彼茁者葭，壹发五豝""彼茁者蓬，壹发五豵"之句，其大意是，在茂密的芦苇中或茅草丛里，一箭就射中了五只野猪。豝即雄猪，豵即雌猪。猎人以箭射猪，供烹饪之需，因无法满足食用，故后来养猪便成了获取肉食的手段。周王室不仅用猪量大，用牛羊有数量也不小，而大量养畜现象在《诗》中多有反映。《小雅·无羊》："谁谓尔无羊，三百维群；谁谓尔无牛，九十其犉。"《小雅·楚茨》写的是秋冬祭祀情况，全诗首写祭前准备；次写致祭时陈列各种祭品；三写神灵赐福而归；最后写宴饮之欢。在庄严的祭祀过程中，烹饪饮食活动是必不可少的重要环节，“执爨踖踖，为俎孔硕。或燔或炙，君妇莫莫。为豆孔庶，为宾为客。献酬交错，礼仪卒度，笑语卒获。神保是格，报以介福，万寿攸酢。”不仅写到了烹饪方法，还写到了吃肉喝酒的情形，所谓的“牲”，也就是烹饪原料，周人大量用牲的过程也就是以牛羊猪等肉类原料烹制成肴馔并最终供人所食的过程。

从《诗》中所反映的情况看，周人将蔬菜、鱼类、肉类作为重要的烹饪原料，也反映出周人靠山吃山、靠水吃水的特点，《周南》《邶风》中的诗歌多采自江汉流域，这些地方土地肥沃，草木茂盛，是采集、狩猎的理想场所，故有许多蔬菜、肉类原料在诗中有所体现。而《郑风》《卫风》《陈风》《豳风》等的诗歌及《周南》部分诗歌多采自黄河流域，这一带草茂林深，水资源丰富，是从事捕猎、渔业的理想场所。故有很多肉类、鱼类烹饪原料及与之相关的烹饪原料开发与和利用活动在诗中出现。

《诗》中对周人在烹饪工艺方面的直接或间接的描述，反映的多是中原一带的烹饪工艺，其菜肴多透出野味的清香。如《诗》中对炮、炙、燔三种方法曾多次提及，如《小雅·瓠叶》“有兔斯首，炮之燔之”“燔之炙之”；《大雅·生民》“载燔载烈，以兴嗣岁”；《小雅·楚茨》“或燔或炙，君妇莫莫”等。炮就是泥烤，今天江苏常熟的传统名菜“叫花鸡”，其泥烤的渊源就是远古时候的“炮”。炙就是将生肉用木棍或其他长物穿叉起来在火上烧烤的烹饪方法，今天的“烤羊肉串”和“烤全羊”，其烹饪方法的源头就是“炙”。燔，就是烙，即在石板上将烹饪原料烙熟，后来发展为石烹法，由此衍生出煏、焐、煒、炕诸法。此外，《小雅·六月》有“炰鳖鲙鲤”之句，《集韵·有缶》：“缶，火熟之也，或作炰。”缶是汲水煮食的瓦器，可知炰当释为煮。“鲙”是烹饪中的刀工问题，即将鱼精心切片，以备生吃，这是生鱼片之吃法的源头。《小雅·瓠叶》有“幡幡瓠叶，采之亨之”之句，朱熹释：“古者，亨通之亨，享献之享，烹饪之烹，皆作亨字。”可知亨就是烹，是煮的意思。另《大雅·泂酌》有“可以饙饎”之句，“饙饎”就是今天的蒸糕类的食物，可知当时的蒸法很普遍。关于烹饪工艺制作方面的描述，《诗》中屡见不鲜，可见把烹饪作为文学作品中的描述对象，这在三代时期就已经成为文学创作的实践了。

文学与烹饪结合得最为密切的《楚辞》中的《招魂》和《大招》二诗，史称“二招”，其中有不少文字是关于战国时期楚地烹饪美食的描述。作为一种文化现象，“二招”美食自然不能排除于文化圈外，它是楚文化宝库中的一份重要财富。今之鄂湘风味菜点的文化特色就是屈宋时期楚地烹饪文化积淀的结果。从“二招”对烹饪的描述看，吴越一带的烹饪技术以另一种风格与中原烹饪文化相对应，其水平之高亦可与中原比美。《吴越春秋》卷三记有“专诸师于太和公学炙鱼之艺以刺王僚”的故事，透过这一史实，我们可以想见吴越饮食文化的发达程度。公元前473年，越灭吴，公元前355年，楚灭越，公元前249年，楚灭鲁，这样一来，吴越全境和中原部分地区皆已成为楚国腹地，吴越饮食文化和齐鲁饮食文化在楚国形成了最佳组合，使楚烹饪文化水平在战国列雄中跨入先进行列。严格地说，楚烹饪文化既不同于齐鲁，也不流于吴越，齐鲁烹饪文化以宫廷菜肴为典式，其特点是富贵高雅；吴越烹饪文化因民间美食而闻名，其特点是精巧细腻；而地处齐鲁、吴越之间的楚国，因其对邻邦的烹饪文化兼收并蓄，博采众长，形成了楚地风味形态，既有富贵高雅的一面，也有精巧细腻的一面，这正是宫廷美食风味与民间美食风味在楚地的优质杂交。在“二招”诗中，至少可以反映出楚烹饪文化的两个特点：一是“食多方些”（《招魂》）。“二招”所述美食之多样与技法之多端，足可说明楚地烹饪方法的多元化，而《大招》所谓的“恣所尝只”“恣所择只”也并非言过其实，这也印证了《汉书·地理志》所说的楚地“江南地广”而“饶”“食物常足”并非虚妄之辞；二是喜食异物。诸多文献记载表明，楚“有云梦，犀、麋、鹿满之，江汉之鱼、鳖、鼋、鼍为天下富”（《墨子·公输》），这些皆为楚人喜食的美味，“二招”所提的鳖、鹄、凫、鸹等水产和飞禽，这在当时的中原人看来属“异物”之类，矜而不食。可见，楚人与中原人的饮食审美的价值趋向是有区别的，这与楚之地处“川泽山林”之中是有密切关系的。从“二招”对楚对烹饪和美食的描述可知，楚人擅于吸取邻邦之优长，齐鲁之制熟工艺、吴越之调味技术，皆为楚人巧妙把握，进而丰富本域本族之传统饮食文化。如“炮羔”一菜，熟食之法取于中原，而调味之法得乎吴越。更得要者，楚人能于吸取邻邦烹饪优长之同时，亦能保留与发展本域本族之调味优势，许多美食皆极尽保持本国传统调味特色。而所有这些，皆为后世湘鄂风味挤身于我国八大菜系奠定深厚之基础。烹饪与文学的融合在一定程度上体现了这种形态在烹饪文化中的重要价值。

七、烹饪与音乐

朝堂钟鸣鼎食，盛宴举乐起舞，这是从远古时既已生成的中国烹饪文化现象。相传夏时既有宴乐宴舞，此时之宴中舞乐，编排有序，场面宏大，表演性强，《墨子·非乐》中对此所述较详。至于商末，宴之舞乐，既乎糜烂，“帝纣……好酒淫乐……于是使师涓作新淫声，北里之舞，靡靡之乐……大聚乐戏于沙丘，以酒为池，悬肉为林，使男女倮相逐其间，为长夜之饮”（《史记·殷本纪》）。周人认为，前代执政者耽于酒色、醉心淫声，恋看“北里之舞”，终致灭亡。周执政者于宴饮中多用雅乐。《诗》中雅乐，指当时宫廷音乐，它与民间“俗乐”相对。宴中举乐，举而有序，明礼、侑食兼而有之，旨在使上下沟通，朝政稳宁，“治世之音安以乐，其政和”“声音之道，与政通矣”（见《礼记·乐记》）音乐之道与烹饪之道相同，皆具稳固政体之功能，所渭“礼乐相得，谓之有得，德者得也。是故乐之隆，非极音也；食飨之礼，非致味也”（同上），正是周人对食、乐与政之关系有所悟识。周人举宴乐，依宴饮性质，选定乐器。宴中乐器主要有钟、馨、瑟、笙、鼓等。每种乐器，都有其独特之音乐语言，闻其音，知其意。

钟有编钟、特钟之分。编钟者，众所周知；特钟乃大型单钟，其口缘平，器形巨大，有纽可悬，音色宏浑。《诗》中有“鼓钟于宫，声闻于外”（《小雅·白华》之句，极状钟鸣鼎食之盛。天子、诸侯宴享武臣之时多用钟师作乐，《诗·小雅》中《出车》《六月》《采芑》等曲目即用此器。《礼记·乐记》：“钟声怪，铿以立号，号以立横，横以立武，君子听钟声，则思武臣。”钟声宏浑，使君臣于燕饮欢畅之际，常思武臣之功。此外，鸣钟亦有警人之意，如《陵夏》之曲即用钟奏，告诫饮者勿失礼仪，可谓警钟之鸣。

磬于宴饮中亦属常用乐器，而编磬作乐更频。《诗·小雅·渐渐之石》等曲目以此器为主，《礼记·乐记》：“石声磬，磬以立辨，辨以致死，君子听磬声，则思死封疆之臣。”天子、诸侯闻磬奏之乐，当怀念为国捐躯之将士，并以酒酹之，然钟、磬合乐较多，宴饮时多不可分。钟磬合乐，音质凝重，气势宏大，使宴饮场面庄严静穆，宴举此乐，实乃礼之极矣。此类雅乐强调中和之美、简易之美，在感情色彩上强调以德为美，在音乐艺术意境上，则强调静态之美，肃穆之美，其最大特色即为“易”，所谓“大乐必易，大礼必简”（《礼记·乐记》），是言崇高伟大之乐，必具简易、质朴、缓慢、舒展之特点。此“中和之音”，可将人之思想飞升到高度静谧之境，人入此境，顿感畅达，且自控如意，可达到宴内饮酒有节、宴外治世得法之效。

瑟、笙于宴礼中多用于“正歌”。“正歌”即按礼仪规定正式演奏之乐。如前文提及《鹿鸣》《四牡》《皇皇者华》乃歌者演唱、瑟笙伴奏之曲目;《南陔》《白华》《华黍》《由庚》《崇丘》《由仪》乃笙奏之曲目;《关雎》《葛覃》《卷耳》《鹊巢》《采蘩》《采蘋》乃瑟笙合乐之曲目，如此皆谓之“正歌”。《礼记·乐记》:“丝声哀，哀以立谦，谦以立志；君子听琴瑟之声，则思志义之臣。竹声滥，滥以立会，会以聚众；君子听芋笙箫管之声，则思蓄聚之臣。”古人视低音为大，高音为细。钟磬之声，宏浑沉重，宜奏肃穆雄壮之曲，以表国威军威，此正合金石之质；瑟笙之声，细腻柔婉，宜奏轻慢和细之曲，以表君慈臣义，此正合丝竹之本。然瑟笙所奏曲调，必须符合雅乐“乐而不淫，哀而不伤”之标准，否则即为“淫声”。燕饮时，倘淫声大作，必荡人心志，使人失去平和中正之情，最终不能自制，于燕内失饮酒之节，燕外乱朝政之纲，故《周礼·春官》视之为“凶声”，后人视为乱世亡国之音。天子、诸侯闻丝竹之声，当思体恤臣民，上下沟通，达到“上隆下报，君臣尽诚”之效。

宴乐有定律，定律有十二，其中“六律”中第四律，为宴饮常用之音律，“四曰蕤宾，所以安靖神人，献酬交酢也”（《国语·卷二·周语》）韦昭注曰：“蕤，委柔貌也，言阴气为主，委柔于下，阳气盛长于上，有似于宾主，故可用之宗庙宾客。”据王光析《中国音乐史》说，蕤宾盖属五音徵调，音质高畅。宴用蕤宾之律，意在娱悦宾客。“蕤”，《说文》段注曰：“凡物之垂皆日蕤。”结合前文引《国语》韦注之说，可知天子、诸侯定宴乐之音律，用心良苦。

宴乐不仅要求音律高畅华美、曲调悠扬庄重，且亦要求乐有专职。周天子一日三饭（逢特殊时日或场合还需加饭），每饭必有不同乐师为之侑食。《论语·微子》中有“太师挚适齐，亚饭干适楚，三饭缭迁蔡，五饺缺适秦”之句，其中亚饭干、三饭缭、五饭缺皆为天子之侑食助兴之乐师。燕乐因时日不同，场合不同，乐师亦必异，烹饪与音乐圆融于一体，由此可窥一斑。

八、烹饪与民俗

在中国烹饪文化体系中，烹饪的地方个性已成为我国各地民风民俗的重要体现，进而形成了食俗。中国食俗是中国人民世代传承的饮食生活习惯与传统的积淀，其中蕴藏着丰富的文化养料和发人深思的生活智慧，特别是它所蕴含的象征喻意，具有朴实与生动的本色，充满了野性与活力，并常常成为烹饪饮食文明进步的源头活水。

以行业食俗为例。行业食俗是中国烹饪文化的重要组成部分，也是中国民间食俗的一个类型。在社会分工与行业出现以前，行业食俗是不存在的。行业食俗在其发展的历史进程中逐步形成了重时序、重祈禳、重师制、重禁忌的独特个性。行业食俗主要包括农业、渔业、商业和“百工”方面的食俗。

农业食俗与农村食俗是两个联系密切、又有所区别的概念。从历史发展看，农村食俗是中国食俗的主体，而作为一个行业的农业，其食俗又有别于农村的一般食俗，它与季节和时序密切相关。旧时农民大都按农忙、农闲来安排饮食，农忙时一日三餐，甚至在三餐之外再加上一餐；农闲时一日二餐。农忙时吃干的，并有荤腥；农闲时喝稀的，多为素食。由此可见，农业食俗的特点集中于农忙季节。当然，农业食俗不仅在不同的季节和时序不同，同一季节和时序的不同地域的农业食俗也不同。但大多数农业食俗所体现出的象征意义则基本上是客观存在的。如浙江，插秧第一天称为“开秧门”。旧时，这是一年农事的开端，主人要像办喜事一样，以鱼肉款待插秧人员，特别要烧一条黄鱼，以此象征兴旺发达。上午九时左右，要“打点心”送到田头。点心中必有“白水糯米粽”，当地俗语称，“种田调雄绳，白糖拌粽子”（指插秧快手）；“种田调雌绳，只有吃白水粽”（指插秧慢手）。这里，白糖是否拌粽子已具有了不同的象征意义。开秧前这天早晨要吃鲞鱼头，谐音“有想头”，鲞鱼头在桌上的朝向也有象征意义，鱼头朝南，兆示天晴，象征好运；鱼头朝北，兆示天阴有雨，象征不吉利。在浙北海宁、桐乡一带流行落盘的种田风俗，即春忙季节农民结会，谓之“青苗会”，参加青苗会谓之“落盘”，落盘的人就集中一起插秧，插到谁家的田，谁家就要招待吃饭，其中有一道菜不能少，那就是白焐肉，它又称为“种田肉”，俗语称“铁耙榫”，吃的规矩就是在座的师傅不动筷子，谁也不能先吃，可见，白焐肉已不能视为一道简单的菜了，其烹饪饮食行为已蕴含着尊重孝敬师傅的象征艺术语言了。

渔业食俗集中表现在渔船制造、新船下水、出海捕鱼之前、海上作业等几个场面中。在江苏海州湾，新船下坞后，板主（渔船主人）一定置酒席款待全体造船工人，并在酒席间敬请木匠大师傅为船命名。如造船过程中板主经常做菜汤给船匠吃，大师傅因反感成怨而给这条船起名为“汤瓢”；如板主常以小乌盆装菜上桌，大师傅则起船名为“小乌盆”；其他如大椒酱、烂切面、小苏瓜、大山芋等船名，也都是这样产生的。船一旦命了名，则终身不变。因此船主虽不满意，但也不愿违规犯忌。所以从船名上就可看出船匠造船过程中的伙食状况。

十里不同风，百里不同俗。各地民间风俗造就了中国烹饪的地方个性，形成了中国烹饪的不同风味流派，烹饪与民俗的交融，构成了中国烹饪文化的重要内容，是中华民族历史积淀而成的宝贵财富。

中国烹饪文化内容广博，含义深厚，需要我们在学习过程中全面深入地分析研究。更重要的是，要理解中国烹饪文化的内涵，必须做到博览群书，由点到面，由表及里，触类旁通。这不仅取决于中国烹饪文化的体系构成与内涵特征，也取决于中国民族文化自信的深厚根基和巨大的信息量。

第三节　中国烹饪文化的基本特征

纵观并归纳以往对中国烹饪文化特征之总结，无非是历史发展悠久、文化积淀深厚、风味流派众多、烹饪方法多样等。但客观来看，世界很多国家和民族的烹饪文化也具有上述特征，只不过表现程度不同而已。代表着欧美烹饪文化的法国烹饪，历史也不短，文化内涵也很丰富，风味流派和烹饪方法并不单一。如是，我们就不能简单把历史发展悠久、文化积淀深厚、风味流派众多、烹饪方法多样等视为中国烹饪的基本特征。

那么，中国烹饪文化的特征究竟有哪些呢？

第一，“中和”是中国烹饪文化的基本特征。中国传统烹饪在选料与组配、刀工与造型、施水与调味、加热与烹制等技术细节上，既各有所本，又彼此依附，在发展中遵循着一个必然的规律，这个规律概括起来，那就是“中和”。“中和”就是既承认矛盾，又调和矛盾。表现在烹饪实践活动中，中国美食的标准就是建立在“和”的基础上。从传统意义上看，色香味形就是中国古代厨师评判美食的标准，这种标准显然不同于欧美以营养标准确定美食的评判模式。正因如此，传统的中餐菜谱在确定食材的比例时，常用“少许”“若干”“适量”诸类模糊不清的词语表达用量，这种尺度的把握往往使厨师在经验和情感的积累和感悟中寻定用量和比例，进而形成了烹饪过程中一系列的“中和”之度。所谓和，就是结果；所谓中，就是适度，这个度，就是在经验和情感的支配下得到的“和”的效果，料形、五味、水火、技法等均需形成“和”的状态，共同达到口感、味感的和谐之美。中国传统烹饪中“和”的文化特质不是个孤立的现象。立足于美学角度看，审美观照的实质并不是把握物象的形式美，而是把握事物的本体和生命；审美不能被孤立的“象”所局限，而应当突破“象”，应该取之“象”外。中国菜的“和”正是取之“象”外的理想的表现形态之一，烹饪的“中”的过程也就是取之“象”外的过程，它通过无规定性和无限性来创造和表现“和”的境界。正因为这个“和”，中国烹饪在很多方面都表现出了民族个性。如传统炒菜的锅呈球底形，食材在锅中必然合于一处，厨师在翻锅时，食材在向心力的作用下，必然会翻回锅中；在飞火的作用下，食材相互撞击必然产生彼此充分吸纳滋味从而达到菜肴滋味饱满、香味浓郁的风味效果，这正是中国烹饪“和”之特征在制作工艺过程的体现。同时，中国烹饪工艺又因“和”而衍生出勾芡、挂糊、上浆等一系列唯中国烹饪所独有的烹饪方法。

第二，“居安思危”的饮食心态致使中国烹饪风味变化多端。中国自古以农立国，农业生产的基本特点是靠天吃饭，农产品的丰歉往往取决于天（自然），天历代成为中国农民忧虑、揣摩、研究的对象，守天时，遵天道，合天意，这已成为我国先民的最高学问。风雨难测，气象万千，阅尽中国农业史，可知天灾对农业生产造成的危害从未间断。而黄河、淮河等“四渎”水域常年泛洪，洪灾之后，不仅造成农作物绝收，而且土壤形成板结，耕地面积进一步缩小。农业史研究成果表明，中国封建社会两千多年中，人口不断增加，土地肥力下降，水土流失加剧，亩产量不断降低，粮食紧缺又成为先民的最大忧患。因此，在烹饪活动中，先民发明了很多储备食材或食物的方法，最典型的就是腌渍腊肉或酱菜，古汉字中“醢”“菹”“腒”“脡”诸字都是先民腌渍肉菜的名称，也是为我中华民族独有的风味。先秦时王室御膳把酱菜、腊肉、风鱼等视为美味，且一日不可或缺，故孔子发“不得其酱不食”之叹并非空穴来风。酱料、豆豉等发酵而成的美味极大地丰富了中国烹饪美食体系，形成了独放异彩的中国烹饪文化的另一个特征。

第三，通过原料配伍和烹饪手段使食物具有强身健体的养生价值。养生就是食医或御厨借助烹饪原料自身的特点，精心鉴别和合理配伍，经过烹饪形成美味，人们吃后对身体有滋养的效果。从历史发展看，养生是社会中富裕者才能体验和享受的事，而作为一种观念，却已深入到社会的各个阶层。最基本的养生是食养，中国有一整套不同于西方饮食营养学的饮食养生理论体系，它是建立在“医食同源”的基础上，借助阴阳五行理论，以臊、焦、香、腥、腐为五气，以甘、酸、苦、辛、咸为五味，五气和五味寓于五穀、五果、五畜、五菜之中，并通过食用进入人体脏腑而发生作用。饮食养生就是通过烹饪饮食所需食物，补充增加体内缺乏的五行元素，通过脏腑吸收后使体内阴阳达到平衡，促进体内健康。在享用美味的同时，先民还要以丝竹簧管、轻歌曼舞侑宴，这不单是权力阶层追求的生活方式，也有着与美味相呼应的养生效果，它和美食一起构成了中国立体养生的框架。这是中华民族的伟大智慧，是我国先民在长期烹饪饮食实践中总结出来的经验，是对人类社会的伟大贡献。

在中国文明历史发展的长河中，烹饪文化形成的一系列特质，体现着中国先民善于思辨、勇于开创的民族个性。中国烹饪文化以其鲜明的民族特征成为全人类文化财富体系的重要组成部分。

第四节　烹饪学理论中的常见概念

一、烹饪与烹调

烹饪是人类为了满足生理需求和心理需求，把食材用适当方法加工成为能直接食用的成品的活动。

烹调即有烹有调，是指制作菜肴的技术。一般包括原料选择、粗加工、细加工、临灶制作、用火、调味以及成菜的全过程。

烹饪比烹调的历史早。烹饪发生于会使用火的北京猿人时代，考古研究成果表明，北京猿人能够借助工具，通过一定的方法把食物制熟，这一历史现象距今至少已有 50 万年了。烹饪是文化体系，是个大概念。烹调是技术体系，烹调技术的出现必须具备一定的历史条件，即调味品的出现和陶器的发明。考古研究成果表明，烹调的实践活动始于距今一万年前。在饮食行业中，烹饪既包括白案，也包括红案，而烹调专指红案。

二、饮食与餐饮

饮食即指人类为维持生存而进行的充饥果腹的本能行为。饮食是人类生存的最基本的生活需求之一，烹饪的一切产品，均供饮食之用。作为一种生活行为，饮食是人类的本能。

餐饮即指通过即时加工制作、商业销售和服务性劳动于一体，向消费者专门提供各种食品和酒水，以及消费场所和设施的食品生产经营行业。提供餐饮的行业或者机构，满足食客的饮食需求，从而获取相应的服务收入。世界各地的餐饮表现出多样化的特点。“餐饮”一词出现于改革开放以后，大约在20世纪80年代初。

饮食是人类的维生现象，而餐饮是人类的消费现象。

三、宴席与快餐

宴席即指宾主在一起饮酒吃饭的集会，常常为宴请某人或为纪念某事而举行的酒席。宴席之典，语出五代王仁裕《开元天宝遗事》卷上：“杨氏子弟，每至伏中，取大冰使匠琢为山，周围於宴席间，座客虽酒酣，而各有寒色。”

快餐是指是由食品工厂生产或大中型餐饮企业加工的、快速供应、即刻食用、价格合理以满足人们日常生活需要的大众化餐饮，具有快速、方便、标准化、环保等特点。早在唐代，即有一种叫“立办”的酒席，这“立办”，便是当时的快餐，也有些地方或称作速食、即食等。

宴席有主题，有程序，有主宾礼数，以美味为核心，一般的时间在90分钟左右，对就餐环境和条件有一定的要求；宴席的历史发展悠久，文化积淀深厚，在文献记载中可见，许多宴席在中国的历史发展进程中留下过浓重的一笔；快餐则是仅以充饥果腹为目的，追求时间快捷，价格便宜。快餐易于实现工厂化、标准化生产。对店面及就餐环境要求不高。

四、小吃与点心

小吃即正餐以外的小分量食品，在口味上具有特定的地方风味个性。类型可谓五花八门，遍及粮食、果蔬、肉蛋奶诸类，酸甜辣各味俱全，热吃、凉吃吃法不一。

点心即正餐以外的小份量食品，主要指糕、饼、包、团之类，具有鲜明的地方特色。

小吃与点心都具有较为久远的发展历史，而且文化底蕴都很深，小吃多出现于市井商埠、古渡码头，是岁月的记忆，游子的乡愁；点心多与历史上的军备粮草有关，在异域文化交流中多有表现。

五、美食与美味

美食就是味道美好的食物，从科学的角度看，美食首先是安全卫生的，然后是对人体有营养作用的，味道美好是最高层次，三者不可或缺。

美味是味道美好诱人的食物，食前能让人产生食欲，食间能产生食趣，食后能让人产生回味和美好遐想。

美是相对的，个人好恶、风俗习惯、宗教信仰等都会影响人们对美的判断；美食与美味，都必须以卫生安全为前提。而美食更侧重层面，强调食物的安全卫生和营养价值；美味除具有一般意义上的美食特征外，还要有精神层面的东西，它更强调人对美食的体验，比如回味无穷，别有滋味等。从某种意义上说，科学家追求的是美食，而诗人追求的就是美味了。

六、食物与食品

食物是对可供食用的食材及半加工品和加工成品的总称，其角度偏向于烹饪活动。

食品是对可供直接食用之物的总称，也包括可供生食的瓜果，其角度偏向于食品工业。

食物、食品都不一定是美食或美味，食物体现了烹饪的结果，而食品侧重于体现工业生产的结果。

七、厨房操作与食品工业

厨房操作是指传统的烹饪手工操作，这是最能体现中国烹饪文化之民族个性的表现手段。

食品工业指主要以农业、渔业、畜牧业、工业林业或化学工业的产品或半成品为原料，制造、提取、加工成食品或半成品，具有连续而有组织的经济活动工业体系。

厨房操作是中国烹饪文化历史发展积淀的结果，是中国烹饪艺术和烹饪民族个性的集中体现，是中国烹饪走向世界的根本所在。食品工业则是近代工业文明的产物，为满足人们对快捷方便的食品需求而产生的，是中国烹饪历史的延伸。

阅读与思考

吃 饭

钱钟书 / 文

吃饭有时很像结婚，名义上最主要的东西，其实往往是附属品。吃讲究的饭事实上只是吃菜，正如讨阔佬的小姐，宗旨倒并不在女人。这种主权旁移，包含着一个转了弯的、不甚朴素的人生观。辨味而不是充饥，变成了我们吃饭的目的。舌头代替了肠胃，作为最后或最高的裁判。不过，我们仍然把享受掩饰为需要，不说吃菜，只说吃饭，好比我们研究哲学或艺术，总说为了真和美可以利用一样。有用的东西只能给人利用，所以存在；偏是无用的东西会利用人，替它遮盖和辩护，也能免于抛弃。柏拉图在《理想国》里把国家分成三等人，相当于灵魂的三个成分；饥渴吃喝是灵魂里最低贱的成分，等于政治组织里的平民或民众。最巧妙的政治家知道怎样来敷衍民众，把自己的野心装点成民众的意志和福利；请客上馆子去吃菜，还顶着吃饭的名义，这正是舌头对肚子的藉口，仿佛说："你别抱怨，这有你的份！你享着名，我替你出力去干，还亏了你什么？"其实呢，天知道——更有饿瘪的肚子知道——若专为充肠填腹起见，树皮草根跟鸡鸭鱼肉差不了多少！真想不到，在区区消化排泄的生理过程里还需要那么多的政治作用。

古罗马诗人波西藹斯（Persius）曾慨叹说，肚子发展了人的天才，传授人以技术（Magister artising enique largitor venter）。这个意思经拉柏莱发挥得淋漓尽致，《巨人世家》卷三有赞美肚子的一章，尊为人类的真主宰、各种学问和职业的创始和提倡者，鸟飞，兽走，鱼游，虫爬，以及一切有生之类的一切活动，也都是为了肠胃。人类所有的创造和活动（包括写文章在内），不仅表示头脑的充实，并且证明肠胃的空虚。饱满的肚子最没用，那时候的头脑，迷迷糊糊，只配作痴梦；咱们有一条不成文的法律：吃了午饭睡中觉，就是有力的证据。我们通常把饥饿看得太低了，只说它产生了乞丐，盗贼，娼妓一类的东西，忘记了它也启发过思想、技巧，还有"有饭大家吃"的政治和经济理论。德国古诗人白洛柯斯（B.H.Brockes）做赞美诗，把上帝比作"一个伟大的厨师傅（dergross Speisemeister）"，做饭给全人类吃，还不免带些宗教的稚气。弄饭给我们吃的人，决不是我们真正的主人翁。这样的上帝，不做也罢。只有为他弄了饭来给他吃的人，才支配着我们的行动。譬如一家之主，并不是挣钱养家的父亲，倒是那些乳臭未干、安坐着吃饭的孩子；这一点，当然做孩子时不会悟到，而父亲们也决不甘承认的。拉柏莱的话似乎较有道理。试想，肚子一天到晚要我们把茶饭来向它祭献，它还不是上帝是什么？但是它毕竟是个下流不上台面的东西，一味容纳吸收，不懂得享受和欣赏。人生就因此复杂了起来。一方面是有了肠胃而要饭去充实的人，另一方面是有饭而要胃口来吃的人。第一种人生观可以说是吃饭的；第二种不妨唤作吃菜的。第一种人工作、生产、创造，来换饭吃。第二种人利用第一种人活动的结果，来健脾开胃，帮助吃饭而增进食量。所以吃饭时要有音乐，还不够，就有“佳人”“丽人”之类来劝酒；文雅点就开什么销寒会、销夏会，在席上传观法书名画；甚至赏花游山，把自然名胜来下饭。吃的菜不用说尽量讲究。有这样优裕的物质环境，舌头像身体一般，本来是极随便的，此时也会有贞操和气节了；许多从前惯吃的东西，现在吃了仿佛玷污清白，决不肯再进口。精细到这种田地，似乎应当少吃，实则反而多吃。假使让肚子作主，吃饱就完事，还不失分寸。舌头拣精拣肥，贪嘴不顾性命，结果是肚子倒霉受累，只好忌嘴，舌头也只能像李逵所说“淡出鸟来”。这诚然是它馋得忘了本的报应！如此看来，吃菜的人生观似乎欠妥。

不过，可口好吃的菜还是值得赞美的。这个世界给人弄得混乱颠倒，到处是磨擦冲突，只有两件最和谐的事物总算是人造的：音乐和烹调。一碗好菜彷佛一只乐曲，也是一种一贯的多元，调和滋味，使相反的分子相成相济，变作可分而不可离的综合。最粗浅的例像白煮蟹和醋，烤鸭和甜酱，或如西菜里烤猪肉（Roast pork）和苹果泥（Apple sauce）、渗鳖鱼和柠檬片，原来是天涯地角、全不相干的东西，而偏偏有注定的缘分，像佳人和才子，母猪和癞象，结成了天造地设的配偶、相得益彰的眷属。到现在，他们亲热得拆也拆不开。在调味里，也有来伯尼支（Leibniz）的哲学所谓“前定的调和”（Harmonia praes tabilita），同时也有前定的不可妥协，譬如胡椒和煮虾蟹、糖醋和炒牛羊肉，正如古音乐里，商角不相协，徵羽不相配。音乐的道理可通于烹饪，孔子早已明白，所以《论语》上记他在齐闻《韶》，“三月不知肉味”。可惜他老先生虽然在《乡党》一章里颇讲究烧菜，还未得吃道三昧，在两种和谐里，偏向音乐。譬如《中庸》讲身心修养，只说“发而中节谓之和”，养成音乐化的人格，真是听乐而不知肉味人的话。照我们的意见，完美的人格，“一以贯之”的“吾道”，统治尽善的国家，不仅要和谐得像音乐，也该把烹饪的调和悬为理想。在这一点上，我们不追随孔子，而愿意推崇被人忘掉的伊尹。伊尹是中国第一个哲学家厨师，在他眼里，整个人世间好比是做菜的厨房。《吕氏春秋·本味篇》记伊尹以至味说汤那一大段，把最伟大的统治哲学讲成惹人垂涎的食谱。这个观念渗透了中国古代的政治意识，所以自从《尚书·顾命》起，做宰相总比为“和羹调鼎”，老子也说“治国如烹小鲜”。孟子曾赞伊尹为“圣之任者”，柳下惠为“圣之和者”，这里的文字也许有些错简。其实呢，允许人赤条条相对的柳下惠，该算是个放“任”主义者。而伊尹倒当得起“和”字——这个“和”字，当然还带些下厨上灶、调和五味的含义。

吃饭还有许多社交的功用，譬如联络感情、谈生意经等等，那就是“请吃饭”了。社交的吃饭种类虽然复杂，性质极为简单。把饭给自己有饭吃的人吃，那是请饭；自己有饭可吃而去吃人家的饭，那是赏面子。交际的微妙不外乎此。反过来说，把饭给予没饭吃的人吃，那是施食；自己无饭可吃而去吃人家的饭，赏面子就一变而为丢脸。这便是慈善救济，算不上交际了。至于请饭时客人数目的多少，男女性别的配比，我们改天再谈。但是趣味洋溢的《老饕年鉴》（Almanachdes Courmands）里有一节妙文，不可不在此处一提。这八小本名贵希罕的奇书，在研究吃饭之外，也曾讨论到请饭的问题。大意说：我们吃了人家的饭该有多少天不在背后说主人的坏话，时间的长短按照饭菜的质量而定；所以做人应当多多请客吃饭，并且吃好饭，以增进朋友的感情，减少仇敌的毁谤。这一番议论，我诚恳地介绍给一切不愿彼此成为冤家的朋友，以及愿意彼此变为朋友的冤家。至于我本人呢，恭候诸君的邀请，努力奉行猪八戒对南山大王手下小妖说的话：“不要拉扯，待我一家家吃将来。”

思考题：作者提出“只有两件最和谐的事物总算是人造的”，这两件事物是什么？作者为什么这样说？

总结

烹饪是人类为了满足生理需求和心理需求，把食材用适当方法加工成为可以直接食用的成品的活动。它包括对食材的认识、选择和组合设计，烹调法的应用与菜点的制作和艺术审美的体现等全部过程。中国烹饪文化是中国人在社会历史过程中，为生存、发展、享受的需要而进行的将食材通过适当的技术和方式进行生产加工、使之成为色香味形俱美的安全的有营养的食物的生产活动。中国饮食文化是人们在消费烹饪加工而成的饮食的历史过程中，形成的观念、制度、习俗、礼仪、规范，以及反映这些方面积淀的饮食文化遗产。从烹饪文化与饮食文化的性质、关系看，前者是生产文化，后者是消费文化，饮食文化是由烹饪文化派生出来的。在漫长的历史长河中，中国烹饪文化积累了深厚的文化积淀，形成了广博的文化内涵。揭开这些内涵的每一层次，都会令今人感受到中国先民的睿智和创造力。烹饪的生产与消费活动激发了先民更多的想象，使烹饪现象不再孤单，而是与政治、经济、宗教、审美、哲学、文学、乐舞、民俗等诸多领域发生联系，极大地丰富了中国烹饪的文化内涵。“中和”是中国烹饪的基本特征；“居安思危”的饮食心态使得中国烹饪风味变化多端，这是中国烹饪文化的第二大特征；通过原料配伍和烹饪手段使食物具有强身健体的养生价值，这是中国烹饪文化的第三大特征。

同步练习

1. 什么是烹饪？“烹饪”一词最早出现于哪部文献？

2. 文化可分为哪两大体系？

3. 什么是中国饮食文化？什么是中国烹饪文化？两者间有何区别？

4. 烹饪与政治、经济、宗教、审美、哲学、文学、乐舞、民俗等诸多领域发生了怎样的联系？

5. 中国烹饪文化具有哪些特征？

6. 烹饪与烹调的区别在哪里？

7. 饮食与餐饮的概念有何不同？

8. 小吃和点心的概念有何不同？

9. 美食与美味的概念有何不同？

10. 立足于历史发展的角度，如何看待厨房操作与食品工业的关系？

第二章

中国烹饪历史发展

本章内容： 中国烹饪的原始阶段
中国烹饪的形成阶段
中国烹饪的发展阶段
中国烹饪的成熟阶段
现代中国烹饪文化

教学时间： 6课时

教学方式： 理论教学

教学要求： 1. 列举和讲解史实，阐明中国烹饪发展的基本规律；
2. 阐述中华民族饮食文化充满智慧和创新精神的发展历程；
3. 分析各个历史阶段中国烹饪发展的基本特点。

课前准备： 指导学生阅读中国社会生活史方面的书籍。

中国烹饪文化有着悠久漫长的发展历程，它以创造华夏文明史的中华民族及其祖先为主体，以我国的物产为物质基础，以中华民族在历史演进的时序中所进行的饮食生产与消费的一切活动为基本内容，以不同时期烹饪活动中烹饪器械和烹饪技艺的不断创新为文化技术体系的发展主线，以中国人在饮食消费活动中的各种文化创造为文化价值体系的表现形态，由简而繁，与时俱进，潮起潮落，相激相荡，形成了宽广深厚的历史文化积淀。多年来，专家学者们从不同的角度对饮食文化的发展历史阶段做了各种形式的划分，皆有见地。本章根据中国烹饪文化在发展历程中自身表现出的时代特点，将中国烹饪文化的发展史分为烹饪的原始阶段、形成阶段、发展阶段、成熟阶段和现代阶段。以下是对中国烹饪文化各个历史阶段的发展状况及其特点的分述。

第一节　中国烹饪的原始阶段

一、中国烹饪原始阶段的基本状况

我国夏代以前漫长的原始社会时期是烹饪文化原始阶段。

20 世纪 60 年代，考古学家在云南省元谋县 180 万年前的古文化遗址中发现了大量的炭屑和两块被火烧过的黑色骨头。据此，很多学者猜测，距今 180 万年以前的元谋人已经发现甚至可能学会利用火了，但还没有证据表明当时的人类已经开始了用火熟食的尝试。

人类学会用火以前，是在采集可食的野生植物中走过了相当漫长的黑暗岁月。人类以火熟食，起初并非自觉。雷火燃起大片森林，许多动物未及逃脱而被烧死，先民在火烬中发现烧熟的动物肉，吃起来觉得比生吞活剥的猎物美味百倍，后来在自然火灾中反复吃到这样的熟食，于是逐渐认识了火的熟食功能，自然火由此开始使用。人类在长期的劳动实践中（尤其是制造劳动工具时），发现了“木与木相摩则然（燃）”（《庄子》）的道理，从而悟出了“钻木取火”之法。这是我们的祖先对人类文明的巨大贡献。研究结果表明，人类发明钻木取火并开始了真正意义上的用火熟食，至少已有 50 多万年的历史，在北京周口店地区的原始人遗址中，发现了大量的灰烬层和许多被烧过的骨头、石头等，中国考古学家据此作出了这样的判断：距今 50 多万年的北京猿人已经能够发明火、管理火以及用火熟食了。

用火熟食，使人类从此告别了以采集野生植物为主的饮食生活，是人类最终与动物划清界限的重要标志。恩格斯在《自然辩证法》中指出了人类用火熟食的意义："（人类用火熟食）更加缩短了消化过程，因为它为口提供了可以说是已经半消化了的食物。"并认为"可以把这种发现看作是人类历史的发端。"恩格斯称（用火）"第一次使人支配了一种自然力，从而最终把人同动物分开"。可以说，用火熟食既是一场人类生存的大革命，也是人类第一次能源革命的开端。用火熟食标志着人类从野蛮走向文明；用火熟食结束了人类生食状态，使自身的体质和智力得到更迅速的发展；用火熟食孕育了原始的烹饪，奠定了中国烹饪史上一大飞跃的物质基础。中国烹饪的历史由此展开。

史前熟食，实际上就是先民以烤的方法为主的熟食阶段。从食物原料及其获取方式上看，当时先民们的食物原料来自于自然生长的东西，获取的方式主要是采集和渔猎。即在不同的季节中采集植物的果根茎叶，集体外出用石块、石球、木棒等围猎豪猪、狼、竹鼠、獾、狐、兔、洞熊、野驴等动物。值得一提的是，山西朔县、下川、沁水等旧石器文化遗址中出土了石簇，表明在距今近三万年前，先民们已开始使用弓箭这样的高级捕猎工具，获取动物肉食的效率大大地提高了。从调味方面看，旧石器时代晚期的先民们已经开始食用野蜜和酸梅了，也可能使用天然盐了（如远古先民可能有用舌头舔食岩盐之风），但文献和考古发现中并无先民用它们来调味的实例。当时人们的饮食极其简单，直接生食或熟食。目的是为了维持生命，在物质文明还未达到产生审美的高度时，人们的饮食还谈不上享受。进食方式也很简单，直接用手抓，最多配一些砍砸器、刮削器或尖状器，以便吸食骨髓和剔净残肉。

在整个原始社会里，我们的先祖在熟食过程中大致经历了火烹、石烹和陶烹三个阶段。第一阶段的火烹，就是将食物直接置于火上进行熟制。这是人类学会用火后最先采用的烹饪方法。具体的方法有古文献记载的将食物架在火上的燔、烤、炙、煨等。第二阶段的石烹，包括古文献记载的"炮"在内，充分体现出原始烹饪的进一步发展的史实，其实质就是先民在烤食过程中开始利用中介传热，以求食物的受热均匀，不致烤焦。《礼记·礼运》："其燔黍捭豚。"注曰："加于烧石之上而食之"，显而易见，比火烹前进了一大步。另外，原始人还发明了"焗""石煮"等熟食方法。焗，就是将食物埋入烧热的石子堆中，最终使食物成熟。石煮，就是在掘好的坑底铺垫兽皮，然后将水注入坑中，再将烧红的石子不断地投入水中，水沸而使食物成熟。

在中国新石器时代文化遗址中，北方发现有粟和黍，如半坡文化遗址中有大量的黍粟等谷类出土；南方有稻，如河姆渡文化遗址中发现了大量的粳、籼等稻类作物。说明当时的先民已开始了原始农业的生产。就养殖而言，河姆渡人、半坡人已能圈养家畜家禽。烹饪原料已有了相对稳定的来源。

考古研究表明，早在距今11000年以前，中国人就发明了陶器，中国原始先民的熟食活动进入了第三个阶段。我们的祖先通过长期的劳动实践（不排除炮食这一饪食活动）中发现，被火烧过的黏土会变得坚硬如石，不仅保持了火烧前的形状，而且不易水解。于是人们就试着在荆条筐的外面抹上厚厚的泥，风干后放入火堆中烧，待取出时里面的荆条已化为灰烬，剩下的便是形成荆条筐的坚硬之物了，这就是最早的陶器。先民们制作的陶器，绝大部分是饮食生活用具。在距今 8000 ~ 7500 年前的河北省境内的磁山文化遗址中，发现了陶鼎，至此，严格意义上的烹饪开始了。在此后的河姆渡文化、仰韶文化、大汶口文化、良渚文化、龙山文化等遗址中，都发现了为数可观的陶制的饪食器、食器和酒器，如鼎、鬲等。在河姆渡遗址和半坡遗址中，发现了原始的灶，说明六七千年以前的中国先民就能自如地控制明火，进行烹饪了。陶烹是烹饪史上的一大进步，是原始烹饪时期里烹饪发展的最高阶段。

陶烹阶段在时间上与火烹阶段和石烹阶段相比要短得多，但它却是处于原始社会生产力发展水平最高的时期。从原始先民的饮食生活质量角度而言，陶烹阶段大大地超过了前两个阶段。而原始农业和畜牧业的出现，粟、稻、芝麻、蚕豆、花生、菱角等农作物的大量栽培，一些人工种植的蔬菜进入人们的饮食活动之中，牛、羊、马、猪、狗、鸡等的大量养殖，加之弓箭、鱼网等工具的发明和不断改进，这一切使原始先民饮食活动所需的烹饪原料要比采集和渔猎更为可靠和丰富，这些都为陶烹阶段的大发展提供了物质条件。

在中国烹饪的萌芽阶段末期，调味也出现了，此时人们已学会用酸梅、蜂蜜等调味。由于陶器的发明和普遍使用，使人们在运用陶器熟食时发现许多不同的烹饪原料间的混合烹饪会产生妙不可言的美味，特别是陶器的发明使“煮海为盐”有了必要的生产条件，用盐调味应运而生。也是由于陶器的发明，酿酒条件亦已具备，仰韶文化遗址中出土的陶质酒器，表明早在 7000 多年前，原始先民们已经初步掌握了酿酒。酒不仅可以用于直接饮用，且也作为调味品进入了人们的烹饪活动。至此，中国烹饪进入了烹调阶段。

我国原始社会的先民已开始朦胧地进行药膳。人们“饥不择食”,“茹毛饮血”,再加上恶劣的自然环境，人类遭受许多疾病的困扰。这个时期人们在寻觅食物时，有的误食某些食物，引起中毒，如呕吐、腹泻等；但有时无意间又食用了一些其他食物，使呕吐腹泻减轻，甚至消除。在生活实践中，人们就在腹泻时，吃了一些止泻的食物，这样逐渐开始积累一些医药知识。

在新石器时代，人类定居下来，发展了农牧业，这个时期人类发明了陶器，因陶器可以煎熬药物和烹蒸食物，从而给人们提供了良好的条件。谷物发酵成酒也是这个时期发明的。人们在发酵的水果中发现了酒的制作，后来人们认识到，酒“善走窜”“通血脉”“引药势”，药物与酒结合既能治疗疾病，又可供人饮服，这样出现了药膳饮料的药酒，从而推动了医药和药膳的发展。

筵宴也是在这一时期产生的。中国远古时期人类最初过着群居生活，共同采集狩猎，然后聚在一起共享劳动成果。进入陶烹阶段后，人们开始农耕畜牧，在丰收时仍要相聚庆贺，共享美味佳肴，同时载歌载舞，抒发喜悦之情。《吕氏春秋·古乐篇》记载："昔葛天氏之乐，三人操牛尾，投足以歌八阕。"当时聚餐的食品要比平时多，且有一定的就餐程序。另一方面，当时人们对自然现象和灾异之因了解甚少，便产生了对日月山川及先祖等的崇拜，从而产生了祭祀。人们认为，食物是神灵所赐，祭祀神灵则必须用食物，一是感恩，二是祈求神灵消灾降福，获得更好的收成。祭祀后的丰盛食品常常被人们聚而食之。直至酿酒出现后，这种原始的聚餐便发生了质的变化，从而产生了筵宴。中国最早有文字记载的筵宴，是虞舜时代的养老宴。《礼记·王制》："凡养老，有虞氏以燕礼"孔颖达疏解读："燕礼者，凡正享食在庙，燕则于寝，燕以示慈惠，故在于寝也。燕礼则折俎有酒而无饭也，其牲用狗。谓为燕者，《诗》毛传云：燕，安也，其礼最轻，行一献礼毕而脱升堂，坐以至醉也。"可见，燕宴是一种较为简单、随便的宴席。

二、 中国烹饪原始阶段的文化特征

综观整个中国烹饪的原始时期，可以看出有以下两个特点。

（1）在整个中国烹饪文化史中，原始阶段的发展历程可谓最为漫长、最为艰难。从火的发现、利用到发明，从火烹、石烹到陶烹，从采集、渔猎到发明原始种植业、养殖业，不仅凝结着原始先民们发明创造的血汗和智慧，而且也说明生产力的低下是阻碍烹饪发展变革迅速的根本原因。

（2）以火熟食和陶器发明，是中国原始烹饪文化发展的重要里程碑，它们不仅结束了人们的茹毛饮血的时代，更重要的是使中国社会文明出现了一次大飞跃。

第二节 中国烹饪的形成阶段

从夏朝到春秋战国近 2000 年是中国烹饪文化的形成阶段。这一历史时期在考古学中被视为青铜器文化时代。

中国烹饪文化的历史长河在这个时期出现了第二个高潮，烹饪文化初步定型，烹饪原料得到进一步扩大和利用，炊具、饮食器具已不再由原来的陶器一统天下，青铜制成的饪食器和饮食器在上层社会中已成主流，烹调手段出现了前所未有的发展，许多政治家、哲学家、思想家和文学家在他们的作品中亮出了自己的饮食思想，饮食养生理论已现雏形。

一、中国烹饪形成阶段的社会背景

由于夏统治者的重视，中国已出现了以农业为主的复合型经济形态，农业生产已有了相当的发展。《夏小正》中有“囿（养动物的园子）有见韭”“囿有见杏”的记录，这是关于园艺种植的最早记载。

商代统治者对农业也相当重视，殷墟卜辞中卜问收成的“受年”“受禾”数量相当多，而且常进行农业方面的祭祀活动，商王亲自向“众人”发布大规模集体耕作的命令。商王还很重视畜牧业的发展，祭祀所用的牛、羊、豕经常要用上几十头或几百头，最多一次用了上千头。

周统治者对农业生产的重视程度与夏统治者相比而谓有过之而无不及，相传周之先祖“弃”（即后稷）就是农业的发明人。周天子每年要在初耕时举行“藉礼”，亲自下地扶犁耕田。农奴的集体劳动规模相当大，动辄上万人。所以周天子的收获“千斯仓”“万斯箱”“万亿及秭”（见《诗经》），十分可观。

进入春秋战国时期，各国为了富国强兵，都把农业放在首位的。齐国国相管仲特别提出治理国家最重要的是“强本”，强本则必须“利农”。“农事胜则入粟多”“入粟多则国富”（见《管子》）。新技术也不断出现，如《周礼》记载的用动物骨汁汤拌种的“粪种”、种草、熏杀害虫法等。战国时期，铁农具和牛耕普遍推广，荒地大量开垦，生产经验的总结上升到理论高度。由于统治者对农业生产的重视，当时还出现了以许行为首的农家学派。而畜牧业在当时也很发达，养殖进入了个体家庭，考古发现中山国已能养鱼。农业的发达，养殖畜牧等副业的兴旺，为烹饪创造了优厚的原料物质条件。

手工业技术在夏至战国期间所呈现出的特点是分工越来越细，生产技术越来越精，生产规模越来越大，产品的种类越来越多。夏代已开始了陶器向青铜器的过渡，夏代有禹铸九鼎的传说，商周两代的青铜器已达到炉火纯青的程度。像商代的司母戊大方鼎，高137厘米，长110厘米，宽77厘米，重达875千克，体积之庞大，铸艺之精良，造型之美妙，堪称空前。1977年出土于河南洛阳北窑的西周炊具铜方鼎，高36厘米，口长33厘米，宽25厘米，形似司母戊大方鼎，四面腹部和腿上部均饰饕餮纹，实乃精美之杰作。而战国时发明的宴乐渔猎攻战纹壶，壶上的饰纹表现了当时的宴飨礼仪活动、狩猎、水陆攻战、采桑等内容。当时的晋国还用铁铸鼎。不过，这些精美的青铜器都是贵族拥有的东西，广大农奴或平民还是使用陶或木制的烹煮、饮食器具。而河北藁城台西村发现的商代漆器残片说明，最迟在商代已出现了漆器，至春秋战国时期，漆器已相当精美，漆器中的餐饮具种类也不少。

《尚书·禹贡》中把盐列为青州的贡品，山东半岛生产海盐已很有名。春秋时煮盐业已产生，齐相管仲设盐官专管煮盐业，从《管子》一书看，不但“齐有渠展（古地名）之盐”，而且“燕有辽东之煮”。据《周礼》记载，还有一种“卵盐”，即粒大如卵的块盐也出现了。

夏、商两代的酿酒技术发展得很快，这主要是由于统治者嗜酒的原因，“上有所好，下必盛焉”。《墨子》中讲夏王启“好酒耽乐”，《说文解字》中讲夏王少康始制“秫酒”，而《尚书》及《史记》中都记述了商纣王更作酒池、肉林，“为长夜之饮”，可见，夏商时期的酿酒业是在统治者为满足个人享乐的欲求中畸形发展起来的。商代手工业奴隶中，有专门生产酒器的“长勺氏”和“尾勺氏”。从商代遗址出土的青铜器中，有许多是盛酒的酒器。由于农作物等农业的发展，用谷物酿酒也随之得到了发展。酒在医药中的重要作用，会“邪气时至，服之万全……当今之世，必齐毒药攻其中，砭石针艾治其外也。”《吕氏春秋》记载伊尹与商汤谈论烹调技术：“调和之事，必以甘辛酸苦咸，先后多少，其齐甚微，皆有自起。”“阳朴之姜，招摇之桂。”这里不仅阐述了药膳烹调技术，同时指出了姜、桂既是食物，又是药物，不仅是调味品，而且是温胃散寒的保健品，张仲景的桂枝汤，就是一个典型的药膳方剂，其中桂枝、芍药、甘草、生姜、大枣等，就有四味是食物，只有芍药一味是药物。这一药膳古方，可能是当时药物与食物用于治疗疾病而发展起来的药膳方剂。

至周代初期，统治者们清醒地意识到酒是给商纣王带来亡国灾祸的重要原因，对酒的消费与生产都作出过相当严厉的控制性规定，酿酒业在周初的发展较缓慢，当然，这并不意味着统治者们对酒“敬而远之”，周王室设立专门的官员“酒正”来“掌酒之政令”，并提到利用“曲”的方法，这可以说是我国特有的方法。欧洲 19 世纪 90 年代才从我国的酒曲中提取出一种毛霉，在酒精工业中“发明”了著名的淀粉发酵法。

夏至战国的商业发展已有了一定的水平，相传夏代王亥创制牛车，并用牛等货物和有易氏做生意，有关专家考证，商民族本来有从事商业贸易的传统，商亡后，其贵族遗民由于失去参与政治的前途转而更加积极地投入商业贸易活动。西周的商业贸易在社会中下层得以普及，春秋战国时期，商业空前繁荣，当时已出现了官商和私商，东方六国的首都大梁、邯郸、阳翟、临淄、郢、蓟都是著名的商业中心。商业的发达，不仅为烹饪原料、新型烹饪工具和烹饪技艺等方面的交流提供了便利，同时也为餐饮业提供了广阔的发展空间。

从夏商两代至西周，奴隶制宗法制度形态已臻完备。周代贯穿于政治、军事、经济、文化活动的饮食礼仪成了宗法制度中至关重要的内容，而周王室制定了表现饮食之礼的饮食制度，其目的就是通过饮食活动的一系列环节，来表现社会阶层等级森严、层层隶属的社会关系，从而达到强化礼乐精神、维系社会秩序的效果。因此西周的膳食制度相当完备，周王室以及诸侯大夫都设有膳食专职机构工或配置膳食专职人员保证执行。据《周礼・天官冢宰》记载，总理政务的天官冢宰，下属五十九个部门，其中竟有二十个部门专为周天子以及王后、世子们的饮食生活服务，诸如主管王室饮食的“膳夫”、掌理王及后、世子们饮食烹调的“内饔”、专门烹煮肉类的“亨人”、主管王室食用牲畜的“庖人”等等。春秋战国时期，儒家、道家都从不同的角度肯定了人对饮食的合理要求具有积极意义，如《论语》提到的“食不厌精，脍不厌细”“割不正不食”“色恶不食”；《孟子》提出的“口之于味，有同嗜焉”；《荀子》提出的“心平愉则疏食菜羹可以养口”；《老子》提出的“五味使人口爽”“恬淡为上，胜而不美”……所有这些都对饮食保健理论的形成起到了促进作用。阴阳五行学说具有一定的唯物辩证因素，成为构建饮食营养体系和医疗保健理论的重要理论依据。

二、中国烹饪形成阶段所取得的重大成就

中国烹饪文化在这一时期创造了辉煌的成就，从技术体系看，主要表现在烹饪工具、烹饪原料、烹饪技艺、美食美饮等方面，从价值体系看，则主要表现在百家提出的饮食思想与观念和建立食养食疗理论等方面。

（一）烹饪工具分门别类

饪食器与饮食器由原来的陶质过渡到青铜质，这是本阶段取得的伟大成就之一。但要强调的是，青铜器并没有彻底取代陶器，在三代时期，青铜器和陶器在人们的饮食生活中共同扮演着重要角色。保留至今的青铜质或陶质烹饪器具形制复杂，种类多样，这里只能分类举要。

1. 饪食器和饮食器

饪食器和饮食器主要有鼎、鬲（lì）、甗（yǎn）、簋（guǐ）、豆、盘、匕等。

鼎

《说文》将鼎解释为“和五味之宝器”。它不仅是远古先民重要的饪食器和饮食器，也是象征国家和统治者最高政治权力的王器。就类别而言，有鼎、鬲、甗等之分；就盛放食物之用而言，有牛鼎、羊鼎、豕鼎、鹿鼎等之分；就型制而言，有无足之镬、分裆之鬲、大鼎之鼐、小鼎之鼎等之分。

鼎在周代的使用制度相当严格，大体可分三类。一是镬鼎，专作烹煮牲肉（祭祀的牲畜肉类）之用。二是升鼎，又称正鼎，古人将镬中煮熟的牲肉放入鼎中的过程谓之“升”，故将升牲之鼎称做升鼎，依《左传》《公羊传》等记载，“天子九鼎，诸侯七，卿大夫五，元士三也”。升鼎之数，一般要大于镬鼎，天子九鼎所盛之物：牛、羊、豕、鱼、腊、（牛羊的）肠胃、鲜鱼（生鱼片）、肤（肥猪肉）、鲜腊。升鼎的食品最后置于俎（盛放牲体的礼器，多为木制漆绘，也

有用青铜所制）上，以供食用。三是羞鼎，又称陪鼎，用以盛放加入五味的肉羹。由于升鼎所盛之食是不加调料的，而这种淡而无味的食物很难下咽，贵族阶层平时所好的是备极滋味的肉羹，真正重视的也是这类佳肴，所以陪鼎应运而生。由于鼎是用以煮肉或装肉的，筵席上除了肉以外，还需要酒饭，因而鼎常同其他食器配合使用。

鬲（lì）

鬲是商周王室中的常用饪食器具之一。《尔雅·释器》中说："鼎款足者谓之鬲。"其作用与鼎相似。最初形式的青铜鬲就是仿照陶鬲制成的，其状为口大，袋形腹，其下有三个较短的锥形足，这样就使鬲的腹部具有最大的受火面积，使食物能较快地煮熟。周代鬲的袋腹都很丰满，上口有立耳、颈微缩。因为三个袋腹与三足相连，而且鬲足较短，所以习惯上把袋腹称为款足。容庚在《殷周青铜器通论》一书中说："鬲发达于殷代，衰落于周末，绝迹于汉代，此为中国这时期的特殊产物。"

甗（yǎn）

甗是商周时的饪食器，相当于现在的蒸锅。全器分上和下两部分，上部为甑（zèng），放置食物，下部为鬲，放置水。甑与鬲之间有箅，箅上有通蒸汽的十字孔或直线孔。青铜甗也是由陶甗演变而来，器形有独立甗、合体甗、方甗。1976 年在河南省安阳妇好墓出土的三联甗就是合体甗。甗流行于商代至战国时期。尤其是盛行于商周王室的饮食生活中，至汉代和鬲一起绝迹。

簋（guǐ）

传统说法谓簋为盛煮熟的黍、稷等饭食之器。商周王室在宴飨时均为席地而坐，而且主食一般都用手抓，簋放在席上，帝王权贵们再用手到簋里取食物。《说文》："簋，黍稷方器也。"偃师二里头遗址四期墓葬有陶簋出土，不少商代遗址也多有发现，大都为圆器而非方器。即圆腹圆足。殷墟曾出土一件陶簋，里面盛有羊腿，由此可知，簋并不是盛饭专用器物。商后期至周初，青铜簋出现。1959 年出土于山西石楼县的直纹簋，其上体似盆，腹深壁直，下接高圈足，足上有镂孔，腹、足均有细密的直纹带，夹以联珠纹。其实，簋在商代不很流行，商代礼器以酒器为主，但簋的确是盛放食物的实用器。

豆

圜底高足，上承盘底，《说文》："豆，古食肉之器也。"河北藁城台西商墓 M105，随葬陶豆，豆中有鸡骨。殷墟出土陶豆中也发现有羊腿骨或其他兽类骨。可见《说文》所解"豆"义是实。但也不完全如此，《诗·大雅·生民》中说："卬盛于豆，于豆于登，其香始升。"毛传："木曰豆，瓦曰登，豆荐菹醢也。"孔蔬："木豆谓之豆，瓦豆谓之登，是木曰豆，瓦曰登，对文则瓦木异名，散则皆名豆。瓦豆者，以陶器质故也。"陶豆荐菹醢（zū hǎi），菹是咸菜、酸菜一类的食品，醢是肉酱。说明周人不仅用陶豆盛肉食，也盛菜蔬。《周礼·冬官·梓人》：“食一豆肉，饮一豆羹，得之则生。”表明在一般平民的生活中，陶豆既是食器，又是饮器。

盘

周代常用盘来盛水，多与匜（yí，形状像瓢的器皿）配套，用匜舀水浇手，洗下的水用盘承之。但盘早先是饮食或盛食器。在甘肃省永昌鸳鸯池一处新石器时代的墓葬中，发现一个红陶盘，里面放着九件小陶杯，饮食时盘与杯配套，可供多人享用。夏商人又以之盛食，殷墟出土陶盘，其内残留着动物肢骨；而考古从小屯 M233 墓中出土漆盘，也留有牛羊腿骨。

匕（古作柶）

匕是三代时期餐匙一类的进食器具，前端有浅凹和薄刃，有扁条形或曲体形等，质料有骨制、角制、木制、铜制、玉制等。孔颖达疏解《礼记》中的“角柶”说：“匕，亦所以用比取饭，一名柶。”匕、柶互训，一物而异名。《礼记》说：“柶，以角为之，长六寸，两头屈曲。”柶在使用时也可能略有别于匕，用来把肉类食物从容器中擗取出，它还用于批取饭食。商代中期以后，贵族好以铜、玉制匕、柶进食，系统性有贝形、尖叶形、平刃凹槽形、箕形等。造型纹饰风格多样。

2. 酒器

这是三代时期人们用以饮酒、盛酒、温酒的器具。在先秦出土的青铜器中，酒器的数量是最多的，商代以前的酒器主要有爵、盉（hé）、觚（gū）、杯等；商代以后，陶觚数量增多，并出现了尊、觯（zhì）等。商代，由于统治者嗜酒之故，酿酒业很发达，因而酒器的种类和数量都很可观，至周初，酒器型质变化不大，而数量未增。春秋以后，礼坏乐崩，酒器大增，且多为青铜所制。三代时期的酒器，就用途而言，有盛酒、温酒、调酒、饮酒之分。盛酒器主要有尊、觚、彝、罍（léi）、瓿（bù）、斝（jiǎ）、卣（yǒu）、盉、壶等。温酒调酒器主要有斝、盉等。饮酒器主要有爵、角、觥（gōng）、觯、觚等。

3. 刀具

考古中发现夏代（二里头）的青铜刀，商代妇好墓中也有发现，但是否为烹饪专用还不能肯定。从兵器刀、剑及古籍记载中推测，烹饪专用青铜刀也应该在使用中了。

4. 辅助器

指俎（zǔ）、盘、匜（yí）、冰鉴等。俎是用以切肉、陈肉的案子，常和鼎、豆连用。在当时俎既用于祭祀，也用于饮食。当时有“彘俎”“羔俎”的专用俎，一般用木制，少量礼器俎用青铜制作。1979 年出土于辽宁省义县花儿楼的饕餮（tāo tiè）纹俎，长方形的面案中部下凹，呈浅盘状，案底有二半环形鼻连铰状环，环上分悬有二玲。案足饰有饕餮纹。盘和匜是一组合器，贵族们用餐之前，由专人在旁一人执匜从上向下注水，一人承盘在下接，以便洗手取食别的食物。冰鉴是用以冷冻食物饮料的专用器，先民在冰鉴中盛放冰块，将食物或饮料置其中，以求保鲜。

（二）烹饪原料品种繁多

这一时期的烹饪原料不断丰富，从考古发现和古籍中归纳，按类别可分为植物性、动物性、加工性、调味料、佐助料等五大类原料。

1. 植物性原料（粮食、蔬菜和果品）

粮食：进入夏、商、周三代时期，粮食作物可谓五谷具备。从甲骨文和三代时期的一些文献记载看，当时已有了粟、粱、稻、黍、稗、秫（糯）、苴、菽、牟、麦、桑等粮食作物，说明三代时期的农业生产已很发达。

蔬菜：从《诗经》三代时期文献记载看，那段时期的农业生产工具、技术和生产能力的提高，对蔬菜的种植起到了极大的推动作用，蔬菜的种植已具规模，从品种到产量都大有空前之势。当时先民所种植的蔬菜品种已有很多，诸如葑（蔓菁）、菲（萝卜）、芥（盖菜）、韭、薇（豌豆苗）、荼、芹、笋、蒲、芦、荷、茆（莼菜）、苹、菘（白菜）、藻、荅、荇、芋、蒿、蒌、葫、萱、瓠（瓠子）蒉（苋菜）等。

果品：三代时的水果已经成为上层社会饮食种类中很重要的食物，水果已不再是充饥之物，而是在当时已有了休闲食品的特征。像桃、李、梨、枣、杏、栗、杞、榛、棣（樱桃）、棘（酸枣）、羊枣（软枣）、柤（山楂）等水果已成为当时人们茶余饭后的零食。这不仅说明了当时上层社会饮食生活较之原始时期已有很大改善，也说明了三代时的种植业已有很大发展。

2. 动物性原料（畜禽、水产和其他）

三代时期，人们食用的动物肉主要源于养殖和渔猎，在当时，养殖业比新石器时代有很大的发展，从养殖规模、种类和数量上看，都达到了空前的高水平。但是，人们仍将渔猎作为获取动物类原料的重要手段之一，有两个很重要的原因：一是当时的农业生产水平还不能达到能真正满足人们的饱腹之需，这就制约了养殖业的发展能力和规模；二是当时宗教祭祀活动中祭祀所需肉类食物的数量已到了与人夺食的程度，仅仅依赖养殖的方法去获取肉类食物是不行的。因此，三代时的肉类食品中有相当一部分源于捕猎，所以，在今人看来，三代时人们食用的动物类品种就显得很杂，如畜禽类有牛、羊、豕、狗、马、鹿、猫、象、虎、豹、狼、狐、狸、熊、罴、麇、獾、豺、貉、羚、兔、犀、野猪、狙、鸡、鸭、鹅、鸿（雁或天鹅）、鸽、雉、凫（野鸭）、鹑、鸨、鹭、雀、鸹（鸦）等；水产类有如鲤、鲂（鳊鱼）、鳏（鲩鱼）、鲔（鲟鱼）、鲊（鲢鱼）、鳟、鳢（黑鱼）、鲋（鲫鱼）、鱼酋（泥鳅）、江豚、鲖（河豚）、鲂（斑鱼）、鲍、鲽（比目鱼）、龟、鳖、蟹、车渠、虾等。此外还有蜩（蝉）、蚁、蚺（蟒）、范（蜂）、乳、卵（蛋类）等。

3. 加工类原料

此类有植物性的也有动物性的。如稻粉（米粉）、大豆黄卷（豆芽）、白蘖（谷芽）、干菜、腊、脯、鳙（干鱼）、鲝（腌鱼）、鲊、腒（干禽）、熊蹯（熊掌）等。

4. 调味品

三代时期，特别是周代，统治者对美味的追求极大地促进了调味品的开发和利用，出现了很多调味品，诸如盐、醯（xī 醋）、醢（hǎi肉酱）、大苦（豆豉）、醷（梅浆）、蜜、饴（蔗汁）、酒、糟、芥、椒（花椒）、血醢、鱼醢、卵醢（鱼子酱）、蚳醢（蚁卵酱）、蟹酱、蜃酱、桃诸、梅诸（均为熟果）、芗（苏叶）、桂、蓼、姜、苴莼、荼等。其实当时的调味品还不止这些，如《周礼·天官·膳夫》中说供周王用的酱多达120种。

5. 佐助料

植物性的如稻粉、榆面、堇、粉（以上均为勾芡料）、鬯（香酒），动物性的如膏芗（牛脂）、膏臊（狗脂）、膏腥（猪脂或鸡脂）、膏膻（羊脂）、网油等。

（三）烹饪工艺已趋精致

由于青铜烹饪工具的发明和使用，随着人们对自然界和人类社会的认识水平的大幅度提高，烹饪工艺在这一时期出现了一次巨大飞跃。

1. 对烹饪原料的科学认识与合理利用

三代时期，先民通过长期的饮食生活实践，在烹饪原料方面总结出一整套的规律和许多宝贵经验。如在动物性原料的选取方面，总结出“不食雏鳖，狼去肠，狗去肾，狸去正脊，兔去尻（尾部），狐去首，豚去脑，鱼去乙（乙状骨），鳖去丑（肛门）”，在植物性原料的选取方面，总结出“枣曰新之，粟曰撰之，桃曰胆之，祖梨曰攒之”，在酿酒方面，强调的是“秫稻必齐，曲蘖必时”和“水泉必香”，只有对所用粮食、酒曲、水加以严格要求，才能酿出好酒。

2. 烹饪原料间的合理配伍

三代时期，在人们原烹饪原料及其内在关系的科学把握基础上，提出了应根据自身特点及相生相克关系对烹饪原料进行季节性的合理搭配。如《礼记·内则》：“脍（炒肉丝），春用葱，秋用芥；豚，春用韭，秋用蓼；脂用葱，膏用薤，和用醯，兽用梅。”

3. 具有一定水平的刀工技术

食酱是当时人们饮食生活中一个重要的内容，甚至可以说是“礼”的规范，而制酱即“醢”需要一定的刀工技术，因此，在当时，掌握刀工技术是对厨师必不可少的普遍性要求。《庄子》中著名的寓言“庖丁解牛”，描述庖丁宰牛的分解技术出神入化，实际上很生动地反映出当时厨师对刀工技术的理想化要求，可以视为是当时厨师对刀工技术的重要性与技巧性的认识。厨师在实践中也不断总结运刀经验，如《礼记·内则》中有“取牛肉必新杀者，薄切之，必绝其理”的记载，就是这方面的具体反映。

4. 进一步创新的烹调方法

新石器时代晚期流行的主要烹调方法有炮、炙、燔、煮、蒸（或脪）露（卤或烙）等，到了三代时期，随着陶器向青铜器的过渡以及烹饪原料的扩大，烹饪技法又有了进一步的创新，如臛（红烧）、酸（醋烹）、濡（烹汁）、炖、羹法、齑法（碎切）、菹法（渍、腌）、脯腊法（肉干制作）、醢法（肉酱制作）等。另外此时所出现的“滫瀡”、煎、炸、熏法、干炒是一个飞跃。《礼记·内则》中有“滫瀡以滑之”之语，意即勾芡，让菜肴口感滑爽。同书说的“和糁”，有人认为也是勾芡。书中还提到“煎醢”“煎诸（之于）膏，膏必灭之”（将原料放入油中煎，油必漫过原料顶部）“雉、芗、无蓼”（野鸡用苏叶烟熏，不加蓼草）“鴽，瓤之蓼”（鹌鹑用蓼末塞入后蒸）。《尚书·誓》中说的“糁”这种面食，有人认为类似今天的炒米（麦），说明干炒已从烙中演变而出。特别是《周礼》里说的八珍中的“炮豚”等菜，开创了用炮、炸、炖多种方法烹制菜肴的先例，对后代颇有影响。

5. 调味

三代时期，由于统治者对美味的重视，调味已成为厨师的又一大技能，《周礼·食医》中说：“凡和，春多酸，夏多苦，秋多辛，冬多咸，调以滑甘。”这就是当时厨师总结出的在季节变化中的运作规律。而《吕氏春秋·本味》所论则更为精妙，认为调味水为第一，“凡味之本，水为之始”，而调制时，“必以甘酸苦辛咸，先后多少，其齐甚微，皆有自起。”故调味之技、之学很高深：“鼎中之变，精妙微纤。口弗能言，志弗能喻。”这样制出的菜肴才能达到“久而不弊（败坏）、熟而不烂，甘而不哝，酸而不酷，咸而不减，辛而不烈，淡而不薄，肥而不腴（腻）”的效果。当时厨师总结出的调味经验往往又成为政治家、哲学家们弘扬己论的借喻。如《国语·郑语》载史伯论及“和实生物”的哲学命题时说：“味一无果。”这是说相同的滋味之间相调和，是不会产生变化结果的。又如《左传》昭公二十年载，齐国国相晏婴在论及“和”与“同”、君与臣之间的关系时就说：“齐之以味，济其不及，以泄其过。”这是说调味品的作用是将乏味变为美味，化腐朽为神奇。

（四）烹饪名家纷纷涌现

相传夏代的中兴国君少康曾任有虞氏的庖正之职。而伊尹是曾是商汤之妻陪嫁的媵臣，烹调技艺高超，而商汤因其贤能过人，便举行仪式朝见他，伊尹从说味开始，谈到各种美食，告诉商汤，要吃到这些美食，就须有良马，成为天子。而要成为天子，就须施行仁政，伊尹与商汤的对话，就是饮食文化史上最早的文献《吕氏春秋·本味》。易牙又叫狄牙，是春秋时齐桓公的幸臣，擅长烹调。传说他的菜美味可口，故而深受齐桓公的赏识。但他在历史上的名声并不好，史书载，他为了讨好齐桓公，竟杀亲子并烹熟，以作为鼎食而敬献齐桓公。管仲死后，他与竖刁、开方专权，齐桓公死后，立公子无方而使齐国大乱。刺客专诸，受吴公子光之托，刺杀王僚，为此，他特向吴国名厨太和公学烹鱼炙，终成烹制鱼炙的高手，最后刺杀王僚成功，此二人都可称为当时厨界的名家。

（五）食礼规定下的饮食结构

在秦汉以前的文献中，“食”与“饮”常常对举而出，如“饭疏食饮水”（《论语·述而》）；“食饮不美，面目颜色不足视也”（《墨子·非乐上》）；“食居人之左，羹居人之右”（《礼记·曲礼上》）。可见，古人的一餐，至少由“食”和“饮”构成，换言之，二者构成了最基本、最普遍的饮食结构。

食，在当时专指主食，如今天所谓的米食面食之类。《周礼》有“食用六谷”和“掌六王之食”的文字，其中的“食”就是指谷米之食，据郑注，“六谷”为稌、黍、稷、粱、麦、苽，是王者及其宗亲的饭食原料。《礼记·内则》也有“六谷”之说，但是与郑司农所注的“六谷”不同，即“饭：黍、稷、稻、粱、黄粱、白黍，凡六。”并说：“此诸侯之饭，天子又有麦与苽。”（见陈澔注《礼记集说》）说法虽不尽同，但从历史的角度看，谷食称谓不同，往往可以反映出某种谷物的沉浮之变。

饮，其品类在三代之时有很多，在王室中，主要由“浆人”和“酒正”之类的官员具体负责。《周礼·天官·浆人》：“掌供王之六饮：水、浆、醴、凉、醫、酏。”六饮，分释如下：

水：即清水；

浆：即用米汁酿成的略带酸味的酒；

醴：即一种酿造一宿而成的甜酒；

凉：虽为饮品，但当为以糗（炒熟的米、面等干粮）加水浸泡至冷的半饮半食之品，颇似今之北方绿豆糕、南方芝麻糊的吃法；

醫：即在米汁中加入醴酒的饮品；

酏：类似今天的稀粥。

可见，三代时期人们的饮品不仅在口味上有厚薄之异，而且在颜色上也有清白之分。必须指出，这些饮品都是当时王室贵族的杯中之物，平民的“饮”除水以外，都是以“羹”为常。最初的羹是不加任何调料的太羹，从《古文尚书·说命》的“若作和羹，尔维盐梅”之句中得知，商代以后的人们在太羹中调入了盐和梅子酱。从周代一些文献记载中得知，当时王侯贵族之羹有羊羹、雉羹、脯羹、犬羹、兔羹、鱼羹、鳖羹等，平民食用之羹多以藜、蓼、芹、葵等代替肉来烹制，《韩非子》中的“粝粢之食，藜藿之羹”之语，描述的正是平民以粗羹下饭的饮食生活实况。根据食礼规定，庶民喝不上“六饮”，但羹不会没有，《礼记·内则》说：“羹、食，自诸侯以下至于庶人无等。”陈澔注说：“羹与饭，日常所食，故无贵贱之等差。”可见，周人的最简单的一餐中，食、饮皆不偏废。

膳，在周礼中规定士大夫以上的社会阶层于“食”和“饮”的基础上所加的菜肴，又称“膳羞”。膳，即牲肉烹制的肴馔；羞，有熟食或美味的意思。周代食礼对士大夫以上阶层明确规定：“膳用六牲”（《周礼·天官·膳夫》），依郑司农注，六牲，就是牛、羊、豕、犬、雁、鱼，它们是制膳的主要原料。在食礼规定中，膳必须用木制的豆来盛放，《国语·吴语》：“在孤之侧者，觞酒，豆肉，箪食。”韦昭注说：“豆，肉器。”高亨注说：“木曰豆。”不同等级的人在用膳数量上也有区别，《礼记·礼运》：“天子之豆二十有六，诸公十有六，诸侯十有二，上大夫八，下大夫六。”天子公卿诸侯阶层一餐之盛，由此可见一斑。《礼记·内则》说：“大夫无秩膳。”秩，常也。就是说，士大夫虽也可得此享受，但机会不多。天子公侯才有珍馐错列、日复一日的排场。

（六）八珍及南北食风

从文献资料记载看，周代的烹饪技术大大地超过了商代，已经形成了色香味形这一中国烹饪的主要特点。这在周王室所常用的养老菜肴“八珍”即可见一斑。《礼记·内则》记有“八珍”及烹调方法，略述如下：

一是淳熬，即用炸肉酱加油脂拌入煮熟的稻米饭中，煎到焦黄来吃；

二是淳母，制法与淳熬同，只是主料不用稻米，而用黍；

三是炮，就是烤小猪，用料有小猪、红枣、米粉、调料，经宰杀、净腔、酿肚、炮烤、挂糊、油炸、切件、慢炖八道工序，最为费事，非平民所能受用之味；

四是捣珍，即用牛、羊、鹿、麋、麇五种里脊肉，反复捶击，去筋后调制成肉酱；

五是渍，即把新鲜牛肉逆纹切成薄片，用香酒淹渍一夜，次日食之，吃时用醋和梅酱调味；

六是熬，即将牛羊等肉捶捣去筋，加姜、桂、盐腌干透的腌肉；

七是糁，即将牛羊豕之肉，细切，按一定比例加米，做饼煎吃；

八是肝膋，即取一副狗肝，用狗的网油裹起来（不用加蓼），濡湿调好味，放在炭火上烤，烤到焦香即成。

可以说，“八珍”代表了北方黄河流域的饮食风味，此外，如《周礼》《诗经》和《孟子》等文献所记录的饮食同样具有北方黄河流域的文化特点，主食是黍、粟之类，副食多为牛、羊、猪、狗之类；而以《楚辞》中《招魂》和《大招》为代表所记录的主食多为稻米，副食多水产品，至于“吴醴”“吴羹”“吴酸”“吴酪”等以产地为名的饮食品更体现了长江流域的食风。因此说，南北饮食的不同风格已经形成。

（七）宴饮制度下的燕乐侑食

夏商周三代的饮食活动，依其性状，大体可分两类：一类是每日常食，另一类是筵席宴飨。每日常食，出于生理需要，基本固定化，习以为俗。筵席宴飨，起于聚餐，是人与人之间有了“礼”的关系后才逐渐形成的就餐方式。原始社会人们祀天祭地享祖先，氏族首领把把祭食分与族人共食，大概可视为筵宴的滥觞。《礼记·王制》谓有虞氏养老用“燕礼”，旧注以为，“燕者，殽烝于俎，行一献之礼，坐而饮酒，以至于醉。”这种直接出于“人伦”的共饮礼俗，也可视为最早的筵席之一。

夏朝的筵席形态已难以考察，相传当时已有宴乐宴舞，且编排有序，场面宏大，表演性强。在商王朝，筵席宴飨一般称为“飨”，王所飨的对象主要为王妃、重臣元老、武将、王亲国戚、诸侯、郡邑官员和方国君侯。宴飨的重要目的，就是对内笼络感情，即所谓“饮食可飨，和同可观”（《国语·周语中》），融洽贵族统治集团的人际关系。再有就是对外加强与诸侯、郡邑间隶属关系和方国“宾入如归”的亲和交好关系。这种以商王为主方以显其威仪气派的筵宴，是倨傲舒悦心态的表露，其大国的“赫赫厥声”（《诗·商颂·殷武》）的底蕴也每每洋溢于席面之间，政治的、精神的色调在商王朝的筵宴中表现得淋漓尽致。

另一方面，贵族阶层在筵宴其间总是离不开音乐，以乐侑食，早在夏代上层贵族阶层已甚流行。《夏书》言太康“甘酒嗜音”，《竹书纪年》言少康时“方仪来宾，献其乐舞”。至商，乐舞盛逾夏代，贵族宴飨，几乎无不用乐，故有“殷人尚声”之说。特别是商纣王，“使师涓作新声、北里之舞、靡靡之乐，……以酒为池，悬肉为林，使男女裸相逐其间，为长夜之饮。”纵于美食声色，这就是商纣王败亡的重要原因。

周代的宴饮不仅频繁，而且宴饮的种类和规仪不尽相同，较为重要的宴饮有以下几种：

祭祀宴饮：祭祀神鬼、祖先及山川日月后的宴饮；

农事宴饮：在耕种、收割、求雨、驱虫等活动之际；

燕礼：相聚欢宴，多指私亲旧故间的宴饮；

射礼：练习和比赛射箭集会间的宴饮；

聘礼：诸侯相互聘问（遣使曰聘）之礼时的宴饮；

乡饮酒礼：乡里大夫荐举贤者并为之送行的宴饮；

王师大献：庆祝王师凯旋而归的宴饮；

……

可以这样说，周人无事不宴，无日不宴，究其原因，除了统治者享乐需求之外，还有政治上的需要，即通过宴饮，强化礼乐精神，维系统治秩序。《诗·小雅·鹿鸣》尽写周王与群臣欢宴场面，《毛诗正义》对此发论说："（天子）行其厚意，然后忠臣嘉宾佩荷恩德，皆得尽其忠诚之心以事上焉。上隆下报，君臣尽诚，所以为政之美也。"这一点与夏商时期天子大行宴饮之风的情况类似。在周人的宴饮制度中，在燕饮中以雅乐侑食是相当重要的内容。"燕"与"宴"有区别，一般性的聚饮谓之宴，私亲旧故谓之燕。燕必举乐，而宴就不一定了。周天子举办燕饮有四种情况："诸侯无事而燕，一也；卿大夫有王事之劳，二也；卿大夫有聘而来，还，与之燕，三也；四方聘，客与之燕，四也。"（《仪礼·燕礼》贾疏），后三种情况虽与国事有关，但君臣感情笃深，筵席气氛依然闲适随和。燕中大举雅乐，侑食之乐还在其次，主要还是为了体现"为政之美"。在周人看来，音乐诗舞不适合燕礼，就会导致朝政紊乱，通过燕乐的作用，使尊卑亲疏贵贱长幼男女（周人归之为阴阳）的对立转为调和，和谐相处。流传至今的《诗·小雅》，其中相当多的诗篇为燕饮中的常举之乐，如《鹿鸣》《四牡》《皇皇者华》《鱼丽》《由庚》《南有嘉鱼》等，起初都是燕乐。燕饮其间，唱这些曲目，不仅是因为礼制规定，而且这些曲目有表情达意的效果，在觥筹交错之中，可以达到愉快和谐、其乐融融的气氛。应该说，这是中国饮食文化特有的现象。

总之，中国饮食文化的形成时期与中国的灿烂辉煌的青铜器文化时期正可谓同期同步，这一时期中国的饮食文化由于陶器转向青铜器的变化，生产力的提高，社会经济、政治、思想、文化的全面发展而跃上了一个新的水平，创造了多方面的光辉成就。从烹饪原料增加、扩充、烹饪工具革新、烹饪工艺水平创新提高、烹饪产品丰富精美，到消费多层次、多样化等，都形成了各自的特色和系统，并由此形成了中国传统烹饪体系，为中国传统烹饪的发展奠定了坚实的基础。

第三节 中国烹饪的发展阶段

从公元前221年到公元960年的秦到唐代，其间历时近1200年，中国烹饪文化在前期形成初步文化模式的基础上经历了一个发展壮大的重要时期。这一时期，中国烹饪文化承上启下，创造了一系列重要的文化财富，为后来中国烹饪文化迈向成熟开辟了道路。

一、中国烹饪发展阶段的社会背景

汉王朝建立后，统治者采取了重农抑商的政策，不仅大力鼓励农业生产，而且大兴水利，在关中平原先后兴修了白公渠、六首渠、灵轵渠、成国渠等，同时还积极推广农业技术，如《氾胜之书》载："以粪气为美，非必须良田，诸山陵近邑，高危倾阪及丘城上皆可为区田。"这对扩大耕地面积，集中有效地利用肥、水条件以获高产是大有成效的。另外，中原引进水稻种植技术，打破了水稻种植仅限于长江流域的局面。一系列的积极措施，使农业生产得到了高速发展，到汉文帝时，粟价每石仅"十余钱"（见《汉书·律书》），全国上下官仓谷物充盈。东汉，在牛耕技术已经普及的同时，统治者加强了水利工程修复和兴建，农业生产水平又有了进一步的提高。魏晋南北朝时期，南方相对稳定，北方先进的农业生产技术南传，使南方水田扩大，稻产量高于黍、麦，"一岁或稔，则数岁忘饥"（《宋书·孔季恭传后论》）。北魏在孝文帝改革后，生产力得到相当恢复，得以出现《齐民要术》这样的农学巨著。唐王朝到开元、天宝年间，"河清海晏，物殷俗阜""左右藏库，财物山积，不可胜数，四方丰稔，百姓殷富"（见郑綮《开天传信记》）。茶树种植面积遍及五十多个州郡，茶叶产量大增，名茶品种增多。

秦时已有利用地温培植蔬菜，汉代出现了温室，如《汉书·召信臣传》载，在皇室太官经营的园圃中，"种冬生葱韭菜茹，覆以屋庑，昼夜燃蕴火，待温气乃生。"可以说，利用温室栽培蔬菜，是秦汉时期蔬菜种植技术发展的一项突出成就。西汉以后，中国与西亚、中亚商贸往来增多，西域的石榴、核桃、苜蓿、蚕豆等传入中国；影响很大。东汉时灵帝喜欢吃少数民族的饭食，以至于"京都贵戚皆竞为之"（见司马彪：《续汉书·五行志》）。到了唐代，温室种菜更为普及，或利用温泉水，或利用火（王建《宫前早春》诗中说："内苑分利温泉水，二月中旬已进瓜。"《太平御览》卷976："坭面微火煦之，……让皇帝之彝了，……比是非时瓜果及马牛驴犊之肉。"）养殖业也前进了一大步，鸡、猪圈养在全国已成普遍。西汉已引驴、骡、骆驼入内地，选择良种配殖家畜。在汉代，大规模陂池养鱼已经出现，唐代取得了混养鲩（草鱼）、青、鲢、鳙的技术突破。驯养水獭捕鱼之法在唐人写的《酉阳杂俎》中已有记载。从南北养殖鱼种的类别来看，北方以鲤鱼、鲫鱼、鲂鱼为主，南方淡水鱼品种较丰富，除鲤、鲫、鲂之外，还有武昌鱼、鲈鱼、青鱼、草鱼、鳙鱼等。而三国吴人沈莹在其所著的《临海水土异录志》中，记载了东南沿海一带出产的各种鱼类等海鲜多达近百种，其中绝大多数品种的海鲜均为当地人民所喜食，反映了这一时期人类开发利用海鲜资源的能力在提高。

汉代，由于冶金技术的发展，青铜冶铸业的地位已经下降，铁已用来制造烹饪器具，如刀、釜、炉、铲、火、钳等。可以说，冶金技术到西汉已达到较为成熟的阶段，河南南阳瓦房庄就出土了一只直径2米的大铁锅，说明铸造技术已很先进。钢制刀具和铁锅的出现和普及，使烹饪工具和烹饪工艺又产生了一次飞跃。汉代的错金银和镶嵌技术水平已很高，生产出很多名贵的餐饮器具。唐代金银加工技术也相当高超，还发明了一种“金银平托”工艺，所制饮品甚为美观。唐代制作出可以推动移位的鏕炉和用于原料加工的刀机。西汉到东汉先用铜镜阳燧取火，后用玻璃制阳燧，可直接在阳光下取火。五代发明了“火寸”。

南北朝时已用竹木制作蒸笼和面点模具。西汉时北方还出现水椎磨、碾，是粮食原料加工机械的一次革新。唐代的高力士堵截沣水，制造出五轮并转的碾，每天磨麦达三百斛。

秦汉漆器工艺高超，漆器生产的分工已很细密，“一杯棬用百人之力，一屏见就万人之功”（《盐铁论·散不足》）。长沙马王堆一、二、三号汉墓出土漆器达七百余件，其量大质优，令人叹为观止。南北朝的脱胎漆器工艺和唐代的剔红工艺，不仅充分展示了这一时期漆器艺术的精美水平，也反映了漆器在此时期人们的饮食活动中所处的重要位置。而陶瓷烧造技术也有着空前的提高，秦始皇陵兵马俑证明大陶器的烧造技术问题已解决。瓷器工艺经三国到两晋已转向成熟，瓷器逐渐代替漆器成为人们普遍使用的餐具。唐代南方越窑系统青瓷被陆羽誉为“类冰”和“类玉”，秘色瓷有“九天见露越窑开，夺得千峰翠色来”之赞。北方邢窑白瓷被杜甫誉为“类银”和“类雪”。五代北方柴窑的产品亦有“雨过天青”的美名。

盐业生产在这一时期也得到了很大发展。汉时，人们对食盐非常重视，称其为“食肴之将”（《汉书·食货志》），“国之大宝”（《三国志·魏书·卫觊传》），根据文献记载可知，当时人们平均每月的食盐量在三升左右，这就使当时的盐业生产有着相应的发展规模。当时人们已能产池盐、井盐、海盐、碱制盐，东汉时已用“火井”即天然气煮盐（见左思《蜀都赋》）。唐代盐的花色品种很多，颜色有赤、紫、青、黄，造形有虎、兔、伞、水晶、石等状。

酿酒业在这些时期也有很大发展。《方言》所载典名有八种，其中的"𪌂"为饼曲，说明当时已能培养糖化发酵能力很强的根霉菌菌种了。从魏、晋一直到唐，上层社会的"士"们饮酒之风大盛，酒的种类也越来越多，出现了很多名酒。唐代葡萄酒的制法也从西域传入内地。《新唐书・高昌传》说，唐太宗时就已从西域引种马奶葡萄，"并得酒法，上捐盖造酒。酒成，凡有八色，芳香酷烈，味兼醍盎。"

秦汉以来，统治者为便于对全国各地的管辖，很重视道路交通的建设。从秦筑驰道、修灵渠，汉通西域，到隋修运河，这一切在客观上大大促进了国内与周边国家以及中亚、西亚、南亚、欧洲等地区的经济和文化交往。到了唐代，驿道以长安为中心向外四通八达，"东至宋、汴，西至岐州，夹路列店肆待客，酒馔丰溢。"（《通典・历代盛衰户口》）。而水路交通运输七泽十薮、三江五湖、巴汉、闽越、河洛、淮海无处不达，促进了经济的繁荣。从秦汉始，已建起以京师为中心的全国范围的商业网。汉代的商业大城市有长安、洛阳、邯郸、临淄、宛、江陵、吴、合肥、番禺、成都等。城市商贸交易发达，"通都大邑"的一般酒店家，就"酤一岁千酿，醯酱千瓨，酱千儋，屠牛羊豕千皮"饮食市场"熟食遍列，肴旅成市"（《盐铁论・散不足》）。从《史记・货殖列传》得知，当时大城市饮食市场中的食品相当丰富，有谷、果、蔬、水产品、饮料、调料等。交通发达的繁华城市中即有"贩谷粜千钟"，长安城也有了有鱼行、肉行、米行等食品业，史料上记载的靠卖胃脯为业的浊氏和靠卖浆为生的张氏，皆因所操之业而富，说明当时的餐饮市场已很发达。另据史料载，东晋南朝的建康和北魏的洛阳，是当时南北两大商市。城中共有 110 坊，商业中心的行业多达 220 个。国内外的商品都可在此交易。特别是"胡食"，即外国或少数民族的食品，在许多大商业都市中颇有席位，胡人开的酒店如长兴坊饆饠店、颁政坊馄饨店、辅兴坊胡饼店、永昌坊菜馆等，这些餐饮业已出现于有关文献史料记载中，"胡食"和"胡风"的传入，给唐代饮食吹来一股清新之气，不仅"贵人御馔尽供胡食"(《新唐书・回鹘传》《旧唐书・舆服志》)，就是平民也"时行胡饼，俗家皆然"（慧林:《一切经音义》卷 37）。而且许多诗人对此有论，如李白《少年行》诗云："五陵年少金市东，银鞍白马度春风。落花踏尽游何处，笑入胡姬酒肆中。"另，杨巨源《胡姬词》诗亦云："妍艳照江头，春风好客留。当垆知妾惯，送酒为郎羞。香度传蕉扇，妆成上竹楼。数钱怜皓腕，非是不能愁。"其又云："胡姬颜如花，当炉笑春风。笑春风，舞罗衣，君今不醉当安归！"餐饮业之盛，由是可见。

经济的发展，餐饮业的兴旺，使当时的宴饮出现了新的变化，市面宴会也非旧时可比，如长安，"两市日有礼席，举铛釜而取之"（见李肇:《国史补》）。几百人的酒席地时三刻即可办齐。除长安外，洛阳、扬州、广州也是中外富商巨贾荟萃之地。当时已有“扬一益二”之说（见洪迈《容斋随笔·唐扬州之盛》），“腰缠十万贯，骑鹤下扬州”以及“春风十里扬州路”都是对当时扬州繁华的赞辞。长安、扬州、汴州等大城市甚至于一些中等城市也出现了夜市。唐代还出现了茶叶交易兴盛的商市，如饶州、蕲州、祁州等，很多大城市的店铺还连带卖茶。

在饮食文化交流方面，这一时期也出现了许多令后人喝彩的史实。隋唐时对外交流更为频繁，长安、洛阳、扬州都是重要的国际贸易城市，在相互交流中，中国的瓷器、茶叶、筷子、米、面、饼、馓子、牛酥和烹制馄饨、面条、豆腐之法与茶艺、饮酒等习俗传入日本。茶叶、瓷器也传入朝鲜，酒曲制作方法也经朝鲜传入日本。西域的有食如烧饼、饽饠、三勒浆、龙膏酒等，果蔬如波斯枣、甜瓜、包菜、偏桃等，印度的胡椒、茄子，尼泊尔的菠菜、浑提葱，泰国的甘蔗酒，印度尼西亚的肠琼膏乳、椰花酒，越南的槟榔、孔雀脯等也传入了中国。唐太宗还派人去印度学制糖技术（以上内容见慧林《一切经音义》卷 37、《隋书·王邵传》《太平御览》卷 974、《岭南录异》《真腊风土记》《酉阳杂俎》、［日本］中村新太郎《日中两千年》（张伯霞译）、［日本］真人元开《唐大和尚东征传》《新唐书·摩揭陀传》《大唐西域记》《西域求法高僧传》等）。唐与周边的吐蕃、回鹘也有着饮食文化交流。文成公主远嫁西藏，配与松赞干布，带去了烹饪的一些原料和烹饪方法，如制碾、琢磨、种蔬菜、酿酒、打制酥油等，至今藏人还将萝卜称为“唐萝卜”。“自从公主和亲后，一半胡儿是汉家”说的就是这文化交流所产生的变化。考古发现吐鲁番唐代回纥人墓中有保存完好的饺子、多种小点心，也说明了中原食风对当地的影响。另外，宗教文化的传入对中国饮食有一定的促进。一是伊斯兰教清真饮食随阿拉伯人进入中国经商和定居传入中土大唐；二是佛教在东汉传入中国后，至南朝梁武帝崇佛吃素，形成寺院素菜风味，给中国烹饪添加了两笔浓彩。

总之，这一时期，作为中国饮食文化时期的发展时期既是当时中国社会经济高度发展的结果，也是这一时期中国历史上多次大移民、民族大融合、文化重心大迁移等这一系列客观刺激的必然产物。后来的中国饮食文化正是在这样的基础之上完成了它的成熟过程。

二、中国烹饪发展阶段所取得的重大成就

中国烹饪文化在这一阶段有着迅猛的发展，这一点首先离不开这一时期政治、经济、文化等诸多因素的互动作用。如果我们把这一阶段与前一阶段进行比较，自然会发现这一阶段在烹饪原料的开发利用、烹饪技术及烹饪产品的探索与创新、烹饪产品消费过程中文化创造现象的迭出以及烹饪文化理论的建树等方面，都表现出了前所未有的兴旺发展的景象。

（一）烹饪原料

这一阶段烹饪原料无论是品种还是产量都大大地超过了过去，粮食产量的提高使人们饮食生活中的粮食结构出现了新的变化。汉代豆腐的发明是中国人对整个人类饮食文化做出的巨大贡献。而植物油用于人们的烹调活动之中，为烹调工艺的创新开拓了新的领域。各民族间的文化交流使域外的烹饪原料品种大量引进，进一步丰富了中国人的饮食生活，这一点仅从孙思邈《千金食治》录入的用于饮食疗病的多达150余种的谷、肉、果就可见一斑。

1. 传统的烹饪原料发生重大变化

在粮食生产方面，稻谷生产自古以南方地区为盛，到了唐代，中原地区的水稻生产技术大大提高，其中生产最盛的是郑白渠灌区，据称当时水稻的种植面积最多可达数万顷，总产量以百万石斗计。此外，同州一带的稻作也具有较大的规模。值得注意的是，当时关于种稻的记载，常常是和屯田及水利工程的兴修联系在一起的。粟米种植相当广泛，品种众多，到了《齐民要术》的成书时期，其品种已增加到86种之多。不过到了唐代，粟类的“五谷之长”的地位不仅受到了来自于南方迅速发展的稻作的挑战，而且与中原地区的麦类作物“平起平坐”，人们饮食生活中的粮食结构正在发生着变化。汉代，蔬菜的种植，一是为了助食之用，二是为了备荒救饥之需。如汉桓帝曾因灾荒下诏令百姓多种芜菁，以解灾民饥荒之急（见《后汉书·桓帝本纪》）。但随着历史的发展，情况逐渐发生了变化，蔬菜品种大大增加，增加的途径主要有三条。一是野菜由采集逐渐转向人工栽培，如苦荬菜、蘑菇、百合、莲藕、菱、鸡头、莼菜等已由原来的野外采集食用发展为相继进入菜园成为栽培种类。二是由于不断栽培选育而不断产生新的蔬菜变种，如瓜菜类中即有从甜瓜演变而来的越瓜，就是佐餐的蔬菜。诸如此类的还有先秦文献中记载的“葑”，后来逐步分化为蔓菁、芥和芦菔等若干个品种。三是异域菜种不断传入，西汉武帝时期，张骞出使西域，为中西物质文化交流打开了大门，苜蓿、葱、蒜等由此传入，成为中国农民菜园中的新成员。魏晋以后，黄瓜、芫荽、莴苣、菠菜等纷纷入种本土。

此外，这一时期还涌现出大量的原料名品，许多文献对此不乏载述，如西汉枚乘《七发》，列举了大量优质的烹饪原料，如“楚苗之禾，安胡之飰”；《游仙窟》中记载了鹿舌、鹿尾、鹑肝、桂糁、豺唇、蝉鸣之稻、东海鲻条、岭南甘桔、太谷张公梨、北起鸡心枣等；《膳夫经手录》记载了奚中羊、蜡珠樱桃、胡麻等；《酉阳杂俎》记载了濮固羊、折腰菱、句容赤沙湖朱砂鲤等；《大业拾遗记》中记载了吴郡贡品海鮸干脍、石首含肚等；《无锡县志》记载了红连稻等；《清异录》记载了冯翊白沙龙羊、巨藕、睢阳梨等；《国史补》记载了苏州伤荷藕；《长安客话》记载了戎州荔枝等；《岭表录异》记载了南海郡荔枝、普宁山橘子等；

《新唐书·地理志》记载了海蛤、海味、文蛤、藕粉、卢州鹿脯等贡品。全国各地的特产烹饪原料在这一阶段的文献记载中可谓不胜枚举，极大地丰富了人们的饮食生活。另外，值得一提的就是豆腐的发明，据说淮南王刘安发明了豆腐，河南密县打虎亭一号汉墓有制豆腐图。《清异录》第一次用“豆腐”一词。这一发明，是中国人对世界饮食文明的一大贡献，今天，它已经成为世界各族人民喜爱的食品。

这一阶段动物性烹饪原料也发生了一些变化，一是肉类食物在整个膳食结构中的比重比前一阶段加大，二是不同肉畜种类，特别是羊和猪在肉食品种中的地位很重要。当然，鸡鸭犬兔等肉类亦为厨中兼备之物。而狩猎业在这一时期仍为人们肉类食物的重要补充途径，在当时，狩猎的主要目的是为了获取野味肉食，所以这一时期的文献记载了不少关于烹调所用的猎获之物的种类，如《齐民要术》卷8、卷9中记载了许多有关野味的烹调方法，其中来自狩猎的主要有獐、鹿、野猪、熊、雁、雉等；而孟诜在其《食疗本草》中也记载了鹿、熊、犀、虎、狐、獭、豺、猬、鹧鸪、鸲鹆、慈鸦等野味的食疗作用。这一时期的水产也很丰富，由于水产的养殖技术的提高，水产的品种和数量都大大地超过了前期。

2. 植物油的生产及在烹调中的使用

两汉以前，我国的食用油来自于动物脂肪，植物油的利用似乎还未开始。但至魏晋南北朝时期，至少胡麻、荏苏、大麻和芜菁的籽实被用于压油，这在《齐民要术》中有明确记载，另据《三国志·魏志》记载，当时已用“麻油”（芝麻油）烹制菜肴，后有豆油、苏油。《酉阳杂俎》记载唐代有专门卖油的人走街串巷。植物油用于炒、煎、炸，使唐代烹饪名品大增。植物油的出现，是中国饮食文化史上一个十个值得注意的事件之一，它实际上与我国烹饪技艺的重大变革——油煎爆炒的出现相联系。

（二）烹调工具及饮食器具

汉初，当上层社会列鼎而食的习俗逐渐消失后，人们开始在地面上用砖砌制炉灶。当时炉灶的造型和种类可谓变化多样，但总体风格是长方形的居多。东汉时，炉灶出现了南北分化。南方炉灶多呈船形，与南方炉灶相比，北方灶的灶门上加砌一堵直墙或坡墙作为灶额，灶额高于灶台，既便于遮烟挡火，也利于厨师操作。不论南方式还是北方式，炉灶对火的利用更加充分合理，如洛阳和银川分别出土了有大、小二火眼和三火眼的东汉陶灶。南北朝时期，可能受北方人南迁的影响，南方火灶也出现了挡火墙。汉代炉灶的形式有很多，有盆式、杯式、鼎式等，魏晋南北朝时出现了烤炉，可烘烤食物。唐代炉灶的形式多样，如出现了专门烹茶的“风炉”，制作精妙。其他一些炉灶辅助工具如东汉时可置釜下架火的三足铁架、唐代火钳等也在考古发掘时被发现。

早在战国时，铁器的使用及铁的冶炼既已有之。到了汉代，铁器的冶铸技术水平已有提高，铁器已经普及到生活的许多方面，如在烹调活动中铁釜和锅已普遍使用，到了三国时期，魏国已出现了“五熟釜”，即釜内分为五档，可同时煮多种食物。蜀国还出现了夹层可蓄热的诸葛行锅。至西晋时，蒸笼又得以发明和普及，蒸笼的发明使中国的面点制作技术发生了相应的变化。《北史》载有一个称“獠”的少数民族，“铸铜为器，大口宽腹，名曰‘铜爨’，且薄且轻，易于熟食”。这就是我国最早的“铜火锅”。唐朝的炊具中还有比较专门和奇特的，如有专烧木炭的炭锅,还有用石头磨制的“烧石器”,其功用很像今天的“铁板烧”，但更为优良，冷却缓慢，可“终席煎沸”（见《岭南录异》）。

汉代，盛放食物的器具是碗、盘、耳杯等，一般为陶器，富有之家多用漆器，宫廷贵族又在漆器上镶金嵌玉。至魏晋南北朝，瓷质饮食器具在人们的日常饮食生活中日渐普及。唐代，我国瓷器生产步入繁荣，上自贵族，下至平民，皆用瓷质饮食器。此外，我国使用金银制品的历史也很悠久，汉代已经有了把黄金制成饮食器的记载，如《史记·孝武本纪》载李少君对武帝之言：“祠灶则致物，致物而丹砂可化为黄金，黄金成，以为饮食器，则益寿。”至魏晋南北朝时，因当时社会大盛奢靡之风，上层社会盛行使用金银制成的饮食器，如《三国志·吴志·甘宁传》载：吴将甘宁“以银碗酌酒，自饮两碗”。到了盛唐之时，这种奢靡之风就更不足奇了。

（三）烹饪工艺与饮食

由于灶、炉等烹饪设备相继出现并不断地得到改善，炊具种类不断增多并形成较为完整的功能体系，在烹饪技法方面，食品的蒸、煮、炮、炙技术不断提高，熬、炸方法也逐渐被发明并应用，原料配伍和调味技艺越来越被讲究。在主食的烹制方面，两汉时期饼食开始出现，花样很多，“南人食米”，自古皆然，而“北人食面”，却并非有史以来即是如此。事实上，以面食为主食是北方人饮食变迁最为突出的成果之一，正是在秦汉以后，北方地区逐步改变了漫长的以“粒食”当家的主食消费传统，确立了以面食为主，面食、粒食并存的膳食模式，并一直延续于今。从刘熙《释名·释饮食》中可知，东汉时期已经出现了胡饼、蒸饼、汤饼、蝎饼、髓饼、金饼、索饼等。而崔实《四民月令》中还载有煮饼、水溲饼、酒溲饼等。隋唐以后的文献所述及的饼类花色更是不胜枚举。大体而言，后世常用的烤烙、蒸、煮、炸四种制饼之法，当时均已出现。饭、粥的种类也进一步丰富起来。文献中常见的有粟饭、麦饭、粳饭、豆菽饭、胡麻饭、雕胡饭、橡饭等。

相比而言，秦汉以后的厨师在做菜方面所花费的心思和精力，要远远超过做“饭”。从某种程度看，菜肴的烹调更能充分显示中国饮食文化的多样性和独创性。仅以《齐民要术》为例，该书虽然未能囊括此前全部的菜肴珍馔，但足以反映当时菜肴的主要类别及烹调方法。从该书的记载看，蒸、煮、烤炙、羹臛等是当时人们最常用的菜肴烹调方法。与这些方法相比，炒法的出现要晚得多，这主要是受早期炊具形制和质地以及植物油料加工尚未发展起来等因素的制约。可以说”炒”是中国后世最为常用的一种菜肴烹调方法，几乎适用于一切菜肴原料，而且炒的种类变化甚多。

茶是这一时期出现的重要饮品。先秦以前，史料并没有人们饮茶方面的记载。大概自西汉后，中国人的饮茶才开始。西汉王褒在其《僮约》中，有“烹茶尽具”和“武阳买茶”的文字记载，此文的写作时间是汉宣帝神爵三年（即公元59年）。值得注意的是，最早开始喜欢饮茶的大都是文化人。魏晋南北朝后，在道、释之学大盛、谈玄之风正劲的社会环境中，僧侣、道士、士大夫颇尚饮茶。至隋唐，上自天子，下至平民，无不好茶。在此基础上，文人创造了茶艺。至此，市面上常见的名茶如雨后春笋般涌现，如紫笋、束白、蒙顶石花、西山白露、舒州天柱、蕲门团黄、霍山黄芽等。

此时期酒的品种和名品可谓迭出。从马王堆《遗册》中可知，有温酒、肋酒、米酒、白酒的名称。枚乘《七发》中有“兰英之酒”，说明先秦时的鬯酒至此已有了新的发展。从《四民月令》所述来看，东汉的“冬酿酒”和“椒酒”都属于在特定时间里酿造的酒。从《洛阳枷蓝记》所述可知，北魏人刘白堕可酿出“饮炎香甜，醉而经月不醒”的美酒。至隋，已有了“兰生”“玉薤”等名葡萄酒。唐代是酒之国度，名酒辈出。从白居易、杜甫、王维、李白、王翰、朱放、李世民等人的诗文中可知，当时的主要名酒有杭州梨花酒、四川云南一带的曲米春、竹叶酒、兰陵酒、葡萄酒、松叶酒、醽醁酒、翠涛酒等。此外还有乌程箬下春、荥阳土窟春、富平石冻春、剑南春、冯翊含春、陴筒酒、屠苏酒、兰尾酒、岭南椰花酒、沧州桃花酒、菖蒲酒、长安稠酒、马乳酒、龙脑酒、龙膏酒等等。

（四）风味流派

风味流派在这一时期已有了大致的眉目，主要表现于地域的分野与荤素菜的分岭。唐代以前，由于交通运输落后，商品的流通还很有限，只有上层社会和豪商巨贾才能独享异地特产，所以风味流派首先是建立在烹饪原料的基础之上，并受着烹饪原料的制约。西汉时，南方以水产、猪、水稻为主，而北方仍以牛、羊、狗、麦、粟等为主。在调味上，北方用糠（粟麦类）醋，南方用米醋。北方多鲜咸，蜀地多辛香，荆吴多酸甜。随着水陆交通的便利、商业经济的发展和饮食文化的交流，各地的饮食风俗又彼此相互影响。据《洛阳枷蓝记》载，南方人到洛阳后，也有很多人渐渐地习惯于食奶酪、羊肉，北方人也渐习啖茗与吃鱼。北方的名食以面食居多，而南方名食以米食居多。即使饮茶普及后，南北方的烹茶工艺、饮茶方法也有很大不同。唐代自陆羽后，南人渐习于研茶清煮，而北人仍惯于加料调烹，西北少数民族因食肉等原因，则更无清饮之习。与其他之地相比，岭南食风更为奇异，《淮南子》说“越人得蚺蛇（蟒）以为上肴”，《岭南录异》中所载种种奇食怪味及食用方法奇特之事，反映了岭南之地饮食风俗的个性特征。

早在先秦之时，荤素肴馔就有了分别，但形成流派则始于南朝。梁武帝笃信佛教，以身事佛，且躬亲食素，对荤素菜肴形成流派起到了推动的作用。他亲撰《断酒肉文》，号召天下万民食素，寺院素食渐成流派。北方也受到影响，如《齐民要术》中记载了十余种素菜。至唐，素菜制作出现了创新，出现以素托荤类的菜肴，以素托荤，就是形荤实素，据《北梦琐言》载，崔安替用面粉等素料，制出了豚肩、羊臑、脍炙等，生动逼真，可谓素菜荤制的开山之作。

这一时期的宫廷风味、官府风味在一定程度上也有了一定的发展。一般来说，宫廷菜的制作技术只限于宫中，很难在宫外餐饮市场露面，因而也难遇交流的机会，所以宫廷菜只是在皇族的范围内缓慢地发展着。至于官府菜，情况要好于宫廷菜。有些官员与其府上厨师共同研制独具自家风味的菜点，所以比起宫廷菜，官府菜的发展不仅快，而且呈现出百花竞放之势。市肆菜的主要特点是它具有商业性经营的灵活性，如在长安，就可看到南北东西以至国外传进的许多食品，并形成了巨大的消费市场，即使是官府食品，也可以在市肆上仿制出来。如《资暇录》所记洛阳一家卖“李环饧”的食店，即唐高祖李渊之弟李环家厨师所创。此店还开在河中（今山西永济蒲州）、奉天县（今陕西乾县）。当然市肆上大量出售的还是民间一般食品，其中不乏名品。

（五）宴饮消费与文人雅集

从历史发展规律看，社会稳定与否，往往会决定着人们饮食风尚的形成以及饮食消费的取向。而一个时代的宴席又往往最能体现出这个时代的饮食风尚与消费状况。

西汉在“文景之治”以后，宫中常设宴饮之会，汉帝“宴享群臣时，则实庭千品，旨酒万种，列金罍，班玉觞，御以嘉珍，飨以太牢。管弦钟鼓，必功八佾，同量并舞”（翦伯赞：《中国史纲》）。贵族宴会更是频繁，据《汉书·叙传》：“富平、定陵侯张放、淳于长等始爱幸，出为微行，行则同舆执辔；入侍禁中，设宴饮之会，及赵、李诸侍中皆饮满举白，谈笑大噱。”宴饮场景之盛，气氛之浓，由此可见一斑。1973年，四川宜宾崖墓画像石棺内发掘出“厨炊宴客图”，在挂有帷幔的屋内，正壁左角上挂有猪腿、鸡、鱼和其他器物，其下一人跪坐，操刀在俎上剖鱼。屋内地上置一物，似是炉灶。右面对几踞坐，高冠长服者，应是主人，他左手端杯，伸出右手招呼客人，似示入席。而从《盐铁论·散不足》对民间酒会的描述中可知，列于案上的美食美饮实在是丰富至极："殽旅重叠，燔炙满案，臑鳖脍鲤，麑卵鹑鷃橙枸，鲐鳢醢醢，众物杂味。"这还不算，其间还有"钟鼓五乐，歌儿数曹""鸣竽调瑟，郑舞赵讴"。

魏晋以后，宴会大行"文酒之风"。曹操父子筑铜雀台，其中一个重要的功能就是宴享娱乐。张华的园林会、王羲之的曲水流觞、竹林七贤的畅饮山林，文彩凌俊，格调高雅，不仅对宴会的健康发展起到好的推动作用，而且对文人饮食文化风格与文人饮食流派的形成与发展产生了很大的影响。南北朝时，宴会名目增多，目的性较强，如登基、封赏、祀天、敬祖、省亲、登高、游乐、生子、团圆等等，这些都促成了宴会主题的多元化。但贵族的奢靡之风也甚重，《梁书》卷38描述当时筵宴的奢华情景："今之宴嬉，相竞夸豪，积累如山岳，列肴同绮绣。露台之产，不周一燕之资，而宾主炎间裁取满腹，未及下堂，已同臭腐。"至唐代，中国的宴会已经发展到了一个新的高潮。文人士子聚饮之风愈煽愈盛，最为奢华、热闹的宴会莫如士子初登科及第官员迁除之际所举办的"烧尾宴""樱桃宴"，可谓各有内容。文人宴会更是情趣有加，文人雅士对宴饮场所的选择相当重视，他们的聚会宴饮并不囿于厅堂室内，如亭台楼阁、花间林下或者山涧清池才是他们更为理想惬意的宴饮场所。在宴饮过程中，他们也并非单纯地临盘大嚼，而是配合着许多充满情与趣的娱乐活动，或对奕，或听琴，或对诗赋，或行酒令，或品妓歌舞，或持杯玩月，或登楼观雪，或曲池泛舟。如白居易所设船宴，酒菜用油布袋装好，挂在船下水中，边游边吃边取（见白居易《宴洛滨》）；又如《霓裳罔衣》曲与胡旋舞、舞马等就是皇家宴会的乐舞。在这样的宴饮过程中，参与者不仅口欲得到了满足，其听觉、视觉乃至于整个身心都得到了享受，在满足生理需要的同时，也获得了精神上的愉悦和快感，表现了文人雅士所特有的风雅情趣。

（六）烹饪饮食名家

这一时期的烹饪饮食名家较之先秦，不仅数量多，而且是真正意义上的烹饪饮食名家，没有先秦时那种由于政治的或哲学的需要在其论说中多举饮食烹饪之事而得美食烹饪名家的复杂情况。所以这时期的烹饪名家基本上确实是因其精于烹饪而被载于史册。五侯鲭的创始人是娄护，亦可被视为杂烩的发明者。西汉的张氏、浊氏以制脯精美而成名。北魏刘白堕酿酒香美醉人，以致"游侠"们流传"不畏张公拔刀，惟畏白堕春醪"之话。北魏崔浩之母，口授烹饪之法于崔浩，才得以有《崔氏食经》传世。据《大业拾遗记》载，隋人杜济，创制石道含肚，人称"古之符郎今之谢枫"。而谢枫乃是隋代著名的美食家，《清异录》中载他著有《淮南王食经》。唐代段文昌为"知味者"，《清异录》说他“尤精膳事”，他家的老婢女名膳祖，主持厨务，精于烹调之术。陆羽精于茶事，著有《茶经》，被后世尊为“茶圣”。五代有专卖节日食品的张手美，心灵手巧。花糕员外，其真名已无从所知，只知他在开封因卖花糕而闻名。从所列举的这些烹饪名家，便可突击窥出这一时期烹饪餐饮界高手如云的盛况。

（七）烹饪理论研究

烹饪技艺在这一时期的大发展，使烹饪理论研究呈现出前所未有的繁荣。有关资料显示，从魏晋到南北朝之间出现的烹饪专著多达38种之多，隋唐五代时烹饪专著有13种，总计50多种。可惜的是有不少已在历史发展的过程中丢失了。今天可以看到的食文中，有的已残缺不整，如传为曹操所作《四时食制》、崔浩所作《食经》、南北朝的《食经》《食次》等。而完全保存下来的，有唐代陆羽的《茶经》、张又新的《煎茶水记》等有关茶、水的专著。其中，陆羽的《茶经》因记述茶的历史、性状、品质、产地、采制、工具、饮法、掌故等而甚有价值，是世界上第一部关于茶的科学专著，由于其学术价值很高，故至今在海内外仍然有很大的影响。另外，西晋束皙的《饼赋》，讲述饼的产生、品种、功用和制作，可谓是关于饼的专论之文。还有很多值得一提的烹饪文献，如东汉崔实的《四民月令》，这虽是部农书，但其中有关烹饪部分是制酱、酿酒、造醯及制作饼、脯、腊等，同时还提到一些饮食事项、宴饷活动等方面的内容。北魏贾思勰所著《齐民要术》是我国第一部农学巨著，其中关于烹饪方面的内容具有较高的史料价值。书中不但保存了很多此前已经亡佚的烹饪史料，而且还收录了当时以黄河流域为中心、涉及南方，远及少数民族的数十种烹饪方法和200多种菜点。唐代段成式的《酉阳杂俎》，共20卷，续10卷，其中《酒食》卷中录入了历代百余种食品原料及食品，参考价值很高。唐代刘恂的《岭南录异》一书，主要记录了唐代岭南一带的饮食风俗趣闻，为今人研究当时当地烹饪饮食文化的发展状况提供了难得的研究素材。此外，还有《西京杂记》《方言》《释名》《说文解字》等，这些文献也保留了很多关于饮食文化方面的颇有价值的资料。

饮食保健理论研究在这一时期也有很大的发展，主要表现在两个方面：一是对前一时期建立的理论继续补充和完善；二是结合具体实践，归纳总结出食疗保健食品的名称、药性药理、食用方法、注意禁忌等，使饮食医疗保健进一步具体化。

秦汉以后，随着祖国医药学的发展，药膳亦随之发展起来了。我国最早的一部药物学专著《神农本草经》，记载了既是药物，又是食物的多种品种，如薏仁、大枣、芝麻、葡萄、蜂蜜、山药、莲米、核桃、龙眼、百合、菌类、橘柑等，并记录了这些药物有“轻身延年”的功效。《黄帝内经》这部古典医著，不仅是我国现存最早的一部重要医学著作，而且也是我国古代的百科全书，内容包括有哲学、气象学、医药学、解剖、药膳等，奠定了祖国医学的理论基础。这部书的有关章节是药膳学的奠基石，一些药膳方剂是其首创。例如，书中载有13方，内服方仅10首，属于药膳方剂就达6首之多。其中最典型的药膳如乌贼骨丸，用于治疗血枯病。配方中有茜草、乌贼、麻雀卵、鲍鱼。将前三味共研为丸，鲍鱼汤送服，真可谓美味佳肴。继《内经》之后，东汉名医张仲景“勤求古训，博采众方”，著成《伤寒杂病论》一书。张仲景在我国药膳学的发展史上，是做出了一定贡献的。他在《金匮要略》中指出：“禽兽鱼虫禁忌并治”和“果实菜谷禁忌并治”两个专篇，对“食禁”作出了专门的阐述，这对饮食卫生指出了明确方向。例如，他说：“凡肉及肝，落地不着尘土者，不可食之。”“肉中有朱点者，不可食之。”“果子落地，经宿，虫蚁食之者，人大忌食之。”仲景首创的桂枝汤、百合鸡子汤、当归生姜羊肉汤等药膳方剂，用以治疗人体多种疾病。在当归生姜羊肉汤中，羊肉是血肉有情之品，功效并非草木能及，这说明张氏已经认识到药借食力，食助药威的道理。

两晋南北朝时期，中国药膳又有了新的发展，著名炼丹家陶宏景著《本草经集注》一书不仅新药品种有很多增加，而且将药物按自然属性分类为玉石、草木、虫、兽、果、菜、米以及有名未用药等七大类。在食疗方面，记载有葱白、生姜、海藻、昆布、苦瓜、大豆、小豆、鲍鱼等。这些促使中国药膳都有了新的发展，葛洪著《肘后方》一书，对药膳也有所发展。例如：“治风毒脚弱痹满上气方第二十一”中，葛洪对这种病的病因、发病、病症和以食为治的方药，却有明确见解，他说：“脚气之病，先起岭南，稍来江东，得知无渐，或微觉病痹，或两胫小满，或行起忽弱，或小腹不仁，或时冷时热，皆其候也。”“不即治，转上入腹，便发气，则杀人。”对脚气病的治疗方法，他提出：“取好豉一升，……以好酒三斗渍之，三宿可饮，随人多少、欲预防不必待时，便与酒煮豉服之……”豉，是大豆制成的。他还说，用牛乳、羊乳、鲫鱼等治疗脚气病，经现代科学研究证明，上述食品都含有丰富的维生素B，是治疗脚气病的最佳食物。此外，他还提出梨去核捣汁，合其他药服用，治咳嗽；服炙鳖甲散后，喝蜂蜜水，可以下乳；吃小豆饭、鲤鱼，治大腹水病等。药膳发展到隋、唐时期，食疗的发展已经达到相当高的水平。唐初，由苏敬等编撰的《新修本草》一书，虽然不是食疗专著，但是的确是我国第一部药典。在《本草经集注》的基础上，收载药物增至844种。唐代孟诜撰辑的《食疗本草》一书是一部食疗专著，原书已佚，仅有残卷和佚文（散见于《证类本草》等书中）。据记载原书有书目138条，张鼎又增加89条，合计227条。该书不仅内容丰富，而且大都有实用价值，除收有许多具有疗效的药物和单方外，对某些药物的禁忌也有不少切合实际的记载。这个时期的食疗专著，还有昝殷的《食医心鉴》，为营养学专著，此书已佚，但留载于《医方类聚》一书中。陈士良著的《食性本草》10卷，也是药膳专著的佼佼者。唐代著名医学家孙思邈，著《千金要方》一书，内容非常丰富。其中有食治专篇，列在第26卷，本卷首为序论，然后分果实、菜蔬、谷类、鸟兽并附虫鱼共5部分。孙氏说："夫为医者，当须先洞晓病源，知其所犯，以食治之，食疗不愈，然后命药。"并指出："食能排邪而安脏腑，悦神爽志，以资血气。"而"药性刚烈，犹若御兵"。所以，"若是能用食平疴，适情遣疾者，可谓良工，长年饵老之奇法，极养生之本也"。孙氏列药膳方剂17首，其中的茯苓酥，杏仁酥，就是抗老延龄的著名药膳方剂。唐代名医王焘所撰著《外台秘要》，全书共40卷，分为1104门，收载医方剂6000余首。有关食疗食禁的内容十分丰富。例如，在治疗咳嗽的方剂中，忌生葱、生蒜或海藻、菘菜咸物等；治疗痔疮时，忌鱼肉、鸡肉等。该书的食疗方剂很多，如治疗气嗽，用杏仁煎方；治疗久咳，用久咳不瘥方和疗咳喘唾血方等；另外，治疗寒痢，用生姜汁和白蜜方等。此外，该书还记载了用谷皮煮粥法防治脚气病的方法，这些至今仍是药膳常用的方剂，因而唐代又把药膳治病向前推进了一步。

总之，中国烹饪文化在这一时期取得了重大成就，突出表现在以下几个方面：一是原料范围进一步扩大，品种进一步增多，域外原料大量引进，海产品大量使用；二是植物油用于烹饪，使烹饪工艺的某些环节出现了新的变化；三是铁质烹饪器具的使用，"炒"和"爆"工艺的出现，实现了中国烹调工艺的又一飞跃；花拼的出现，为烹饪造型工艺拓宽了更为广阔的创造空间；四是瓷器和高桌坐椅的普及，开始了中国餐具瓷器化和餐饮桌椅化的新时代；五是饮食名品多如繁星，拉开了此后中国餐饮业通过名品刺激消费、在竞争中产生名品的帷幕；宴会大盛，奠定了中国传统宴会的基本模式；烹饪专著大量涌现，食疗食养理论的进一步发展，大大丰富了这一时期的饮食文化的研究内容。

第四节　中国烹饪的成熟阶段

从北宋建立到清朝灭亡，中国传统烹饪文化在各个方面都日臻完善，进而走向成熟，因此，从中国饮食文化的发展历程看，这一时期可以称为中国烹饪文化的成熟阶段。至唐宋之时，随着中国经济文化重心出现了三次南移（即永嘉之乱、安史之乱和靖康之变，使中国历史上出现了三次大批北人为避战火而南下的场面），中国烹饪文化也相应地出现了重心调整。特别是北宋中期以后政治、经济和文化等综合因素的互动作用，北方的饮食方式与饮食观念在经历了文化重心南移的波折后，出现了与南方烹饪文化的冲击和汇流，中国烹饪文化发生了巨大转变。

一、中国烹饪成熟阶段的历史背景

时至北宋，农业生产技术水平大大提高，出现了江北种粟麦黍豆、江南种粳籼秔稻的错综格局。越南占城稻和朝鲜黄粒稻等优良品种的引进，使农作物的种植不仅走向优质化，而且也形成了品种多元化的形势。与北宋对峙的辽、西夏也在大力发展农业经济，耕作面积增大，种植品种增多。南宋虽偏安一隅，但统治者并未放弃发展农业生产，而且非常重视精耕细作，农业生产一度出现了繁荣景象。到了元代，水稻产量已成为高居全国首位的农作物。明代统治者鼓励平民垦荒，提倡种植经济作物，粮食产量大增，一些地方的储粮可支付当地俸饷十至数十年甚至上百年。至明代中叶，农业生产水平进一步提高，闽浙出现双季稻，岭南出现三季稻，并引进了番薯、玉蜀薯等新的农作物。清康乾盛世之时，关中地区有的地方一年“三收”。至清末时，尽管遭受到帝国主义列强的侵略，但农业生产主要格局和总体水平没有发生根本动摇，农业仍然是国民经济生产部门的主项。

煤开始大量地被开采是在北宋以后，当时的河东、开封一带居民已经将煤用于烹饪活动之中。而瓷器的烧制已遍布全国各地，景德镇瓷器名彻四海，定窑、钧窑、越窑、建窑、汝窑、柴窑、龙泉窑等亦均出名瓷。泉州、福州、广州等地的造船业相当发达，大量瓷器由此出海，远销异国。元明清三代是中国瓷器的繁荣与鼎盛时期，从产品工艺、釉色到造型、装饰等方面都有巨大的创新。酿酒业在这一时期发展很快。宋代发明红曲酶，这在世界酿酒工艺史上都是一个了不起的创造。宋代茶叶生产水平有所提高，出现了“炒青”技术，茶叶种类增加。黑茶、黄茶、散茶和窨制茶已经出现，特别是红茶制作方法发明出来，已能生产小种红茶。宋代城市集镇大兴，商贾所聚，要求有休息、饮宴、娱乐的场所，于是酒楼、食店到处都是，茶坊也便乘机兴起，跻身其中，大大地促进了茶文化的发展。这一时期饮食加工业的兴旺也已成为中国饮食文化日趋成熟的重要因素。在全国大中小城市中，普遍有磨坊、油坊、酒坊、酱坊、糖坊及其他大小手工业作坊，并出现了如福建茶、江西瓷、川贵酒、江南澄粉、山东玉尘面等等很多著名品牌。清末，中国许多门类的手工业失去了昔日的风采，只有与烹饪有关的手工业未呈衰相。

社会经济的发展，为这一时期中国烹饪文化的成熟打下了坚实的基础。两宋的烹饪文化中最突出的特点就是都市食肆的发展十分迅速，并在短期内达到十分繁荣的局面。从《东京梦华录》看，宋代正因为商业经济很发达，汴京等大都市的酒楼饭馆如雨后春笋般出现，且生意甚兴，正如该书所说：“八荒争凑，万国咸通，集四海之珍奇，皆归市易，会寰区之异味，尽在庖厨。”当时著名的北宋宫廷画家张择端借清明游春之际，绘《清明上河图》，生动而真切地再现了当时汴京沿汴河自“虹桥”到水东门内外的民生面貌和繁荣景象，酒楼正店，酒馆茶肆，饮食摊贩，以及从事餐饮生意人的买卖情形，都占据了画面的重要部位。其中挂有“正店”招牌的三层酒楼，挂有“脚店”的食店以及街岸两旁搭有大伞形遮篷的食摊，熙熙攘攘的人群围站食摊、出入酒楼，餐饮业的这种繁荣景象生动逼真，形象地再现了北宋时期饮食业的盛况。时至南宋，大批人材的南流，将北方的科学、文化、技术带到了南方，也推动了江南饮食业的发展。南宋王朝偏安一隅，奢靡腐化成风，竞相吃喝玩乐，由此造就出京城临安的畸形繁荣。在落户杭州的大量流民中，有不少厨师和各种食店的老板，他们带来了北方的饮食烹调技术，南下后重操旧业，“京城食店多是旧京师人开设”（《都城纪胜》），八方之民所汇之地，造就了当时素食馆、北食馆、南食馆、川食馆等专业风味餐馆的问世。饮食行业还出现了上门服务、分工合作生产的“四司六局”，还有专供富家雇用的“厨娘”。元代出现了很多较大的商业城市，如大都、杭州、泉州、扬州等，这些城市都有饮食娱乐配套服务的酒楼饭店。元代的饮食业很庞杂，所经营的菜肴，除蒙古菜以外，兼容汉、女真、西域，更有印度、阿拉伯、土耳其及欧洲其他国家一些民族的菜肴。明代初期，社会经济呈现出繁荣景象，各种食品也随之进一步丰富起来。当时大都、杭州、泉州、扬州等都市的饮食业发展很快，并得到了当时文化人的重视，出现了不少有关饮食的专著。这些饮食方面的专著所反映出的当时的食品种类、加工水平、烹调技术已达到相当的高度。明代万历年间的史料中出现的烹调术语多达百余种。清代，特别是康乾盛世，由于社会经济的高度发展，一些大都市如北京、南京、广州、佛山、扬州、苏州、夏门、汉口等比明代更为繁荣，还出现了如无锡、镇江、汉口等著名码头，“帆樯相属，粮食之行，不舍昼夜”（见《皇朝经世女编》卷40《户部·仓储》下晏斯盛《请设商社疏》）。在商业各行中，盐行、米行也是最大的商行。北京作为全国最大的贸易中心，负责对少数民族批发酒、茶、粮、瓷器等商品。正因如此，我国的饮食文化达到了前所未有的高度，以御膳为例，不仅用料珍贵，而且很重视造型。在烹调方法上还特别重视“祖制”，即使是在饮食市场上，许多菜肴在原料用料、配伍及烹制方法上都已程式化。各民族间的饮食文化的交流在当时也很普遍，通过交流，汉民族与兄弟民族的饮食文化相互影响，促进了共同的发展。清末，帝国主义肆意掠夺包括茶叶、菜油等在内的农产品，并向我国疯狂倾销洋食品。但我国传统饮食市场的主导地位非但未被动摇，而且借着半殖民地、殖民地化商业的畸形发展，很多风味流派还得以传播和发展，出现了许多著名的酒楼饭馆。以北京为例，清人杨懋在《北京杂录》中描绘了北京晚清饮食市场时说：“寻常折柬招客请，必赴酒庄，庄多以‘居’为名，陈馈八簋，羱肥酒兴，夏屋渠渠，青无哗者。同人招邀，率而命酌者，多在酒馆，馆以居名，亦以楼名。凡馆皆壶觞清话，珍错毕陈，无歌舞也。”可见当时老字号餐馆经营有方，为取悦宾客，不仅从店名修辞到屋内陈设都别具一格，而且菜点的烹制也是严格把关，力求精美。

总之，从宋代到清末，中国社会经济的发展呈现出波涛起伏之势，这一时期的中国饮食文化如同一曲酣畅欢腾的交响乐，和谐交奏，相激相荡，从某种意义上说，这正是中国饮食文化不断丰富、发展、自我完善之历程的主旋律。

二、中国烹饪成熟阶段的文化成就

（一）烹饪原料的引进和利用

这一时期外域烹饪原料被大量地引进中国，如辣椒、番薯、番茄、南瓜、四季豆、土豆、花菜等。其中，辣椒原产于秘鲁，明代传入中国。番薯原产于美洲中南部，也是明代传入中国的。南瓜原产于中、南美洲，明末传入中国。土豆原产于秘鲁和玻利维亚的安第斯山区，15 ~ 19 世纪分别由西北和华南多种途径传入。面对这些引进的烹饪原料，中国的厨师们洋为中用，利用这些洋原料来制作适合于中国人口味的菜肴。

此外，由于原料品种和产量不断增加，人们对原料的质量提出了更高的要求。元明清时，菜农增加，蔬菜的种植面积进一步扩大，菜农的蔬菜栽培技术也有了相应的提高，这不仅促进了蔬菜品种的增多，也促进了蔬菜品种的优化。可以说，对现有原料的优化与利用，又是这一时期烹饪原料开发利用的主旋律。如白菜是我国古代的蔬菜品种，至明清时，经过不断改良，培育出多个品种和类型，南北方都大量栽培，成为深受人们喜爱的蔬菜品种。在妙用原料方面，中国古代的厨师早已养成了珍惜和妙用原料的美德，尽管当时的社会经济有了很大的发展，烹饪原料日渐丰富，但人们在如何巧妙合理地利用烹饪原料方面还是不断地探索和尝试，并总结出一料多用、废料巧用和综合利用的用料经验。如通过分档取料和切配加工，采用不同的烹调方法，就可以把猪、羊、牛等肉类原料分别烹制出由多款美味组成的全猪席、全羊席或全牛席。又如锅巴本是烧饭时因过火而形成的结于锅底的焦饭，理应废弃不用，但人们以之制醋，甚至于用它做成“白云片”“锅巴海参”等风味独特的菜肴，真可谓是用心良苦。

（二）烹饪工具和烹饪技术的进一步发展

这一时期的烹饪工具有很大的发展，宋人林洪在其《山家清供·拨霞供》中，记载武夷六曲一带人们冬季使用的与风炉配用的“铫”，其实就是今人所说的火锅，可见当时火锅在南方一些地区已经流行。而汴京饮食市场上出现的“入炉羊”一菜，则表明当时已有了烤炉。值得一提的是，珍藏于中国历史博物馆中的河南偃师出土的宋代烹饪画像砖，画中的主人公是一位中年妇女，正在挽袖烹调。其旁边有一个镣炉，炉内火焰正旺，炉上锅水正开，从画面上看，这种镣炉可以移动，通风性能很好，节柴省时，火力很猛，是当时较为先进的烹调炊具。元代宫廷太医忽思慧在其《饮膳正要·柳蒸羊》中记载了一种用石头砌的地炉，其用法是先将石头烧热至红，置于炉内，再将原料投入烘烤。该书还提到了“铁络”“石头锅”“铁签”等。明代以后，炊具的成品质量较之前的朝代有了很大提高，广东、陕西所产的铁锅成为当时驰名全国的优质产品。到了清代，锅不仅种类很多，而且使用得相当普及。而烤炉也有了焖炉和明炉之分。

自宋元始，烹饪工艺的各大环节如原料选取、预加工、烹调、产品成形已基本定型。又经明清数百年的完善，整个烹饪工艺体系已完全建立。

对原料的选取和加工已有了较为科学的总结，从《吴氏中馈录》和《饮善正要》等文献记载中可知，人们对烹饪原料的选用已不仅考虑到原料自身的特性及烹调过程中配伍原料间的内在关系，而且也开始对原料的配用量重视起来。而袁枚在其《随园食单·须知单》中首先讲的就是选料问题：“凡物各有先天，如人各有资禀。”“物性不良，虽易牙烹之，亦无味也。”作者明确指出：“大抵一席佳肴，司厨之功居其六，买办之功居其四。”这段文字实际上是总结了几代厨师的原料选用与配伍经验，意识到烹饪原料的选用是整个烹饪工艺过程之要害，烹饪产品是否能出美味，关键在于烹饪原料的选用。明代厨师已经能较为全面地掌握一般性原料，如牛羊猪鸡鱼等如何治净、如何分档取料等的基本原理，如用生石灰加水释热以涨发熊掌等。清代厨师对山珍海味等干料的涨发、治净总结出了较为系统的经验，这在袁枚的《随园食单》一书中有具体载述。元代出现了“染面煎”的挂糊方法，即在原料外挂一层面糊后加以油煎。明清时期的厨师已经开始用多种植物淀粉进行勾芡。清代厨师用蛋清和淀粉挂糊上浆，这已与今天的挂糊上浆方法基本相同。明代的厨师已经普遍地掌握了吊汤技术。通过制作虾汁、蕈汁、笋汁等以提味的方法已成为当时厨师的基本技能之一。

这一时期的刀工技术有了很大的提高。据《江行杂录》描述了宋代一个厨娘运刀切肉的情形：“据坐胡床，缕切徐起，取抹批脔，惯熟条理，真有运斤成风之势。”足见此厨娘的刀工技术之精湛。这一时期的食雕水平也有很大的提高。《武林旧事》载，在张俊献给高宗的御筵中，就有“雕花蜜煎一行”，共 12 个品种，书中虽未具体描绘这些食雕作品的精美程度，但既是御筵，其食雕水平自然是相当高的。元代厨师很重视菜肴中原料的雕刻，擅长运用刀工技术来美化原料。明代厨师已能将“鱼生”“细脍之为片，红肌白理，轻可吹起，薄如蝉翼，两两相比”（见《广东新语》）。清代扬州的瓜雕堪称绝技，代表了这一时期最高的食品雕刻艺术。

最值得一提的是制熟工艺技术在这一时期有了很大发展。早在宋代，主要的烹调方法已经发展到30种以上，就“炒”的方法而论，已有生炒、熟炒、南炒、北炒之分。从《山家清供》的记载中可知，此时还出现了“涮”法，名菜“拨霞供”的基本方法与今天的涮羊肉无异。另从《居家必用事类全集·煮诸般肉法》中可知，元代厨师已熟练掌握许多种煮肉之法。至明代时，制熟方法更是花样繁多。如《宋氏养生部》一书就收录为数可观的食品加工方法，其中的“猪”类菜肴的制熟方法就达30多种，而书中记载的酱烧、清烧、生爨、熟爨、酱烹、盐酒烹、盐酒烧等都是很有特色的制熟方法。到了清代，制熟工艺在继承中又有所发展，出现了爆炒等速熟法。值得一提的是清代厨师蒸法上的许多创新，如无需去鳞的清蒸鲥鱼，以蟹肉填入橙壳进而清蒸的蟹酿橙等，这都是对蒸法的改进。

在把握火侯和调味方面，这一时期的厨师也颇有建树。《饮膳正要·料物性味》中记载元代的调味品已有近30种之多，明代厨师将火侯以文、武这样颇有意味的字眼来形容。清代厨师将油温成色划作十层，以此判断油热程度，多次油烹的重油工艺已能熟练把握。宋元时期的厨师在烹调过程中已开始了复合味的调味方法。清代后期，厨师们将番茄酱和咖喱粉用于调味之中。至此，已出现了姜豉、五香、麻辣、蒜泥、糖醋、椒盐等味型，今天的烹饪调味工艺中大多数的味型都是在这一时期定型的。

菜点的造型艺术在这一时期大放异彩。如假熊掌、假羊眼羹、假蚬子等以“假”命的菜肴首先是以造型取胜。在南宋招待金国来使的国宴中，竟有假圆鱼、假沙鱼这样的造型菜。明代还出现了“假腊肉”“假火腿”等造型菜。

（三）风味流派与地方菜的形成

风味流派的形成与社会的发展，政治、经济、文化中心的形成和转移相关联。便利的交通条件和繁荣的经济环境是促成一个都市餐饮业发达的重要前提。各地有着不同的饮食习惯，正如《中华全国风味志》中所言：“食物之习性，各地有殊，南喜肥鲜，北嗜生嚼（如葱、蒜等），各得其适，亦不可强同也。”这样就出现了风味各异的餐馆，而这种地方风味餐馆的出现，正是地方风味流派形成的发端。各种地方风味餐馆的日渐发展，进而在一些大城市中出现了“帮口”。来自各地的餐饮业经营者，为了在经营中能相互照应，自然结合成帮，从而使“帮口”具有行帮和地方风味的双重特性。他们联合起来，主持或者占领某一大城市的餐饮行业，形成独具特色的餐饮行业市场。早在三代时期，中国菜点的文化体系与流派已出现了黄河流域及长江流域之分。隋唐以后，又出现了岭南饮食文化流派、少数民族饮食文化流派和素食饮食文化流派。各地风味流派的形成，主要得益于一大批名店、名厨和名菜。宋代以后，市肆饮食文化流派已成气候，出现了北食、南食、川食、素食等不同风味的餐馆。至清代末年，地域性饮食文化流派已经形成，清人徐珂编撰的《清稗类钞》论述了有关当时地域性饮食文化流派的情况："肴馔之有特色者，为京师、山东、四川、广东、福建、江宁、苏州、镇江、扬州、淮安。"我国目前所说的四大菜系即长江下游地区的淮扬菜系、黄河流域的鲁菜系、珠江流域的粤菜系和长江中游地区的川菜系在这一时期已经发展成熟。除地域性饮食文化、少数民族饮食文化和市肆饮食文化外，这一时期的宫廷饮食文化、官府饮食文化也都走向成熟并其本定型，这正是中国饮食文化在历史长河中发展积淀的结果。

（四）饮食消费状况

这一时期的饮食消费呈现出空前的繁荣景象。宋代的宴会不仅名目繁多，而且相当奢侈。倘若是皇上寿宴，仅进行服务和从事准备工作的就有数千人之多，场面盛况之极，难以言状。据《武林旧事》记载，绍兴二十年十月，清河郡王张俊接待宋高宗及其随从，宴会从早到晚，分六个阶段进行，皇上一人所享菜点达二百余道之多。当时的餐饮市场上已有了四司六局，专门经营民间喜庆宴会。采取统一指挥、分工合作的集团化生产方式。高档宴会很讲究审美，如南宋集贤殿宴请金国使者，上菜九道，"看食"四道。元代的宴会受蒙古族影响，菜点以蒙古风味为主，并充满了异国情调。蒙古族人原以畜牧业为主，习嗜肉食，其中羊肉所占比重较大。宫廷菜尤其庞杂，除了蒙古菜外，兼容民族菜肴和异域肴馔。大型宴会多用羊、奶酪、烧烤、海鲜，所以，一般宴会都少不了羊肉奶品，同时与草原民族风格相应。宴饮出现了豪饮所用的巨型酒器"酒海"。元延祐年间，宫廷饮膳太医忽思慧在其《饮膳正要·聚珍异馔》中就收录了回族、蒙古族等民族及印度等国的菜点 94 种，比较全面地反映了元代在饮食消费方面对各族传统饮食兼收并蓄、从善如流的特点。

明代人在饮食方面十分强调饮膳的时序性和节令食俗，重视南味。据《明宫史》载："先帝最喜用炙蛤蜊、炒海虾、田鸡腿及笋鸭脯。又海参、鳆鱼、鲨鱼筋、肥鸡、猪蹄筋共脍一处，名曰'三事'，恒喜用焉。"由于明代在北京定都始于永乐年间，皇帝朱棣是南方人，其嫔妃多来自江浙一带，南味菜点在明代宫廷中唱主角，自洪熙以后，北味在宫廷菜点中的比重渐增，羊肉成为宫中美味。另据《事物绀珠》载，明中叶后，御膳品种更加丰富，面食成为主食的重头戏，而且与前代相比，肉食类品种有所增加。

时至清代，人们的饮食消费水平又有了很大的提高。无论是官宴还是民宴，宴会都很注重等级、套路和命名。清宫中的烹调方法上还特别重视"祖制"，许多菜肴在原料用量、配伍及烹制方法上都已程式化。而奢侈靡费和强调礼数，这是历代宫廷生活的共同特点，清代宫廷或官府的饮食生活在这两个方面上表现得尤为突出。如在菜点上席的程序上，一般是酒水冷碟为先，热炒大菜为中，主食茶果为后，分别由主碟、座汤和首点统领。其中的“头菜”则决定着宴会的档次和规格。命名方法有很多，或以数字命名的，如三套碗、十二体等；或以头菜命名的，如燕窝席、熊掌席、鱼翅席等；或以意境韵味命名的，如混元大席、蝴蝶会等；或以地方特色命名者，如洛阳水席等。值得一提的是，这一时期的全席不仅发展成熟，而且出现了多样化的局面。在众多全席中，以全羊席和满汉全席最为有名。全羊席是蒙古族喜食的宴会，也是招待尊贵客人的最为丰盛和最为讲究的一种传统宴席。席间肴馔百余种，皆以羊肉为料，其中的头菜大烹整羊，是将羊羔按要求分头部、颈脊部、带左右三根肋条和连着尾巴的羊背及四条整羊腿，共分割成七块，入锅煮熟即起。用大方盘，先摆好前后四只整羊腿，还放一大块颈脊椎，又在上面扣放带肋条及有羊尾的一块，最后摆一羊头及羊肉，拼成整羊形，以象征吉利。而满汉全席是历史上最著名、影响最大的宴席，是从清代中叶兴起的一种规模盛大、程序繁杂、满汉饮食精萃合璧的筵席，又称为“满汉席”“满汉大席”“满汉燕翅烧烤席”，其基本格局包括红白烧烤，各类冷热菜肴、点心、蜜饯、瓜果以及菜酒等，后来又演变出了“新满汉席”“小满汉席”之类的名称。

（五）烹饪理论状况

据邱庞同先生所著《中国烹饪古籍概述》等有关资料统计，在完整地流传下来的烹饪文献中，影响较大的主要有宋代浦江吴氏《中馈录》、林洪的《山家清供》、陈达叟《本心斋疏食谱》、元代宫廷饮膳太医忽思慧的《饮膳正要》和吴锡人倪瓒的《云林堂饮食制度集》、元明之际贾铭的《饮食须知》和韩奕的《易牙遗意》、明代宋诩的《宋氏养生部》、宋公望的《宋氏尊生部》、高濂的《饮馔服食笺》、张岱的《老饕集》等。清代出现的烹饪专著，数量可谓空前，主要有著名文人袁枚的《随园食单》、戏剧理论家李渔的《闲情偶寄·饮馔部》、张英的《饭有十二合》、曾懿的《中馈录》、顾仲的《养小录》、四川人李化楠著并由其子李调元整理刊印的《醒园录》、著名医学家王士雄的《随息居饮食谱》、宣统时文渊阁校理薛宝辰的《素食说略》、清末朱彝尊的《食宪鸿秘》以及《调鼎集》（相传盐商童岳荐编著）等。这些烹饪文献中，既有总结前人烹饪理论方面的，又有饮食保健方面的，从烹饪原料、器具、工艺、产品，一直到饮食消费，这些文献都有不同程度的理论研究与概括，并形成了一个较为完善的体系。其中袁枚的《随园食单》堪称是这一理论体系中的杰作。

袁枚，字子才，号简斋、随园老人，浙江钱塘人。乾隆四年进士，任翰林院庶学士，40 岁起即退隐于南京小仓山，筑“随园”。常以文酒会友，享盛誉数十年，是清代著名的文人、名士。《随园食单》是他 72 岁以后整理写成的一本烹饪专著。他在该书中兼收历代各家烹饪之经验，融汇各地饮食风味，以生动的比喻、雄辩的论述，对烹饪技术进行了具体的阐释。他从实践中提炼出理论，为中国烹饪理论著述的方法树立了一面格调鲜明的旗帜。《随园食单》有序和须知单、戒单、海鲜单、特牲单、江鲜单、杂牲单、羽族单、水族有鳞单、水族无鳞单、杂素菜单、小菜单、点心单、饭粥单、茶酒单等章。这部著作在我国饮食文化史上具有承前启后的作用，其中有许多论点足供今人借鉴。其主要特点有以下几个方面。

1. 注重原料选择

袁枚认为"学问之道，先知后行，饮食亦然。"因此，首先作"须知单"，指出"物性不良，虽易牙烹之，亦无味也。"他十分重视采买和选用食物原料的重要性："大抵一席佳肴，司厨之功居其六，买卖之功居其四。"这一观点无论是从营养角度还是从成品菜肴的食用价值看，无疑都是正确的。

2. 注重原料搭配

袁枚提出了原料搭配的原则："凡一物烹成，必需辅佐。要使清者配清，浓者配浓，柔者配柔，刚者配刚，方有和合之妙……，亦有交互见功者，炒荤菜用素油，炒素菜用荤油是也。"这种搭配的要求，不仅使滋味醇和，而且可使食物成分互补，达到更好的营养效果。袁枚十分重视原料的作用，他形象地比喻："厨者之用料如妇人之衣服首饰也，虽有天姿，虽善涂抹，而敝衣褴褛，西子亦难以为容。"注重原料搭配的同时，他又提倡原料的本味、真味和独味，认为味太浓重的食物只能单独烹制，不可搭配，唯此才能发挥出它们的独特风味。他举例说，食物中的鳗鱼、鳖、蟹、鲥鱼、牛、羊等，都应单独烹制食用，因为它们味厚力大，足够成为一味菜肴，既然如此，为何要抛开它们的本味别生枝节呢。

3. 强调烹调诸要素的作用及相互制约的关系

袁枚十分重视烹饪中的火候，他认为，当厨师的若能懂得火候，并在烹调过程中恰到好处地掌握，则基本掌握了烹的主要规律。他写道："有须武火者，煎炒是也；必弱则疲矣；有须文火者，煨煮是也，火猛则物枯矣；有先用武火而后用文火者，收汤之物是也；性急则皮焦而里不熟矣。"他指出了用火"三戒"：戒火猛、戒火停、戒揭锅。袁枚对于烹调中的调味也有独到的见解："味者宁淡毋咸，淡可以加盐救之，咸则不能使之再淡矣。烹鱼者宁嫩毋老，嫩可以加火候以补之，老则不能强之再嫩矣。"火候与调味的目的，终归是为了使菜肴色香味形俱全，以求至善至美。

4. 主张破除陈规陋习，创造出符合实际需要的食物

袁枚指出："为政者兴一利不如除一弊，能解除饮食之弊，则思过半矣。"所以《食单》中写了"戒单"，即烹饪饮食中应该禁忌的事项。如"戒目食"，

认为目食就是力求以多为胜的虚名罢了，如今有人羡慕菜肴满桌，叠碗垒盘，这是用眼吃，不是用嘴吃。他还指出“戒耳餐”，指责那种片面追求食物名贵的做法就是“耳吃”。他说，如果仅仅是为了炫耀富贵，不如就在碗中放上百粒明珠，岂不价值万金。

5. 讲究装盘上菜及进食艺术

袁枚十分重视器皿问题，并主张器皿要根据菜肴特点来选择。他说：“善治菜肴者，须多设锅灶盂钵之类，使一物各献一性，一物各成一碗。适者本应接不暇，自觉心花顿开。”他对盛器的主张是：“宜碗者碗，宜盘者盘，宜大者大，宜小者小。参错其间，方觉生色。板板于十碗八盘之说，便嫌笨俗。”他还很重视上菜顺序和进食艺术，认为上菜的方法是先咸后淡，先浓后薄，先无汤后有汤。这是考虑到客人饱后，脾藏困倦，要用辛辣口味来增加食欲；酒多以后，肠胃胀懑，要用甜酸口味来开胃。这些无论从生理角度还是从饮食角度，都可谓是真知灼见。

总之，《随园食单》中记述的食品内容极为丰富。他记录了从 14 世纪到 18 世纪中叶这一历史时期我国流行的 326 种食品，从山珍海味到一粥一饭，无所不包。袁枚对我国传统名菜、名点的制作，都有相当的研究。他在《随园食单》中提出讲究加工，讲究配料，讲究火候，讲究色香味形器，讲究上菜和进食次序等，将精微难言的鼎中之变，阐述得层次分明。他将中国烹饪理论推向了一个全新的阶段——成熟阶段。

（六）中国药膳学形成

宋、辽、金、元时期医书的刊印条件因胶泥活字印刷而大大地提高，这为药膳的发展起到了积极的推动作用。宋代唐慎微著的《证类本草》，后又增写成《重修证和经史证类备用本草》，共 30 卷，该书记述保存了以往古书中的有关食疗中的佚文，主要有《食疗本草》《食性本草》《食医心镜》《孙贞人食忌》，对于研究中国药膳学都起到重要的作用。王怀隐著的《太平圣惠方》，其中有 28 种病，就论述药膳疗法，如牛乳治消渴病，鲍龟粥、黑豆粥治水肿，杏仁粥治疗咳嗽等。在这一时期内，出现了以药膳治疗老年病的专著，如陈直著的《奉亲养老书》，全书中药膳方剂达 162 首。我国药膳发展至此，从食疗、食治发展到食补，已成为防治老年病和抗老益寿的专门学科。宋代官修大型方书《圣剂总录》共 200 卷，载方剂 20000 余首。该书有药膳专论食治门。食治方中，有治疗诸风、伤寒后诸病、虚劳、吐血、消渴、腹痛、妇人血气、妊娠诸病、产后诸病以及耳病、目病等 29 种病症，共有药膳方剂 285 首。在药膳制法和剂型上，都有新的突破，不仅有药粥、药羹、药索、药饼，而且还有酒、散、饮、汁、煎、饼、面等的制作方法。元代宫廷御医忽思慧，他著的《饮膳正要》一书，是一部药膳专著。书中介绍了药膳菜肴94种；汤类35种；抗衰老药膳方剂29首；各种肉、果、菜、香料的性味和功能。该书的主要价值还在于它阐述了许多关于饮食营养和健康的关系，如饮食卫生，养生避忌，妊娠食忌，乳母食忌，饮酒避忌，四时所宜，五味便走等，这些论述在古典医著实为少见。因此，它是我国一部很好的药膳参考书。这个时期，还有海宁医士吴瑞著的《日用本草》，娄居中著的《食治通说》，郑樵所写的《食鉴》等药膳专著。李汛在《日用本草序》说："夫本草曰日用者，摘其切于饮食者耳。"该书共11卷，类列各种食物计540余种，分为八门。娄居中在《食治通说》一书中说："食治则身治，此上工医未病之一术也。"这一时期的药膳专著也是很多的，可惜已佚失，实在是一大损失。

明清时期，我国开始孕育资本主义的生产方式，出现了许多轻工业，如印刷、造纸、纺织等，从而促进了明清时期的医药发展，对药膳的发展也起到了相当大的作用。李时珍著的《本草纲目》一书，总结了明代以前的药物学成就，是我国药物学，植物学等的宝贵遗产。全书共52卷，载药物达1892种。药数比《证类本草》增加了374种，该书对中国药膳学的发展起到重要作用。它提供了水果、谷物、蔬菜达300多种，禽、兽、介、虫达400条。该书还记录了我国历代食疗的佚文，其中有孟诜著的《食疗本草》、陈士良著的《食性本草》、吴瑞著的《日用本草》等，书中收载了许多食疗方剂，这些都是李时珍对药膳的很大贡献。明代徐青甫编著的《古今医统大全》一书，记载了药膳的烹制方法。吴禄辑的《食品集》一书，也是一部食疗专著，书中附录部分记载了有饮食之宜忌，如五脏所补，五脏所伤，五脏所禁，五味所重，五谷以养五脏，以及食物禁忌，妊娠忌食等。清代沈李龙著的《食物本草会纂》一书，总结了前人的许多食疗方剂，也是一部有参考价值的食疗专著。在这个时期，还有卢和著的《食物本草》，汪颖著的《食物本草》，宁原著的《食鉴本草》，牛木肃著的《救荒本草》，高廉著的《遵生八笺》，王孟英著的《随息居饮食谱》，袁牧著的《随园食单》，叶盛繁辑的《古今治验食物单方》，文晟辑《本草饮食谱》，费伯雄著的《食鉴本草》等。上述医膳专著中，都记载了许多药膳方剂的功效、应用和制作方法，对促进我国药膳学的发展做出了重大贡献。纵观其发展，我国药膳是中医药学的宝贵遗产之一，我们应该努力发掘，加以整理，使中国药膳内容更加充实、完善和发展，更好地为中国人民和全人类造福。

第五节　现代中国烹饪文化

清朝灭亡，奏响了中国烹饪文化走进现代阶段的交响乐。在这一阶段中，无论是烹饪实践还是理论研究，中国饮食文化都有着飞跃性发展。中国烹饪文化以全新的姿态进入了创新开拓的新时代，走上了与世界各民族烹饪文化进行广泛交流的道路。以近现代科学思想指导烹饪实践和理论研究，运用现代科学技术改良、培育和人工生产烹饪原料新品种，并改进、发明烹饪生产工具，开辟新能源，为烹饪原料的来源、烹饪物质要素的发展开辟新道路。风味流派体系在结构和内容上发生了不同于传统形式的改变和革新，烹饪教育培训、生产管理日趋科学化、社会化，现代烹饪文化经过数十年的努力已初步构成了全新的体系。

一、烹饪工具与烹饪方式趋于现代化

（一）烹饪工具现代化

近现代烹饪阶段的烹饪工具变化，集中表现在能源和设备上。就能源而言，木柴已退居次要地位，城市中主要使用的是煤、煤气、天然气，另外还有液化气、汽油、柴油、太阳能、电能等，部分农村已使用沼气。用这些能源制熟或加热食物有着省时、方便和卫生的特点。

就烹饪设备而言，电器炊餐器具已经在部分大城市、大饭店逐渐被使用，品类繁多。如用于加热的设备有电磁炉、微波炉、电炉箱等；用于制冷的设备有冷藏柜、保鲜陈列冰柜、浸水式冷饮柜等；用于切割加工的设备有切肉机、刨片机、绞肉机等。值得一提的是，我国现在已经出现了许多大型的厨房设备生产企业，可以生产出灶具、通风脱排、调理、储藏、餐车、洗涤等300余个规格和品种的厨房设备。

（二）生产方式的现代化

现代食品工业是传统烹饪的派生物，是现代科学进入烹饪领域的结果，如今，中国食品工业已经形成比较完整的生产体系。至于烹饪生产方式的变化，主要表现在两个方面。一是餐馆、饭店中的某些烹饪工艺环节（如切割、制蓉等）已出现了以机械代替厨师的手工操作；二是食品工业的兴起，已经出现了食品工厂，并生产火腿、月饼、香肠、饺子、包子、面条等这些传统手工烹饪的食品，既减轻了手工烹饪繁重的体力劳动，又使大批量食品的生产质量更加规范化和标准化。而机器人烹饪的出现，标志着中国烹饪在坚守传统烹饪文化的同时，步入了别开生面的高科技时代。

二、优质烹饪原料发展较快，品种增多

（一）优质烹饪原料的引进和利用

在近现代饮食文化阶段，由于自觉或不自觉地对外开放，尤其是近年来提倡优质高效农业，从世界各国引进了许多优质的烹饪原料。引进的植物性原料主要有洋葱、菊苣、樱桃番茄、奶油生菜、西蓝花、凤尾菇等；其动物性原料主要有牛蛙、珍珠鸡、肉鸽、驼鸟等，这些烹饪原料已在我国广泛种植或养殖，并用于烹饪之中。

（二）珍稀原料的种植和养殖

20 世纪以来，人们曾在一段时期内毁林造田，滥砍滥伐，使得许多野生动植物濒临灭绝，生态环境遭受到严重破坏，于是开始对野生动植物进行加倍保护，国家还颁布了野生动植物保护条例。同时，科研人员利用先进的科学技术对一些珍稀动植物原料进行人工培植或养殖，并获得了成功。如今，人工培植成功的珍稀植物原料有猴头菇、银耳、竹荪、虫草及多种食用菌。人工饲养成功的珍稀动物原料有鲍鱼、环颈雉、牡蛎、刺参、湖蟹、对虾、鳜鱼、长吻鮠、鳗鲡、蝎子等。这些珍稀原料的产量大大超过了野生的数量，能够更多地满足众多食客的需求。

（三）优质烹饪原料的品种增多

在这一阶段，优质烹饪原料品种不断增多，其中最引人注意的是粮食、禽畜及加工制品。在粮食中，仅米的名贵品种就有广东丝毛米、福建过山香、云南接骨糯等。而绿豆约有 200 多个品种，著名的有安徽明光绿豆、河北宣化绿豆、山东龙口绿豆等。此外大小麦等亦有众多名品。在禽畜类原料中，猪的优良品种有四川荣昌猪、浙江金华猪、苏北淮猪等。近年来，全国又推行养殖瘦肉型猪，以减少脂肪的含量。鸡的优良品种也很多，有寿光鸡、狼山鸡、浦东鸡等。加工制品中优良品种众多，如板鸭名品有江苏南京板鸭、福建建瓯板鸭、江西南安板鸭等；豆腐名品有八公山豆腐、黄陂豆腐、榆林豆腐、平桥豆腐等。

三、民族、地区及中外之间饮食文化与烹饪技术交流频繁

（一）民族间的饮食文化交流

中国是一个多民族的国家，各民族之间的交流从未停止过。南北朝、唐、宋、元、明、清这些朝代，烹饪交流已很普遍。通过不断交流，汉族的烹饪影响了其他民族；而其他民族的烹饪也影响了汉族，促进了共同发展。到现代饮食文化阶段，民族之间的烹饪交流更加频繁。如今满族的“萨其玛”、维吾尔族的“烤羊肉串”、土家族的“米包子”、黎族与傣族的“竹筒饭”等品种，已成为各民族都认同和欢迎的食品，并且有了新的发展。如“萨其玛”已在工业化生产；继“烤羊肉串”之后，出现了“烤鸡肉串”“烤兔肉串”等各种“烤海鲜串”；“竹筒饭”及其系列品种“竹筒烤鱼”“竹筒乳鸽”等更在北京、四川、广东等地大显身手；信奉伊斯兰教的各民族之清真菜、清真小吃、清真糕点等，更是遍及中国各个城市和地区。

（二）地区间的烹饪文化交流

在现代饮食文化阶段，由于交通日益发达和便捷，人员流动增大，地区间的饮食文化交流更加频繁。在许多大中城市林立的酒楼餐饮业馆中，既有当地的风味菜点，也有异地的风味菜点，而且还出现了相互交融与渗透的现象。可以说，地区间的饮食文化交流，加之改革开放后全国范围内进行的多次烹饪大赛，对提高中国烹饪的整体水平、缩小地区间的烹饪技术的差别起到了巨大的推动作用，促进了中国饮食文化的发展。

（三）中外间的烹饪文化交流

20世纪初，随着西方教会、使团、银行、商行的涌入，蛋糕、饮料、奶油、牛排、面包等西方美食也进入了中国，并对中国饮食文化产生了很大的影响。近年来，随着全球化进程的加快，西方先进的厨房设施和简易的烹饪方式已经被中国学习和借鉴。在食品方面，西式快餐、日本料理、泰国菜、韩国烧烤等异国风味竞相登陆，这不仅是对古老的中国饮食文化的挑战，更是中国饮食文化蓬勃发展的机遇。其中，西式快餐是将高科技发展的成果应用于快餐，是工业化标准和标准化思想、标准化科学技术运用的结果。它适应了高科技社会的客观需要，并以崭新的姿态赢得了中国人的喜欢，获取了巨大的成功。面对这一现实，中国也努力借鉴西式快餐的优点和成功经验，大搞中式快餐和中央厨房建设，并将其作为饮食业的新增长点。另外，中国饮食文化在海外的影响也越来越大，在遍布世界各地的6000多万中国侨民中，有不少人开中式餐馆谋生，传播着中

国饮食文化和非常可口的中国菜点，使外国人士大开眼界。自改革开放以来，中国不断派出烹饪专家和技术人员到国外讲学、表演，参加世界性的烹饪比赛，乃至合办中餐馆等，使海外更多的人了解中国饮食文化，喜爱中国菜点，这也促进了世界烹饪水平的提高。

四、西方现代营养学对中国烹饪文化的影响

营养学是研究食物与人体健康关系的一门综合性学科。西方现代营养学奠基于 18 世纪，发展于 19 世纪，完善于 20 世纪。其优势是微观、具体、深入，通过现代自然科学已有的各种检测手段，能够严格地进行定量分析。现代营养学大约在 1913 年传入中国，到 20 世纪 20 年代后，中国现代营养学逐步发展起来。一些营养学专家还逐步将营养与烹饪结合起来研究，取得了长足进步，并在 20 世纪 80 年代前后发展成为一门新兴学科即烹饪营养学。这门学科在中国虽然起步较晚，但已取得一定成果。许多高等烹饪学府都开设了烹饪营养学，使学生能够运用营养学的知识科学合理地烹饪，制作出营养丰富、风味独特的菜点。中国预防医学科学院营养与食品卫生研究所与北京国际饭店合作，对淮扬菜、鲁菜、粤菜和川菜系的一批菜肴成品进行营养成分测定，这些都反映了我国目前烹饪营养学的发展状况。当然，中国烹饪与现代营养学密切结合的同时，仍然没有、也不可能放弃长期指导中国菜点制作的传统食治养生学说。食治养生学说虽然比较直观、笼统、模糊，带有经验型烙印，但有宏观把握事物本质的长处。正是由于中西医学的结合，传统食治养生学说与现代营养学的相互渗透，宏观把握与微观分析两种方法的相互配合，使得中国烹饪向现代化、科学化迈出了更快的步伐。20 世纪 80 年代以来，食疗药膳食品与保健品正是在这种情况下迅速兴盛起来的。

五、 创新筵席大量涌现与饮食市场空前繁荣

（一）创新筵席的大量涌现

20 世纪以来，随着时代浪潮的冲击、社会经济的发展，人们的生活条件和消费观念发生了变化，尤其是对新、奇、特的追求日益强烈。为适应这些新的追求，创新出大量的风味别具的特色筵席，如淮扬菜系中的姑苏肴宴，它将菜点与茶结合起来，开席后先上淡红色的似茶又似酒的茶酒，再上芙蓉银毫、铁观音炖鸭、鱼香鳗球、龙井筋页汤、银针蛤蜊汤等用名茶烹制的菜肴，再上用茶汁、茶叶等作配料的点心玉兰茶糕、茶元宝等。目前，姑苏茶肴宴的茶酒、茶菜、茶点共 18 种，已经初成系列，这些风味独特的创新筵席与传统筵席一起，共同促进

了中国筵席的进一步发展和繁荣。此外，受西方饮食文化的影响，冷餐酒会、鸡尾酒会等宴会也受到人们的喜爱。

（二）饮食市场的空前繁荣

中国自古以农立国，历代统治者都实行着“重农抑商”的政策，因此作为商业重要组成部分的饮食业虽然在不断地走向繁荣，但常受到轻视，不能“理直气壮”地发展。直到2018年底，第三产业蓬勃发展，餐饮业也受到了前所未有的重视和青睐，不仅成为第三产业的中坚力量，餐饮市场空前繁荣，更重要的是，餐饮业已成为中国旅游经济板块的重要内容之一。改革开放40余年来，中国餐饮业从一个50亿元规模的传统服务行业跨越式发展成为超过4万亿元产业收入的生活服务消费产业、超2000万就业人口的社会民生产业和传承五千年中华文明的民族文化事业，走出了一条中国特色的餐饮业发展之路。中国餐饮业年均复合增长率高达18%，稳增长、促消费等经济贡献一直稳居服务业前列，是持续吸纳社会就业的“稳定器”，是中小企业、民营经济发展的“晴雨表”，是服务业大众创业、万众创新的“集散地”，是人民群众幸福感、获得感最直接的表达。中国餐饮业在实施乡村振兴战略、践行绿色发展理念、传承传统文化、重塑文明行为、发挥美食外交作用等方面的独特行业价值正在被逐步认可和放大，开启了高质量发展的新征程。

六、餐饮文化建设与品牌打造

从历史的角度看，餐饮业在经营过程中得到区域文化的积极影响，这在一开始完全出乎偶然。早在1957年，上海滑稽剧团根据苏州餐饮服务员孙荣泉提出的“三勤、四快、五心、六满意”的服务工作建议得到上级领导支持这一素材，创作了《满意不满意》，后拍成电影在全国上映，这无意中使苏州松鹤楼成为全国家喻户晓的知名餐饮企业，此虽出乎偶然，但这应是中国餐饮业用文化打造餐饮品牌的最早实践，而且效果显著，这种意义可谓大矣。到了20世纪80年代，一部《小小得月楼》又引起了全国观众对苏州得月楼饭店的认知，从此以后，文化打造企业品牌就成了餐饮业一种有意识的设计与创造行为。值得一提的是，地方历史民俗文化资源逐渐地成为餐饮企业经营者们重点锁定的素材，因为这类素材所产生的经济效益和社会效益远远超出了素材本身，它引起了文化经济学家们的高度重视，这种现象被学者们称为区域文化经济。例如江淮地区餐饮业的企业文化建设有着非常重要的可利用资源，特别是区域文化中的历史人文元素，可成为淮扬餐饮业形成品牌文化风格与个性主题宴饮的重要题材。餐饮文化设计者充分利用本土文化资源，造就本土餐饮的品牌个性。区域文化资源的合理选择与科学运用是餐饮企业未来发展的一个重要手段，是企业打造文化餐饮、铸就品牌形象的重要方法之一。在餐饮市场竞争日益激烈的今天，从重视菜品质量、服务质量提升到注重文化内涵，特别是区域文化资源与餐饮的嫁接整合，既是一个必然的过程，也是未来餐饮业发展的一大趋势；既是一个符合地方旅游经济发展战略的文化餐饮工程，也是餐饮企业融入地方旅游经济的最佳渠道。当然，这更是消费者赋予餐饮业的一项文化使命。正因如此，越来越多的餐饮企业，看到了区域文化资源给企业带来的生命曙光，自觉地担负起这一社会责任。从这个意义上看，中国的文化餐饮时代已经到来。

阅读与思考

临 水 斫 脍

张海林／文

弟子公孙丑问孟子："脍炙与羊枣孰美？"孟子很干脆地回答："脍炙哉。"孟子此语距今 2200 多年，这就是说，脍与炙在当时就已经是"名优食品"了。公孙丑以水果类的羊枣和羊肉类的羊炙相比而发问，只能说明人之对味，有同嗜亦有偏好，而且有时候，富贵或贫穷的生活境遇，都是一样可以影响偏好的。当然，鱼肉类的脍炙对于人之口，是大多数人所喜爱的美味，这也才会有"脍炙人口"这个成语的流传使用。

脍与炙都是鱼肉食品，炙是烧烤之法或者就是烧烤的肉。在专业领域，常把有焰的称为烤，无焰的称为炙。满街的烤羊肉串，就是炙和炙之法。但对于脍，今人则相对陌生些。其实，所谓脍，在先秦之时，不过是细切的鱼和肉，因此，写成鲙之时，便知道是鱼丝。汉魏时，食脍之风大盛，这和当时渔牧业的发展水平有直接关联。但脍毕竟是生食，故史书亦有食之过多而生病的例子，不作赘述。到了隋唐，脍类之物，多有名品。如飞鸾脍、咄嗟脍、缕子脍、托刀羊皮脍，最有名的是金齑玉脍，其法是选用霜后之鲈鱼，净肉切丝，腌渍后布裹沥水，以香柔花叶或橙丝相拌，花黄鱼白，乃有此名，并被称为东南之佳味。但脍到此时，仍是生食、冷食，少有熟制。

临水斫脍则扬名于宋代，得名处在汴京的金名池之西。每年三月以后，此地"垂杨蘸水，烟草铺堤，游人稀少，多垂钓之士……游人得鱼，信其价买之，临水斫脍，以荐芳樽，乃一时佳味也。"（《东京梦华录卷七》）这金明池之水来自汴河，而汴河又是西引黄河之水，故此地钓，得之多为金鲤。所以，临水斫脍，也就是脍鲤。脍鲤之法，古已有之，但在一池碧水之旁，得鲜活之鱼而佐美酒，应该是严冬之后，风和日丽之时，杨柳拂面之时，很是浪漫享受了。书中虽无此事兴于何时、何人所兴的记载，但自忖当是汴京专司操办在酒店之外筵席的“四司六局”所为。可是，如此浪漫的美食之享受，元明之后在汴京已无记载。就是脍，因蒙古族入主中原，烧烤之风日盛也逐渐势微。倒是在江南，直至清代，脍类的鱼生仍很盛行，《羊城竹枝词》中唱道：“冬至鱼生处处同，鲜鱼脔切玉玲珑。一杯热酒聊消冷，犹是前朝食脍风。”

今日河南，少有脍、鲙、鱼生的供应。临水斫脍，自不敢想。池子里的那些鲤鱼，早已不是它们前辈的模样了，河里之水，又多有污染，不吃也罢。也跟人去吃过三文鱼和生牛肉，勉强算得上是鲙与脍吧。但主人相让，言必称日本鱼生如何好云云，却不知其是在唐代后效仿中国得来，便愤愤然，食之无味了。

选自 2005 年 4 月 5 日《大河报》

思考题：“脍”在中国古代是什么概念？它起于何时？兴于何时？与今天我们常说的“鱼生”有何关系？

总结

本章讲述了中国烹饪的原始阶段、发展阶段、成熟阶段及现代烹饪文化的发展状况，分述了中国烹饪文化在各个历史阶段的基本特点和辉煌成就。在整个原始社会里，我们的先民在熟食活动中又经历了火烹、石烹和陶烹三个过程，发明了原始的农业、养殖业以及酿酒和筵宴。三代时期，烹饪原料的范围进一步扩大，烹饪工具由陶器转而发展为青铜器，新的烹饪方法应运而生，饮食器具更是品类多样，中国烹饪文化体系初步形成，传统养生理论初步建立。这些成就是后来中国烹饪文化向前发展的基础。时至考古学意义上的铁器时代，中国烹饪文化发生了巨变，外域的烹饪原料和饮料、食品大量地进入中国，各类烹饪器具已基本上能够满足烹饪工艺过程的需要，整个烹饪工艺体系已完全建立，市肆烹饪文化流派已成气候，出现了北食、南食、川食、素食及少数民族等不同流派的餐馆。宫廷饮食、官府饮食和寺院饮食也走向成熟并基本定型。至清末，地域性饮食文化流派已形成。宴席特别是全席在这一时期不仅发展成熟，而且出现了多样化的局面。烹饪理论研究方面成绩卓著。辛亥革命后至今，无论是烹饪实践还是烹饪理论研究，中国烹饪文化出现了飞跃性的发展，并以全新的姿态进入了创新开拓的新时代，走上了与世界各民族烹饪文化进行广泛交流的道路。可以说，中国烹饪文化的历史发展，如同一曲酣畅欢腾的交响乐，和谐相奏，相激相荡，从某种意义上说，这正是中国烹饪文化不断丰富、发展、自我完善之历程的主旋律。

同步练习

1. 在中国远古时期，距今180万年以前的什么人已经发现甚至可能学会利用火了？距今50多万年的什么人已经能够发明火、管理火以及用火熟食了？

2. 使人类从此告别了茹毛饮血的饮食生活，并作为人类最终与动物划清界限的重要标志是什么？

3. 在整个原始社会里，我们的先祖在熟食活动中大致经历哪几个阶段？每个阶段的情况怎么样？

4. 考古研究表明，中国人发明陶器的时间距今有多少年？自此以后，中国原始先民的熟食活动进入了第几个阶段？

5. 在中国烹饪的原始阶段末期，调味出现了，人们已学会用什么调味？

6. 筵宴是怎样产生？中国最早有文字记载的筵宴叫什么名？它产生于何时？

7. 青铜烹饪工具的发明和使用，使商周时期的人们对自然界和人类社会的认识水平的大幅度提高，烹饪工艺在这一时期出现了一次巨大飞跃，主要表现在哪些方面？

8. “齐之以味，济其不及，以泄其过。”这句话是谁说的？什么意思？

9. 相传夏代的中兴国君曾任有虞氏的庖正之职，这个人叫什么名字？

10. 伊尹与商汤的对话，被后人整理成饮食文化史上最早的文献，这个文献叫什么？

11. 试述《礼记·内则》所载“八珍”的名字及其烹调方法。“八珍”代表了哪里的饮食风味？

12. 贵族阶层在筵宴其间总是离不开音乐，以乐侑食，早在何时就在上层贵族阶层流行了？

13. 周代较为重要的宴饮有哪几种？

14. 秦汉时期蔬菜种植技术发展的一项突出成就是什么？

15. 用竹木制做蒸笼和面点模具起于何时？

16. 豆腐的发明起于何时？相传是何人发明？

17. “五熟釜”发明于何时？其特点是什么？

18. 早在先秦之时，荤素肴馔就有了分别，但形成流派则始于哪个朝代？

19.《断酒肉文》的内容是号召天下万民食素，寺院素食因此而渐成流派。这篇文章出自何人之手？

20. 陆羽精于茶事，著有何书并因此而被后世尊为“茶圣”？

21.《饼赋》讲述饼的产生、品种、功用和制作，可谓是关于饼的专论之文，作者是谁？是哪朝人？

22. 北魏贾思勰所著何书是我国第一部农学巨著，其中关于烹饪方面的内容具有较高的史料价值？

23. 元代的饮食业很庞杂，所经营的菜肴除蒙古菜以外，还兼容了哪些民族的菜肴？

24. 辣椒和番薯的原产地在何处？何时传入中国？

25. “凡物各有先天，如人各有资禀”，“物性不良，虽易牙烹之，亦无味也”，此段文字出自哪部书？作者是谁？这段话是什么意思？

26. 厨师用多种植物淀粉勾芡始于何时？

27. 清代，何地的瓜雕堪称绝技，并能代表这一时期最高的食品雕刻艺术？

28. 依据《山家清供》记载，名菜“拨霞供”的基本方法与今天的什么菜基本无异？

29. 宋代以后，市肆饮食文化流派已成气候，出现了哪些同风味的餐馆？

30. 元代的宴会菜点以什么风味为主？而明代饮食又十分强调什么？重视什么？

31. 什么是“满汉全席”？其特点如何？

32. 元代宫廷御医忽思慧，他著的何书是一部药膳专著？

33. 试述现代中国烹饪文化的特点。

第三章

中国烹饪原料

本章内容：1. 中国烹饪原料的基本概念及开发利用的历程
2. 中国烹饪原料的特点与分类

教学时间：2 课时

教学方式：理论教学

教学要求：1. 把握中国烹饪原料的基本概念；
2. 解析中国烹饪原料在历史发展的各个时期的开发利用的规律；
3. 掌握中国烹饪原料的基本特点；
4. 熟练运用中国烹饪原料的分类方法。

课前准备：阅读中国烹饪原料学方面的书籍。

第一节　中国烹饪原料的基本概念及开发利用的历程

一、烹饪原料的基本概念

烹饪原料是指通过烹饪加工以制成各种食物的可食性原材料。

烹饪原料的基本特性就是它的可食性。首先，表现在它的营养价值方面，绝大多数的烹饪原料都不同程度地含有各种营养元素，烹饪原料所含的营养素的质量不同，其营养价值也就不一样。其次，表现为直接影响菜点成品质量的烹饪原料的口感和口味。最后，表现为烹饪原料的安全性，这一点的重要性要远远大于前两者。

二、烹饪原料的开发应用历程

烹饪原料的开发历程与人类饮食烹饪的历史发展同步。人类的饮食活动从某种意义上说也就是不断开发和应用烹饪原料的活动，在历史发展过程中，烹饪原料的开发与利用，体现了人类发现自然、探索自然和利用的聪明才智，构成了人类饮食文明的重要组成部分。

（一）原始社会时期烹饪原料的开发与利用

1. 中国旧石器时代可食性原料的开发与利用

中国旧石器时代是中国历史最早的阶段，这一时期的人类，以打制石器为主要劳动工具，以采集和渔猎的方式开发和获取可食性原料。由于劳动工具在这一历史时期的制作水平经历了一个由简单到复杂的过程，所以人类开发和获取可食性原料分前、后两个阶段。

早在180万年以前，人类所使用的劳动工具尚属天然工具，开发可食性原料的能力很有限，只能以采集的方式获取可食性原料，由于这一时期人类还没有学会用火，所以植物性原料是当时人类的主要食品，野生瓜果、树皮、根、叶及块根植物是当时人类主要的采集与食用对象。人类考古学研究成果表明，从猿的系统分化出来的人科，其最早的代表是腊玛猿人，腊玛猿人是人类的直系祖先，“也就是正在形成中的人”（见林耀华主编《原始社会史》27页）。早在1980年12月1日，由我国古人类学家吴汝康教授率领的考古队在云南禄丰发现了举世罕见的比较完整的腊玛古猿头骨化石，他的出现标志着中国原始社会史的开始。从这一发现及其他有关考古资料看，腊玛古猿是生活在森林地区空旷的林间空地或森林边缘地带，这种特殊的地理环境很少有野兽出没，这不仅使腊玛古猿的生存很少受到野兽的侵害，而且也决定了腊玛古猿是非食肉者。另外，腊玛古猿的脸部较短，上、下犬齿较小，犬齿窝较大、较低，腭骨成拱形，齿形弯曲成弓形。这种牙齿排列状态表明，他们是地面的草食者。无可非议，这是人类饮食以开发食用植物性原料为始的明证。在元谋人文化时期以前的考古遗址中，因为还没有发现人类捕食动物的充分依据，考古工作者还不能断定180万年以前的人类是否已开始了复杂而分工有序的渔猎劳动，当然也没有理由说明当时人类是否把动物性可食原料置于与植物性可食原料同等重要的地位上。

180万年以后，当人类进入学会用火的时候，当人类的劳动工具制作水平不断提高的时候，可食性动物原料逐渐地成为当时人类重要的食源，人类开发可食性原料的方式也已由采集转向采集与渔猎并存的方式，而且渔猎劳动因为火的利用以及工具制作水平的日渐提高和劳动方式的日渐成熟而变得更加重要，食物原料范围得以进一步扩大。从元谋文化遗址、西侯度文化遗址、蓝田文化遗址、北京文化遗址、丁村文化遗址等等诸多旧石器时代文化遗址中，考古工作者发现，当时人类不仅已具备了制作捕猎劳动工具的水平，而且动物性原料的开发能力不断增强，开发品种不断增多，如鹿、马、羚羊、猪等。而山西襄汾的丁村文化遗址中，考古工作者发现了当时人类食鱼的痕迹（见崔巍《中国原始社会》）。考古研究表明，当时这里河道如网，汾河中有大量的鱼类，如鲩鱼、鲤鱼、鲶鱼、青鱼等，这些都是丁村人重要的捕食对象（见裴文中、吴汝康、贾兰坡等《山西襄汾县丁村旧石器时代遗址发掘报告》，载中国科学院古脊椎动物研究所甲种专刊等二号，第78页）。可见，丁村人的食物来源已不限于陆上的禽兽，他们把可食性动物原料的开发与利用扩大到水中，这不仅是中国烹饪原料历史开发的一大飞跃，马克思和恩格斯还把这种现象视为与火的利用具有同样意义。马克思认为，蒙昧期低级阶段“终于把鱼类用作食物和获得用火的本领。”（见马克思《摩尔根〈古代社会〉一书摘要》，第1页，人民出版社1965年版）恩格斯也指出：蒙昧期高级阶段“从采用鱼类（虾类、贝壳类及其他水栖动物都包括在内）作为食物和使用火开始”（见恩格斯《家庭、私有制和国家的起源》，第20页，人民出版社1972年版）。这就是说，人类捕捉水生动物原料并将其纳入饮食对象的范畴中，这是人类社会蒙昧低级阶段转为蒙昧高级阶段的重要标志之一。

2. 新石器时代烹饪原料的开发和利用

中国新石器时代大约始于公元前6000多年，它的开始以农耕和畜牧的出现为标志，这表明，人类开发可食性原料的方式已由依赖自然的采集渔猎经济跃进到改造自然的生产经济。这一时期，原始烹饪已经出现，所以，从严格意义上说，从这一时期人类开发的可食性原料应称为烹饪原料。

在距今8000年左右，地处黄河流域的河南新郑裴里岗生活着一群原始人类，考古学家称之为裴里岗人。考古学研究表明，从裴里岗文化遗址中发掘出的斧、铲、镰、磨盘、磨棒等农具，是目前我国发现的年代最早的原始农具，斐里岗人是目前已知的我国最早从事农耕生产的人类。当时人类已开始了以粟为主要栽培作物的旱作农业，粟，即中国先秦古籍中所记载的“稷”，也就是北方的谷子，其米称“小米”。除粟之外，还种植了黍，也称为“糜子”。从烹饪原料开发利用的历史角度看，裴里岗人开创了以农耕生产的方式开发烹饪原料的历史。此后的北方新石器时代遗址中，粟稷的发现更加普遍，已成为黄河流域新石器时代的主要农作物，小米、黄米成为当时人类饮食生活中重要的烹饪原料。

20世纪70年代，考古学家在长江下游地区的河姆渡文化遗址中发现有大量的稻谷，厚度达20～50厘米，年代距今约7000年，经鉴定为栽培稻籼亚种晚稻型水稻。有的学者认为河姆渡文化时期可能已有粳稻存在（见周季雄《长江中下游出土古稻考察报告》，载《云南农业科技》1981年6期）。此后，在浙江马浜山文化遗址、崧泽文化遗址、良渚文化遗址等中陆续发现了籼稻和粳稻的遗存。

长江流域的稻作文化与黄河流域的粟稷文化遥相呼应，不仅从烹饪原料方面形成了中国饮食文化南北分野的重要标志，而且为原始家畜养殖业及肉类烹饪原料的开创与发掘奠定了重要的物质基础。

家畜饲养业是在旧石器时代晚期高级狩猎经济的基础上产生的。旧石器时代晚期，由于弓箭、网等的发明，人类不但狩猎的成功率大大提高，而且对某些经常猎捕的动物生活习性也逐渐熟悉。当猎获物有了剩余的时候，人类可能偶然豢养某些幼兽以备不时之需。随着原始农业经济的发展，豢养某些动物逐渐成为人类社会生产经济的组成部分，成为人类烹饪原料的主要来源之一，自此，家畜饲养业出现了。中国传统的家畜是所谓的“六畜”，即马、牛、羊、猪、狗、鸡。这些是中国新石器时代人类通过饲养而获取的重要肉类烹饪原料。在长江流域，目前已知最早的家猪是在广西桂林甑皮岩遗址中发现的（见李有恒等《广西桂林甑皮岩遗址动物群》，载《古脊椎动物与古人类》，1978年4期；另见李有恒《与中国的家猪早期畜养有关的若干问题》，载《古脊椎动物与古人类》，1981年3期）。在黄河流域，早在前仰韶时期的磁山、裴里岗和老官山等文化遗址中，不仅发现有猪的骨骼，而且还有家鸡骨骼出土（见周本雄《临潼白家村·附录二·白家村遗址动物遗骸鉴定报告》，巴蜀书社1994年版）。而我国确定无疑的最早饲养的狗和牛，出土于距今9000年以前的河南舞阳贾湖遗址（见河南省文物考古研究所《舞阳贾湖》，科学出版社1999年版，第130页）。在距今5000年左右的西北地区的马家窑文化遗址中，发现有家养的绵羊骨骼，到了齐家文化时期，羊已成为主要的家畜之一。马的饲养历史在六畜中最晚，大约在新石器时代晚期的龙山时代（见周本雄《中国新石器时代的家畜》，载《新中国考古发现与研究》，文物出版社1984年版，第194～198页）。这些家猪的出土时间可早到公元前6000年左右，在淮河和秦岭以北的地区，最主要的家畜动物是猪、狗和鸡，在南方则是猪、狗和水牛。说明南北方的家畜饲养与肉类烹饪原料已各有特点。我国先民饲养羊的历史可能较晚，现代研究表明，在黄河流域，以二底沟二期文化遗址中发现的家羊骨骼为最早（见中国科学院考古研究所《庙底沟与三里桥》，科学出版社1959年版，第42页）。

蔬果类烹饪原料也是新石器时代文化遗址中的重要发现，研究结果表明，我国目前已发现的新石器时代遗址，绝大部分都含有蔬果的种子和果核等农业遗存，其中主要有油菜、葫芦、黑豆（大豆）、蚕豆、花生、桃、杏梅、酸枣、核桃、榛、柿子、橄榄、菱角、芡实、莲子等（见杨有民、董凯忱《我国古代在栽培植物方面的贡献》，载《中国古代农业科技》，农业出版社1980年版），这些烹饪原料的发现，反映了我国史前先民的蔬果类食品的种类是丰富多彩的。

（二）三代时期烹饪原料的开发和利用

三代时期，先民饮食活动有了很大的改善，烹饪原料的进一步丰富是引起这个变化的一个主要原因。

大体上说，中原地区的夏人，其主食以粟类谷物为主，即今人所称之小米。夏末，成汤放逐夏桀，《尚书·仲虺之诰》中即有“肇我邦于有夏，若苗之有莠，若粟之有秕”之喻，可知粟为大多数夏人的主要谷类烹饪原料。位于夏王朝东南地区的一些方国以稻米为主食。商代人对于谷物种类的推广种植方面已大大超过夏代，《尚书·盘庚上》中就说：“惰农自安，不昏作劳，不服田亩，越其罔有黍稷。”由此可知，商代人以黍、稷为主食。从考古发现看，河北邢台曹演庄、藁城台西、河南安阳殷墟等许多商代遗址都曾出土炭化黍、稷（见唐云明《河北商代农业考古概述》，载《农业考古》1982年1期；另见《殷墟发掘报告（1958～1961）》，文物出版社1987年版，第283页）。另外，在北方，商代人还种植了水稻，如郑州商城白家庄遗址中就曾发现稻壳遗存（见许顺湛《灿烂的郑州商代文化》，河南人民出版社1957年版，第7页）。到了周代，粮食作物的种类进一步增加，就《诗经》所提到的农作物来看，除去主食黍、稷、稻、麦以外，又有穈（赤粱粟）、芑（向粱粟）、高粱、秬（黑黍）、秠（黑黍之一种）、来（麦）、牟（大麦）、稌（粳稻）、荏菽（大豆）、麻（麻子可食）等几十余种。

这一时期的动物类原料、蔬果类原料在史料文献的记载中不胜枚举。以体现黄河流域文化特征的《诗经》为例，提到的动物类原料，除了马、牛、羊、猪、鸡以外，还有兔、鹿、獐、狼、狐、鹌鹑、雁、雉等。此外，《诗经》中如《衡门》《汝坟》《硕人》等诗篇还生动地描写了周人捕捞鲤、鳊、鲢、鲲、鲦、鲔、鳟、鳍、鲟等许多鱼类原料的生活情形，再现了周人开发利用水产烹饪原料的历史。至于蔬果类原料的种类在这一时期也是相当丰富多彩的，《诗经》里提到的就有芹菜、莼菜、韭菜、葵、荠、芥、蒲笋、荼、苋菜、藕等。

从《礼记》等文献史料的记载看，这一时期的人们把奶、蛋也运用到了自己的饮食生活中，还有如蜩（蝉）、蚳（蚁卵）、蚺（蛇）、猩唇、隽燕尾肉等也成了当时人们食用的烹饪原料。从《礼记》的记载看，周人还开发了食用菌类，如书中提到的“蕈”即为今人所说的香菇、蘑菇之类。

《楚辞》不仅是今人研究楚文化的历史文献，而且其中的《招魂》和《大招》二诗，更是我们了解长江流域人们开发利用烹饪原料的重要史料。从这两首诗中我们可知楚人开发利用烹饪原料的两个特点：一是“食多方些”（见《招魂》），两首诗中所述美食之多样与技法之多端，足可说明楚地烹饪原料是相当丰富的，而《大招》所谓的“恣所尝只”“恣所择只”也并非言过其实，这也印证了《汉书·地理志》所说的楚地“江南地广”而“饶”“食物常足”并非虚妄之辞；二是喜食异物，诸多文献记载表明，楚“有云梦，犀、麋、鹿满之，江汉之鱼、鳖、鼋、鼍为天下富”（《墨子·公输》），这些皆为楚人喜用的美味原料，两首诗中所提的鳖、鹄、凫、鸹等水产和飞禽，这在当时的中原人看来属“异物”之类，矜而不食。可见，楚人与中原人的饮食审美的价值趋向是有区别的，这与楚之地处“川泽山林”之中是有密切关系的。

三代时期的调味料呈现出南北差异较大的格局。从《周礼》《礼记》及《诗经》的记载看，黄河流域人们的调味品除蜂蜜、野梅等少量天然调味料以外，绝大多数的调味料得之于人们制作的盐醢菹酱类。盐在当时已有海盐、岩盐、池盐和井盐之分；酱非常被人重视，《论语·乡党》：“不得其酱不食。”这也是基于当时酱作为复合性调味料在饮食礼仪中不可或缺的地位而言的。酱有醢酱、菹酱之分，前者为肉酱，后者为素菜酱。与之不同的是长江流域特别是楚地的人们，充分利用当地的自然优势，尽可能地利用天然的各种调味料。“楚越之地，地广人稀，饭稻羹鱼，或火耕而水耨，果堕蠃蛤，不待贾而足，地势饶食，无饥馑之患。”（《史记·货殖列传》）这种因优越的地理位置与环境而形成的特殊的经济条件显然胜于黄河流域。从《楚辞》看，沅、湘、江、修门、夏兰等地，木兰、宿莽、江蓠、白芷、申椒、肉桂、薜荔、松萝、辛夷、杜若等辛香草木，品种繁多，漫山遍野，除了屈原在文学创作中，赋予这些草木以特殊的文学意义与艺术象征形式，楚人也确实生活在这样的环境中。不难看出，楚人以辛香清洁为美，在饮食口味习惯上也形成了类似的嗜好，这些草木自然也有不少已成为楚人的饮食调味品。史料文献中记载周人开发利用的调味料酸、甘、苦、咸都已具备，主要有小葱、蓼、薤（小蒜类）、姜、食茱萸、桂、梅、芥、椒、饴、蜜、豆豉、醢（肉类酱料）、菹（蔬类酱料）等。

从《周礼》《管子》《尔雅》等文献史料看，三代时期特别是到了春秋战国时期，人们对植物类烹饪原料的划分已与现代植物分类学的认识基本一致。对动物的分类也已与现代相当。如《周礼·天官》：“庖人掌共六畜、六兽、六禽。”其中的“六兽”即指麋、鹿、熊、麇、野豕、兔；“六禽”即指雁、鹑、鷃、雉、鸠、鸽。而成书于战国时代的《吕氏春秋·本味篇》记载了伊尹向商汤描述中国各地的优质烹饪原料：“肉之美者：猩猩之唇，獾獾之炙，隽燕之翠，述荡之腕，旄象之豹，……鱼之美者：洞庭之鱄，东海之鲕，醴水之鱼，名曰朱鳖，六足有珠百碧。灌水之鱼，名曰鳐，其状若鲤而有翼，常从西海夜飞，游于东海。菜之美者：昆仑之蘋，寿木之华，……阳华之芸，云梦之芹，具区之菁，浸渊之草，名曰土英。和之美者，阳朴之姜，招摇之桂，越骆之菌，……鳣鲔之醢，大夏之盐。……饭之美者：玄山之禾，不周之粟，阳山之穄，南海之秬。”由此可见，当时的人们已开始在品类多样的烹饪原料中认识和总结优质原料，开始注重优质的烹饪原料与烹调及美食之间的必然联系。

（三）秦汉至隋唐时期烹饪原料的开发利用

这一时期是中国封建社会走向鼎盛的时期，生产发达，商业繁荣，交通便利，物流通畅。烹饪原料较三代之时有了很大程度的增加，谷物、蔬菜、牲禽、水产、乳品、调料等方面出现了很多新品种。

这一时期，谷物原料呈现出不同阶段的变化。秦时，谷物在大类上与春秋战国时差不多，但汉代以后，麦、稻的种植范围扩大，谷物的品种增加了，西汉时，麦已有大麦、小麦、旋麦（春麦）、宿麦（冬麦）等品种，稻有籼稻、粳稻、糯稻等。汉赋中还提到了“冀野之粱”“华乡黑秬”“滍皋香秔”等地方特产谷物。至魏晋南北朝时，农业生产技术有了进一步的发展，谷物种类有了新的增加，如《齐民要术》中就记有粟 97 种、黍 12 种、穄 6 种、粱 4 种、秫 6 种、小麦 8 种、水稻 36 种，此外还有多种大豆、小豆。到了唐代，粮食品种的开发与现代基本相近。由于统治者很重视农业水利的兴修，河南、河北、山东、淮南等地稻田面积不断增加，稻米产量因不断增长而成为唐人的重要主食，与麦、粟等量齐观。据《新唐书·地理志》及唐诗描述，唐代粮食作物中的名品有好几十种，又据唐代韩鄂所撰《四时纂要》记载，当时还普遍种植薯蓣（山药）、芋（芋艿）、百合等作物。

秦汉至隋唐这段时期，人们食用的动物类烹饪原料主要有豕、羊、牛、马、驴、犬、兔、鸡、鸭、鹅、鹿、麋、獐、骆驼、野猪、狸、羚羊、雉、雁、鷃、鹜、鹑、凫、孔雀等。至于水产原料就更多了，据有关史料记载，当时作为烹饪原料的鱼类就有鲂鱼、鲤鱼、白鱼、鲫鱼、鲈鱼、鲟鱼、刀鱼、鳢鱼、鲇鱼、泥鳅、鳠鱼、鳝鱼、蚶、蚌、牡蛎、鳖、鲍鱼等。而在三国时沈莹所著的《临海水土异物志》写到了许多当时人们在开发海洋资源过程中所认识和利用的数以百计的烹饪原料，主要的有鲮鱼、比目鱼、石斑鱼、石首鱼、槌额鱼、黄灵鱼、鲗鱼、乌贼、戴星鱼等，可见三国时的人们对海洋资源的认识和开发的能力。到了隋唐时代，人们开发利用水产烹饪原料的范围进一步扩大，除前代已开发利用的水产烹饪原料种类以外，又出现了武昌鱼、青鱼、草鱼、鳙鱼、鳜鱼、鲥鱼、鲚鱼、河豚、鲛鱼、鳗鲡、黄鱼、鲷鱼、竹鱼、米鱼、鲎鱼、鲶鱼等。

蔬菜和水果的品种与产量在这一时期都超过了三代，据崔寔《四民月令》记载，汉代的蔬菜品种就很丰富，已种有豍豆、瓠、芥、葵、葱、蓼、苏、苜蓿、韭、瓜、胡豆、芜菁、冬葵、芋、芘姜、蘘荷等。汉赋中提到的蔬菜也不少，如扬雄在《蜀都赋》中就提到了苍葭、蒋（菰）、蒲、姜、栀、椒、笋、茄以及菌芝等。汉代，中国烹饪原料开发史上发生的重大事件之一就是豆腐的发明，据李时珍《本草纲目》载：“豆腐之法，始于汉淮南王刘安。”豆腐的发明，使中国人很早就学会了利用植物蛋白进行养生。在对马王堆汉墓的发掘与整理过程中，也发现有芋头、菱角、小豆、葫芦等种子（见何介钧、张维明《马王堆汉墓》，文物出版社 1982 年版，第 74 页）。从有关史料记载看，秦汉时人们常用的水果主要有杨梅、枣、桃、李、梨、杏、柿、枇杷、甘蔗、柑橘、荔枝、龙眼、香蕉等。值得一提的是，汉代中外饮食文化的交流，在一定程度上丰富了当时的烹饪原料种类。如汉武帝时代的张骞出使西域，开通了丝绸之路，自此，许多烹饪原料就是通过这条路线从域外传入中国，主要有大葱、大蒜、胡荽（香菜）、苜蓿、莴苣、石榴、葡萄、胡桃、胡瓜等。至魏晋南北朝时，蔬菜的品种有了进一步的增加。《齐民要术》提到的蔬菜就有冬瓜、越瓜、胡瓜、茄子、苋菜、芸苔、兰香、蕨菜、马芹、菘（白菜）等。蔬菜品种到了唐代又有了新的变化，综合《四时纂要》等有关资料，这一时期的蔬菜品种主要有萝卜、包菜、菠菜、葵、韭、菘、荠、蔓菁、笋、苋、冬瓜、越瓜、胡瓜、苜蓿、茄、芹、茭白、莼菜、莲藕、慈姑、百合、鸡头（芡实）、薤菜、蚕豆、枸杞、甘菊、苗葱、姜、薤、芥、荏、蓼、泽蒜、芸苔、胡荽、食用菌、海藻、紫菜、鹿角菜等，常见的水果主要有桃、李、梨、杏、枣、柿、橙、柚、柑、杨梅、葡萄、椰子、芒果、橄榄、槟榔、枇杷、荔枝、甜瓜、石榴等。唐人吃的水果无论是从品质上还是从产量上，都大大地超过了前代。

这一时期的调味品除沿用前代开发利用的盐（包括海盐、井盐、岩盐和池盐）和酱外，还出现了不少新品。根据《四民月令》的“清酱”的描述推断，东汉末年已出现了酱油。另外，汉代还出现了用于调味的豆豉汁。至南北朝时，用于烹调的调味汁主要有盐蓼汁、香菜汁、葅汁、鱼酱汁等。魏晋之际，醋（时人称“酢”）不仅广泛地运用于民间，而且还有很多种类。据《齐民要术》载，醋在当时已有大酢、秫米酢、粟米曲酢、回酒酢、酒糟酢、动酒酢等。隋唐时期，人们在实践中对醋进行了进一步的开发，苏恭《唐本草》道："醋有数种，有米醋、麦醋、麸醋、糠醋、饧醋、桃醋、葡萄、大枣、蘡薁等诸杂果醋。"由此可知，隋唐时人们造醋不仅已有了很深厚的经验积累，而且所造之醋基本上已形成了可满足当时厨师调味之用的醋品系列，以满足当时烹饪活动的需求。这一时期植物方面的调料品种也很多，如姜、葱、蒜、花椒、薤、荏、橘皮、胡芹、胡荽、荜拨、木兰、芥、茱萸、桂皮、芜荑等。而甜味调料主要有饴、蜜、甘蔗饧等。唐代，熬糖之法传入我国，糖的品种迅速增加，出现了白糖、石蜜、砂糖、糖霜等。

（四）宋元明清时期烹饪原料的开发和利用

这一时期，中国饮食文化成就更为辉煌，烹饪原料的开发和利用已经与现代几近。

动物类烹饪原料方面，除前代已开发利用的品种以外，宋元明清时的人们更注重对海产品的开发和利用。宋人吴自牧《梦粱录·卷十八·物产》中提到的海产品就有鲙、鲇、石首、鲨、黄颡、海鳗、鲳、鮸、鳖、蟹、虾、螺等；元人贾铭《饮食须知》还提到了蚌、蚬、海参、燕窝等；明人屠本畯《闽中海错疏》专载福建的海产原料，主要有海鳅、墨鱼、比目鱼、带鱼、大鲨鱼、鲑鱼、水母、海鳐、银鱼、白鱼、海蚶、蛤蜊、蛏等等；清人郝懿行《记海错》又提到了嘉鲯鱼、鲍鱼、老般鱼、鳘鱼、海肠、对虾、牡蛎、海蜇、紫菜、鹿角菜等。海产品的不断增加，反映了自宋以来人们认识海产原料的水平和对海洋资源开发利用的能力都在不断提升。至于淡水产品的开发则更是丰富，今人所能品尝到的淡水原料在这一时期都已出现。《东京梦华录》和《梦粱录》载淡水产品就有鲥鱼、鲤鱼、青鱼、元鱼、河豚、鳊鱼、鲈鱼、鲚鱼、鳜鱼、鳝鱼、螃蟹、螺狮、草虾等。至元代以后，淡水产品的开发已至饱和，明人遁园居士《鱼品》所记载的鱼类原料，实际上就是对前代人们开发利用鱼类产品的总结，书中提到的鱼类，在前代尽已出现。

除水产动物原料以外，禽兽类原料品种也在不断增加。元人忽思慧《饮膳正要》载禽兽类烹饪原料甚详，兽类食用原料有牛、羊、犬、猪、兔、马、驴、象、驼、熊、虎、豹、麂、野狸、黄鼠、猴、狐、犀牛、狼、麋、鹿、獐、獭、獾等。而禽类即有天鹅、雁、水札、丹雄鸡、野鸡、鸭、鸳鸯、鹁鸽、鸦、鹌鹑、雀等。明清以后，禽兽类原料进一步丰富，除常见的原料以外，还有斑鸠、野鸡、野鸭、鷚鸟、灵鸡、竹鸡、铁脚、黄羊、野猪、箭猪、香狸、柿狐、牦牛、玉面狸等，凡能渔猎到的可食禽兽，尽可于人们的餐桌上出现。

自宋以后，人们对蔬菜和水果的重视程度不断提升，蔬菜和水果的品种逐渐接近现代。《梦粱录·卷十八·物产》提及南宋人食用的蔬菜和水果种类就很丰富，蔬菜原料主要有芥菜、生菜、莴苣、冬瓜、梢瓜、黄瓜、茄子、萝卜、胡萝卜、葫芦、白菜、瓠子、芋头、山药、茭白、蕨菜、水芹、芦笋、玉蕈、竹菇等；水果种类主要有桃、李、杏、柿、梨、橘、梅、枣、菱、枇杷、樱桃、木瓜、甘蔗、石榴、葡萄、橙子、银杏等。元代，鲁明善《农桑衣食撮要》和熊梦祥《析津志辑佚》提及的蔬菜较之宋代又增加了菜瓜、苣荬菜、蜀葵、茭笋、茈菰、茴香、百合、菠菜、甜菜、青瓜、苋菜等。明清以后，蔬菜和水果的品种与今天并无多大差别了，这可从明人李时珍《本草纲目》、清人丁宜《农圃便览》的记载中可见一斑。

宋代以后，调味品的品种也发生了很多变化。“酱油”一词首见于南宋林洪《山家清供》一书。《梦粱录·卷十六·鲞铺》说：“盖人家每日不可阙者，柴米油盐酱醋茶。或稍丰厚者，下饭羹汤，尤不可无。虽贫下之人，亦不可免。”从该卷“分茶酒店”等节对当时杭州酒馆茶肆所售各类美味的描述中可知，宋人在烹调时使用的胡椒、姜、茴香、莳萝、糖、桂、醋、盐及各种油料等，在许多美味名称中得以体现。至元明清时，调味料的制作工艺已经很成熟了，如明人宋应星《天工开物·卷十二·膏液》：“凡油供馔食用者，胡麻、莱菔子、黄豆、菘菜子为上，苏麻、芸苔子次之，茶子次之，苋菜子次之，大麻仁为下。”由此可见，当时制作食用油的原料种很多，所以食用油品种也很丰富。当时南京的油坊、糖坊、盐坊、酱坊、醋坊遍布大街小巷，清代以后，人们食用的调味品与今已无多大差异。

值得注意的是，有不少烹饪原料在这一时期从境外传入中国，如番薯、番茄、洋葱、马铃薯、玉米等。其中的番薯，又名红薯、地瓜等，原产于美洲东南部，16 世纪传入西班牙，后由西班牙水手传至菲律宾，明代万历年间商人陈振龙将其带回福建，并试种成功。辣椒原产于南美洲的秘鲁，在墨西哥被广泛培植，15 世纪传入欧洲，明代传入我国时，只被视为观赏花卉，被称为番椒，后来才逐渐在烹饪活动中广泛利用。

中国烹饪原料开发和利用的历史，是中国饮食文化发展的一个缩影，是中国烹饪科学和烹饪艺术不断演进的重要物质基础，更是永葆中国烹饪以味为核心这一民族特色的不可忽视的前提。因此，注重对中国烹饪原料开发与利用的历史的研究，是认识中国饮食文化、体会中国烹饪艺术内涵的必经之路。

第二节　中国烹饪原料的特点与分类

一、中国烹饪原料的特点

中国烹饪原料在漫长的历史演进中形成了许多重要持点。

（一）历史悠久

人类为了拓展食源而开始的采集和渔猎劳动，可视为中国烹饪原料开发利用的起点。此后，中国人发明了原始农业和原始畜牧业，并逐渐过渡到种植业和养殖业，中国烹饪原料的历史实际上已历经了100多万年之久。在漫长的历史演进中，中国烹饪原料品种不断丰富。与此同时，历史上的中国与域外民族或国家出现过多次的文化交流，从域外引进了很多新品种原料。据不完全统计，发展至今的中国烹饪原料，品种可达上万种，已形成了庞大而复杂的体系。

（二）特产丰富

在中国烹饪原料中，有很多奇特的种类，如毒蛇、龙虱、蝎子、蚕蛹等，它们共同构成了中国烹饪原料新奇的一面。另一方面，在原料开发的历史上，中国人还善于将天然原料再造成新的原料，如豆腐、豆芽、风鸡、腊肉、松花蛋、板鸭、粉条、大酱、酱油等。就同一类原料而论，因加工方式的不同，也可再制成不同的品种，如豆腐可制成鲜豆腐、冻豆腐、老豆腐、豆腐乳、臭豆腐等，酱油可制成老抽酱油、生抽酱油等。此外，因历史的传承、地域的差异、工艺的区别等原因，有许多再造原料成为闻名全国的地方特产，如南京板鸭、龙口粉丝、金华火腿、湘西腊肉、镇江肴肉、扬州酱菜、山西陈醋等。

（三）医食同源

许多原料在历史上原本被视为药材行列，后来人们在生活实践中将其分离出来，列入日常烹饪原料，如蒜、芹等。随着科学研究水平的提高，人们发现，中国古代所谓的“医食同源”，反映了中国人开发利用烹饪原料的另一个历史侧面，烹饪原料中含有可以治病的药性，而许多药材本身就是烹饪原料，这在孙思邈《千金食治》、忽思慧《饮膳正要》、贾铭《饮食须知》和李时珍《本草纲目》等文献中均有具体载述。

（四）料尽其用

在世界许多国家和地区，一些烹饪原料往往被分为食用部分和废弃部分，如猪、牛、鸡等的内脏就属于不可食的废弃部分。但中国人在长期的生活实践中，往往通过分档用料的方法，尽可能地做到料尽其用，最大限度地减少浪费。如猪的心、肝、肠、胃、皮、血等都可烹制成美味，鱼的皮、肠、鳔、鳍等皆可制成佳肴。

二、中国烹饪原料的分类

本着便于检索利用、易于把握的基本原则，烹饪原料必须从宏观着眼，微观入手，依据烹饪行业特点和烹饪原料在流通领域中的归属进行分类。就宏观而论，烹饪原料可分为主配原料和调辅原料两大类。而主配原料又可分为植物性原料和动物性原料。其中，植物性原料可分为粮食、蔬菜和果品三大类；动物性原料可分为畜、禽、两栖爬行、鱼和低等动物五大类。调辅料有调料、辅料之分。调料可分为调味料、调香料、调色料和调质料四大类；辅料可分为食用油脂和食用水两大类。

（一）主配原料

1. 植物类原料

（1）粮食类。如水稻、小麦、大麦、莜麦、荞麦、燕麦、高粱、粟、黍、大豆、赤豆、绿豆、蚕豆、豌豆、甘薯、木薯等。此外还有粮食类制品，如米粉、米线、面筋、豆腐、豆干、腐竹、百叶、豆芽、粉丝、粉皮等。

（2）蔬菜类。依据蔬菜的主要食用部位进行分类，可分为如下六类。

①根菜类蔬菜。以植物膨大的根部作为食用部位的蔬菜称为根菜类蔬菜，包括：

（a）肉质直根，如萝卜、胡萝卜、大头菜、芜菁、根用甜菜等；

（b）块根茎，如豆薯、葛、山芋等。

②茎菜类蔬菜。以植物的嫩茎或变态茎作为主要食用部位的蔬菜称为茎菜类蔬菜，包括：

（a）地下茎类，如马铃薯、山药、菊芋、藕、荸荠、慈姑、芋艿等；

（b）地上茎类，如莴苣、菜薹、茭白、芦笋、竹笋、榨菜等。

③叶菜类蔬菜。以植物肥嫩的叶片和叶柄作为食用部位的蔬菜称为叶菜类蔬菜，包括：

（a）普通叶菜类，如小白菜、芥菜、菠菜、芹菜、苋菜等；

（b）结球叶菜类，如甘蓝、大白菜、结球莴苣等。

（c）香辛叶菜类，如葱、韭菜、香菜等；

（d）鳞茎状叶菜类，如洋葱、大蒜、百合等。

④花菜类蔬菜。以植物的嫩幼花部器官作为食用部位的蔬菜称为花菜类蔬菜，如花椰菜、青花菜、朝鲜蓟等。

⑤果菜类蔬菜。以植物的果实或幼嫩的种子作为主要供食部位的蔬菜称为果菜类蔬菜，包括：

（a）瓠果类，如南瓜、黄瓜、冬瓜、瓠瓜、丝瓜、苦瓜等；

（b）浆果类，如茄子、番茄、辣椒等；

（c）荚果类，如菜豆、豇豆、刀豆、毛豆、豌豆、蚕豆等。

⑥孢子植物类蔬菜。这是藻类、菌类、地衣、苔藓和蕨类植物的总称，通常把可以食用的孢子植物类称为蔬菜。包括：

（a）食用蕨类，如中国蕨、紫蕨、菜蕨等；

（b）食用地衣类，如石耳、树花等；

（c）食用菌类，如木耳、蘑菇、平菇、香菇、猴头菌、竹荪等；

（d）食用藻类，如海带、发菜、紫菜、石花菜、裙带菜、浒苔等。

（3）果品类。按经营分工与加工工艺的特点，果品可分为鲜果类、干果类和糖制果品类。

①鲜果类。将未经干制、新鲜的、肉质柔软多汁的、可直接食用的果品称鲜果，包括：

（a）核果类，如桃、李、杏等；

（b）梨果类，如苹果、梨等；

（c）浆果类，如葡萄、西红柿、茄子等；

（d）瓠果类，如甜瓜、白兰瓜、西瓜等；

（e）柑果类，橘、柑、橙、柚等；

（f）复果类，如菠萝等；

（g）坚果类，如板栗、核桃等。

②干果类，包括果干和果仁两大类。

（a）果干是用鲜果干制而成，具有营养万分集中、风味独特、口感柔韧、甜味绵长的特点。主要品种有红枣、柿饼、桂圆、荔枝干、葡萄干等。

（b）果仁是各种干果子叶的总称，大多需经熟制，香味浓郁，风味独特，无论在菜肴还是在面食、小吃中都有广泛的应用。主要品种有白果、松子、榛子、莲子、花生米、腰果仁、瓜子仁等。

③糖制果品类。将新鲜水果用加糖煮制或用糖腌渍的方法，经过不同的加工程序，最后脱水干制成凝冻状，并保持其独特风味及色泽的鲜果制品的总称，分蜜饯和果酱两大类。

（a）蜜饯类，如苹果脯、青梅脯、糖冬瓜、青红丝、话梅、蜜饯海棠、蜜饯红果、糖桂花等。

（b）果酱类，如草莓酱、苹果酱、什锦果酱、枣泥、山渣糕等。

2. 动物类原料

（1）家畜类。家畜是指人类为满足肉、乳、毛皮以及担负劳役等需要，经过长期饲养而驯化的哺乳动物。

①家畜。主要包括猪、牛、羊、马、驴、骡、兔、狗、骆驼等。

②家畜副产品。主要包括家畜的肝、心、肾、胃、肠、肺、皮、蹄、舌、尾、蹄筋及公畜外生殖器等。

③家畜制品。主要包括腌腊制品（如火腿、腊肉、腊肠、咸肉等）、干制品（如肉松、肉干、肉脯等）、熏制品（如熏肉、熏鱼、熏蹄膀、熏灌肠等）、灌制品（如火腿肠、粉肠、泥肠等）、酱卤制品（如五香驴肉、酱肉、糟肉等）和烤制品（如烤羊肉串、烤乳肉等）。

④乳和乳制品。乳主要包括牛乳、山羊乳、绵羊乳、马乳、鹿乳等；乳制品主要包括淡炼乳、甜炼乳、奶油、奶粉、奶酪等。

（2）家禽类。这是指人类为满足对肉、蛋等的需要，经过长期饲养而驯化的鸟类。

①家禽。目前我国饲养的家禽主要包括鸡、鸭、鹅、鸽、鹌鹑、火鸡等。

②禽副产品。禽副产品俗语称“禽杂”，是禽胃、肝、心、肠等内脏及舌、脑、血、皮、蹼、鸭掌等的统称。禽副产品是一类重要的烹饪原料，可单独入馔，也可合烹成菜。

③禽制品。通常把经过腌制、干制、烤制、煮制（酱卤）、熏制等加工方法处理的禽肉称为禽制品。常见的禽制品有烧鸡、扒鸡、熏鸡、板鸭、熏鸭、烧鹅、盐水鸭等。其中有些种类可直接食用，为熟禽制品；有些种类必须经过加工后才能食用，为生禽制品，如板鸭、风鸡等。

④蛋和蛋制品。广义的蛋是指卵生动物为了繁衍后代而排出体外的卵，当然，除了禽类外，爬行类动物如蛇、龟、鳖等均可下蛋。烹饪原料学所指的是禽类所产的蛋，包括鸡蛋、鸭蛋、鹅蛋、鸽蛋、鹌鹑蛋等。蛋制品主要皮蛋、咸蛋、糟蛋、蛋粉、冰蛋等。

（3）两栖动物类。这是脊椎动物中的两栖动物和爬行动物的合称。这里提到的许多两栖动物类烹饪原料都是人工养殖的，如人工饲养的牛蛙、哈士蟆、棘胸蛙等。

（4）爬行类原料。爬行类动物是真正的陆栖脊椎动物，可用于烹饪的大多为高档原料，主要是龟类和蛇类。

（5）鱼类原料。这是终生生活于水中，以鳍游泳、以鳃呼吸、具有颅骨和上下颌的变温脊椎动物。从烹饪原料的角度看，鱼类分为淡水鱼和海水鱼两大类。此外还有用鱼及鱼杂制成的鱼制品。

①淡水鱼类。我国淡水鱼具有经济价值的大约在250种以上，其中青鱼、草鱼、鲢鱼、鳙鱼、鲤鱼、鲫鱼、鳊鱼、鲂鱼、鳜鱼等20多个品种已成为主要的养殖对象，此外还有很多地方特产淡水鱼种，如黑龙江的鳇鱼、狗鱼、哲罗鱼，乌苏里大麻哈鱼、松花江白鲑鱼、黄河鲤鱼、南通刀鱼、太湖银鱼、松江鲈鱼、洱海弓鱼等。

②海水鱼类。据统计，我国海水鱼有3000多种之多，其中黄海、渤海的鱼约有300多种，东海的鱼有700多种，南海的鱼有2000多种。用于烹饪的海水鱼主要有鳐鱼、魟鱼、太平洋鲱鱼、鳓鱼、蛇鲻鱼、海鳗、鳕鱼、梭鱼、石斑鱼、鲈鱼、黄鱼、带鱼、鲐鱼、鲳鱼等。

③鱼制品种类很多，主要有鱼肚、鱼皮、鱼骨、鱼信（又称“鱼筋”）鱼籽、鱼片、鱼卷、鱼香肠等。

（6）无脊椎动物类。无脊椎动物又称低级动物，其身体特征为：身体中轴无脊索或脊椎；中枢神经系统为管状，位于消化管的腹面；如有心脏则位于消化管的背面。它主要包括以下几类。

①棘皮动物类原料。可作为烹饪原料的有海胆、海参。

②节肢动物类原料。可作为烹饪原料的有虾、蟹、龟足、藤壶、蝎、蝗、蝉、蜂蛹等。

③软体动物类原料。可作为烹饪原料的有鲍、螺、蚶、贝、牡蛎、蛤蜊、蛏、蚌、蚬、乌贼、星虫、沙蚕、海蜇等。

（二）调辅原料

1. 调料

（1）调味料。即烹饪过程中主要用于调和食物口味的原料的统称。按照味型的区别，调味料可以分为六大类。

①咸味调料。如食盐、酱油、酱、豆豉等。

②甜味调料。如食糖、饴糖、蜂蜜、糖精、甜叶菊苷等。

③酸味调料。如食醋、番茄酱、柠檬酸、苹果酸等。

④辣味调料。如辣椒、胡椒、芥末、咖喱粉等。

⑤麻味调料。如花椒等。

⑥鲜味调料。如味精、蚝油、虾油、鱼露等。

（2）调香料。即主要用于调配菜品香味的原料。可分为三大类。

①芳香料。如八角（又称“大茴香”或“大料”）、茴香（又称“小茴香”）桂皮、丁香、孜然、香叶、莳萝、迷迭香、百里香、罗勒、茵陈蒿等。

②苦味料。如陈皮、草豆蔻、肉豆蔻、草果、荜拨、山柰、白芷等。

③酒香料。如黄酒、白酒、葡萄酒、酒酿、香糟等。

（3）调色料。指在烹饪过程中主要用于调配、增加菜点色彩的原料。主要分两大类。

①食用色素。可分为天然色素（如红曲色素、紫胶虫色素、姜黄素、叶绿素铜钠、焦糖色素等）和人工合成色素（如胭脂红、苋菜红、柠檬黄、靛蓝等）两类。

②发色剂。如硝酸纳、硝酸钾等。

（4）调质料。通常是指在烹饪过程中用于改善菜点质地和形态的一类调料。可分为四类。

①膨松剂。如碳酸氢钠（又称“小苏打”）、碳酸钠（又称“纯碱”）、鲜酵母、老酵面等。

②凝固剂。如硫酸钙（又称“石膏”）、氯化钙、葡萄糖酸、盐卤（又称“卤水”）等。

③增稠剂。如淀粉、琼脂、明胶、果胶、羧甲基纤维素钠等。

④致嫩剂。如木瓜蛋白酶、菠萝蛋白酶等。

2. 辅料

（1）食用油脂。通常指供人类食用的以油脂为主，并含有其他成分的混合物。可分为三类。

①植物油脂。如菜油、豆油、花生油、葵花籽油、芝麻油、棉籽油、椰子油等。

②动物油脂。如猪油、牛油、羊油、鸡油、鸭油、鱼肝油等。

③改性油脂。如人造奶油等。

（2）食用淡水。这是人体不可缺少的物质，人类通过各种途径包括从食物中获取补充水分，水也是重要的烹饪原料，人们的烹饪过程在很大程度上是离不分水的。

总之，中国烹饪原料是中国饮食文化的物质载体，它的开发与利用的过程，充分体现了中国饮食文化在历史演进中不断探索、勇于创造的过程，而其体系的形成与完善，也是中国人民在饮食生活中不断积累和总结经验的精神体现。

阅读与思考

蔬菜的历史

卫培／文

蔬菜自上古时代便已成为人类的食物。《诗经》里提到的132种植物，其中作为蔬菜的就有20多种。

战国及秦汉时代，我国人民食用的主要蔬菜有5种。葵，称为“百菜之王”，植物分类学上称冬葵，因口感及营养欠佳，明代已不再将它当作蔬菜看待。韭、葱、蒜是现在常用来调味的蔬菜，在古代蔬菜中独成一属。《汉书·召信臣传》中记载太官园在温室生产葱、韭的情况，并把这样培育出来的韭菜叫“韭黄”。此外，还有萝卜、蔓青等根菜类。蔓青早在《吕氏春秋·本味篇》中就有“菜之美者”的盛誉，蔓青还可以顶粮食之用。

现在常见的蔬菜如茄子、黄瓜、菠菜、扁豆、刀豆等都是在魏晋至唐宋时期陆续从国外引进来的。

我国古代劳动人民还自行培育出一些极为重要的蔬菜品种，如菱白和白菜等，苏东坡有诗云：“渐觉东风料峭寒，青蒿黄韭试春盘。”

到元、明、清以来，又陆续有一些品种加入我国菜谱中来。进入清代末期，我国现有的传统蔬菜品种基本上都出来了。

选自2003年4月30日《消费导报》

思考题：冬葵为什么退出了蔬菜的行列？为什么蔓青被誉为“菜之美者”？

总结

本章讲述了中国烹饪原料的基本概念及开发利用的历程以及中国烹饪原料的特点与分类。中国烹饪原料是一个发展的、开放的系统，不仅历史悠久，而且地域特点鲜明，品种丰富多样。众多的烹饪原料是形成众多菜肴的物质基础。我们的先民在开发和利用烹饪原料的实践中，总结并积累了中国烹饪原料的食疗理论，强调料尽其用。中国烹饪原料的分类依据于原料自身的基本特点与中国烹饪实践的基本需求，因此，在中国烹饪实践活动中，中国烹饪原料从品种分类到食用价值方面的研究，不仅日臻完善，而且与烹饪工艺有着越来越紧密的结合。

同步练习

1. 什么是烹饪原料？它的特性主要表现在哪些方面？

2. 原始社会时期，什么人的食物来源已不限于陆上的禽兽，他们把可食性动物原料的开发与利用扩大到水中，这成为中国烹饪原料历史开发一大飞跃的标志？

3. 从烹饪原料开发利用的历史角度看，什么人开创了以农耕生产的方式开发烹饪原料的历史？

4. 家畜饲养业，是在什么时期、在什么基础上产生的？

5. 中国传统意义上的“六畜”是指什么？它们在上古时期人们的饮食生活中处于怎样的地位？

6. 中原地区的夏人的主食以什么谷物为主？今人把这种谷物称为什么？

7. 中国人是在什么时候开始对植物类烹饪原料的划分与现代植物分类学的认识基本统一的？

8. 明人遁园居士在什么书中记载的鱼类原料对前代人们开发利用鱼类产品进行了详细的总结？

9. 汉武帝时代的张骞开通了丝绸之路以后，有许多烹饪原料通过这条路线从域外传入了中国，请举说其中的5种烹饪原料。

10. “酱油”一词首见于哪个朝代的哪部书中？

11. 中国烹饪原料具有哪些特点？烹饪原料是怎样分类的？依据是什么？

第四章

中国烹饪工艺

本章内容：中国烹饪工艺的内容组成与基本特点
选料与清理工艺
分解工艺
混合工艺
优化工艺
制熟工艺

教学时间：4课时

教学方式：理论教学

教学要求：1. 明确中国烹饪工艺的概念、内容组成和基本特点；
2. 了解和把握中国烹饪工艺流程的各个环节与具体操作方法；
3. 全面掌握中国烹饪工艺体系的内在规律和民族个性。

课前准备：阅读有关烹饪工艺学方面的书籍。

第一节　中国烹饪工艺的内容组成与基本特点

中国烹饪工艺是指从人的饮食需求出发，对食品卫生、营养和美感三要素统一控制，使菜点在卫生的前提下达到营养与色香味形俱美的操作流程。

从这个角度看，中国烹饪工艺以中国传统风味菜肴与点心的制作工艺为研究对象，以手工艺加工为基本特征，以卫生、安全为前提，以风味为核心，以营养为目的，而这一切正决定了中国烹饪工艺的内容组成与基本特点。

一、中国烹饪工艺的内容组成

烹饪工艺不同于工业化的食品工程，它是以手工艺为主体的更为复杂而丰富的技艺系统，具有工艺流程多元化的个性和强烈的艺术表演性。因此，中国烹饪工艺的内容不仅丰富多彩，而且内容的组合构成了复杂而完整的、富有逻辑性的烹饪工艺操作体系。具体阐述如下。

（一）选料与清理工艺

选料与清理工艺包括原料的选择、新鲜植物类原料的摘剔、粮食及添加剂原料的拣选、水生动物原料的清脏、陆生动物原料的宰杀、干货原料的涨发等。

（二）分解工艺

分解工艺包括对大型动物原料的拆卸、切割刀工工艺、基本料形及应用、剞花工艺等。

（三）混合工艺

混合工艺包括制馅工艺、制缔工艺、制面团工艺等。

（四）优化工艺

优化工艺包括调味工艺、调香工艺、着色工艺、着衣工艺、致嫩工艺、食品雕刻工艺等。

（五）组配工艺

组配工艺包括餐饭食品组配、筵席食品组配以及加工程序的制定与菜点命名基本规律等。

（六）制熟工艺

制熟工艺包括预热加工工艺、油导热制熟工艺、水导热制熟工艺、固态介质导热制熟工艺、辐射与气态介质导热制熟工艺、非热加工制熟工艺等。

（七）成品造型工艺

成品造型工艺包括成品造型的设计、成品造型加工等工艺。

二、中国烹饪工艺的基本特点

学习和研究中国烹饪工艺有别于世界其他国家和地区烹饪的特点，体验和了解中国烹饪工艺体系架构的民族个性，有利于对中国烹饪科学与艺术的深层感悟，有利于对中国烹饪文化的整体把握。

中国烹饪工艺在长期的历史发展中，形成了如下特点。

（一）注重原料配伍的科学理念

原料配伍的目的，一是为了养生健身，二是为了制作出更为可口的菜肴，以满足人的口腹之欲。为此，菜肴烹调过程的原料配伍要强调三个方面的问题。

1. 荤素搭配

中国自古就强调一餐一席荤素配合，《周礼·天官冢宰·食医》：“凡会膳食之宜，牛宜稌，羊宜黍，豖宜稷，犬宜粱，雁宜麦，鱼宜苽。”在古代流传下来的菜谱中，相当数量的菜品是荤素原料搭配的。历史发展至今，随着人们饮食科学意识的不断加强，菜谱中荤素搭配的菜品所占比例更大一些。

2. 四时搭配

在中国传统烹饪工艺中，一年四季的变化往往也成为原料配伍的重要依据。《礼记·内则》：“脍，春用葱，秋用芥。豚，春用韭，秋用蓼。”现代科学研究成果表明，我国古代传承下来的按四季之变配料，是我国厨师在长期烹饪实践中的经验积累与智慧结晶，是对世界饮食科学的一个重要贡献。

3. 性味搭配

中药学讲究性味，烹饪原料的配伍也很强调性味，主要是为了追求菜品对食者的养生效果。配菜有主料、辅料和调料之别，但它们之间形了一个协调互补的关系。性味搭配得当，就可提高菜品的养生价值。如人体本身需要酸碱平衡，肉类原料多呈酸性，蔬菜多为碱性，片面食用的结果是超过肌体耐受范围的负荷而失去平衡，进而引起病态反应。

（二）强调分档用料、一料多用的节约意识

中国自古以来强调以节俭为美，这在烹饪活动中表现得很突出。如用一头羊，通过分档取料的方法，切配加工，并采用多种烹调技法，就可以烹制出由十余款菜品组成的全羊席。又如长江出产的长江鲟，其肉可烹制多种菜品；其皮可制成红烧鱼皮；其唇可制成白汁鱼唇；其骨可制成鱼脆果羹，也可通过雕刻美化而成工艺菜品玲珑鱼脆。一料之躯，调动一切烹调手段，可食者尽食，可用者尽用，绝不随意丢弃。

（三）精于刀工与火候的整体把握

刀工是指运用刀具按一定的方法对食料进行切割的技能，火候是指烹制菜肴、面点时控制用火时间和火力大小的技能。刀工和火候都是厨师烹饪工艺中重要的基本功，也是整个烹调工艺流程中重要的技术环节。

自古以来，人们对刀工和火候就很重视。《论语·乡党》中的“脍不厌细”和“割不正，不食”之说，从客观上对厨师的刀工技艺提出了高要求。而《庄子》中提到的庖丁解牛、游刃有余的故事也从侧面反映了当时刀工高手技术高超。历史发展至今，刀工刀法的名称已有二百种之多，这些刀法的产生适应了加热、造型、消化及文明饮食等需要。《论语·乡党》：“失饪，不食。”“饪”即是熟的标准，是厨师把握火候的结果。《吕氏春秋·本味》中说：“火为之纪，时疾时徐。灭腥去臊除膻，必以其胜，无失其理。”意即烹饪过程中要注意调节和把握火候，不能违背用火的道理。中国历史上曾以文火、武火、大火、小火、微火形容火力，烹调的菜肴不同，对火候的要求就不一样。在烹饪过程中，刀工和火候往往形成了一种互为关照的整合关系，厨师根据原料的特点，运用刀工技能，切制出相应的料形，料形不同，控制火候的方法也不一样，菜品的个性特点也就出现了相应的差别。

（四）表演性强的操作过程

中国烹饪方法变化多端，难以数计的美味佳肴无不充分体现出中华民族饮食的精致美学风格，而各种烹饪技术的表现形态更是丰富多彩，这就决定了中国烹饪工艺具有很强的表演性的重要特征。如山西面食，不仅品种丰富，而且制作手法繁多，刀削面、大刀面、拨鱼面、抻面等制作的过程具有很强的观赏性。福州一带可以看到有很多肉燕坊，两个厨师制作“肉燕”的方法就是面对面地以木锤肉，势如击鼓，节奏感强，常有路人过客闻声而至，驻足围观。而在餐馆酒楼的厨房里经常可以看到的厨师切菜、翻勺、飞火等操作技艺，不仅体现出厨师高超的烹调技术，而且也展示了中国烹饪工艺操作很强的表演性。

（五）以热为主的熟食风格

在中华民族饮食文化发展历程中，崇尚热食一直成为自火熟食以后中国人的饮食习惯和烹饪工艺特点。有关统计研究表明，在中国名菜中，热菜点有95%以上；在烹调工艺中，有85%的制熟方法为热食的需要而产生；在筵席中，热菜点可占85%以上；在日常饮食生活中，热食几乎占据了一日三餐的全部，趁热而食为中国烹饪工艺的运用确定了最高标准：“烫食”。据测试研究表明，现炒的菜品，其表温度不低于80℃，炖、焖类菜品则要见沸食用，宁可吹气降温也不能温凉食用。在中国人看来，热食既可养胃，也可以通过热食在口腔里的自然降温过程，最为充分地品尝食物的美味。

（六）以味为核心的烹调效果

就民族饮食审美个性而论，中华民族的美食标准就是菜点的色香味形之美，其中，味是菜点的美的核心，而调味则是创造和体现菜点美的关键性技艺。调味在烹调技术中的地位，历史上早有定论，甚或超出了烹饪技术的范围，常被历史上政治家、哲学家们借用，以说明他们的治国主张或哲学立论。如《左传》昭公二十年载，晏婴在阐述“和与同异”的观点时，先是论说一番烹饪调味之道，然后借此道理再推论君臣之间应如调味一样不断地调整彼此的关系，以达到和谐治国的效果。实际上，烹饪所追求的一般效果就是美味，“鼎中之变，精妙微纤”，说的也就是味的变化。这种味的变化通过人的感受，便是味觉的变化。菜品烹饪的成败，有各种条件和因素。水、火、炊具、原料都是不可缺少的条件，用水、用火、用器、用料、切配等因素，都有各自的技术要求，哪一环失误都会影响菜品的效果。然而，就各种烹饪技术的关系而论，调味则是决定菜品成败的根本。

（七）追求造型与色彩俱美的视觉感受

造型与色彩是中国烹饪菜点给人以视觉享受的重要表现形态。

菜点的造型艺术，首先必须是可食的，再经过严格的艺术构思和加工，制成完美的形象，因此它既有可食性，又有技术性和美术性。中国菜点的造型，因主题需要和价格等因素，或细腻精致，或简易大方，讲究原料美、技术美、形态美和意趣美。这也是菜点造型构成整体艺术美的主要因素。在制作这类造型菜肴时，不能为形式而形式，而要注重同菜肴整个风格的一致性。一是造型设计要合理，不能勉强凑合；二是不能影响甚至破坏整个菜肴的口味质量，要尽可能服从和补充菜肴的口味。

颜色对菜肴的作用主要有两个方面，一是增进食欲，二是视觉上的欣赏。

如红色是成熟和味美的标志，自然界不少果实是红色的，其最大特点是能够激发食欲。正因如此，红色也是与菜肴的味道关系十分密切的颜色。红色能给人强烈、鲜明、浓厚的感觉，使人能产生一种快感和兴奋感。有相当一部分原料烹调后呈现出悦目的红色，有相当一部分美味的菜肴是红色或者接近红色的。又如，菜点的色彩很强调鲜明与和谐。鲜明是指在菜肴的配色上运用对比的方法，形成色彩上的反差，也就是所谓的“逆色”。在嫩白的鱼丝中缀上大红的辣椒丝或者黑色的木耳，在红色的樱桃肉四周围上碧绿的豆苗，都是为了使菜肴的色彩感觉更加鲜明生动。民间的“豆腐花”虽然是十分简单的小吃，但在色彩的运用上却达到了完美无缺的地步，雪白的豆花里，加上翠绿的葱末、红色的辣椒、黄色的虾皮、紫色的紫菜和褐色的酱油等，不仅五味俱全，而且五色鲜明悦目，给人艺术的享受。和谐是指菜肴的色彩和谐统一，也就是配菜时运用“顺色”，将相近颜色的原辅料配在一起，来达到菜肴整体色彩上的协调雅致。如“松子鱼米”中的松子和鱼米，“银芽鸡丝”中的绿豆芽和鸡丝，“炒两冬”中的冬笋和开洋，“蜜汁火方”中的蜜枣和火腿等。“顺色”的菜肴在色彩上不张扬、不浮华，给人含蓄、沉稳、和谐的感觉。

第二节 选料与清理工艺

一、选料工艺

（一）选料的目的与意义

烹饪原料的品质是决定烹饪成品质量的前提。原料的选择，其目的就是为特定的烹调方法提供优质材料，为优质的菜点提供物质保证。正确选择烹饪原料，具有如下重要意义。

1. 提供安全的保障

选料必须按照《中华人民共和国食品安全法》的有关规定，选择无毒、无污染、无霉烂、无腐败变质现象的新鲜或干制食物原料作为加工对象，确保人的生命安全和身体健康。

2. 提供合理的营养

选料应按照营养学的有关原理，根据各种原料所含营养成分以及进餐者的营养需要情况，合理地选用原料，还需要根据各种原料营养物质在加工中的变化情况进行选择，保留营养成分。

3. 充分表现风味特点

选料应分级先用与烹饪方法适应最佳的原料，充分表现出原料的品质优点，通过制熟加工能使原料在多侧面给人以味觉、嗅觉、触觉和温觉以及色泽、形状方面的最佳综合感受，有物尽其美的意义。

（二）选择烹饪原料的基本方法

对原料的选择有理化鉴定法和感官鉴定法。在烹饪工艺中，通常采用的是感官鉴定法，即运用听觉、视觉、味觉和触觉对原料进行综合审定，这是一个集多种知识复杂判断的过程。一般说来，对烹饪原料的选择和使用有如下规律：

（1）生长期方面分级使用；

（2）品种区别方面分级使用；

（3）从不同部位方面分级使用；

（4）从个体形态方面分级使用；

（5）从经济价值方面分级使用。

二、新鲜植物原料摘剔工艺

（一）加工目的

摘剔新鲜植物性原料的目的，是去除不能食用的根、叶、皮、筋质、籽核、内瓤、壳、虫眼等杂质，清洗泥沙、虫卵及残存的农药、化肥和其他污染物质，修整料体，使之清洁、精净、光滑、美观，达到基本符合制熟加工的各项标准，为下一步加工打基础。

（二）摘剔加工方法

新鲜植物原料的不同形态是摘剔加工方法实施的依据。摘剔加工的主要方法有摘、敲、剥、削、撕、刨、刮、剜等。

在新鲜植物原料中，以去皮方法较为复杂，有些加工方法比较特殊，如碱液去皮法，就是把原料放在一定浓度和温度的碱溶液中、利用碱的腐蚀性、将原料表皮与果肉间的果胶物质腐蚀溶解、从而使果皮脱落的方法；油炸去皮法，就是把原料投放在热油中烹炸、使外皮卷曲脱水，然后搓揉去皮的方法；沸烫去皮法，就是将原料投入沸水中略烫，使表皮突然受热凝固，与果体出现分离，然后撕除外皮的方法。

三、粮食及添加剂原料的拣选加工

（一）加工目的

在烹饪过程中，对粮食及添加剂原料的加工目的，是为了去除其中的霉变、风化、污染部分以及泥沙、草屑等杂质。将块状原料碾碎，受潮原料烘干过筛，将混浊的液体沉淀、过滤、炼制等，为主食及食品的添加剂提供纯净、卫生、方便的原料。

（二）拣选加工方法

（1）分拣法：将原料铺于案面，分别拣选出次品、杂质与正品。此法适用于花生仁、玉米等颗粒较大的原料。

（2）播扬法：将原料置于簸箕中，顺风向扬起，让较轻的壳屑、尘土随风吹去，较重的泥块沉于底面，拣出中间的正品。此法适用于红豆、芝麻等较小颗粒原料的加工。

（3）过筛法：将原料置于细目筛中，通过揉擦晃动，使细粉从筛目中漏下，拣去杂质。此法适于米、面粉等原料的加工。

（4）碾压法：用重物或专用碾槽、碾筒将块结的添加剂压碎成粉，以便烹饪。此法适用于对碱块、矾块等块状添加剂原料的加工。

（5）溶解法：按一定比例，用水将浓度较高的可溶性结晶粉末原料溶解，以便烹饪。此法适用于碱、矾、味精等的加工。

（6）过滤法：将混浊液体注入筛箩，使液体部分漏下，让固体絮状杂质留下，此法适用于酱油、醋等液态原料的加工。

（7）炼制法：将油脂加热，去除油腥味及油沫。

四、水产原料的清脏加工

（一）加工目的

用于烹饪的水产原料品种复杂，形态各异，组织结构与可食性也各不相同，因此，对其清脏加工具有一定的技术难度。加工的目的是为发制熟加工提供纯净的清洁卫生的合格原料。水产原料中往往有较多不易去除的黏液、血渍。在清脏过程中必须彻底地将其清除，尽可能消除腥异味，尤其是无鳞类水产原料，由于富含黏液，故须加强去液、除腥的加工力度。

（二）加工方法

1. 鱼的清脏加工

鱼的清脏加工一般是刮鳞、去鳃、清除内脏、修鳍、洗涤。

（1）刮鳞。用刀或特制的耙，从鱼尾至头逆鱼鳞生长方向去刮鳞。此法专指对骨质鳞片的去除，脂质鳞则不必去除，对有沙的鱼和无鳞鱼没有此项加工，另有褪沙、剥皮、泡烫和宰杀等方法。

（2）去鳃。所需除去的是鳃片和鳃耙，有的还需要去除咽齿，但鳃盖不必去除。去鳃时，必须剪断鳃弓两端，然后取出。鳃耙有刺，易割破手指，并由于用力不均而易折断鳃耙，造成鳃片残留而影响质量，故不宜用手拉取鱼鳃。

（3）清除内脏。内脏需从鱼体腔内取出，一般有脊出法、腹出法和鳃出法三种。这三种方法需根据具体烹饪要求而选用。

（4）修鳍。将清理过内脏的鱼进行整形，主要是将鱼鳍裁齐，使鱼体显得美观，方法是用刀剁去鳍尖，尾鳍呈剪刀形。修鳍后洗净即可。

2. 其他水产原料的清脏加工方法

（1）龟鳖的加工方法：将甲鱼腹朝上，待头伸出即从颈根处斩断气管、血管，将其置于 70 ~ 80℃热水中浸烫 2 ~ 5 分钟，待皮膜凝固与鳖甲分离时取出，浸入 50℃温水中，以小刀将背甲与鳖裙轻轻分割开，取下背甲。然后清理内脏，先整取鳖卵，再取其他脏器。除了膀胱、尿肠、气管、食管、胃和腹腔中的黄油，甲鱼的其他内脏，包括心、肝、胆、卵巢、肾都可食用。宰杀甲鱼应注意务必放干净血，浸烫要勤观察，防止烫得过久。刮皮、膜务必将颈、爪部皆刮净，开壳应保持鳖裙的完整。

（2）牛蛙的加工方法：牛蛙摔死后，从颌部向下撕去皮，用刀竖向割开蛙腹，整理内脏，仅保留肝、脾、胰以及油脂，蛙的肠、胃、肺、胆、膀胱等一概除去，剪去蛙头、蹼指，洗净待用。

（3）虾的加工方法：主要的加工程序是剪去额剑、眼、触角、鄂足和步足，大者还需剔去食胃与沙肠，洗净。

（4）螃蟹的加工方法：先将其静养于清水中，令其吐出泥沙，然后用软毛刷刷净骨缝的残存污物，最后挑起腹脐，挤出粪便。

（5）田螺的加工方法：先将田螺静养于清水三日，使其吐尽泥沙，然后置于 1% 碱溶液中刷净壳层泥垢，洗净，可用于制熟挑食；若要吸食，则需钳断壳尾三层螺旋。螺肉富含黏液，须用盐搓洗净，头部厣盖须去除。

（6）蚌的加工方法：以薄形小刀插入前缘两壳结合处，向两侧移动，割开前、后闭壳肌，然后贴上下壳内侧剜出软体，摘去鳃瓣与肠胃，用少量盐液洗涤。

（7）墨鱼的加工方法：须去除皮膜、眼、吸盘、唾液腺（有毒）、胃、育囊、胰脏、墨囊、肾囊、羽状鳃、直肠和肛门、食道等。

五、陆生动物原料的宰杀加工

（一）加工目的

对陆生动物原料的宰杀加工，是将其活体致死，并消除体外毛、羽等；清除体腔血渍、黏液及其他杂质，整理内脏并将动物躯干加工成所需形状，为制熟加工提供直接使用的精、洁原料。

（二）加工方法

1. 家畜的宰杀加工

家畜主要指牛、羊、猪、狗、兔等。宰杀家畜需遵循一定的基本程序。

（1）放血。应割断气管与颈动脉，大型动物还应用尖刀刺破心腔，务必在较短时间内使之气绝、血尽。

（2）褪皮与剥皮。将放血后的动物尸体置于 70 ~ 80℃的热水中浸烫，然后用刮刀从后至前，先躯干后附肢，刮去毛和表皮，脱去趾壳。如剥皮，则由下颌部中线剖开皮层，从头向尾，由腹至背割开皮与肌肉的连接。

（3）开膛。一般从家畜腹部中线开膛，从胸部到肛门。然后按顺序摘下体腔中的脏器和管道，割去淋巴。

（4）开片。内脏取出后，大型动物如猪、牛、羊等，先卸下头、尾和爪，再从背脊椎骨中剖开，使之成为片料，以便下一步的分解拆卸加工。若小型动物如兔等，异味较重，则需浸漂于清水，以淡化异味。

（5）需对脏器及附肢进行整理，以符合使用的卫生标准和料形，以及做菜的风味要求。

2. 家禽的宰杀加工

家禽的宰杀加工对象主要是指鸡、鸭、鹅、鹌鹑、家鸽等，加工程序是放血、褪毛、开膛、整理内脏和洗涤。以鸡为例进行描述。

（1）放血。左手握住鸡翅膀，伸出小手指勾住鸡右腿；将鸡头向脊弯曲，左手姆指、食指紧捏住喉部后端，使气管、颈脉血管在枢椎处前突，摘去喉结毛；右手持刀，用刀尖割断二管，刀口应如黄豆般大小；放刀，右手捏住鸡头向下，左手将鸡体上抬，使血液尽流入水碗中（碗中放少量盐水，水温 30℃，盐 1%），血放尽后，将血水搅匀。小型家禽可采用闷死、摔死、淹死等法。

（2）褪毛。有湿褪和干褪两种方法。将鸡浸烫后去毛称“湿褪”烫透后应先脱去嘴喙外壳，再从头、颈、脯、腿、脊、翅、尾顺次褪去羽毛，浸烫老鸡的水温宜在 85 ~ 95℃之间，浸烫小鸡的水温宜在 70 ~ 80℃之间；不经浸烫，直接从动物体去除羽毛称“干褪”，顺序是，先胸脯，后脊背，再颈头，逆向逐层褪毛，一些小型禽类适合此法。

（3）开膛。依据菜品的烹饪要求，有腹开、脊开和肋开三种开膛方法。腹开，即从禽腹肛门上端竖切开 3 ~ 4 厘米，伸出三指，先勾断肛门上端肠段，再将肠、卵、肝、心、肫、嗉囊、食管逐一取出，最后从胸腔上挖出肺与气管。脊开，即沿尾椎至一侧，剖开食腔，取出脏器，剖时刀口延伸不宜过下，防止割破脏器。肋开，即在肱骨下端肋间横割 2 ~ 3 厘米的刀口，取出内脏。

（4）整理。在去除鸡的气管、食管、嗉囊、胆、肺后，留取并整理心、肝、肾、肫、肠、睾丸、卵和脂肪等。其中，心要剖开洗净待用，肝要摘去胆囊后洗净待用，肫要剥去角质膜后洗净待用，肾与睾丸只需洗净待用。

六、干货原料的涨发加工

（一）加工目的

为了贮藏、运输或形成某种风味的需要，运用日晒、风吹、烘烤、灰炝等方法加工，使新鲜食物原料脱水干燥而成干制品，称为干货原料。常见的有鱼唇、鳖裙、鱼皮、鱼肚、干贝、鱿鱼、鲍鱼、海参、猪皮、蛇干、驼峰等。由于干货原料不能直接用于菜点的烹制，因而必须先进行涨发加工。

涨发加工就是运用水、油、盐作为介质或溶剂，通过对干货加热或不加热，使之重新吸收水分，最大限度地恢复原有的鲜嫩、松软状态，除去腥臊异味和杂质，以便于熟制加工和人体的消化吸收。

（二）涨发方法

1. 水发

以水为助发溶剂，直接将干货浸润至膨胀、松软、柔嫩的涨发方法，统称水发。依据在涨发过程中对温度的控制可分为冷、温水浸发和热水浸发两个层次。

2. 油发

将干货置于油中，经加热，蒸发物体内的水分，形成空洞结构而使其膨松涨大的方法，称为油发。具有丰富胶原蛋白质的皮、腱等，品性干燥，如猪皮、蹄筋、鱼膘等适用油发。油的沸点高，利用油的高温，能使干货原料结构中的水分气化膨胀，形成无数气室，致使胶体失去凝胶作用而脆化，产生完全与水发不同的品质与结构特征。其一般程序是烘干、蕴发、炸发和浸膘。油发的一般程序是：

烘干→蕴发→炸发→浸漂

3. 盐发

将干货原料置于加热的多量盐中，经过翻动焐制，使料体受热，逐渐变得膨胀松脆的方法叫盐发。盐发需用大颗粒结晶食盐，干货原料受热原理与油发相似，凡用于油发的干货皆可盐发。盐发的程序是：

盐预热→焐发→炒发→浸漂

4. 混合涨发

将两种以上不同性质的介质用于同一种干货的涨发叫混合涨发，又叫水油两属涨发。这是诞生历史不久的新工艺，目前仅限于对蹄筋、鱼肚等少数原料的加工，各地在实际使用上又有一定的差异。主要有两种加工程序：

①炸→碱溶液发→焖发→浸漂

②油焐→煮发→碱液浸发→泡发→浸漂

第三节　分解工艺

一、分解工艺的概念、作用和内容

分解加工是指对烹饪原料按照一定标准进行有规则地分割，使之成为满足烹饪和饮食需要的更小单位和部件。

分解加工工艺在烹饪工艺体系中有着重要的作用。通过对烹饪原料的分解加工，原料由整体单一变成复杂多样，由大变小，由厚变薄，由粗变细，由糙变精，从而缩短了成熟时间，方便入味，利于咀嚼和消化，在一定程度上满足了人们在饮食活动中的审美需求。

分解工艺的主要内容有拆卸工艺、刀工工艺、剞花工艺等。

二、拆卸工艺

拆卸工艺就是依据原料的组织结构，将整形原料分割成相对独立的更小单位、以便分别使用的加工过程。拆卸加工方法的实施，以烹饪原料各个部位不同品质特征为依据。拆卸加工的主要对象是较大型的动物性原料，如猪、牛、羊、鸡、鸭、鹅、鱼等。拆卸加工的程序是：

分档→出骨→取料

（一）分档

分档是依据烹饪原料的身躯器官结构特征，将其分割成相对完整的更小部件档位，方便出骨。以猪为例，通常将其一半分为三个档位，即前肢档位（包括头、颈、肩胛、上脑、前蹄和前爪，由第七胸肋、椎处分离）、身肢档位（包括通脊、肋条、奶脯，由第五腰椎分离）和后肢档位（包括臀尖、坐臀、外档、后蹄、爪和尾）。

（二）出骨

出骨是依据烹饪原料的骨骼、肌肉的组织结构，将骨与肉分离为两个部分。一般采用分档出骨的方法，有些禽、鱼原料，还可采取整料出骨的办法，以保持原料外形的完整。

（三）取料

取料是依据烹饪原料的风味品质特征，从各个部位分别留取适用于烹饪需求的部分，为菜点提供最佳的原料。

三、刀工工艺

（一）概念与作用

刀工是指运用刀具对食料进行切割的加工程序。

从清理加工到拆卸加工，都离不开刀工，如对鸡的宰杀、对猪的分解等都是通过刀工实现的。然而，这里所指的刀工，其主要作用是对完整的烹饪原料分解切割，使之成为组配菜点所需要的基本料形。原料切割成一定形状以后，不仅具有了一定的审美价值，更重要的是为制熟加工提供了方便。

（二）刀具与墩板

在刀工工艺中，主要工具就是菜刀和墩板。在长期的烹饪实践中，厨师们创造了具有各种用途的刀具，其中以方刀最为典型，也最为常用。此外，还有马头刀、圆头刀、尖头刀、斧形刀、片子刀等。锋利的刀具是使原料光滑、完整、美观的重要保证，也是厨师刀工操作达到多快好省效果的条件之一。刀锋的锐利是通过磨刀和科学保养实现的。

墩板，一般选用橄榄树、银杏和榆树等。制墩应选取外皮完整、不空、不烂、无疤结、墩面淡青的材料。每次用后应刮净墩面，防止凹凸不平，影响刀工的进行。禁忌在墩面硬砍硬剁，造成墩面的损坏。

（三）刀法与种类

刀工操作讲究刀法。刀法就是指原料切割的具体运刀方法。依据刀刃与原料的接触角度，有平刀法、斜刀法、直刀法和其他刀法四大类型。

平刀法，就是刀刃运行与原料保持水平的所有刀法。所成料形平滑、宽阔而扁薄。依据用力方向，平刀法有平批、推批、拉批、锯批、波浪批和旋料批诸法。

斜刀法，就是刀刃运行与原料保持锐（钝）角的方法。所成料形具有一定坡度，平窄扁薄，故行业中叫“斜批”或“斜片”。依据运刀时左侧的钝、锐角度，斜刀法有正斜刀和反斜刀之分。

直刀法，就是刀刃运行与原料保持直角的一切刀法。直上直下，成形原料精细，平整统一，所以行业中叫“切”或“剁”。直刀法在刀法中最为复杂，也最为重要。依据用力程度，可分为切、剁、排三类。

其他刀法，就是平刀法、斜刀法、直刀法之外的、并非常用的刀法统称。绝大多数属于不成形刀法，所以不是刀工的主体，大多数是作为辅助性刀法使用的。有些虽然能使原料成形，但由于应用受原料的局限而使用很少。这些刀法有削、剔、刮、塌、拍、撬、剜、割、剐、铲、敲和吞刀等。

（四）料形与应用

料形，指构成菜肴的各种基本的原料形状。它不仅构成了菜品的外形特征，而且也能反映出适应于某种制熟加工的鲜明倾向性。料形一经确定，便为组配加工和制熟加工提供了实施的依据。在一般情况下，基本料形有块、段、片、条、丝、丁、粒、末、蓉（泥）九大形状，这正是一个原料由粗到细的加工过程。

块，就是在一定程度上呈方体的料形，由切、剁、撬和斜刀法产生。块具有许多不同的形态，常用的有方块、长方块、菱形块、三角块、瓦形块、劈柴块等。酱方、松子肉、东坡肉、八宝冬瓜、清滋排骨、熘瓦块鱼等多以块这种料形成菜。

段，将柱形原料横截成的自然小节。保持原来物体的宽度是段的主要特征，如鱼段的宽度可超过长度。在刀法的运用中，段可以用直刀法和斜刀法产生，因此，在形态上，段可以分为直刀段和斜刀段。如鱼段、葱段、山药段、云豆段等都是以段成形的。

片，就是具有扁、薄、平的形态特征的原料。运用平刀法、直刀法和斜刀法皆可取片，片形最为复杂多样，依据不同刀法的运用分平刀片、斜刀片和直刀片三种基本类型。锅贴鱼、灯影牛片等多以片这种料形成菜。

条与丝，就是将片形原料切制成细长料形的形状，条比丝粗，截面呈正方形。片是条的基础，只有保证片的平整均匀，才能确保条或丝的细致美观。煮干丝、鱼香肉丝等都是以丝条料形成菜的。

丁，就是从条上截下的立方体料形。所成菜品有瓜姜鱼米豆、五丁虾仁等。

粒或末，就是从丝状原料上截下的立方体料形。所成菜品有松子鱼末、滑炒鸽松等。

蓉（泥），即料形的最小形式，由剁、刮、揭等刀法产生，传统上称动物原料为蓉，植物原料为泥。蓉（泥）是制缔的专门料形。扬州狮子头、芙蓉鱼片等都是以此料形成菜的。

四、剞花刀工

（一）概念与目的

剞花，就是在原料的表面切割成某种图案条纹，使之受热收缩或卷曲成花形的加工方法。

剞花是刀工的特殊内容，具有强烈的形式美特点，但主要目的是缩短成熟时间，使热渗透均衡，达到原料内外老嫩成熟的一致性。对有些原料，剞花刀工扩大了原料表体的面积，有利于味的渗透，便于短时间散发异味，并有利于对卤汁的裹附。

（二）基本刀法与料形

在剞花过程中，大多是对平、直、斜刀法的综合运用，所以有人亦称之为混合刀法，在这个意义上，剞花的基本刀法是直剞、斜剞和平剞。

直剞，即运用直刀法在原料表面切割具有一定深度刀纹的方法，适用于较厚的原料。直剞条纹短于原料本身的厚度，呈放射状，挺拔有力。

斜剞，即运用斜刀法在原料表面切割具有一定深度刀纹的方法，适用于稍薄的原料。斜剞条纹短于原料本身的厚度，层层递进相叠，呈披复之鳞毛状，有正斜剞和反斜剞之分。

平剞，即运用平刀法将原料横纵呈相连状的方法，适用于较小块的原料。平剞条纹最长，呈放射新卷的菊花瓣状。

剞花刀法是正常分解的特殊形式，并非单纯的装饰美化加工，同时具有复杂的刀纹艺术表现。所以剞花形态变化很多，主要有麦穗花刀、卷筒花刀、荔枝花刀、绣球花刀、蓑衣花刀、菊花花刀、鳞毛花刀、竹节花刀、秋叶花刀、波浪花刀、蚌纹花刀、瓦楞花刀等。

第四节 混合工艺

一、混合工艺的概念与作用

将两种以上食物原料合置形成一种新型原料的加工，就是混合工艺。

混合工艺的作用就是为菜点提供新型的复合型原料。在烹饪工艺中，混合工艺占有特殊的地位，混合型原料被广泛地运用于烹饪产品之中。如芙蓉鱼片、四喜虾糕、狗不理包子、蟹肉蒸饺等菜点，都是使用混合性原料的结果。混合工艺能大大提高原料的使用程度，为菜点制作开拓了广阔的领域，为丰富菜点品种、提高菜点的风味品质与营养价值起到了重要的作用，并具有良好的发展前景。

混合工艺包括制馅工艺、制缔工艺和制面团工艺三部分内容。

二、制馅工艺

（一）制馅的作用

一般而论，馅是经过调味或加热制熟的，通常由多种原料混合而成，具有一定的规格比例和独特的风味。馅心是形成许多菜点特色的重要因素。

馅心在菜点中的作用主要是：突出表现菜点品种的风味特征，增进食物原料间的互补，形成菜点品种变化的重要依据。

（二）馅心的种类与特征

常用的定型馅心一般有如下种类：

（1）在口味的侧重性方面有咸、甜两类；

（2）在原料性质方面有荤、素和混合三类；

（3）在制熟方法上有生制和熟制两类；

（4）在基本料形方面有糜、缔、丁、浆四类。

菜肴和点心都可能会使用到馅心，但在实践中不难发现，菜、点所用的馅心存在着一定的区别。

1. 菜肴馅心特征

（1）菜肴的馅心一般用以衬托、渲染、补充菜肴主体，因此多为不作为主料而作为辅料。

（2）菜肴馅心除了有生、熟制馅的形式外，还有些不明显制馅过程的馅心，如桃仁鸡卷一菜，其中的核桃仁是直接取用炸熟的桃仁。

（3）动物性蓉缔馅心在菜肴中须具备较强的黏接作用。

（4）菜肴的馅心在浓郁风味特征上虽很重要，但比之点心则为次要，内馅并不能决定菜肴的主流调味，其主体风味还得取决于对整体菜肴的主流调味上。

2. 点心馅心的特征

（1）点心馅心的调味在点心中起着主导作用。

（2）除一些大众快餐食品外，馅心的比重往往要大于面皮。

（3）点心的馅心一般不直接取用未经制馅过程的原料。

（4）点心的馅往往注重掺冻、打水、加油。

（5）点心的最终风味形成，除了馅心材质差异和馅心制作方法的差异外，基本是来自于馅心的口味差异。

（三）馅心的一般应用规律

1. 馅心的对应规律

馅心是对应菜、点的需要而产生的，不同的菜、点对馅心的要求也不相同。一般说来，具备密封结构的菜、点对馅心的卤性要求较高，具备致密性的外皮，要求成熟馅渗出汁较多，如汤包、葫芦鸭等。具备开放性结构的菜、点则要求馅心黏着性要强，如笋卷、椒斗、夹沙年糕等。外皮具备渗透性质的菜、点则要求馅心的固形性要好。大型菜点馅料形态可以相对粗放些，小型菜、点馅料则一定要细腻。

2. 料形应用规律

馅心被包裹在菜、点生坯内部，加热时应与外皮同时成熟，因此视具体菜、点的需要而决定粒型的大小，过细的馅心在老韧性外坯中，易产生皮熟馅老而失味的结果。反之过粗的馅心在细嫩的外坯里则容易产生馅熟皮烂、或者皮熟馅生的结果，一些有馅的菜、点制作失败的原因正是忽视了这一规律。

3. 制馅工艺的应用规律

制生馅时，菜馅既要保持鲜脆嫩，而又不能因汤卤过多而难以成形，因此，凡生菜馅必须盐涤排水，再拌猪油以增黏；而生肉馅则要采用近似于制缔的方法使之保水保嫩，并通过打水或掺冻实现馅心鲜嫩卤多的效果、熟制馅一般用焯、炒、烩、拌的综合方法，实现既鲜香入味、又排除生熟不均的顾虑。

4. 馅心的调味规律

一般而论，菜、点的馅心应做到既有突出的风味，但又不能影响整体效果的表达。点心是单独食用的，总体咸味应小于菜肴，但内馅咸味应与正常咸味相等，菜肴内馅口味应相对弱于菜肴正常口味，否则加上菜肴整体正常口味则会产生过咸或过重的不良效果。

三、制缔工艺

（一）缔子的概念和作用

缔子是将动、植物食物原料被粉碎成粒、米、蓉、泥等形态，加水、蛋、盐、淀粉以及其他原料搅拌混合制成的黏稠状复合型食料。缔子在菜、点制作中具有如下作用。

（1）作为连接性原料，缔子是制作酿菜、卷、包等菜品的重要原料，如酿冬菇、百花鱼肚等。

（2）作为直接使用的原料，缔子是制作各种蓉泥菜肴的基础，如油虾丸、芙蓉鱼片、清炖蟹粉狮子头等名菜，都是用缔子单独制作的。

（3）缔子又可被用作一些菜点的馅心原料。在菜肴制作中，缔子被广泛地运用着，从而产生了专门的一类菜——缔子菜，丰富了菜肴品种，开辟了菜肴制作的又一途径，通过对缔子的制作，原料得到充分利用，形成特殊的风味效果。

（二）缔子的种类

（1）依据用料性质，有鸡、鱼、虾、猪肉、牛肉、羊肉、豆腐等单一型缔子和将两种以上主料复合使用的混合型缔子，如鸡与虾、鱼与猪肉、鱼与羊肉、豆腐与鱼肉等。

（2）依据缔料形态结构，可分为粗蓉缔和细蓉缔。

（3）依据调和液态的不同品质，可分为水调缔、蛋浆调缔、蛋泡调缔以及羹汤调缔。

（4）依据缔子成品的弹性硬度，可分为硬质缔、软质缔与嫩制缔。

（三）缔子的加工流程

缔子的加工流程一般为：

修整清理→破碎→搅拌→稀释→增凝→定味

修整清理，即对所用原料进行去粗取精和洗漂的加工。破碎，即通过绞肉机、粉碎机或切、刮、剁等刀工操作，将块状原料加工成碎小颗粒或蓉泥状。蓉料制成后，还需要加盐，使蓉内蛋白溶出而黏稠，掺水以达到特定的持水嫩度，掺粉浆以增强黏弹度，填料与定味以达到特定品种的口味、口感和色彩标准，而这一切都是靠搅拌实现的。搅拌，即将调料、辅料和填料置于容器中，运用翻拌、滚揉、旋绞等机械力激荡的方式，使之混合融为一体的方法，这在行业中被称为“串缔”。

四、制面团工艺

（一）面团加工的性质和目的

面团就是运用水、油、蛋液等液体原料与面粉混和，通过搅拌、搓、揉等手法使面粉粉粒相互黏接，成为整体凝结的团块。面团的加工原料主要是面粉。

面团是制作面点的基本原料。

面团加工的目的是通过粉料与水及其他添加原料的混和搅拌揉搓成团，使粉内蛋白质生成面筋，变得柔韧、松软而具有一定的延伸性和可塑性，为点心成形提供条件。不同的调制方法可以产生不同性质的面团，不同面粉所含淀粉与蛋白质的差异是采用不同调制方法的依据，而各式面团又为点心的多样性提供了保证。

（二）面团的种类

面团通常分为麦粉面团、米粉面团和其他粉面团三大类。

麦粉面团分水调、油酥和蛋调三类。其中水调面团又有筋性面团与膨胀面团两小类，筋性面团中有冷水调制、温水调制、热水调制三个品种，膨胀面团中又有发酵膨松面团与化学膨松面团。油酥面团又分为纯油酥面团、水油酥面团、蛋油酥面团、擘油酥面团等种类。

米粉面团有糕粉、团粉与发酵粉团之分。

其他粉面团系指用豆类、高粱、玉米、芋头、山药、荸荠、栗子、果类、澄粉等原料所制成的面团。

（三）面团加工流程与方法

面团调制的基本工艺流程是：

下粉→掺料→和面（发酵）→揉面→醒面

具体方法如下：

（1）下粉，即按一定的量，将面粉置于和面器皿中。

（2）掺料，即按一定规格将各种添加原料如水或油、蛋及盐、糖等加入面粉之中。

（3）和面，即将面粉及其他原料拌和，改变其物理结构，使之均匀融合成初级面团。

（4）揉面，即运用捣、揉、揣、摔、擦等手法，将和成的初级面团进一步加工成结构密度均匀和具有韧性、柔润、光滑、酥软特性的精制面团，这是调制面团的最关键一步。

（5）醒面，即精制面团制成后，将其静置一段时间，使面团中粉粒充分吸水，达到内外一致的目的。

第五节　优化工艺

一、优化工艺的概念和本质

优化工艺是指运用装饰、衬托、增强等美化方法，对食物原料的色香味形质等风味性能方面进行深化和精细的加工，使食物制品在保持原有营养质量的基础上达到风味更好的完美加工。

优化加工，来自于人类对食物之美、对饮食文化多样性的不断追求而生成发展的。通过调味调香、着色、致嫩和着衣、食雕等一系列优化加工手段，使食物口味、香气、色泽、造型、质感等发生美的变化，使食物具有更多的适用性和更佳的食用性，从而极大地提高菜点的文化附加值，使之成为真正的“美食”。在优化工艺中，人文精神通过对菜点的刻意制作得到充分体现，人们的文化、传统、风俗、思想、情感等在经过优化加工的美食上被集中表现，从而使食物超越了自身的自然属性。

优化工艺具体包括调味与调香工艺、着色工艺、致嫩工艺、着衣工艺与食雕工艺等内容。

二、调味工艺

（一）调味工艺的概念与基本作用

调味工艺是菜点制作的一项专门艺术化过程。“味乃馔之魂”，菜点只有通过调味工艺的加工，才能具备美食的本质，而滋味美好的菜点会带给人愉悦，使人增进食欲，还能促进消化。具体言之，调味具有以下作用。

（1）分散作用。调味一般使用水（或汤）、液体食用油脂为分散介质，将调味品调解分散开来，成为调味品浓度的分散体系，以达到调味的目的。

（2）渗透作用。渗透作用是指在渗透压的作用下，调味品溶剂向食料固态物质细胞组织渗透达到入味的效果。

（3）吸附作用。在调味中主要指固体食料对调味溶剂的吸附。

（4）复合与中和作用。这是指两种以上单一味中和成一种或两种以上的复合味。在调味中复合作用高于一切，一切复杂味感皆离不开复合与中和作用。

（二）调味的基本程序与方法

调味以加热制熟为中心，一般可分为三个程序，即超前调味、中程调味和补充调味。

（1）超前调味，指对食物原料在加热前，对其添加调味品，以达到改善原料味、嗅、色泽、硬度以及持水度的品质。行业中又称之为“基本调味”或“调内口”等。超前调味主要运用拌的手法对食料进行腌渍，通常由数十分钟到十数小时或更长时间。主要方法有干腌渍法（如风鸡、板鸭等）、湿腌渍法（如醉蟹、糖醋蒜等）和混合腌渍法（如盐水鹅、酱莴苣等）。

（2）中程调味，即在加热过程中的调味，这是主要以菜肴为对象的调味过程，是菜肴调味的主要阶段。一般来说，细、软、脆、嫩、清、鲜等特质的菜肴，加热快，其调味速度也快，简捷明了，故采取一次性速成调味与兑汁，而对酥、烂、糯、黏、浓、厚等特质的菜肴，加热慢，其调味也慢，故需采取多次性程序化调味。

（3）补充调味，即菜品被加热制熟后再进行调味，这种调味的性质是对主味不足的补充或谓之追加调味，根据不同菜品的性质特征，在炝、拌、煎、炸、蒸、烤等制熟方法中，视菜品是否需要加热后补充调味，以实现调味的完美。一般采取和汁淋拌法、调酱涂沫法、干粉撒拌法、跟碟上席法等。

三、着色工艺

（一）着色工艺的性质与作用

当食料之色不能滞进餐者心理色彩需求时需对其色彩进行某些净化、增强或是某些改变的加工，称为着色工艺。菜点的色彩属于视觉风味的重要内容，它包含了原料色彩与成品色彩两个部分，能最先体现菜点成品本质的美丑，因此是菜点质量体系中的第一质量特征。

随着现代消费者对餐饮欣赏能力的普遍提高，菜点色彩日益成为完美风味时尚不可轻视的方面。从饮食心理的角度看，色彩比造型更为直接地影响着人们的进餐情绪。在日常生活中，色彩对人的食欲心理影响是建立在各自饮食经验之上的，红色未必会激发人的食欲，紫色也未必会抑制人的热情，问题是色彩能否充分反映出菜点的完美质量，是否与进餐者经验参数相吻合。例如，鲜红的椒油会给不嗜辣者以恐惧，而给嗜辣者以激动；酱红的烧肉会使喜食肉者冲动，也能引起喜食淡者的厌恶之情。可见，人的进餐情绪实质是不受单纯的色彩所影响的，而是与菜点质量的“心理色彩”相关联。

（二）着色的规律与方法

美好的色彩是优良菜点新鲜品质的象征。在烹饪实践中，本色往往体现的是材质之美，而成品之色体现的是工艺之美。但工艺之美必须建立在自然美的基础上，使白者更纯，红者更艳，绿者更鲜，黄者更亮，暗淡者有光泽，灰靡者悦目，使菜点尽显新鲜自然的本质。

在烹饪工艺中，往往会利用食物原料中的天然色素，对菜点作出更为丰富的色彩变化。就色素来源而言，可分为动物、植物和微生物三大类，其中，植物色素最为缤纷多彩，是构成食物色素的主体。这些不同来源的色素若以溶解性能区分，可分为脂溶性色素和水溶性色素。用于菜点着色的色素主要有铜叶绿酸钠、类胡萝卜素、红曲色素、花青色素、姜黄色素、红花黄色素等。

对食品着色的方法有很多，依据不同的功能性质可分为净色法、发色法、增色法和附色法四大类。

（1）净色法，即去其杂色，实现本色，使食料之色更为鲜亮明丽的方法。具体方法包括漂净法和蛋抹法。

（2）发色法，即通过某种化学的方法，使原料中原本缺弱的色彩因素得到实现或增强，目前主要使用的是食硝法与焦糖法。

（3）增色法，即在有色菜点中添加同色色剂，使之本色显得更为鲜亮深厚。例如当番茄沙司红色显得过于淡浅时，可适量添加同色色剂，使之同色增强。又如橙汁鸡块中靠橙汁原色是不够的，若添加同色色剂，则会增强黄色的明快，给人以鲜艳爽丽的美感。

（4）附色法，即将食料本色渲染或遮盖，使之产生新的色彩的方法，亦即将另一种色彩附着于食料之上的方法。具体有染拌着色法、裹附着色法、滚粘着色法、掺和着色法等。

四、致嫩工艺

（一）致嫩的概念和目的

在烹饪原料中添加某些化学剂或通过物理的手段，使原料组织结构疏松，提高原料的持水性，改善原料的组织结构成分，提高其脂含量，使原料质地比原先更为滋润膨嫩的加工，称为致嫩加工。

嫩，是食品质量体系中有关质地的内容之一，是相对“老”而言的一种口感，有固形性，但又具有松、软、脆的结合特征。致嫩加工主要针对动物肌肉原料。除极少部位外，动物原料的横纹肌与平滑肌组织普遍具有老、韧、粗、干的特性，要使之达到松嫩的程度，则需要经过长时间加热，破坏其纤维组织结构，但长时间加热又易使之失去新鲜嫩脆的风味，要将这些原料在短时加热中既使之制熟又能保持鲜嫩的特点，适当地采用致嫩工艺就显得非常必要。致嫩的目的是破坏结缔组织，使之疏松持水，既方便成熟，又能保持致嫩；另一方面，致嫩工艺对缩短加热时间，便于咀嚼和消化都起着重要作用。

（二）致嫩的方法

致嫩的方法有碱、盐、酸、酶、糖等生化方法和机械致嫩方法，其中生化方法又以化学剂致嫩方法最为重要。

（1）碱致嫩。碱致嫩的方法主要是破坏肌纤膜、基质蛋白及其他组织结构，使分子与分子间的交链键断裂，从而使原料组织结构疏松，有利于蛋白质的吸水膨润，提高蛋白质的水化能力，常用的方法有碳酸钠致嫩法和碳酸氢钠致嫩法。

（2）泡打粉致嫩。泡打粉即复合疏松剂，由碱剂、酸剂和填充剂组成，在致嫩中可起到碱性致嫩的作用，同时也为原料鲜香风味的保持提供了保障。

（3）木瓜酶致嫩。木瓜酶又称松肉粉、嫩肉粉，其渗透性较大，在对体积较大的肉块致嫩时，速度快，效果均匀，远胜于碱类致嫩。除木瓜酶外，其他如菠萝、无花果、生姜、猕猴桃等植物蛋白酶都有相同的作用。

（4）盐、酸致嫩。盐致嫩就是在原料中添加适量食盐使肌肉能保持大量水分，并能吸附足量水。另外，在一些较为老韧性动物原料的制菜过程中，适量添加一些酸性物质，可对原料肉质产生一定的膨润作用。而将一些肌肉原料如腰片、肉片等浸置于酸溶液中也有明显的致嫩效果。

五、着衣工艺

（一）着衣的概念与作用

着衣指用蛋、粉、水等原料组合在食料外层蒙上保护膜或外壳的加工，如同为菜点原料置上外衣，故称为着衣工艺。着衣工艺在烹饪中有如下作用。

（1）保嫩与保鲜。着衣工艺一般为油导热旺火速成的需要所设置，为较高的油温中骤然受热的裸料着衣，则会缓冲高温对原料表体的直接作用，使原料内部水分外溢明显减少，香气和味道等风味物质也因此得到多量保持，从而保障了肌肉原料与一些更为细嫩的复合原料细嫩鲜美的特质。同时由于淀粉糊化而又增添了爆炒菜肴爽滑的优美触感，丰富了炸、煎菜肴触觉的对比层次。

（2）保形与保色。当鸡、鱼、虾、贝等细嫩原料加工成细薄弱小的料形后，在加热中易碎、萎缩、变形、变色等，经着衣后，由于黏结性的加强和保水性能的提高，不仅能保持原料完整、饱满、光滑的形态，使原料依然保持鲜美本色，同时还有利于某些菜品艺术造型的固形，如菊花鱼、松鼠鳜鱼等，在成熟后使菜品产生良好的视觉效果。

（3）增强风味的融合，使菜品质构更为合理。由于着衣基本由淀粉、麦粉、澄粉与鸡蛋组成，从而使菜品本身的营养成分得到提高，质构更为合理。另外还有利于原料对卤汁的裹附，从而促进了整体菜肴风味的融合性。

（二）着衣的方法

着衣工艺依据不同质构与使用性质可分为上浆、挂糊、拍粉和勾芡四种方法。

1. 上浆

用蛋、淀粉调制的黏性薄质浆液将原料裹拌住，谓之上浆。上浆可起到保鲜、保嫩、保持状态、提高菜品风味与营养的综合优化作用。其程序为：

腌拌→调浆→搅拌→静置→润滑

2. 挂糊

用水、蛋、粉料调制成黏稠的厚糊，裹附在原料的表体，谓之挂糊。与上浆一样，因挂糊对原料内部的诸种品质具有良好的保护和优化作用，因而被广泛地应用于炸、煎、烤、熘、塌等类菜肴中。其主要方法有以下三种。

（1）拌糊法。将原料投入糊中拌匀，适用于对体形较小、且不易破碎的原料挂糊，如肉丁、干豆块等。

（2）拖糊法。将原料缓缓从糊中拖过，适用于对较大的扁平状原料的挂糊，如鱼、猪排等。

（3）拍粉拖糊法。先拍干淀粉，再拖上黏糊，适用于含水量较大的大型原料。

3. 拍粉

将原料表层滚粘上干性粉粒，谓之拍粉。干性粉粒包括面粉、干淀粉、面包粉、椰丝粉、芝麻粉等。主要作用是使原料吸水固型，增强风味，保护其中的营养成分。拍粉工艺被广泛应用于炸、煎、熘类菜肴之中，主要方法有拍干粉和上浆拍粉。

4. 勾芡

勾芡是指在菜肴成熟或即将成熟时，投入淀粉粉汁，使卤汁稠浓，粘附或部分粘附于菜肴之上的过程。在菜肴中形成稠黏状的胶态卤汁谓之芡汁。主要方法有以下两种。

（1）泼入式翻拌勾芡。将粉汁迅速泼入锅中，在粉汁糊化的同时迅速翻拌菜肴，使之裹上芡汁。

（2）淋入式推摇勾芡。将粉汁徐徐淋入锅中，一边摇晃锅中菜肴或推动菜肴，一边淋下粉汁，使之缓缓糊化成芡汁。

六、食雕工艺

（一）食雕的性质与目的

将具有良好固体性质的食物原料雕刻成具有象征意义的图像或模型的加工叫食品雕刻，简称食雕。

食品雕刻是对菜肴表现形式的装饰与美化，是在不影响食用性前提下的艺术造型加工，并通过这种对原料形体的加工，得到某种审美精神的感受，进而实现提高饮食情趣、增强饮食效果的目的。现代被广泛应用于宴会、筵席之中，对提高筵席的意境、渲染热烈气氛、美化菜品的视觉效果等方面都起到了重要的作用。

（二）食雕形式

食品雕刻的形式分立体雕、浮雕与镂空雕。

将一块原料雕刻成四面象形的物体，谓之立体雕。立体雕在成形的形式上又有整雕与组合雕之分别。

在原料表面刻出具有凹凸块面的图案，谓之浮雕。其中，表现图形的条纹凸出，飞白处凹下，称作“凸雕”；表现图形的条纹凹下，飞白处凸出，称作“凹雕”。

将原料壁穿透，刻成具有空透结构的图形，叫镂空雕。

三类雕刻形式中，立体雕刻制品立体感强，常组装成大型雕刻造型，气魄与规模都更引人注目，富丽而复杂；浮雕则装饰性强，适用于对瓜盅的美化；镂空雕刻则显得空灵剔透，观赏性强，是瓜灯、萝卜灯的主要雕刻形式。

（三）食雕程序

凡雕刻每一物品，都必须有计划地按照所设计的程序分步骤进行。食雕的实施一般有如下程序：

命题→设计→选料→制坯→雕刻→组装→成形

（四）食雕的原则

（1）适时雕刻，非必须时不雕刻，若需雕刻，则应按质雕刻，不应因雕伤质、刻意求工而造成原材料的过量浪费。

（2）应节约时间，并严格控制食物的污染，确保卫生，在雕刻时要做到轻、快、准、实。

（3）运用雕品参与型装饰，不能喧宾夺主，本末倒置，应起到突出主菜、烘托主题的作用。

（4）服从可食性为第一原则，尽可能减少不可食因素。

第六节 制熟工艺

一、制熟工艺的概念与性质

通过一定的方法，对菜点生坯进行加工，使食物卫生、营养、美感三要素高度统一，成为能直接被食用的食品加工过程，叫作制熟工艺。

在烹饪工艺中，成熟的概念不局限于加热使食物结构成分变“熟”，也不等同于生长成熟的“熟”，而是加工的成熟，即具有卫生的保障、营养的供给和美感的满足。所以，烹饪工艺的加工方面存在着加热制熟和非加热制熟两部分内容。然而，在中国食品体系中，加热制熟的品种仍然占主要地位，是制熟加工方法的主体。无论是加热或不加热，制熟加工都具有共同性质与任务。

（1）有效地杀灭食料内部的菌虫，特别是加热，当温度达到85℃时，一般的菌虫都能被杀灭。一些不加热的制熟方法中，所使用的是盐、醋、芥末、葱、蒜、酒等，它们都有良好的杀灭虫菌的效果。

（2）使食料中养分分解，组织结构破坏，从而缩短了咀嚼时间，有利于人体对营养物质的消化与吸收，同时还给人以软、脆、烂、酥等口感上的美的享受。

（3）赋予食品以一定的温感，既有利于人体消化器官的健康运转，也给予人的口鼻以最佳味、嗅与触觉的感受。

（4）使食料中味、嗅物质通过分散渗透与合成作用，形成令人喜爱的、食品特定的味觉和嗅觉综合风味。

（5）对菜点的形和色作最后的定位，使菜点成形各异，五彩纷呈。

二、制熟加工方法的种类

通过对热源、介质、温度、结构动作与形式的区分，制熟成菜的烹调方法可作如下分类。

（一）热制熟

1. 固态介质导热制熟

（1）砂导热制熟——砂炒。

（2）盐导热制熟——盐焗。

（3）泥导热制熟——泥烤。

2. 液态介质导热制熟

（1）水导热制熟：

①大水量——汆、涮、白焯、水熘、汤爆、炖、卤、煨、煮。

②小水量——烩、烧、熬、焖。

（2）油导热制熟：

①大油量——炸、熘、炸烹、拔丝。

②小油量——炒、爆、煎、贴。

3. 气态介质导热制熟

（1）蒸汽热制熟——蒸、蒸熘。

（2）烟热制熟——熏。

（3）干热气制熟——烤烘。

（二）非热制熟

（1）发酵制熟——泡、醉、糟、霉。

（2）化学剂制熟——腌、变。

（3）凝冻制熟——冻、挂霜。

（4）调味制熟——炝、拌。

三、预热加工

（一）预热加工的性质与任务

在正式制熟加工之前，采用加热的方法将食料加工成基本成熟的半成品状态的过程叫预热加工。

预热加工的任务是制熟前去除某些原料的腥臭、苦涩等异味，加深某些食料的色泽，为某些原料增香、固形；实现多种原料同时制熟的成熟一致性，缩短正式制熟加工的成菜时间。

就其性质而言，预热加工并不具有独立的意义，而是从一种完整方法中割裂出来的截段。如烧鱼，为了增强鱼的色泽和香味，需预煎一下。

（二）预热加工方法

预热加工方法主要有水锅预热、汤锅预热和油锅预热等。

水锅预热，又称为“焯水”或“飞水”，即在水中烫一下。其中包括冷水锅预热法和沸水锅预热法。

汤锅预热就是将富含脂肪、蛋白质的禽、肉类新鲜原料置于多量水中，使原料内浸出物充分或部分溶解于水中成为鲜汤的方法，因此又称为“制汤”。

油锅预热指为了某种固形、增色、起香的预热需要，将原料置于油锅中加热成为半成品，在传统上称之为“过油”。不同的油温可使食料产生不同的质度，过油为某些菜肴所要特意表达的脆、酥、香奠定基础，这实际上是运用炸或煎的方法进行预熟加工。

四、油导热制熟的方法

（一）油炸法

将菜点生坯投入多量食用油中加热，使之变性成熟直接成菜的制熟方法皆称之为油炸法。油炸法的目的是使食料表层脱水固化而结成皮或壳，使内部蛋白质变性或淀粉糊化而成熟，因此，油炸菜点成品具有干、香、酥、松、嫩的风味特点。其基本方法主要分着衣法和非着衣法两大类。

（二）油煎法

将扁平体菜点生坯在小油锅底缓慢加热成熟的方法叫油煎法。此法在熟化性质方面几乎与炸法相同，故称“干煎”，但在香味方面更为浓郁。煎菜依据其成品触感加以区别，有脆煎与软煎两种基本方法。

（三）油炒法

加热时将片、条、丝、丁、粒等小型食料在油锅中边翻拌边调味直至食料变性入味成熟的方法叫“炒”，或称“煸炒”。优化性质的炒菜技能关键点在于上浆、预热、兑汁勾芡和速度。炒法根据其具体操作规程可分为煸炒、干煸、滑炒、软炒、熟炒、爆炒等，代表菜有“滑炒里脊丝”“葱爆羊肉”等。

（四）烹法

将预先调制的味汁迅速投入预炸或预煎的锅中原料上，使之迅速被吸附收干入味的制熟成菜方法。烹菜成品具有干香紧汁、外脆里嫩的特点。依据预热熟加工方法的不同，烹分炸烹与煎烹两类；依据干湿性质，烹又可分干烹与清烹两种形式。如“干烹黄鱼片”“清烹仔鸡”等皆为以烹法成菜的菜品。

（五）熘法

将预熬熟制的稠滑黏性滋汁经过打、穿、浇或拌入食料上的成菜方法。熘法关键在于“熘”字，熘是滋汁在锅中稠滑流动而快速浇拌（已预热）菜肴的性状。熘法所用的主料半成品主要来自于炸或煎熟品，也可以是蒸或汆熟的。菜品常以酸甜为口味特征。熘法依据成菜的触感可分为脆熘、软熘、滑熘和焦熘。代表菜品有“醋熘鳜鱼”“西湖醋鱼”等。

（六）拔丝

将原料炸脆投入热溶的蔗糖浆拌匀装盘，在冷却过程中拔出缕缕糖丝的方法叫拔丝。由于糖浆的黏性较大，且冷却速度限制了出丝的时间，因此，在盘中刷油，可防止糖浆黏结在盘上。上桌食用时，下垫热盅可以减缓其冷凝速度；带凉开水蘸食，可以防止粘牙和粘筷，并增加入口的甜脆感。拔丝大多运用水果、蔬菜块根、茎和其他固形优质的食料，是“甜菜”的专门制熟法。依据溶剂的使用方式有油拔法、水拔法、油水合拔法和干拔法等不同形式。代表菜品有“拔丝苹果”等。

五、水导热制熟法

（一）炖法

将原料密封在器皿中，加多量水长时间衡温在95℃以上100℃以下加热，使汤质醇清、肉质酥烂的制熟成菜的方法叫炖。这是制汤菜的专门方法，所用原料均需富含蛋白质的老韧性新鲜动物原料。侧重于成菜中鲜汤的风味，同时要求汤料达到“酥烂脱骨而不失形”的成熟标准。有清炖与侉炖之分，菜肴保持原料原有色彩、汤质清澈见底的称清炖，包括砂锅炖、隔水炖、汽锅炖和笼炖；经过煸、炸等预热加工再炖制或者添加其他有色调味料使汤质改变原色彩的称侉炖。炖法的代表菜主要有“清炖蟹粉狮子头”“汽锅鸡”“炖鳝酥”等。

（二）煨法

将富含脂肪、蛋白质的老韧性动物原料经炸、炒、焯后置于（陶、砂）容器中，加多量水用中等火力加热，保持锅内沸腾至汤汁奶白、肉质酥烂的制熟成菜方法称煨法。煨与炖一样需有多量水，以菜出汤，但不同的是炖用小火加热，使汤面无明显沸腾状态，而煨则需用中火加热，使汤面有明显的沸腾状态，这样才能使汤汁浓白而稠厚。以此法而制熟的代表菜有“白煨香龟”等。

（三）卤法

将原料置于卤水中腌制并运用卤水加热制熟的方法叫卤法。在加热方面，卤采用“炖”或“煮”的方式，要求卤汁清澈，便于凝冻成“水晶”冻。通常，卤法要求保持原料的柔嫩性，需采用沸水下锅的方法，将其预焯水，再采用小火力加热，保持卤水的清炖。卤法运用肥嫩的禽类，要求断生即熟；运用肉类，则要求柔软；运用嫩茎类蔬菜，要求鲜脆柔润。一般地说，用于腌制的卤水叫生卤水，有血卤和清卤之分；用于加热过程的卤水叫熟卤水，有白卤和红卤之别。以卤法制作的菜品主要有“水晶肴肉”“苏州卤鸭”等。

（四）汆法

将鲜嫩原料迅速投入多量热（沸）汤（水）中，变色即熟，调味成菜的方法叫汆法。在以水为介质的诸法中，此法的制熟速度较快，所取原料必须十分鲜美，且籽形为片、丝或蓉缔所制小球体之状，是制汤的专门方法之一。在汤质上有清汤与浓汤之分，制清汤者谓之清汆，制浓汤者谓之浓汆。以汆法烹制的菜品主要有“出骨刀鱼圆”“榨菜腰片汤”等。

（五）涮法

以筷夹细嫩薄小的食料在多量的沸汤中搅动浸烫成熟，边烫边吃的加工成菜的方法叫涮法。涮法需用特制的锅具——涮锅。涮时，汤在锅中沸腾，进餐者边烫边吃。涮菜通常将各种原料组配齐全，围置于涮锅周围，并辅以各种调味小碟，供食者自主选择。涮锅又称火锅，其品种因主料而定，如“羊肉涮锅”“毛肚涮锅”“山鸡涮锅等”。

（六）熬法

将具有薄质流动性质的原料入锅，缓慢加热，使之内部风味尽出，水分蒸发，逐渐黏稠而至汤菜融合的制熟成菜方法叫熬法。熬法所用的原料一般为生性动物类小型原料与含粉质丰富的蓉泥状原料。熬法需通过较长时间加热，使这些原料出味并被收稠卤汁。以此法烹制而成的菜品有“蜜汁蕉蓉”等。

（七）烧法

将原料炸、煎、煸、焯等预热加工后，入锅加水再经煮沸、焖、熬浓卤汁三阶段，使菜品软烂香醇而至熟的这一过程叫烧法。这是中国烹饪热加工极为重要的方法之一。其取料十分复杂而广泛，风味厚重醇浓，色泽鲜亮，在菜的卤汁方面，要求“油包芡，芡包油”。在加热的三阶段中，煮沸是提温，焖制是衡温，熬制是收汤。这种多重的对火候的控制反映出烧法制熟过程的曲折变化。其基本方法主要有煎烧、煸烧、炸烧、原烧和干烧。主要菜品有“白果烧鸡”“白汁元鱼”等。

（八）扒法

扒是指在烧、蒸、炖的基础上进一步将原料整齐排入锅中或扣碗加热至极酥烂覆盘并勾以流芡的制熟成菜方法。扒菜原料一般使用高级山珍海味、整只肥禽、完整畜蹄、头、尾，蔬菜则选用精选部分，如笋尖、茭白、蒲菜等。在色泽上，有红扒、白扒之分；在形式上，有整扒、散扒之别；在加热方法上，可分为锅扒和笼扒两种。扒法是大菜的主要制熟方法，在宴席菜肴中具有显要的地位。代表菜品有“红扒大乌参”“蛋美鸡”等。

（九）烩法

将多种预热的小型原料同入一锅，加鲜汤煮沸，调味勾芡的制熟成菜方法叫烩法。烩具有锅中原料汇合之意。其加热过程虽与煮无异，但在原料的预热方面和勾芡用法上是有差异的。代表菜品有“什锦烩鲜蘑”等。

（十）焖法

将炸、煎、煸、焯预熟的原料置砂锅中，兑汤调味密闭，再经煮沸、焖熟、熬收汤汁三个过程，使原料酥烂、汤浓味香的制熟成菜方法叫焖法。焖实际上是指加熟中衡温封闭的阶段，侧重于原料加热过程中的原气焖熟所形成的酥烂效果。从形式上看，焖就是烧法在砂锅中的移植，但焖的加热的成品效果与烧菜具有明显区别。依据调味与色泽，焖法可分为红焖、黄焖和原焖。代表菜品有“黄焖鸡翅”“原焖鱼翅”等。

六、其他烹饪方法

（一）烤法

运用燃烧和远红外烤炉所散射的热辐射能直接对原料加热，使之变性成熟的成菜方法叫烤法，也常用于对点心的制熟。中国的烤法较为复杂，将烤菜的风格表现得淋漓尽致，从整牛整羊到整禽整鱼，再到肉类或豆腐，可用原料广泛。烤有明炉烤和暗炉烤之分。明炉烤是指用敞口式火炉或火盆对原料烤制的方法，其中又可以分为叉烤、串烤、网烤、炙烤等。暗炉烤是指使用可以封闭的烤炉对原料烤制的方法，其中包括挂烤、盘烤等。代表菜品有“北京烤鸭”“叉烤酥方”等。

（二）熏法

将原料置于锅或盆中，利用熏料不充分燃烧升发的热烟制熟成菜的方法叫熏法。这是食品保藏的重要方法之一。在烹饪工艺中，熏是直接制熟食物成为菜肴食品的一种方法，制熟后即可食用，因此，在熏料上更注重选择具有香味性质的软质或细小材料，常用的有樟木屑、松柏枝、茶叶、米锅巴、甘蔗渣、糖等。根据使用工具的不同，熏分为室熏、锅熏、盆熏三种。代表菜品有“生熏白鱼”“樟茶鸭”等。

（三）蒸法

蒸是指将原料置于笼中直接与蒸汽接触，在蒸汽的导热作用下变性成熟的成菜方法。蒸汽可以用于蒸炖和笼扒加热，但作为一个独立的制熟成菜方法，则是干蒸，即所蒸制的菜点不加汤水掩面的方法，成品汤汁较少或无汁（点心）。在蒸制过程中，温度和时间应根据具体原料的不同需要而调整，一般采用四种控制形式，即旺火沸水圆汽的强化控制、中火沸水圆汽的普通控制、中火沸水放汽的有限控制和微火沸水持汽的保温控制。代表菜品有“清蒸刀鱼”等。

阅读与思考

淮扬菜一绝——长鱼菜

汪宝林／文

在淮扬菜精品家族中，要数长鱼系列菜最为尊贵，也最引起美食家瞩目。这不仅是它的选料、配料、刀工、火候等一系列炮制工艺十分讲究，还在于它能以一种原料制作出108种形态各异、风味独特的菜品，“软兜长鱼”“生炒蝴蝶片”“炒虎尾”“乌龙凤翅”“纸包长鱼”“炖生敲”……林林总总，变化万千，高深莫测，极尽奇巧。

俗话说：内行看门道，外行看热闹。由于工作关系，笔者曾在淮扬菜发源地访谈过几位特级大厨，综合他们的经验，淮扬菜的主要特点是：选料要时鲜，性味要相制相顺，刀工要精细多样，火候要恰到好处，调味要出新出彩。总的风味是：肥而不腻，甘而不喉，酸而不酷，辛而不烈，咸而不过，食之有“绵嫩、滑嫩、活嫩、酥嫩、松嫩”之美感。略述大意，供美食爱好者闲来小作之需。

一曰选料。制作“软兜长鱼”，须用淮安地产长鱼，否则形制不美；制作“炒长鱼丝”，须选用细小长鱼，否则口感不好；制作“大烧马鞍桥”，须选用粗壮长鱼，否则徒有其名。

二曰初加工。初加工是长鱼菜优劣的关键工序。淮安大厨制作长鱼菜时有一套独特的去除黏液和剔骨的方法。制作“软兜长鱼”在去除黏液和剔骨之后，须先以旺火沸汤汆制长鱼，并加入适量的精盐、香醋、黄酒、葱、姜等配料。

三曰主、辅料搭配。制作不同风味的长鱼菜品，须搭配不同的辅料，注重脆、软口感和黑、白色泽效果等。

四曰运用火候。讲究火候是淮扬菜制作工艺特点之一，更是制作长鱼菜的绝活。虽然是通常所说的微火、文火、武火三种，但是用法上十分讲究，根据不同菜品制作需要，或文火在先，武火在后，或武火在先，文火在后。

选自 2005 年 8 月 3 日《新民晚报》

思考题：淮安大厨烹制长鱼菜的工艺要领主要有哪些？试以“软兜长鱼”为例说明我国淮扬菜系的主要特征。

总结

本章讲述了中国烹饪工艺的内容组成与基本特点、中国烹饪选料以及清理工艺、分解工艺、混合工艺、优化工艺和制熟工艺。中国烹饪工艺，是中华民族在烹饪生产实践中积累总结出的宝贵财富，它的形成不但有着纵向的历史渊源，还有着横向的广泛联系。在广义的烹饪工艺中，不但要包括手工工艺部分，而且也包括机械（机器）工艺部分。目前，手工工艺仍占主导地位，而机械工艺多属于食品工程范畴。中国烹饪工艺是中国烹饪学的主干学科，也是中国烹饪文化区别于世界其他民族的重要特征所在。只有全面了解中国烹饪工艺，才能更深刻地认识中国烹饪文化的内涵。

同步练习

1. 简述中国烹饪工艺的概念。它由哪些内容构成？其基本特点有哪些？
2. 原料配伍的目的是什么？
3. 菜肴烹调过程的原料配伍要注意哪些问题？
4. 选料的目的与意义是什么？
5. 选择烹饪原料有哪些基本方法？
6. 摘剔新鲜植物性原料的目的是什么？主要方法有哪些？
7. 试述粮食及添加剂原料的主要选拣加工方法。
8. 水产原料的清脏加工目的是什么？其主要方法有哪些？
9. 以鸡为例，说明家禽的宰杀加工方法。
10. 干货原料的主要涨发方法有哪些？
11. 什么是分解工艺？其主要作用是什么？主要内容有哪些？
12. 何谓拆卸工艺？其主要程序是怎样的？

13. 试述刀法与种类。
14. 中国烹饪的基本料形有哪些?
15. 剞花的概念与目的是什么? 其基本刀法怎样?
16. 菜肴馅心有几种? 其基本特征是什么?
17. 缔子在菜、点制作中具有哪些作用?
18. 面团加工流程与方法是什么?
19. 试述调味的基本程序与方法。
20. 食品着色的方法有哪些?
21. 致嫩有哪些方法?
22. 着衣工艺在烹饪中有什么作用? 主要方法有哪些?
23. 食品雕刻的原则是什么?
24. 什么叫制熟工艺? 制熟加工都具有哪些共同性质与任务?
25. 什么叫预热加工? 其主要任务是什么?
26. 油导热制熟的方法有哪些?
27. 举例说明煨与炖的区别。
28. 焖法可分几种? 其代表菜是什么?

第五章

中国烹饪生产管理与产品销售

课题内容： 中国烹饪生产管理特点与要求
中国烹饪生产管理
中国烹饪产品的市场营销

教学时间： 2课时

教学方式： 理论教学

教学要求： 1. 掌握餐饮管理基本原理；
2. 认识餐饮管理的本质特征；
3. 掌握餐饮管理的基本内容和市场运作规律。

课前准备： 阅读餐饮管理方面的书籍。

中国烹饪生产管理与销售，在中国烹饪学科体系中所处的地位较为特殊。它不仅与市场营销的关系很密切，也与烹饪工艺、烹饪文化等问题有着交叉关系。从餐饮企业的角度看，中国烹饪的生产和销售过程形成了企业的管理重心，烹饪生产必须兼顾社会效益和经济效益，烹饪产品的质量认定在销售过程中也必然地融入中国烹饪学的方方面面。因此，也构成了中国烹饪学的一个重要组成部分。

第一节　中国烹饪生产管理特点与要求

一、中国烹饪生产管理的特点

在餐饮企业中，中国烹饪产品的生产不同于食品加工企业，其生产形式具有四个特点。

（一）生产过程复杂，手工操作比重大

厨房生产需要先后经过烹饪原料的选择、加工、切配、熟制、出菜装盘等不同的工序。每道工序都有不同的要求，加工方法也不一样。从生产管理过程来看，各种烹饪原料的选择、拣洗、涨发、拆卸、粗加工、细加工和制熟，都以手工操作为主，机械设备大多只起配合作用。为此，管理人员必须根据企业产品生产的自然属性来安排生产流程，并根据不同风味的菜点来确定加工方法和主料、配料、调料的配制比例，要重视不同工序和各级厨师的手工技艺，才能适应企业生产管理的需要，提高管理水平和产品质量。

（二）烹饪制作及时性强，产品质量比较脆弱

烹饪产品质量是根据食客当时所点的花色品种和数量或厨师长安排的生产任务即时生产的。生产、销售和消费几乎在同一时间内发生。生产出的烹饪产品在色、香、味、形方面都有很强的时间性，必须马上供顾客享用。因此，厨房生产管理必须十分重视工作效率，重视原料搭配的准确性，坚持即炒即卖，热炒热卖，确保产品质量，才能获得良好的效益。

（三）品种规格不一，毛利有一定幅度

烹饪产品花色品种繁多，不管经营哪种风味，一般都有几十款甚至上百款菜点。这些菜点的花色和风味各不相同，因而毛利率的高低也不一样，为此，厨房生产管理必须控制不同花色与风味的菜点出料率，建立成本核算和价格管

理制度，加强毛利考核，以适应各种菜点的规格质量和毛利要求，提高企业生产管理水平。

（四）生产活动影响因素多，生产安排随机性较强

烹饪产品生产受季节、天气、节假日、企业地理位置、游客流量、交通状况、周围环境和地区大型活动等多种因素的影响，一年有淡季、旺季之分，一月有阴晴风雨之别，一周有日常与周末之不同，一日有早午晚三餐，一天之中也有忙闲不均之别。厨房每天、每餐需要生产的产品数量，花色品种，产品规格往往随时变化，具有极强的随机性。为此，厨房生产管理必须每天做好销售记录，掌握各种产品销售的变化规律和客人点菜频率，才能做好计划安排，克服因产品销售的随机性可能带来的经济损失。

二、中国烹饪生产管理的基本要求

为了确保餐饮企业烹饪产品的风味能适应食客物质精神享受，厨房生产管理必须遵循以下基本要求。

（一）批量生产烹饪与小锅烹饪结合，坚持热炒热卖

为保证烹饪菜点的风味与质量适应不同客人的消费需求，做到一菜一格，百菜百味，必须根据不同档次的餐厅和不同类型的客人来组织厨房生产。其中，大中型团队、会议、宴会、冷餐会等客人，要根据菜单要求，以小批量生产为主。每锅炒菜不允许超过 2 ~ 3 盘。冷荤、面点产品要以批量生产为主，单盘装配。零点餐厅必须坚持小锅烹调，热炒热卖。生产过程中，要严格控制各种烹饪产品的主料、配料和调味料，把好营养配菜烹调质量关，合理装盘，保证菜品质量。

（二）坚持销售预测，做好计划安排

菜品的烹制既有菜品销售的随机性，又有菜品质量的脆弱性。为克服这些特点可能带来的厨房生产管理混乱和烹饪原料及人工费用损失，必须以原始记录为基础，分析各种菜点的生产变化规律，逐日、逐周、逐月掌握烹饪产品销售量，做好销售预测。在此基础上，逐期安排生产计划，既为烹饪原料的采购、库存、每日领取提供依据，又为厨房员工的安排与使用提供参考。

（三）克服手工操作的盲目性，实行标准化管理

中国烹饪以手工操作为主，传统的烹饪原料的拣选、分解、加工、切配、上灶烹制、装盘出菜，都随厨师的个人意愿而定，随意性较强，损失浪费也较大。

质量完全取决于厨师的个人技艺与现场发挥。为克服这种生产管理的盲目性，必须实行标准化管理。要根据厨房烹饪工艺流程的特点，分别制定原料加工，净料出成，盘菜用量，主料、配料比率，盘菜成本消耗，烹调工艺程序等客观标准，并保证标准化管理的贯彻实施，提高厨房生产管理水平。

（四）合理安排员工，发挥技术优势

在不同时间用餐的客人数量不同，厨房生产所需员工也不同；烹饪原料的拣洗、分解、粗加工、配菜、烹制和洗盘洗碗等工种不同，对员工的技术要求也不一样。合理安排人员，发挥技术优势，必须解决好两个问题：一是根据不同时间不同阶段的客人人数预测，安排劳动力的使用，节省人工成本；二是根据不同工种的技术要求，安排工作岗位，突出后锅岗、砧板岗、打荷岗、配菜岗等岗位的专业技术水平，防止“特级厨师不上灶，一级厨师干勤杂”等不合理现象的发生。

第二节　中国烹饪生产管理

中国烹饪生产管理不仅是餐饮企业业务管理的中心环节之一，也是中国烹饪学科体系的重要组成部分，其基本内容主要有菜单设计与制作、烹饪生产运作管理、烹饪产品成本控制和烹饪生产卫生安全管理等。

一、菜单设计

菜单是餐饮企业经营者向客人推出的联结客人需求与市场供给的菜点目录，是企业管理的重要依据，是餐饮市场定位的集中体现。在餐饮市场营销中，菜单一头联系餐饮产品供给，一头联系客人的需求，成为餐饮市场营销的纽带和桥梁。

（一）菜单的分类

菜单根据其分类角度不同有不同的种类。主要分类方法与相应的种类有以下几种。

1. 按客人用餐的时间划分

（1）早餐菜单。早餐有中西餐和各国风味餐之别，其中，西餐又有美式早餐和大陆式早餐之分。早餐菜单的特点是菜点内容比较简单，花色品种较少。

（2）正餐菜单。正餐有午餐和晚餐之分，有些饭店的午餐和晚餐菜单合而为一。其特点是菜点品种齐全，内容丰富，设计美观，富有特色。具体内容依据中、

西风味及各国饮食风味的不同而变化，能够反映出不同饮食风味的具体特点。

2. 按客人用餐方式划分

（1）团队菜单。这是一种循环菜单，菜单内容按一定天数的循环周期安排，形成一套菜单，每天花色品种不重样，主要适用于团体、会议用餐。

（2）宴会菜单。宴会菜单主要供中、西餐和其他风味宴会使用，其特点是设计美观、典雅，菜单内容注重宴会规格，名菜名点较多。由于宴会标准不统一，具体内容往往根据宴会等级规格和客人预订标准而变化，其花色品种因每次宴会预订标准不同而不同。

（3）冷餐会菜单。它是宴会菜单的一种，规格较低，菜单内容根据客人预订标准和要求而定。但以冷菜、小吃为主，注重食物造型和餐厅气氛，品种较多。

（4）自助餐菜单。它主要适用于自助餐厅，特点是花色品种丰富多彩，注重菜点造型，以烘托餐厅气氛。

（5）客房菜单。它主要供客人在房间预订点菜使用，有早餐、正餐之分。其菜点品种既可丰富多样，又可简单明了，主要根据饭店客源结构和客人需求设计。

（6）特种菜单。它包括儿童菜单、家庭菜单、老人菜单、孕妇菜单等。这种菜单针对性较强，但由于饭店餐厅客源大多不是单一的，所以它一般是餐厅菜单的补充形式。

3. 按菜单经营特点划分

（1）固定菜单，也称标准菜单。其特点是内容标准化，以传统菜、常年菜、不受季节性原料影响的菜点为主，所以不经常调整。这种菜单主要适用于客人数量较多、流动性较强的餐厅，所以为大多数饭店所采用。

（2）循环菜单。这是指按一定周期循环使用的菜单，主要适用于饭店团体、会议用餐和长住客人用餐，其目的是增强餐厅风味和花色品种，减少客人对菜点产生单调乏味的感觉，增强客人的新鲜感，提高竞争力。

（3）限定菜单。这是指菜点品种一般只有常年不变的、相对固定的几款的菜单。这种菜单主要适用于特种餐馆、快餐店使用，如麦当劳和肯德基。

4. 按菜单定价方式划分

（1）零点菜单。这是指每道菜点都明码标价以供客人点菜的菜单，主要适用于中餐、西餐及各种风味的零点餐厅。其特点是花色品种多，热菜、冷菜、面点、汤类等品种齐全，价格幅度宽，高、中、低档较全，能适应客人多层次、多方面的消费需求，所以为饭店各种类型的零点餐厅和餐馆酒楼所广泛使用。

（2）套式菜单。这种菜单的特点是将几种不同的菜点形成一组，整餐定价销售，客人无须逐个点菜。中式套餐菜单一般按规格和就餐人数整餐定价，菜单上并不标出每个菜点的价格。其优点是客人用餐方便、快捷，缺点是客人对菜点选择的余地较小，所以在设计制作菜单时要特别注意菜点的合理搭配。

（3）无定价菜单。这种菜单上的各种菜点不直接标价，而是事先掌握客人的用餐标准，然后选择菜点，按客人的用餐标准收费。这种菜单主要适用于饭店团体、会议用餐、宴会、冷餐会、鸡尾酒会等。菜单上的菜点品种往往根据客人的用餐标准而定。每个团队或每个宴会各不相同，除菜单封面可以事先设计好外，菜点内容则临时安排打印，以适应客人用餐标准的变化。

（4）混合菜单。即零点菜单和套式菜单相结合的一种菜单。它综合了这两种菜单的特点和长处。可以以套式菜点为主，同时欢迎客人随时零点菜品；也可以以零点菜单为主，同时也可满足客人对套式菜点的需求。因而，菜单定价有两种形式，一是零点价格，一是套式价格。现阶段，这种菜单在我国饭店、宾馆中采用较少。

（二）菜单设计的原则

设计制定菜单必须遵循以客人需求为重点，供给和需求相适应，体现市场营销目标和企业文化特色，反映餐厅的经营特点，有利于吸引客人、方便消费、扩大销售的原则。具体原则如下。

1. 体现经营风味，树立餐厅形象

各种餐厅的菜单设计应反映经营风味，体现企业文化特色和餐厅形象。如高档饭店的餐厅，菜单设计应高雅庄重，菜品名贵价高；海鲜餐厅等可配备不同的图案，反映各自的风格。

2. 花色品种适当，刺激消费需求

不同餐厅菜单上的花色品种应有明显的区别，品种数量要适当。中餐菜单的凉菜、热菜、面点、汤类一般应分类排列，其比例应掌握在 5 ∶ 15 ∶ 4 ∶ 3 左右。对顾客喜爱程度高、应重点推销的菜点品种应安排 3 ~ 5 种为宜。同时，应将常年菜、时令菜、季节菜结合起来，价格水平一般应高、中、低档搭配，高档菜可掌握在 25% ~ 35%，低档菜在 25% ~ 30%，套式菜单则根据客人需求，安排多种档次。这样，可以刺激客人消费，适应不同档次客人的需求。

3. 创造竞争优势，保证利润目标

菜单设计与制定要充分做好市场调查，掌握客人需求变化，有利于开展市场竞争。要充分考虑顾客的喜爱程度，突出餐厅重点风味菜点和重点推销菜点。菜单要定期调整，花色品种要循环更新，使客人常有新鲜感。菜点毛利率要分类掌握，一般主食毛利较低，冷盘毛利较高，主菜毛利最高。具体毛利标准的掌握要根据企业所处地理位置、餐厅档次、设备条件、接待对象、消费水平的不同而变化。

4. 市场供求结合，符合企业实际

菜单主要是根据客人的需求来制定的。它是需求与供给共同作用的结果，是市场营销活动均衡的体现。因此，设计和制定菜单要供求结合，要充分考虑厨师的烹饪水平、烹饪原料的质量、库存储存条件、厨房设备等因素，这样才能符合餐饮企业的实际，实现餐饮管理市场营销目标。

（三）菜单设计的主要依据

1. 目标市场的客人需求

任何餐饮企业的经营都不可能完全满足餐饮市场所有客人的消费需求。它只能针对一部分具有相似消费特点和消费能力的客源。因此，各种餐厅的菜单设计都必须以目标市场的客人需求为首要依据。目标市场的客人需求主要表现在八个方面。一是客源档次。客人档次越高，菜单设计的要求就越高。二是客人消费方式。零点消费、团体消费、宴会消费方式不同，菜单设计的内容和要求也不同。三是客人用餐目的。餐饮消费的主题不同，菜单设计要求也不同。四是客人年龄结构。年轻人喜欢高热量食品，老年人喜欢清淡食品，这些必然影响到菜单设计的品种安排。五是客人性别结构。不同性别的客人对菜点的品种和热量要求不同，成为菜单制定的依据。六是客人的宗教信仰。不同宗教对食品的种类和加工方法往往有不同的要求和禁忌，这也是影响菜单花色品种安排的重要依据。七是客人的饮食习惯。不同国家和地区的客人的饮食习惯不同，菜单设计必须在品种选择、菜点搭配上同目标市场的客人习惯结合起来。八是客人的支持能力。它主要对菜单设计的价格结构产生影响。

2. 烹饪原料的供应状况

原料供应是烹饪的先决条件。菜单设计得再好，如果原料供应没有保证，造成缺菜率高的结果，也会影响销售额和该餐饮企业的声誉。因此，凡是列于菜单上的菜点，必须无条件地保证供应。它要求菜单设计者必须根据餐饮企业的地理位置、交通条件等诸多因素，认真分析烹饪原料的市场供应情况、采购和运输条件、原料供应的季节变化等信息，然后利用这些信息来设计、制作菜单。

3. 烹饪产品的花色品种

烹饪产品的花色品种成千上万。在保证原料供应的条件下，同一种烹饪原料的初加工、配菜方法和烹调方法不同，其菜点的花色品种也不一样。设计制作菜单，究竟应该安排哪些花色品种，既是菜单设计的重要依据，又是充分发挥想像力和聪明才智的客观要求。

4. 不同菜点的盈利能力

菜单设计的最终目的是扩大销售，提高餐饮利润。而菜单众多花色品种的盈利能力是不尽相同的，各种菜点的盈利能力主要受产品成本、价格高低和销售份额三个因素的影响。这就要求菜单设计不仅要合理安排花色品种，而且必须充分考虑不同菜点的盈利能力，合理安排菜点结构。

5. 厨师烹饪水平和厨房设备

菜单设计的品种安排和菜点规格直接受厨师烹饪水平和厨房设备的限制。没有特级厨师的饭店，即使设计出规格较高的名菜名点，厨房也无法烹制出名实相符的菜品，反而让客人感到失望。菜单的品种、规格超越了厨师的烹饪技术水平和设备生产能力，菜单设计得再好，也无异于空中楼阁。因此，设计制作菜单要从饭店的厨师烹饪水平和设备条件等实际出发，量力而行，实事求是，防止凭空想象造成名不副实的情况。

（四）菜单设计的步骤

菜单设计由行政总厨和厨师长负责，餐饮部经理和有关人员参加，其设计方法和过程可大致分为五个步骤。

1. 明确经营方式，区别菜单种类，确定设计方向

菜单的种类和设计方向是由不同餐厅及服务项目的经营方式决定的。要解决好三个问题：一是根据餐厅的经营方式和服务项目确定菜单种类；二是根据餐厅性质和规格确定菜单设计档次；三是根据市场特点和销售方式确定菜单具体形式。这些问题解决了，菜单设计的方向、内容和要求就大致确定了。

2. 选择经营风味，设计菜单内容，安排菜点结构

就经营风味而言，可分为中餐、西餐、日餐、韩餐和其他国家或地区的饮食风味。就中餐风味而言，还有淮扬、广东、山东、四川、宫廷、海味等各种各样的具体风味。西餐也是如此。菜单设计要明确经营风味，切忌不伦不类。就设计要求而言，关键是菜单内容设计和菜点结构安排，要解决三个问题：一是菜单上花色品种的数量控制，二是不同菜单菜点品种的选择和确定，三是菜点花色品种结构比例的确定。

3. 确定菜单程式，突出重点菜肴，注重文字描述

从总体上说，中式菜单可按冷盘、热菜、主菜、汤类、面点的顺序排列，然后再分成冷荤、鸡鸭、猪牛肉、海鲜、蔬菜、主食、汤类、点心等不同种类。西餐菜单可按开胃菜、汤类、主菜、甜点等不同种类。此外，团队菜单、宴会菜单、套式菜单、客房菜单等，其菜单程式又各不相同。所以必须根据菜单种类、饮食风味和销售方式的不同，分别确定。要突出重点推销的菜品，以引起客人的重视。 将重点推销的菜品安排在菜单最显眼的位置，还可改换字体，或加边框装饰，也可配以文字说明。

4. 正确核定成本，合理制定价格，有利于市场竞争

在具体核定菜单成本、制定价格的过程中，要注意三方面的问题：一是成本核定要根据菜单种类的不同而变化，做到准确、稳定；二是毛利的确定要灵活，应区别不同菜点种类，该高则高，该低则低；三是菜单价格的确定与掌握要有

利于促进销售，开展市场竞争。

5. 注重菜单外观设计，讲究规格尺寸，突出美感效果

菜单装帧要与餐厅等级规格、菜单内容及整体环境相协调，图案的选择要有利于突出菜点风味特色，要选好主色调，大胆使用陪衬色调，使各种色调的运用有主有次，深浅适宜。封面应选择美观、耐用、不易折损、不易弄脏的材料制作。尺寸规格不宜过小，一般餐厅的单页菜单可使用 28cm × 40cm，对折菜单可使用 25cm × 35cm，三页菜单可使用 18cm × 35cm 等尺寸。

二、烹饪生产运作管理

烹饪生产运作管理是餐饮企业业务管理的中心环节，其管理过程涉及生产任务的确定、生产流程安排、原料加工组织、炉灶制作和生产管理协调等各个方面，烹饪生产运作管理的好坏直接决定烹饪产品的质量和风味特点，影响客源多少、成本消耗和经济效益。

（一）烹饪生产的组织形式

烹饪生产的组织形式主要取决于厨房的管理形式。我国饭店、餐馆的厨房主要分中厨房、西厨房。另外，还有日餐、韩餐等多种类型的厨房，情况很复杂。就其烹饪生产的组织形式看，大致有四种。

1. 中餐厨房组织形式

采取这种组织形式的企业只提供中餐服务，一般适用于一星和二星级的小型饭店和大多数餐馆。其厨房的多少和大小根据餐厅的数量和接待能力确定，一般要设厨师长；再分设热菜、冷菜、冷荤和面点厨房。其中，小型企业则设冷荤和面点小组，分别负责各类菜点的制作管理。

2. 西餐厨房组织形式

这种形式主要适用于三星级以上饭店的西餐厅和西餐馆。三星级以上饭店要求必须设西餐厅和咖啡厅。其中，有很多四星、五星饭店的西餐厅里又分设法式西餐、美式西餐、意大利西餐、芬兰西餐等。其厨房的组织形式一般是行政总厨下设西餐厨师长，各厨房再设不同领班，而每个厨房内部分工则大不相同。

3. 大中型饭店厨房组织形式

可同时提供多种风味的中餐、西餐和其他外国风味的餐饮服务。餐厅类型多，与之配套的厨房种类也多。烹饪生产管理复杂，其厨房的组织形式一般是设行政总厨，再分设 1 ~ 2 名副总厨负责中餐房和西餐房。各个厨房再设大厨（相当于厨师长）、主厨、后锅岗、砧板岗等不同的岗位，负责烹饪生产管理。餐饮部同时设管事部，负责财产保管、原料领用、洗盘洗碗、清洁卫生等工作。

各大中型饭店厨房管理的具体形式区别较大，没有固定的统一模式。需根据各饭店实际情况而定。

4. 中心厨房组织形式

这种形式主要适用于大型和特大型（一般客房在800间以上）饭店和饭店集团、餐饮集团。它是近年来随着合资饭店新建而引进的。其组织形式是饭店或集团设中心厨房，统一负责烹饪原料的加工配菜，各个餐厅再设卫星厨房，主要负责菜点烹制。

（二）烹饪生产任务的调整与安排

厨房烹饪生产任务是根据客人用餐的统计数据、客人对菜点的喜爱程度和就餐预测等来确定的。由于烹饪产品销售影响因素多，随机性和波动性强，因此，厨房还应每天分析各种影响因素，对生产任务量作出必要的安排，然后组织生产。其调整和安排的方法如下。

1. 确定调整预测值

调整预测值是指在每天烹饪生产任务的预测值的基础上，根据当日的天气、当地或饭店当日有无重大活动等因素，对预测的烹饪生产任务量作出适当的增减调整。具体菜点预测值的调整，其关键取决于厨房和餐厅主管经理人员的经验和分析判断能力。

2. 掌握厨房成品或半成品结存量

厨房每天生产的餐饮产品不一定当天全部售完，一般会有少量成品或半成品尚未售出，需要第二天继续加工使用和出售。这些成品或半成品需要从当日生产任务量中扣除。

3. 安排预测保险量

在厨房烹饪生产过程中，每日生产任务量的安排不可能固定不变。为防止客流量的突然增加、对烹饪原料的损耗量估计不足、配菜不标准等情况的发生，还应该安排适当的预防保险量，其数量很少，一般在1 ~ 3份。具体数量由厨房主管人员确定。

4. 调整和安排生产量

在做好上述三项工作的基础上，厨房就可以安排每天的烹饪生产任务量，一般以表格形式列出预测和调整数量。

（三）烹饪生产任务的确定方法

烹饪生产任务确定是短期内对菜点数量和花色品种所作出的安排。由于客源流量变化大，菜单随季节调整，客人对花色品种的需求具有随机性。因此，厨房无法确定长期生产任务。短期内不同花色的生产任务量也只能是一个近似值。但是，合理确定烹饪工作量仍然是必要的。它既是厨房烹饪产品生产管理的基础，又是合理组织烹饪原料、加强成本核算、坚持以销定产、降低损失浪费的客观要求。生产任务确定方法主要有以下几个。

1. 经验估计法

即根据厨房主管和餐饮部门管理人员的经验，分析前后几天的客源变化和就餐客人的点菜频率，考虑未来几天内节假日、周末、天气变化、地区和企业产品推销活动等因素，大致确定未来短时间内厨房烹饪产品的生产任务量。这种方法适用于餐饮管理基础工作薄弱、缺乏统计报表和有关数据、产品生产管理尚处于经验管理阶段的企业。

2. 统计分析法

即以餐饮企业客源统计资料为基础，预计未来短时间内的客源数量，安排厨房烹饪生产任务量。这种方法主要适用于饭店、餐馆的团体用餐、会议用餐和包饭服务。对团体、会议、包饭三种统计资料进行综合整理，按照时间顺序和餐饮要求，分类归档，在厨房挂牌公布，形成每天、每餐次的生产工作量。

3. 喜爱程度法

即以菜单设计为基础，预测就餐人次或全部烹饪生产任务量，再根据客人对不同花色品种的喜爱程度确定厨房各种菜点的具体生产工作量。这种方法适用于零点餐厅，包括各种风味的中餐厅、西餐厅、咖啡厅等。可根据客房住宿资料及餐厅销售资料，分析客人光顾餐厅的比率，预测住店客人的就餐次数。也可根据餐厅接待资料，分析外客变化规律，结合未来短时间内的节假日、周末、天气变化及企业营销活动等因素，预测外客上座率或就餐次数。然后以历史统计资料为基础，分析所供菜点销售的喜爱程度，确定烹饪生产任务量，组织烹饪原料，安排厨房烹饪生产。

4. 预定统计法

即根据客人的预订资料，分别统计确定未来短时间内厨房餐饮产品生产任务量。这种方法适用于宴会厨房。宴会销售都是事先预订的，餐饮部门根据客人预订登记，逐日统计宴会菜点的烹饪生产任务。为保证做好宴会菜点供应的工作，餐饮部门每天对每个宴会还要确定具体的烹饪工作量。其方法是根据预订资料，下达每天每个宴会烹饪生产工作任务单，分别列出宴会名称、标准、预订人数、保证人数、菜单安排、酒水安排等，由此确定具体的烹饪生产任务。

三、烹饪产品成本控制

餐饮经营的最终目的是赚取合理的利润，而每日的利润是由每日的营业收入减去每日的成本支出而实现的。由于餐饮企业的收入主要来源于烹饪产品及酒水饮料，而容易产生成本波动的主要是烹饪产品，因此，将烹饪产品的成本进行合理的控制是一项必不可少的工作。

（一）烹饪产品成本控制的主要内容

烹饪产品成本一般是由烹饪原料成本、劳动力成本、经营费用和税金构成。由于劳动力成本、经营费用（折旧费用、还本付息费用）和税金在一定时期和经营条件下是相对固定的，一般不会随烹饪产品的销量变化而变化，所以被称为固定成本；烹饪原料成本、水电费用、燃料消耗费用等是随着产品的销量变化而变化，所以被称为可变成本。事实上，在餐饮业成本控制过程中，可变成本的控制远比固定成本的控制难度大，而将可变成本控制在一定的波动范围之内，能直接反映出餐饮企业的管理水平，因此，它不仅是餐饮企业管理者最为关注的问题，也成为烹饪学一个重要的研究对象。

1. 原材料成本

这是餐饮生产经营活动中厨房烹饪产品与餐厅售卖酒水饮料成本的总和。原材料成本在烹饪产品成本中所占比例最高，占餐饮收入最大。原材料成本是由价格和数量两个因素决定的。在烹饪生产过程中，控制烹饪原料的价格和菜点的分量，是保证原材料成本处于一个稳定范围的重要手段。

2. 劳动力成本

这是指在餐饮生产经营过程中耗费的活劳动的货币表现形式，包括工资、福利费、劳保、服装费和员工用餐费等。劳动力成本率是仅次于食品成本率的。在餐饮成本中占有重要的位置，目前我国餐饮业中劳动力成本占营业额的20%左右，在厨房的成本控制中，尽管劳动力成本不直接由厨房的管理者控制，而是由专门的职能部门控制，但厨房的管理者应该有监督权和建议权。

3. 经营成本

这里主要指水电费、燃料消耗费用。在厨房生产过程中，一定要进行合理的控制，尽管经营费用属于毛利部分，厨房管理者更多地控制原材料成本，但作为餐饮企业的一员，企业能否创造更多的利润与厨房经营费用的控制休戚相关。在餐饮业生产经营中，一定要建立相关的制度，对厨房的水电、燃料进行严格的控制，杜绝浪费。

4. 标准成本率

为了便于控制厨房产品的成本，餐饮企业会制订标准的成本率。它是指餐饮企业为获取预期的营业收入以支付营业费用，并获得一定赢利而必须达到的食品成本率。一般可以通过分析上期营业记录或通过对下期营业的预算得到。由于成本率会因企业经营的不同而不同，所以在一般情况下，社会餐饮企业的原料成本率高于宴会原料成本率，国内饭店餐饮原料的成本率高于国外同业原料的成本率。据测算，我国普通餐饮企业的成本率多在55%～65%，而星级酒店多在40%～45%。餐饮企业确定的成本率是厨房进行成本控制的一个标准，有时我们将其称为标准成本率。每月的食品成本控制要以其为基准。事实上，在餐饮企业经营过程中，成本率高会使餐饮企业偏离经营的对象，造成目标客人的流失。所以，以标准成本率作为企业成本控制的核心并不为过。

（二）影响成本控制的因素

厨房管理者除了可以控制原材料的价格和数量，来保证每月预期的食品成本率外，还需要对厨房生产的每一个环节进行控制，因为厨房的人员生产、设备运行和原料浪费等三方面因素会对成本控制产生影响，从而左右食品成本率的高低。

1. 人员水平的高低

为了确保成本的稳定，厨房管理者首先应该招聘有一定技术水平的厨师，形成一个有生产能力的专业技术队伍，然后进行必要的生产控制。广泛采用基本必需的设备来代替手工操作，使用称量器具提高菜肴数量的准确性。同时，要选拔技术骨干，建立一支以技术骨干为框架的厨师队伍，并对普通员工进行一定的培训，提高他们的技术水平，培养他们的节约意识，这样才是管理之本和成本控制之路。

2. 原料的浪费程度

原料不能综合利用和过度浪费是厨房成本控制中最容易发生的问题。在控制原料价格和数量的同时，有效地控制厨房浪费的程度是成本控制成败的关键。厨房管理者首先要考虑厨房的激励机制是否健全，学会控制员工的情绪，减少不必要的原料浪费。

3. 设备的运行情况

设备的运行情况有时也可以成为影响厨房食品成本的因素之一。在厨房生产中，由于设备的老化或超负荷运转，可能会在机械上产生故障，容易使原料产生额外的损失。所以要注意设备的保养与维修，防止因设备运行不良而造成的成本失控。

（三）成本控制的方法

餐饮管理控制成本是以成本差额分析为中心展开的，由于烹饪产品生产过程很复杂，其成本在不同产品和不同环节中产生，因此，其成本控制也要根据业务管理过程来进行，主要控制方法包括以下环节。

1. 采购成本控制

采购是烹饪原料成本形成和成本控制的起点，采购成本控制是在采购预算中安排和采购进货原始记录的基础上进行的。采购预算安排中的各种食品和饮料采购数量和规定价格形成标准采购成本。采购进货中入库验收的进货发票和原始记录则形成实际采购成本。采购成本控制一般以月度为基础，在分析采购成本的基础上，管理人员要进一步查明造成价格差和数量差的具体原因，并有针对性地提出具体控制办法，即可实现采购成本控制，降低成本消耗，逐步提高采购成本控制水平。

2. 库房成本控制

库房成本控制是在每月盘点的基础上进行的，其目的是控制库存资金占用，加快资金周转，节省成本开支。在库房管理中，要制定食品和饮料库存资金占用计划，由此形成库房标准成本占用。要明确指出重点控制哪些品种，采用哪些控制方法，从而迅速减少库存资金占用，加快资金周转。

3. 生产成本控制

生产成本控制以厨房为基础，以烹饪原料为对象，根据实际成本消耗来进行。厨房餐饮产品生产花色很多，各种菜点既要事先制定标准成本，又要每天做好生产和销售的原始记录，然后根据统计分析，与标准成本进行比较，以确定成本差额，发现生产管理中成本消耗存在的问题，分析原因，提出改进措施。

4. 酒水饮料成本控制

酒水饮料成本控制以酒吧为基础，根据酒吧销售方式不同，其成本控制方法又分鸡尾酒销售成本控制和瓶装或杯装销售成本控制两种情况。特别是瓶装或杯装销售成本控制，烈性酒、啤酒和软饮料常常不经过调制，直接以瓶装或杯装方式销售，价格通常比鸡尾酒低，管理人员应事先制定瓶装或杯装销售单位成本和售价，服务人员按瓶装或杯装标准销售，由此控制成本消耗。在整装拆零销售时，要特别注意杯装配量，防止实际成本消耗超过事先规定的标准。

5. 企业餐饮成本控制

它包括食品成本和饮料成本控制，以餐厅为基础，根据标准成本率和实际销售统计来进行，是食品和饮料成本控制的汇总。在标准成本率确定的基础上，根据报告期销售记录统计，即可确定各个餐厅的食品和饮料标准成本消耗和实际成本消耗，由此分析成本差额，即可发现各个餐厅食品和饮料标准成本消耗中存在的问题，为饭店、餐馆餐饮管理人员提供成本控制的数据根据。在分析成本差额和成本率差额的基础上，要进一步查明造成各个餐厅成本差额的具体原因，以便有针对性地提出成本控制措施。

四、烹饪生产卫生安全管理

烹饪生产卫生与安全的管理其实是从采购开始的，经过生产过程到销售为止的全面管理，它主要包括环境卫生、厨房设备及器具卫生、原料卫生、个人卫生等几个方面，每一个餐饮管理者都应该在这些方面加强管理。

（一）环境卫生的管理

厨房环境包括厨房的生产场所、下水、照明、洗手设备、更衣室、卫生间及垃圾处理设施等。厨房地面应采用耐久、平整的材料铺成，一般以防滑无釉地砖为理想。每天要冲刷 1.8 米以下高度的墙壁，每月擦拭 1.8 米以上高度的墙壁。地面每天收工前要进行清洗。凡有污水排出以及由水龙头冲刷地面的场所，均需有单独的下水道和窨井。不论下水道是何种形式，有条件的厨房可在通往下水道的排水管口安装垃圾粉碎机，以保证下水道的通畅。排烟罩、排气扇需要定期清理，照明设备一般要配有防护罩，防止爆裂造成玻璃飞溅，污染到食品或伤及他人。在厨房里多设置洗手池，可保证工作人员在任何时候都能方便洗手，同时清洁卫生时也有很大的便利。厨房的垃圾处理不当会造成卫生条件的下降，更容易招引苍蝇、蟑螂、老鼠，是污染食品、设备和餐具的危险因素，为此，每天产生的垃圾要及时地清理，使不良的气味不至于污染空气和食品。可选用方便推移的带盖的塑料桶，里面要放置大型的比较结实的垃圾塑料袋。垃圾要及时清理出厨房。采用一定的消杀措施防止病媒昆虫和动物等侵入也是保证卫生质量的一个方面。当然，无论哪种措施都应该以保证食品安全为前提，不要将杀灭病媒昆虫等的药水或诱饵污染到食物上，更不要对员工产生伤害。有条件的餐饮企业应该在厨房设计时就考虑到堵住这些病媒昆虫和动物进入厨房的渠道，比如封闭窗户、堵住各种缝隙、采用自动门、下水道铺设防鼠网等。

（二）厨房设备、工具及餐具的卫生管理

厨房设备、工具及餐具卫生的状况不佳，也容易导致食物中毒事件的发生。刀具、砧板、盛器等烹饪生产工具因直接接触生的原料，受微生物污染的机会增加，如果用过后不及时消毒和清洗就可能会给下次加工带来危害。烤箱、电炸炉等烹饪设备用过后需要将污垢、油垢及时地清理掉，否则会污染到食品上。对于有明火的炉灶，应及时清理炉嘴，长时间不清理的炉嘴容易产生油垢，影响煤气或燃料的充分燃烧，易产生黑烟，造成厨房气味不佳，也使工作的效率大大降低。冷藏设备原则上每周至少要清理一次，其目的是除霜、除冰，保持冷藏设备的制冷效果，保持冷藏设备良好的气味。要设立专门的清洗餐具的部门，但注意并非每个餐具清洗部门都能保证餐具卫生质量，所以加强清洗设备的现代化和人员操作的规范化是保证餐具卫生质量的前提条件。

（三）原料卫生的管理

生产原料的卫生管理是厨房最应关注的要素之一。原料的卫生如何，除了应该鉴别原料是否具备正常的感官质量外，还要鉴别原料是否被污染过。通常要鉴别的污染是生物性污染和化学性污染。原料在采购、运输、加工、烹制、销售过程中，要经历很多环节，不可避免地要遭受病菌、寄生虫和霉菌的侵害，这就是所谓的生物性污染。在采购原料时，要尽可能地选择新鲜的原料，在运输过程中，要做好防尘、冷藏和冷冻措施。保持厨房良好的环境卫生，保持各种设备、器具、工具及餐具的卫生。严格规定正确的储存食品原料的方法，避免食品原料遭受虫害和发生变质。同时要严格执行餐饮生产人员个人卫生制度，确保员工的身体健康。培训员工掌握必要的鉴别原料被污染的专业知识及相关的法律法规，杜绝被污染的食品原料直接上桌危害顾客行为的发生。

原料的化学性污染主要来自于原料种植、饲养过程中所遭受的各种农药、化肥及化工制品的危害。为避免食品原料的化学性污染，应采取积极有效的防范措施。对水果蔬菜要加强各种清洗操作，努力洗掉残留在水果蔬菜上的各种农药、化肥，可适当使用具有表面活性作用的食品洗涤剂清洗，然后再用清水漂洗干净。有些水果和蔬菜可以去皮操作，降低化学污染的概率。要选用符合国家规定卫生标准的食品包装材料及盛装器具，不要使用有毒或有气味的包装材料和盛装器具。坚决弃用被污水污染过的水产原料及注水原料。

（四）个人卫生的管理

要提高厨房员工的卫生意识，必须从个人卫生、工作卫生和卫生教育三个方面抓起。厨房员工要养成良好的个人清洁卫生习惯，在工作时应穿戴清洁的工作衣帽，手要经常清洗，指甲要经常修剪，操作熟食时应戴上手套。严禁涂抹指甲油、佩戴戒指及各种饰物工作。一旦员工手部有创伤、脓肿时，应严禁从事接触食品的工作。厨房内禁止员工吸烟，与熟食接触的员工要佩戴口罩。员工在操作时，不要挖鼻子、掏耳朵、搔头发、对着食物咳嗽等。品尝菜肴时，员工应使用清洁的调羹或手勺，舀放在专用的碗中品尝。卫生教育可以让厨房的新员工对餐饮企业生产的性质有所了解，知道出现卫生状况不佳的原因，掌握预防食物中毒的方法。教育员工时时绷紧卫生生产这根弦，及时发现问题及时补救，有效预防食物中毒的发生。对各位管理者来说，卫生教育可以使自己保持高度的警惕，防止员工发生各种违规的操作。而厨房从业人员的健康状况是保证食品卫生的前提。为此，餐饮企业在厨房人员招聘时，强调身体健康是第一要素。应该在员工取得了防疫机构检查合格的许可后才允许其从事餐饮工作。

（五）餐饮生产的安全管理

厨房的员工每天都要与诸如火、加工器械、蒸汽等容易造成事故或伤害的因素打交道，如果不加强防范意识，不遵守安全操作规范，肯定会产生事故，一旦事故发生很容易造成财产和人员的伤害，其危害程度不可估量。为此，厨房管理者在生产经营过程中，要时刻加强安全意识，保证厨房员工的安全，避免企业蒙受损失。

1. 火灾的预防

火灾的产生是有诱因的，杜绝火灾的诱因就可以有效地预防火灾。厨房的各种电动设备的安装和使用必须符合防火安全的要求，严禁员工野蛮操作。线路布局要合理，炉灶线路的走向不能靠近灶眼。要设置漏电保护器。煤气管道及各种灶具附近不要堆放易燃物品。使用煤气要随时检查煤气阀门有无漏气，也可设置煤气报警器。在烹调操作时，锅内的介质（水、油）不要装得太满，温度不要过高，以防因温度过高或油溢、水溢而引起的燃烧或熄灭火的事件，因为这些都能诱发各种伤害。任何使用火源的员工都不能擅自离开炉灶岗位。一旦火灾发生，除了实施灭火措施外，厨房负责人一定要检查每一个灶眼，确保每一燃烧器都处于关闭状态。关闭和切断一切电器电源开关，打开消防通道，迅速而有序地疏散厨房员工。

2. 意外伤害的预防

厨房意外伤害主要是指摔伤、烫伤、割伤、电击伤等原因造成的，因此，必须了解各种安全事故发生的原因和预防方法。要保持地面的平整，如有台阶，需用醒目的标志表示出来。在有坡度的地面，员工的出入口，应铺垫防滑软垫。及时清理地面上的水渍、油渍等，以防员工滑倒。及时清理员工通道的障碍物，以防员工碰撞摔倒。厨房照明要充足，以保证员工的安全操作和通行。烹调时，各种器物不要靠近炉灶，防止器具烫伤员工。使用蒸汽柜、烤箱时，要先将门打开，待饱和气体或热气散掉，再用毛巾端出盛装菜肴的盘碗。进行油炸操作时，要将原料的水分沥干。锋利的刀具要统一保管，刀具不用时要套上刀套，进行切割操作时，精力要集中，切不可说笑、打闹，清洗刀具时，不可将刀具与其他物品放在一起清洗，清洁刀口时，要使用毛巾擦拭。开盖的罐头一定要小心瓶口，破碎的玻璃器皿，尽量不要用手去处理。使用机械设备时，应先阅读说明书，并严格按规程操作。所有电器设备都要接地线。电器的安装调试都应由专业人员操作。定期检查电源的插座、开关、插头、电线，一旦有破损，应立即报修。容易发生触电的地方，一定要有警示标志。

第三节　中国烹饪产品的市场营销

正确处理市场需求和供给的关系，搞好市场营销，广泛组织客源，扩大产品销售，是餐饮企业管理的首要职能和基本任务，也是中国烹饪学科理论中重要的研究对象之一。在餐饮市场中，档次相同、规模相仿的企业，有的火爆，充满活力；有的清冷，举步维艰。究其原因，最主要的一点就是是否能够准确地把握市场需求，树立正确的营销观念，根据消费者的心理和行为规律采取适当的营销策略。

一、餐饮消费者分析

（一）消费者情况的调查

在餐饮市场的激烈竞争中，如果餐饮企业想要获得最大利润，企业经营者就必须了解这个区域的消费者。毫无疑问，消费者的需求决定了餐饮市场环境的流行走向，决定了烹饪产品的调整策略。了解掌握消费者对于餐饮企业经营者来说非常重要。

就餐饮消费者的结构而言，有来自世界不同国家的外宾，有来自不同地区的客人，在他们当中，性别、职业、年龄不同，嗜好、习惯各异。为了能够根据当地市场情况制定出切实可行的企业目标，有必要对消费者进行以下调查。

（1）人群调查，主要包括：本地区的人口数与户口数，各年龄组的人数和性别比例，各种职业人数及平均收入，企事业单位的性质及数量等。

（2）就餐客人调查，主要包括：年龄、性别与职业，工作单位与家庭住址，所用交通工具，最喜欢的餐厅，对服务的总体感受，经常光顾的餐饮店、地点及理由，最喜欢食用的菜品和饮料，能够接受的餐饮消费价位等。

（二）消费者对烹饪产品需求的分析

消费者对烹饪产品的需求，虽然表现形式不同，但可归结为两大类，生理需求和精神需求。

1. 消费者对烹饪产品的生理需求

消费者在这方面表现得最为直接、明显，首先是充饥和补充营养；其次是食用可口，享受美味；最后是安全卫生。这是烹饪产品在生产过程中必须满足的消费者生理需求的三个方面。

2. 消费者对烹饪产品的精神需求

消费者对烹饪产品的精神需求主要表现在三个方面，第一是物有所值的需求，消费者期望交换公平，理念希望获得超值享受，因此烹饪产品的销售定价、销售规格、产品质量，甚至是美化效果都要力求符合消费者心目中的水准，使其产生物有所值的感觉，避免消费者产生精神需求上的缺憾。第二是方便的需求，烹饪产品的消费和销售服务应该以消费者感觉方便为准，这既是消费者的要求，也是产品占领和扩大市场的重要条件。第三是受尊重的需求，这是消费者较高层次的精神需求，因此，在产品的设计和命名上不可粗俗，在有主题的消费活动中，尽可能地接近消费者的想法，通过烹饪产品表达对消费者思想的认同和良好的祝愿。对有宗教信仰并对食物有一定禁忌的消费者，更应认真设计、制定菜单，并精心烹调提供符合要求的优质食品，以表示对他们生活习惯的理解和尊重。

二、烹饪产品销售服务管理的特点

烹饪产品销售是在餐厅中进行的，以就地销售、现面服务为表现形式，对产品质量和服务质量要求较高，因此，其销售服务管理具有四个特点。

（一）享受因素比重大，用餐环境要优美舒适

现代饭店、餐馆客人前来用餐，同时追求物质享受和精神享受，为此，必须根据企业等级规格，搞好餐厅环境布置，做到设计美观、布置典雅、设备舒适、气氛和谐，能对客人产生形象吸引力。

（二）自制烹饪产品与外购商品的销售方式灵活多样

烹饪产品分为自制产品和外购商品两大类，前者以厨房烹制的热菜、冷荤、面点、汤类为主。后者产品种类花色品种多，销售方式灵活多样，可以举办各种美食节、烧烤会、啤酒节等；还可以同钢琴伴奏、歌曲演唱、文艺演出、音乐茶座结合起来。餐饮产品销售切忌单调乏味。

（三）销售和服务融为一体，服务质量要求高

烹饪产品销售过程就是为客人提供服务的过程，其服务质量的高低直接影响客人需求和餐厅的形象及声誉。为此，烹饪产品销售服务管理必须以提供高质量、高效率的服务为目标，要研究客人的消费心理，尊重客人的消费需求，合理安排服务程序，培养服务员强烈的服务意识，为客人提供热情、细致、体贴、周到的个性化服务。

（四）销售服务过程有一定间歇性，服务方式区别很大

烹饪产品销售方式灵活多样，服务过程有一定的间歇性。同时，由于餐厅类型多，服务方式各不相同。团体餐厅和零点餐厅、宴会厅和自助餐厅、咖啡厅和酒吧间、商务包餐和客房送餐，其服务方式、服务程序和操作方法都有较大区别。为此，烹饪产品销售服务管理一方面要利用服务人员的劳动间歇，加强业务培训，另一方面要根据不同类型的餐厅服务方式不同，分别制定质量标准、服务程序和操作方法，加强现场管理，使烹饪产品销售和餐厅类型结合起来，形成不同服务风格，从而有针对性地提供优质服务。

三、烹饪产品销售服务的基本内容

餐饮销售服务的基本内容是贯彻企业的经营方针和经营策略，研究客人的消费需求和消费心理，合理组织餐厅的设备，提供优良的就餐环境，广泛招揽顾客，做好餐厅服务接待的组织工作，提供优质服务，加快餐位周转，增加产品销售，获得良好的经济效益。具体任务如下所述。

（一）吸引顾客

根据餐厅类型和性质不同，做好餐前准备，有针对性地搞好餐厅布置，以达到环境优美、设备舒适、布置典雅、气氛和谐的效果，从而对顾客产生形象吸引力。

（二）增加收入

根据市场环境和客人需求变化，采用灵活多样的方式，合理组织产品销售，提高餐厅上座率和人均消费水平，搞活餐厅经营，增加经济收入。

（三）提高服务质量

根据餐厅性质，制定服务程序和操作规程，加强现场管理和餐厨联系。做好迎宾领位、开单点菜、斟酒上菜等各项服务工作，提高服务质量。

（四）搞好卫生

贯彻执行食品卫生法，搞好餐厅清洁卫生，做好餐茶用品消毒管理，预防食物中毒和疾病传染。

（五）扩大产品销量

每日做好餐厅销售分析，掌握客人需求变化，及时调整菜单，改变客人消

费构成，扩大产品销售。

四、烹饪产品销售服务质量管理的基本要求

（一）环境优美，布置典雅

用餐环境本身是服务质量的重要内容，也是产品销售的前提和基础，是让客人获得良好的物质享受和精神享受的重要体现。为此，餐厅要做到环境优美、布置典雅的具体要求包括三个方面。

1. 突出主题，反映餐厅风格

主题是餐厅环境布置的主调和灵魂，它反映的是餐厅总体形象，进而形成餐厅风格。要根据餐厅性质确定主题，形成不同类型的主题餐厅，如南国风光餐厅、农家小院餐厅等。也要根据餐厅饮食风味和餐厅名称选择主题，因为饮食风味和餐厅名称都是决定餐厅主题的主要因素。

2. 装饰美观，形成餐厅特点

餐厅装饰的关键是反映主题的本质内容。要突出餐厅装饰特点，给人以美观 、大方、舒适、典雅的印象，一要做好装饰设计方案，保证符合主题要求；二要运用好装饰手法，形成艺术特色；三是正确选用家具，形成具有特色、反映主题要求的良好风格。

3. 格调高雅，形成良好的形象吸引力

要根据餐厅的等级规格、接待对象，充分运用装饰手法保证餐厅装饰的格调与餐厅性质等级相适应，对目标市场的客人能形成良好的形象吸引力。

（二）用品齐全，清洁规范

用品齐全、清洁规范既是满足客人消费需求的必要条件，又是质量标准的重要体现，其具体要求如下。

（1）用具配套。餐厅的杯碗盘勺必须配备齐全，团队餐厅、自助餐厅、咖啡餐厅等至少应配备 2 ～ 3 套，西餐厅、宴会厅至少应配备 3 ～ 4 套，并且要在品种、规格、质地、花纹上做到美观、舒适、统一、协调。

（2）用品齐全。餐厅的台布、餐巾要配备齐全，并要与餐厅等级规格相适应。一般说来，台布、餐巾要配备 4 ～ 5 套。台布、餐巾要每次翻台必换。此外，餐牌、菜单、五味架、服务员的围裙、开瓶器、打火机等服务用品也要齐全、清洁，便于随时为客人提供服务。

（3）做好消毒工作。餐茶酒杯等器具是客人共同使用的，为保证清洁卫生，防止疾病传染，必须按规定每用一次，消毒一次。

（三）风味醇正，特色鲜明

餐厅客人前来用餐，其物质享受主要体现在烹饪产品的质量上。饭菜风味醇正，特色鲜明，这是烹饪产品销售服务质量好的本质表现。为此，重点抓好三个方面的工作。

（1）餐厨配合，确保饭菜色香味形。餐厅饭菜质量主要取决于厨房生产质量和餐厨配合及联系。餐厅在点菜销售过程中，要掌握客人对质量、花色品种与时间的要求，及时将客人的消费要求准确传达到厨房。厨师要严格遵守工艺操作程序，按照菜品风味和点菜单的内容与程序烹制，每种菜品都要严格掌握投料，把握好刀工、调味和火候，确保菜品质量。

（2）品种齐全，适应客人消费需求。烹饪产品销售必须做到菜品种类适当，以适应客人多元消费需求。具体言之，团体餐厅的花色品种每餐应在 8 ~ 12 种之间，同一团队的客人要做到每餐不重样。零点餐厅的花色品种应保持在 60 ~ 80 种，以便客人选择。各种餐厅的花色品种都应在菜单上反映出来。同时，随着市场需求和季节变化，花色品种还应适时调整，不断推出特色菜、时令菜。

（3）价格合理，饭菜档次多样化。为适应消费者多层次的需求，餐厅各种烹饪产品的价格要合理，饭菜档次要多样化，热菜、冷荤、汤类、酒水饮料要齐全，价格要形成不同的档次。同一餐厅，价格较贵的高档菜应保持在 25% ~ 30%，中档菜品应保持在 40% ~ 45%，低档菜应保持在 20% ~ 25%。

（四）服务规范，耐心周到

这是餐饮产品销售服务质量标准的最终落实，是提高服务质量的本质要求。为此，要抓好四个方面的工作。

（1）要培养服务员强烈的服务意识，主动、热情地提供优质服务。服务员要有献身精神，处处为客人着想。主动，表现为主动迎接，主动问好，主动引坐，主动推荐烹饪产品，主动介绍菜品风味，主动征求客人意见；热情，表现为具有热烈和真挚的感情，能够以诚恳的态度、亲切的语言、助人为乐的精神接待客人，做好烹饪产品销售。为此，管理者要加强服务意识的培养，充分认识服务工作的重要性和艰苦性。

（2）要注重礼节礼貌和语言艺术，新生客人需求。礼节礼貌是餐饮服务质量的基本要求，服务过程中要尊重客人的风俗习惯和饮食爱好，正确运用问候礼节、称呼礼节、应答礼节和操作礼节。同时讲求语言艺术，做到态度和蔼，语言亲切，讲究语法语气，注意语音语调，避免和客人争论。

（3）要严格遵守服务程序，确保服务规范化。烹饪产品的销售是按一定的服务程序完成的，餐饮种类不同，销售服务的方式也就不同，服务程序的具体内容也不完全一样。为此，管理者要根据餐饮的性质和销售方式，制定具体的服务程序，严格培训。做好每餐的现场管理工作，加强督导检查，从而使餐饮服务真正做到规范化、系列化、程序化，并在此基础上形成个性化服务。

（4）要注重仪容仪表，处处体现餐饮服务风貌。仪容仪表是提供餐饮优质服务的客观要求。为此，餐饮管理者要求服务员服饰要统一，着装要规范，发型要大方，男服务员不留长发，勤修面；女服务员化妆要淡雅，不戴贵重饰物。在服务过程中，要注重形体语言，坐立行说要符合规范。不吃异味食品，处处体现餐饮服务风貌。

阅读与思考

餐饮管理的内参——神秘顾客

李睦明 / 文

餐饮管理的信息资源来自不同的部门、不同岗位，这样会给管理者带来管理决策执行的不同，因此必须通过管理信息资源的整合，使管理者能更好地制定管理策略。有序的竞争使得餐饮行业的管理者们创造了不少的成功管理模式，汇总了很多有效的管理经验。如有管理内参之称的“神秘顾客”监管法，即“第三方监管”。

餐饮管理的“神秘顾客”监管是通过聘请若干同业高级管理人员组成一个调查团队。“神秘顾客”受店方委托，利用消费机会作为客人身份搜集相关信息，并提供给店方，店家再对信息进行汇总，同时采取相应经营策略，纠正经营过程中的错误，并提醒企业员工必须按章实施有效的工作指引，否则将有机会被无形的管理者发现过失，导致受到记过。“神秘顾客”的工作内容是将调查得来的信息制成表格，提供给店方，同样“神秘顾客”也是根据议定的内容要求，以客人身份边观察边随时记录，并将记录汇集成册。

“神秘顾客”是对顾客在餐厅消费、以及餐饮企业员工运作流程进行观察、记录和提供解决问题策略的一种方法，其目的是了解餐饮企业运作管理及客源的组成、用餐时间和分布状况，了解营运状况，发现问题，从而制定解决问题的方案，通过循序渐进的方式，这是提升营运业绩的一种有效手段。与其说“神秘顾客”是餐饮企业“内奸”，倒不如名正言顺地恢复名誉——“神秘顾客”是餐饮管理者的内参。

选自 2005 年 1 月 25 日《美食导报》，有改动。

思考题："神秘顾客"的聘用对餐饮企业经营管理具有怎样的作用?

总结

本章讲述了中国烹饪生产管理特点与要求，阐明了中国烹饪生产管理与烹饪产品市场销售的基本理论。任何一门科学，都是把生产力的转向作为最终的学科归宿。中国烹饪生产管理与产品的市场销售，从本质上说，是把中国烹饪文化推向市场、进而产生经济效益的方法，是中国烹饪学走向餐饮市场、完成其最终研究目的的重要实践。只有正确确定餐饮经营市场的定位与管理目标，做好烹饪原料的采供管理工作和厨房生产组织工作，做好餐饮成本核算与控制，才能顺利地实现中国烹饪科学的市场转化，才能使中国烹饪真正地成为国民共享的文化大餐。

同步练习

1. 中国烹饪生产管理的基本特点和基本要求是什么?
2. 菜单设计的主要依据和基本原则是什么?
3. 烹饪生产的组织形式有哪几种?
4. 调整与安排烹饪生产任务有哪些方法?
5. 烹饪产品成本控制有哪些主要内容?
6. 影响成本控制的因素是什么?
7. 成本控制的方法有哪几种?
8. 餐饮管理者都应该从哪些方面加强烹饪生产卫生安全管理?
9. 烹饪产品销售服务管理的特点是什么?
10. 烹饪产品销售服务有哪些基本内容?
11. 烹饪产品销售服务质量管理有哪些基本要求?

第六章

中国烹饪风味流派

本章内容： 中国烹饪风味流派的界定
四大菜系
历史传承风味
其他主要地方风味流派
主要少数民族风味
中国清真菜

教学时间： 6课时

教学方式： 理论教学

教学要求： 1. 明确风味流派的概念和特点；
2. 了解中国烹饪流派的界定依据；
3. 重点掌握中国四大菜系和历史传承风味的基本知识；
4. 对各主要地方风味和主要少数民族风味的基本特点及代表菜品要有初步的认识；
5. 准确把握中国清真菜的概念、特点及历史成因。

课前准备： 阅读各地菜谱，了解各地风味及彼此区别。

第一节　中国烹饪风味流派的界定

中国烹饪风味流派，是指中国烹饪在历史发展过程中形成的各种相对独立、自成系统的选料、烹调工艺和产品体系。中国烹饪风味流派历史悠久，派别众多，如百花怒放，争芳斗艳，使中国烹饪以丰富多姿和浓郁的民族风格成为世界烹饪文化宝库中的光芒耀眼的文化瑰宝。

一、菜系与风味流派

作为一个总名称，“中国菜”是由各地区颇有特色的菜系所组成的。人们在饮食生活中运用当地物产，形成了在“中国菜”的总的格调下不同的地方风味流派，经过漫长的演变过程，形成了一套套自成体系的烹饪技艺。

我国幅员辽阔，各地区的自然条件、地理环境和物产资源有着很大的差别，这是各地人民的饮食品种和口味习惯各不相同的物质基础和先决条件。《博物志·五方人民》中说：“东南之人食水产，西北之人食陆禽。”“食水产者，龟蛤螺蚌以为珍味，不觉其腥臊也；食陆禽者，狸兔鼠雀以为珍味，不觉其膻也。”“有山者采，有水者鱼。”物产决定了人们的食性，而长期形成的对某些独特的味的追求，渐渐地变成了难以改变的习性，成为饮食习惯中的重要组成部分。正因为如此，才形成了各有所好、各有特色的风味菜系。

地方风味流派的形成也与社会的发展，政治、经济、文化中心的形成和转移相关联。地方菜最先出现在人文荟萃的都城等重要的经济文化中心。由于各方人士饮食习惯不同，就出现了风味各异的餐馆，而这种地方风味餐馆的出现，正成为地方菜肴流派的形成之发端。各种地方风味餐馆的日渐发展，促使一些大城市中出现“帮口”，各“帮口”之间互相渗透，产生若干相同或近似之处，于是又形成较大的“帮口”或流派。到了20世纪50年代，出现了“菜系”一词，并且逐渐代替了“邦”的称谓。简而言之，菜系是指具有明显地域特色的风味体系。每个菜系都有不同于其他菜系的烹调方法、调味手段、风味菜式和辐射区域，并且在国内外有相当的影响。并不是按行政区划分，每个省市都不是一个菜系。从历史发展看，菜系是一个大概念，它是由相近的不同的地方风味组成的。如黄河流域的鲁菜系，包括陕、晋、鲁、冀、豫、京、津及东北三省广大地区，仅以山东境内为例，山东菜是由济宁风味、济南风味和胶东风味三个地方风味组成的；长江上游的川菜系，包括滇、桂、黔、蜀、渝、湘、鄂、赣诸地，仅以巴蜀为例，包括成都菜、重庆菜和自贡菜；长江下游的淮扬菜系，包括苏、皖、浙、沪诸地，仅以苏为例，它是由金陵风味、淮扬风味、苏锡风味和徐海风味组成的；珠江流域的粤菜系，包括闽、粤、琼、台诸地，它是由广州风味、潮州风味、东江风味、琼海风味和港式风味组成的。这就是大家公认的具有鲜明特色的四大菜系。

此外，西藏地区的烹饪文化具有与众不同的特点。青藏高原这块神奇的土地上，因其特殊的地理环境，形成了藏民特殊的饮食文化，以青稞、牛羊肉为主，此外还有小麦、马铃薯、玉米、豌豆等作物，而最大的食物来源是游牧的牛羊肉及其奶制品。西藏风味具有结构和烹饪方法简约的特点，也是中国烹饪重要的地方风味。新疆、青海、宁夏、甘肃、内蒙古诸地，草原辽阔，牛羊成群，擅长爆炒、红烧、黄焖、干炸、烧烤、清炖、清蒸等烹饪方法，形成了清真风味区，是中国烹饪地方风味的又一组成部分。

二、中国烹饪风味流派的形成因素

我国的风味流派各具特色，风味鲜明，名菜名点琳琅满目，形成的原因是多方面的。既有自然的因素，也有历史的因素；既有政治的因素，也有文化方面的因素，更有厨师们辛勤创造的因素。归纳起来大致有如下几个方面。

1. 自然、物产方面的因素

地理环境、气候及物产是形成地方风味菜的关键性因素。自然地理的不同、气候水土的差异，必然形成物产不同、风俗各异的地域性格局。我国疆域辽阔，分为寒暑带、中温带、暖温带、亚热带、热带和青藏高原 6 个气温带，加之地形复杂，山川丘原与江河湖海纵横交错，适于不同动植物的生长，由于各地动植物的不同，便出现以本土原料为主体的地方菜品。《博物志》：“土地所生者有饮食之异”；《史记》：“人各任其能，竭其力，以其所欲”，都是指的这个意思。《黄帝内经》还谈过地理环境对人生理和食性的影响，清人徐珂也指出：“人类所用之食物，实视气候之寒暖为标准。”一方水土养一方人，一地人偏爱一种味。很显然，是物产决定食性，并影响烹调，促进菜肴风味特色形成发展的。

2. 宗教、风俗方面的因素

宗教是人类文化发展过程的必然阶段。种种饮食习俗与文化现象，往往是由宗教的哲理衍生出来的，并折射出一个民族的文化心理。我国人口众多，宗教信仰各异。佛教、道教、伊斯兰教、基督教和其他教派，都拥有大批信徒。由于各宗教教规教义不同，生活方式也有区别。饮食是人最基本的生活需要，所以自古就有把饮食生活转移到信仰生活中去的习俗。这一习俗反映在菜品上，便孕育出素菜和中国清真菜。至于食礼、食规、食癖和食忌，这也是千百年的习染和熏陶形成的，且有固定的传承性。《清稗类钞》亦说：“食品之有专嗜者，食性不同，由于习尚也。”这都是对风味由来的合理解释。

3. 历史、政治方面的因素

从我国历史上看，一些古城古邑曾是国家政治、经济和文化的中心，西安、洛阳、开封、杭州、南京、北京是驰名的古都；广州、福州、上海、武汉、成都 、济南是繁华的商埠。这些古代的大都市，人口相对集中，商业分外繁荣，加之历代统治者讲究饮食，宫廷御膳，官府排筵、商贾逐味、文人雅集，这些不仅大大地刺激了当地烹饪技术的提高和发展，也对菜系的生成产生过积极而深远的影响。至于秦菜与唐代珍馐关系密切，宁菜与清宫名菜渊源深厚，苏菜中保留着“十里春风的艳彩”，鄂菜中能看到“九省通衢”的踪影，川菜体现了“天府之国”的风貌，粤菜有“门户开放”后的遗痕，更能说明这一问题。

4. 市场、消费方面的因素

生产力的发展是经济繁荣的重要前提，而经济一经繁荣，市场贸易、市肆饮食也便兴旺起来，与之相应的稳定的消费群体也便应运而生，这是风味流派开成发展的重要条件。如同各种商品都是为了满足一部分人的需要生产的一样，各路菜肴也是迎合一部分食客的嗜好而问世的。人们对某一风味菜肴喜恶程度的强弱，往往能决定其生命的长短和威信的高低。还由于烹饪的发展，与权贵追求享乐、民间礼尚往来、医家研究食经、文士评介馔食关系密切，所以任何菜系的兴衰都有明显的人为因素（即消费者）在左右。更重要的是，群众对乡土菜的热爱是菜系扎根的前提。乡土风味是迷人的。人们对故乡的依恋，既有故乡有山水、亲友、乡音、习俗，也有故乡的美食。所谓“物无定味，适口者珍”，所谓“一世长者知居处，三世长者知服食”，在很大程度上是取决于共同的心理状态和长期形成的风俗的。乡情、食性、和菜肴风味水乳交融，就支配一个地区的烹调工艺的发展趋向。

5. 文化、审美方面的因素

我国的文化板块特色鲜明，有黄河流域文化、长江流域文化、珠江流域文化、辽河流域文化，也有中原大地的雄壮之美、塞北草原粗犷之美、江南园林的优雅之美、西南山区的质朴之美和华南沃土的华丽之美，可谓春兰秋菊，各领风骚。顺应自然，以求生存，这是人的天性；改造自然，以求更好的生活，是人的特性。天性决定审美观，特性发展审美观，而所有这一切反映在菜系中，文化气质与审美风格则必然地居于主导地位，如江南优雅之美造就出文人式的美学风格，形成精巧雅致的淮扬菜；中原雄壮之美孕育出宫廷式的美学风格，形成雄伟壮观的宫廷菜；西南质朴之美确定了平民式的美学风格，形成平实无华的巴蜀菜；塞北粗犷之美打造出牧民式的美学风格，形成蒙古族豪放朴素的蒙古族菜。

6. 工艺、筵宴方面的因素

这是菜系形成的内因，起着决定性的作用。前文已述，地方菜是菜系形成的前提和基本条件，菜系是某些地区菜的升华和结晶。具有明显风味特色的菜系之所以能够从众多地方菜脱颖而出，靠的是什么？显然是自身实力——烹调工艺好，名菜美点多，筵席铺排精。强大的实力可以使它们在激烈的市场竞争中保持优势，“星族”获取较高的社会声誉。从古到今，影响大的菜系无不都是跨越省、市、区界，向四方渗透发展，朝气蓬勃；而一些较小的地方菜则只能在自己的“根据地”内活动，各方面都受到限制。究其原因，仍是实力的差距。尤其是近年来，各大菜系的竞争也相当激烈，优胜劣汰，毫不留情。总之，谁能征服食客谁就能发展，菜系的原动力就是菜品的质量和信誉。

三、中国烹饪风味流派的认定标准

目前在菜系问题上存在不少争论。如定义之争、定名之争、标准之争、数量之争、顺序之争、支派之争等，其焦点是菜系标准的认定。

菜系既然是中国烹饪的风味流派，作为一个客观存在的事物，它必然有着量的限制和质的规定。从菜系历史和现状考察，举凡社会舆论认同的菜系，它们一般都具有下文所述的五个条件。

（一）选料特出特异的乡土原料

菜系的表现形式是菜品，菜品只有依靠原料才能制成。如果原料特异，乡土气息浓郁，菜品风味往往别具一格，颇有吸引力。故而不少菜系所在地，都很注重名特原料的开发（如北京的填鸭、四川的郫县豆瓣），用其制成“我有你无”的菜品，标新立异，尤其是一些特异调味品的使用，在菜肴风味形成中有很大作用，福建红糖、广东的蚝油、湖南的豆豉、江苏的香醋之所以受到青睐，原因也在于此。

（二）工艺技法确有独到之处

烹调工艺是形成菜肴的重要手段。不少风味菜闻名遐迩，正是在炊具、火功、味形和制法上有某些绝招，并且创造出一组组系列菜品，如山东的汤菜、湖北的蒸菜、安徽的炖菜、辽宁的扒菜等。由于技法有别，菜品质感便截然不同，故而可以以“专”擅名，以“独”争光，以“异”取胜。海派川菜、港式粤菜、谭家菜、宫廷菜等的名气，主要是由此而来。

（三）菜品具有浓郁乡土气息

融入在菜品中的乡土气息，是大大小小风味流派的灵魂。它能确定流派的“籍贯”，并助其自立。乡土气息表面上似乎看不见摸不着，但只要菜一进口，人们立即感觉到它的存在，如锅塌豆腐中的浙味，对家乡人来说，它又是那样的亲切、温馨和舒适。乡土气息还可以用地方特产、地方风味、地风习俗、地方礼仪来展示，常有诱人的魅力。所谓川味、闽味、豫味、湘味，这个“味”字正是指的乡土情韵。

（四）拥有由众多名菜名点组成的多格局的筵席

事物的属性不仅取决于质，还需要依靠一定的量，由于筵席是烹调工艺的集中反映和名菜美点的汇展橱窗，所以，能否拿出不同格局的众多乡土筵席，应是区分菜系和菜种的一项具体指标。同时也只有风味特异的乡土筵席，才能参加饮食市场的激烈角逐。这就像名牌产品是企业的生命一样，必须能经受住较长时间的考验。

（五）能经受住较长时间的考验

认定菜系，应有历史的、全面的、辩证的观点，不能仅凭一时一事。因为菜系的孕育少则一个世纪，多则几千年，其发展的历程可谓峰回路转，起起落落。只有久经考验，通过时代的筛选，才能日臻成熟，逐步完善，最终定型。同时，还要在稳定中求发展，在发展中再创新。这正是一个菜系生命力旺盛的关键所在。

第二节　四大菜系

从历史发展、文化积淀和风味特征来看，在地方风味中，首先应提出的是四大菜系，即长江下游地区的淮扬菜系、黄河流域的鲁菜系、珠江流域的粤菜系和长江中上游地区的川菜系。

一、淮扬菜系

淮扬菜系是我国长江下游地区的著名菜系，发展历史悠久，文化积淀深厚，具有鲜明的江南特色。“淮”为淮河，而非淮安；“扬”为扬子江，而非扬州。淮扬菜系实际上就是淮河、扬子江两水流域间的菜肴体系，其范围包括江苏、浙江、安徽和上海。淮扬菜系之乡有两处，即文化古城扬州和淮安，这两个地方自古富庶繁华，文人荟萃，商业发达，因而烹饪领域高手辈出，菜点被誉为东南佳味。淮扬菜不仅历史悠久，而且也以物产富饶而称雄。水产尤其丰富，如南通的竹蛏、吕泗的海蜇、如东的文蛤等。内陆水网如织，水产更是四时有序，联翩上市，土地肥沃，气候温和，粮油珍禽，干鲜果品，应有尽有，一年四季，芹蔬野味，品种众多，从而使淮扬风味生色生香，味不雷同而独具鲜明的地方特色。淮扬菜系中的江苏菜，由金陵风味、淮扬风味（含扬州、镇江、淮安、淮阴）、姑苏风味（含苏州、无锡）、徐海风味（含徐州、连云港）4 个分支构成。其风味特色是：清鲜、平和、微甜、组配严谨、刀法精妙、色调秀雅、菜形艳丽；因料施艺，四季有别，筵宴水平高；园林文化和文士的气质浓郁。代表性名菜有松鼠鳜鱼、大煮干丝、清炖蟹黄狮子头、三套鸭、清蒸鲫鱼、炖菜核、水晶肴蹄、梁溪脆鳝、拆烩鱼头、镜箱豆腐、将军过桥、金陵桂花鸭等。

二、粤菜系

粤菜起源于秦汉时期的南越，珠江三角洲，潮汕平原是其根据地，影响整个岭南与港澳以及京、沪，还被介绍到东南亚和欧美。粤菜系的形成也有着悠久的历史，自秦始皇南定百越，建立“驰道”与中原联系加强，文化教育经济便有了广泛的交流。汉代南越王赵佗，五代时南汉主刘龚归汉后，北方各地的饮食文化与其交流频繁，官厨高手也把烹调技艺传与当地同行，促进了岭南饮食烹饪的改进和发展。汉魏以来，广州成为我国南方大门和与海外各国通商的重要口岸，唐朝异域商贾大批进入广州，刺激了广州饮食文化的发展，至南宋，京都南迁，大批中原士族南下，中原饮食文化融入了南方的烹饪技术，明清之际，粤菜广采“京都风味”“姑苏风味”以及扬州炒卖和西餐之长，使粤菜在各大菜系中脱颖而出，名扬四海。除历史因素外，粤菜系的生成环境也是一个不可忽视的重要因素。广东地处我国东南沿海，山地丘陵，岗峦错落，河网密集，海岸群岛众多，海鲜品种多而奇。因此原料不仅丰富，而且很有特色。粤菜用料因而广博奇异，除鸡鸭鱼虾外，还善用当地四大特产，即蛇、狸、猴、猫，以制佳肴。更有蜗牛、蚂蚁子、蚕蛹、蜜唧之食，水产中的鲜鱼、鲈鱼、鲟尤鱼、鳜鱼、石斑鱼、对虾、海蜇、海螺、鳍鱼、龙脷，被誉为岭南的“十大海河鲜”。植物类原料如蔬菜、瓜果更是四季常青。在调味品方面，除一些各地同共使用的常用调料外，粤菜中的蚝油、鱼露、柱侯酱、沙茶酱等都是独成一格的地方调味品。悠久的历史，丰富的物产，为粤菜的生成与发展提供了必要的前提条件。粤菜由广州菜（含肇庆、韶关、湛江）、潮州菜（含汕头、海丰）、东江菜（即客家菜）、港式粤菜（又叫新派粤菜或西派粤菜）4 个分支构成。其风味特色是：生猛、鲜淡、清美；用料奇特而又广博，技法广集中西之长，趋时而变，勇于创新；点心精巧，大菜华贵，富于商品经济色彩和热带风情，还有食在广州的评定。代表性名菜有：三蛇龙虎凤大会、金龙脆皮乳猪、经烧大裙翅、盐焗鸡、鼎湖上素、蚝油网鲍片、大良炒牛奶、白云猪手、烧鹅、炖禾虫、咕咾肉、南海大龙虾。

三、鲁菜系

鲁菜起源于春秋战国时期的齐国，从鲁西北平原向胶州弯推进，影响京津、华北和关外以及黄河中上游的部分地区。鲁地开化很早，是中华民族灿烂文化的发祥地，饮食文化和烹饪技艺随着文化的发达而源远流长，独树一帜。鲁菜系的形成和发展，不仅因山东历史悠久，而且地理环境和物产资源也很有优势，山东地处黄河下游，气候温和，胶东半岛突出于黄海和渤海之间，水产品种多样，且因其名贵而驰名中外，如鱼翅、海参、对虾、加吉鱼、鲍鱼、扇贝、海螺、鱿鱼、乌鱼蛋以及黄河鲤鱼、泰山赤鳞鱼等皆为地产名品。至于粮油禽畜，时蔬瓜果，种类繁多，质量上等，如胶州大白菜、章丘大葱、烟台苹果和紫樱桃、莱芜生姜、莱阳梨等。此外，山东的调味品也享有盛誉，如洛口食醋、济南酱油、即墨老酒等。这一切为鲁菜系的生成与发展奠定了丰厚的特质基础。鲁菜系由济宁风味（含曲阜）、济南风味（含德州、泰安）、胶东风味（含福山、青岛、烟台）3 个分支构成，其风味特色是：鲜咸、纯正、葱香突出；重视火候，善于制汤和用汤，海鲜菜尤见功力；装盘丰满，造型大方，菜名朴实，敦厚庄重；受儒家学派饮食传统的影响较深。代表性名菜有：德州脱骨扒鸡、九转大肠、清汤燕菜、奶汤鸡脯、葱烧海参、清蒸加吉鱼、油爆双脆、青州全蝎、泰安豆腐、博山烤肉、糖醋鲤鱼。

四、川菜系

川菜以四川盆地为生成基地，延及整个天府，还有云桂高原和藏北、甘南、湘、鄂、陕边界以及京、沪。川菜技艺是巴蜀文化的重要组成部分，它发源于古代的巴国和蜀国，萌芽于西周和春秋时期，形成于秦代至战国时期。川菜的发展有着自然条件的优势。川地位于长江中上游，四面皆山，气候温湿，烹饪原料丰富多样，川南菌桂荔枝硕果累累，川北鳞介禽兽品种珍异，川东海盐香料尤佳，川西三椒茂盛。川地江河纵横，水源充沛，水产品种特异，如江团、肥沱（圆口铜鱼）、腊子鱼（胭脂鱼）、东坡墨鱼（墨头鱼）、剑鱼（扬子江白鲟）等，质优而名贵。山岳深丘中盛产野味，如鹿、獐、贝母鸡、虫草、竹荪、天麻等。调味品更是多彩出奇，如自贡的川盐、阆中的保宁醋、内江的糖、永江的豆豉、德阳的酱油、郫县的豆瓣、茂汶的花椒等。这些特产为川菜的发展提供了必要而特殊的物质基础。川菜系由高级筵席菜式、三蒸九扣菜式、大众便餐菜式、家常便餐菜式和民间小吃菜式5个分支构成（另一说由成都菜、重庆菜、自贡菜等构成）。其风味特色是：选料广泛，精料精做，工艺有独创性，菜式适应性强；清鲜醇浓并重，以善用麻辣著称，有“味在四川”之誉；雅俗共赏，居家饮膳色彩和平民生活气息浓烈。代表性名菜有：毛肚火锅、宫保鸡丁、樟茶鸭子、麻婆豆腐、清蒸江团、干烧岩鲤、河水豆花、开水白菜、家常海参、鱼香腰花、干煸牛肉丝、峨眉雪魔芋。

第三节 历史传承风味

中国是一个历史悠久的文明古国，饮食文化源远流长。这一点可以从记载于历代文献中的数以万计的菜点品种上得到充分体现。然而，在历史长河中，很多菜点品种已销声匿迹，流传至今的菜点皆因其生命力之顽强而未遭淘汰。如果对这些传统菜点的源头细加研究，则会发现，它们多分属于历史上的宫廷菜、官府菜、寺院菜和市肆菜。立足于今天的角度而论，这些菜点由于增加了历史的光泽而淡化了彼此的区别，各种类别的菜点交错一处，彼此渗透。如“八宝豆腐”本属于宫廷菜，现在却遍地开花，成为酒馆饭店餐桌上的常见菜品；“拨霞供”早先是寺院菜，如今也演变成不同区域、不同风格的火锅、涮锅；而民间的小窝头却成了一道颇具特色的宫廷菜，诸如是例，不一而足。这些菜点如同曲酣畅欢腾的交响乐，和谐交奏，相激相荡，从某种意义上说，这正是中国烹饪不断丰富、发展、自我完善之历程的主旋律。

一、宫廷风味

宫廷风味，又称御膳，是指奴隶社会王室和封建社会皇室、帝、后、世子所用的肴馔。

中国古代宫廷菜点，在各个朝代的风味特点不尽相同，但有一点是公认的，即中国历代帝王对口腹之欲都很重视。他们凭借着至高无上的地位和的权势，役使世上各地各派名厨，聚敛天下四方美食美饮，形成了豪奢精致的御膳风味特色。尽管宫廷御膳为历代帝王们所独享，但每款美饮珍馔，都来自于民间平民百姓提供的烹饪原料和烹饪技术。如果说，民间家居及市肆餐馆的饮食是中国烹饪的基础，那么，宫廷风味则是中国古代烹饪艺术的高峰。因此，每个时代的宫廷风味实际上都可以代表那个时代的中国烹饪技艺的最高水平。

（一）宫廷风味的历代沿革

早在周代，宫廷风味即已形成初步规模。周代统治阶层很重视饮食与政治之间的关系。周人无事不宴，无日不宴。究其原因，除周天子、诸侯享乐所需，实有政治目的。通过宴饮，强化礼乐精神，维系统治秩序。《诗·小雅·鹿鸣》写尽周王与群臣嘉宾欢宴的场面。周王设宴目的何在？“（天子）行其厚意，然后忠臣嘉宾佩荷恩簿，皆得尽其忠诚之心以事上焉。上隆下报，君臣尽诚，所以为政之美也”（《毛诗正义》）。正因如此，周代的宫廷宴饮种类与规格就很复杂，以宫廷宴席的参加者及规模而论，宴席则有私席和官席之分。私席即亲友旧故间的聚宴。这类筵席一般设于天子或国君的宫室之内。官席是指天子、国君招待朝臣或异国使臣而设的筵席。这种筵席规模盛大，主人一般以太牢招待宾客。《诗·小雅·彤弓》写的就是周天子设宴招待诸侯的场面，从其中“钟鼓既设，一朝飨之”两句看，官宴场面一般要列钟设鼓，以音乐来增添庄严而和谐的气氛。“飨”，郑笺：“大饮宾日飨。”足见御膳官席的排场相当之大。若以御膳主题而论，则又可分为几种。

（1）祭终宴饮。《左传·成公十三年》：“国之大事在祀与戎。”周人重视祭祀，而祭祀仪式的重要表现之一就是荐献饮食祭品，祭礼行过后，周王室及其随从聚宴一处。从排场看，祭终御膳比平常要大，馔品质量要高。《礼记·王制》：“诸侯无故不杀牛，大夫无故不杀羊，士无故不杀豕，庶人无故不食珍，庶羞不逾牲。”郑注：“故，谓祭祀之属。”只有祭祀时，周王室才可有杀牛宰羊、罗列百味的排场。《诗》中的《小雅·楚茨》《周颂·有客》《商颂·烈祖》等都不同程度地对祭终筵席进行了描述。

（2）农事宴饮。自周初始，统治者就很重视农耕，并直接参加农业劳动，史称“王耕藉田”，一般于早春择吉举行。天子、诸侯、公卿、大夫及各级农官皆持农具，至天子的庄园象征性地犁地，推犁次数因人不同，“天子三推，三公五推，卿、诸侯九推。反，执爵于大寝，三公九卿诸侯皆御，命日劳酒”（《礼记·月令》）。“藉田”礼毕，便是农飨，天子要设筵席，众公要执爵饮宴。《诗》中《小雅·大田》《小雅·甫田》，《周颂·载芟》《周颂·良耜》《鲁颂·有駜》等，都对农事宴饮加以程度不同的描绘。

（3）私旧宴饮。又称“燕饮”，这是私交故旧族人间的私宴，据《仪礼·燕礼》贾公彦疏日：“诸侯无事而燕，一也；卿大夫有王事之劳，二也；卿大夫又有聘而来，还，与之燕，三也；四方聘，客与之燕，四也。”后三种情况的筵席虽与国务政事有涉，但君臣感情笃深，筵席气氛闲适随和，故谓之“燕”，属私旧御膳中常见的情况。

（4）竞射宴饮。周人重射礼，“此所以观德行也”（《礼记·射义》）举行射礼，是周统治者观德行，选臣侯、明礼乐的大事，且不能无筵席。《诗·大雅·行苇》不吝笔墨，为我们描绘了射礼之宴，“肆筵设席，授几有缉御。或献或酢，洗爵奠斝。醓醢以荐，或燔或炙。嘉肴脾臄，或歌或咢。敦弓既坚，四鍭既钧，舍矢既均，序宾以贤。敦弓既句，既挟四鍭。四鍭如树，序宾以不侮。”开宴期间，人们拉弓射箭，不仅活跃了筵席气氛，更体现了周人的礼乐精神。另据《左传》载，杞大臣范献子访鲁，鲁襄公设宴款待他，并于筵席间举行射礼，参加者需三对，“家臣：展瑕、展玉父为一耦；公臣：公巫召伯、仲颜庄叔为一耦；鄫鼓父、党叔为一耦”（《左传》襄公二十九年））这种诸侯国之间的“宾射”之宴在当时相当频繁，而且多带有一些外交活动的特点。

（5）聘礼宴饮。“聘，访也”（《说文·耳部》），聘礼之宴即天子或国君为款待来访使臣而举办的筵席，周人又称之“享礼”。《左传》对此载录颇多，气氛或热烈，或庄重；参加者或吟诗，或放歌；场面或置钟鼓，或伴舞蹈。宴饮期间，有个约定俗成的要求，就是“诗歌必类”，即诗、歌、舞、乐都要表达筵席主题。据载：“晋侯与诸侯宴于温，使诸大夫舞，曰：‘诗歌必类！’齐高厚之诗不类。荀偃怒，且曰：‘诸侯有异志矣！’使诸大夫盟高厚，高厚逃归。于是，叔孙豹、晋荀偃、宋向戌，卫宁殖、郑公孙虿、小邾之大夫盟日：‘同讨不庭！’”（《左传》襄公十六年）可见，享礼的外交色彩浓重，它以筵席为形式，诗歌舞乐为表达手段，外交是目的。参加者通过对诗歌舞乐的听与观来理解和把握外交谈判的内容，甚至以此为依据来作出重大决策。

（6）庆功宴饮。即针对国师或王师出征报捷后凯旋而归开设的筵席。这类筵席场面宏大，规模隆重，美馔纷呈，载歌载舞，气氛热烈，盛况空前。《诗》中《小雅·六月》《鲁顿·泮水》《鲁顿·宓宫》等对此场面都有描述，虽具体程度有异，但犹可见一斑。公元前632年，楚晋之间为争霸位打了一场恶仗，这就是战争史上很有名的晋楚城濮之战，此役晋师告捷。秋七月丙申，晋师凯旋而归，晋文公举行了盛况空前的庆功大宴（见《左传》僖公二十八年）。筵席是在晋宗庙中举行的，晋侯以太牢犒劳三军，遍赏有功将士。参加人数之多，规模之大，不言而喻。

周王朝对天子及其王室的宫廷宴饮还设计了一整套的管理机构，根据《周礼》记载，总理政务的天官冢宰，下设五十九个部门，其中竟有二十个部门专为周天子以及王后、世子们的饮食生活服务，诸如主管王室御膳的“膳夫”、掌理王及后、世子御膳烹调的“庖人”“内饔”“亨人”等。根据现存的有关资料看，《礼记·内则》载述“八珍”，是周代御膳席之代表，体现了周王室烹饪技术的最高水平。周天子的饮食都有一定的礼数，食用六谷（稻、黍、稷、粱、麦、菰），饮用六清（水、浆、醴、醯、凉、酏），膳用六牲（牛、羊、豕、犬、雁、鱼），珍味菜肴一百二十款，酱品一百二十瓮。礼数是礼制的量化，周王室宫廷宴饮礼制对养生的强调，其依据就是儒家倡导的“贵生”思想，其具体表现就是“水木金火土，饮食必时”（《礼记·礼运》）。以食肉为例，宰牲食肉要求应合四时之变，春天宜杀小羊小猪，夏天用干雉干鱼，秋天用小牛和麋鹿，冬天用鲜鱼和雁。从食鱼方面看，当时的鲔鱼、鲂鱼、鲤鱼在宫廷御膳中是最珍贵的烹饪原料。《诗·衡门》：“岂食其鱼，必河之鲂。……必河之鲤。”《周礼·虔人》：“春献王鲔。”周代御膳中蔬菜的品种并不多，据《周礼·醢人》载，天子及后、世子食用的蔬菜主要有葵、蔓菁、韭、芹、昌本、笋等数种，由于蔬菜品种有限，故专由“醢人”将它们制成酱，或由“醯人”把它们制成醋制品，以供王室食用。

如果说周王室的宫廷风味代表着黄河流域的饮食文化，那么，代表着长江流域饮食文化的南方楚国宫廷风味则与之遥相对峙，共同展示着3000多年前中国古代御膳的文化魅力。《楚辞》中《招魂》《大招》两篇，所描述的肴馔品种繁多，相当精美，是研究楚国宫廷宫廷风味的重要文献资料。春秋时，中原文化多为楚人吸收。至战国，楚国土向东扩展，楚国多次出师于齐鲁之境，中原文化对楚国的渗透更加深入，楚国宫廷风味对中原文化兼收并蓄，博采众长，既精巧细腻，又富贵高雅，形成了楚地宫廷风味形态。

秦汉以后，宫廷御厨在总结前代烹饪实践的基础上，对宫廷风味加以丰富和创新。从有关资料看，汉代宫廷风味中的面食明显增多，典型的有汤饼、蒸饼和胡饼。此外，豆制品的丰富多样又使汉宫御膳发生了重大变化。豆豉、豆酱等调味品的出现，改变了以往只用盐梅的情形；豆腐的发明深受皇族帝胄的喜爱，成为营养丰富、四时咸宜的烹饪原料。汉宫御膳已很有规模，皇帝宴享群臣时，则实庭千品，旨酒万钟，列金罍，满玉觞，御以嘉珍，飨以太牢。管弦钟鼓，妙音齐鸣，九功八佾，同歌并舞。真可谓美味纷陈，钟鸣鼎食，觥筹交错，规模盛大。

魏晋南北朝时期，是中国历史上分裂与动荡交织、各民族文化交融的特殊时期。在饮食文化方面，各族人民的饮食习惯在中原地区交汇一处，大大丰富了宫廷风味，如新疆的大烤肉、涮肉，闽粤一带的烤鹅、鱼生，皆被当时御厨吸收到宫廷中。《南史》卷十一《齐宣帝陈皇后传》载，宋永明九年，皇家祭祀的食品中“宣皇帝荐起面饼、鸭臛，孝皇后荐笋、鸭卵、脯、酱、炙白肉，齐皇帝荐肉脍、菹羹，昭皇后荐茗、米册、炙鱼，并平生所嗜也。”起面饼、炙白肉原是北方食品，为南朝皇室所喜爱，成为宫廷风味中常备之品。此外，由于西北游牧民族入居中原，使乳制品在中原得以普及，不仅改变了汉族人不习食乳的历史，也为宫廷风味增添了许多新的内容。

唐代宫廷风味不仅相当丰富，而且大有创新，这与唐代雄厚的经济基础和繁盛的餐饮市场分不开。御膳主食如“百花糕”“清风饭”“王母饭”“红绫饼餤”等，菜品如“浑羊殁忽”“灵消炙”“红虬脯”“遍地锦装鳖”“驼峰炙”“驼蹄羹”等都已成为唐宫御膳颇具代表性的美味，皇帝常将这些美味分赐给朝中的文武百官。唐代宫廷中举办宴会，很重视“看席”。《卢氏杂记》载：“唐御厨进食用九飣食，以牙盘九枚装食于其间，置上前，并谓之‘香食’。”韦巨源为唐中宗设计“烧尾宴”，宫廷风味中的“看席”为“素蒸音声部”，即由70个面制食品组成的舞乐场面，乐工歌伎之造型甚为逼真。唐宫御膳不仅场面规模大，而且馔品种类多，御膳的名目和奢侈程度都是空前的。仅以韦巨源“烧尾宴”看，水陆杂陈，山珍海味择其奇异者就有58味之多。这不仅反映了唐宫御膳挥金如土、奢侈浪费之惊人，也说明了这时的御膳的烹调技艺已达到了相当高的水平。

宋代宫廷风味，前后有很大差别。一般认为，北宋初叶至中叶较为简约，后期到南宋则较为奢侈。据史料载，宋太祖宴请吴越国君主钱俶的第一道菜是“旋鲊”，即用羊肉醢制成；而仁宗夜半腹饥，想吃的竟是“烧羊”（《铁围山全谈》卷六）。诚如《续资治通鉴长编》所言：“饮食不贵异味，御厨止用羊肉，此皆祖宗家法，所以致太平者。”可见当时以羊肉以为原料烹制的菜肴在宋初宫廷风味中的地位举足轻重。南宋以后，高宗对宫廷风味的要求很高。他做太上皇时，其子孝宗为他摆祝寿御膳，他却为这席御膳不丰盛而对孝宗发火。他还常派御厨到宫外的酒肆餐馆购回可口的肴馔，以不断丰富宫廷风味的品种，满足自己的口欲。据《枫窗小牍》载，高宗派人到临安苏堤附近买回他喜食的“鱼羹”“李婆婆杂菜羹”“贺四酪面脏”“三猪胰胡饼”“戈家甜食”等。宋宫节日御膳也很隆重。《文昌杂录》载，皇帝举行正旦盛宴，招待群臣百官，大庆殿上摆满了宫廷风味筵席。《梦粱录》卷三亦载：“其御宴酒盏皆屈卮，如菜碗样，有把手。殿上纯金，殿下纯银。食器皆金棱漆碗碟。御厨制造宴殿食味，并御茶床看食、看菜、匙箸、盐碟、醋樽，及宰臣亲王看食、看菜，并殿下两朵庑看盘、环饼、油饼、枣塔，俱遵国初之礼在，累朝不敢易之。”可见当时盛大的御宴排场。然而，食遍人间珍味的皇上也有吃得不合口味的时候，“大中禅符九年置，在玉清昭应宫，后徙御厨也”（《事物纪原·卷六·御殿素厨》）。这显然是为了调解皇上口味而设，但也未必能使皇上满意。有一次，徽宗不喜早点，随手在小白团扇上写道：“造饭朝来不喜餐，御厨空费八珍盘。”有一学士悟出其意，便续道：“人间有味俱尝遍，只许江梅一点酸。”徽宗大喜，赐其一所宅院（见《话腴》）。足见宋宫御宴的奢靡程度。

元代宫廷风味以蒙古风味为主，并充满了异国情调。入主中原的蒙古人原以畜牧业为主，习嗜肉食，其中羊肉所占比重较大。宫廷风味很庞杂，除蒙古菜以外，兼容汉、女真、西域及异国菜品。元延祐年间，宫廷御膳太医忽思慧著述的《饮膳正要》在“聚珍异馔”中就收录了回族、蒙古族等民族及印度等国菜点94种，比较全面地反映了元代宫廷御膳的风味特点。由该书可知，元宫御膳不仅以羊肉主，且主食亦喜与羊肉搭配烹制。御厨对羊肉的烹调方法有很多，最负盛名的是全羊席，据传是元宫廷为庆贺喜事和招待尊贵客人时设计制作的御膳，因用料皆取之于羊而得名。由于用料不同，烹饪方法不同，故其菜品色香味形各异。发展到清代时，全羊席更加豪华精美，“蒸之，烹之，炮之，炒之，爆之，灼之，熏之，炸之。汤也，羹也，膏也，甜也，咸也，辣也，椒盐也。所盛之器，或以碗，或以盘，或以碟，无往而不见羊也。”（《清稗类钞·饮食类》）技法之全面，品类之丰富，由此可知。元宫御膳对异族风味具有很强的包容性，如“河豚羹”在宫廷风味中颇负盛名。此菜的主料是羊肉，所谓“河豚”是以面做成河豚之形，入油煎炸后放入羊肉汤煮熟。这本是一款维吾尔族的名菜，蒙古族人引之入宫，成为皇族贵戚喜食的一道美味，反映了元代宫廷风味对各族传统饮食兼收并蓄、从善如流的特点。

明代宫廷风味十分强调饮馔的时序性和节令时俗，重视南味。据《明宫史》载：“先帝最喜用炙蛤蜊、炒海虾、田鸡腿及笋鸡脯。又海参、鳆鱼、鲨鱼筋、肥鸡、猪蹄共烩一处，名曰‘三事’，恒喜用焉。”由于明代在北京定都始于永乐年间，皇帝朱棣又是南方人，其妃嫔多来自江浙，故这时期的南味菜点在御膳中唱主角。自洪熙以后，北味在明宫御膳中的比重渐增，羊肉成为宫中美味。据《明宫史》载，羊肉主要用于养生保健，且多在冬季食用。另据《事物绀珠》载，明中叶后，御膳品种更加丰富，面食成为主食的重头戏，且肉食类与前代相比，不仅品种增加不少，而且烹饪方法也有很大突破：“国朝御肉食略：凤天鹅、烧鹅、白炸鹅、锦缠鹅、清蒸鹅、暴腌鹅、锦缠鸡、清蒸鸡、暴腌鸡、川炒鸡、白炸鸡、烧肉、白煮肉、清蒸肉、猪肉骨、暴腌肉、荔枝猪肉，燥子肉、麦饼鲊、菱角鲊、煮鲜肫肝、五丝肚丝、蒸羊。”可见，御厨对各地美味的网罗及其自身烹调技术的提高是明代宫廷风味不断出新的前提。

清代的宫廷风味在中国历史上已达到了顶峰。御膳不仅用料名贵，而且注重馔品的造型。清代宫廷风味在烹调方法上还特别强调“祖制”，许多菜肴在原料用量、配伍及烹制方法上都已程式化。如民间烹制八宝鸭时只用主料鸭子加八种辅料；而清宫厨御烹制的八宝鸭，限定使用的八种辅料不可随意改动。奢侈糜费，强调礼数，这虽说是历代宫廷风味的共点，但清宫御膳在这两方面表现得尤为突出。皇帝用膳前，必须摆好与之身份相符的菜肴，御厨为了应付皇帝的不时之需，往往半天甚或一天以前就把菜肴做好。清代越是到后来，皇上用膳就越铺张。有关资料显示，努尔哈赤和康熙用膳简约，乾隆每次用膳都要有四五十种，光绪帝用膳则以百计。因此，后期清宫御膳无论在质量上还是在数量上都是空前的。清宫御膳风味结构主要由满族菜、鲁菜和淮扬菜构成，御厨对菜肴的造型艺术十分讲究，在色彩、质地、口感、营养诸方面都相当强调彼此间的协和归同。清宫御宴礼数名目繁多，唯以千叟宴规模最盛，排场最大，耗资亦最巨。

（二）宫廷风味的主要特点

根据中国历朝宫廷风味的发展状况，可对中国古代宫廷风味的主要特点做如下归纳。

1. 选料严格

宫廷风味在生成之初就已具备了选料严格的特点。周代就有“不食雏鳖。狼去肠，狗去肾。狸去正脊，兔去尻，狐去首，猪去脑，鱼去乙，鳖去丑”（《礼记·内则》）的要求。“八珍”的制作过程在很大程度上就显示了御厨选料的良苦用心，如烹制“炮豚”必取不盈一岁的小猪，烹制“捣珍”必取牛羊麋鹿的脊背之肉。据《周礼》载，周王室所设“内饔”，其职责就有“掌王及后、世子膳羞之割、亨、煎、和之事。辨体名肉物，辨百品味之物”，还要“辨腥臊膻香之不可食者”，由此可见，至少自那时起，宫廷厨师对烹饪原料的取舍标准日渐严格，并已成为宫廷菜点的一大特点。

2. 烹饪精湛

中国历代帝王无不以自己的无与伦比的权利征集天下最好的厨师，满足个人的口腹之欲。这些宫廷御厨有着高超的烹饪技艺。他们在宫廷御膳房内拥有良好的操作条件和烹饪环境，加之宫廷对烹饪的程序有严格的分工与管理，如内务府和光禄寺就是清宫御膳庞大而健全的管理机构，对菜肴形式与内容、选料与加工、造型与拼配、口感与营养、器皿与菜名等，都加以严格限定与管理。这种情势下的烹饪不可能不精湛。

3. 馔品新奇

从早期奴隶社会到漫长的封建时代，统治者对味的追求往往要高于声、色。在物欲内容中，饮食享受占主要地位，让帝王吃好喝好，这既是御厨的职责，也是朝臣讨好帝王的一个突破口。宫廷风味正是伴随着这样的历史步伐而不断出新、出奇。仅以清代为例，入关之前，清太宗的祝寿御膳多用牛、羊、猪、鹿、狍、鸡、鸭等原料入馔，入关以后，皇上及王府贵戚非名馔不食，促使御厨整日处心积虑，不仅要罗尽天下美味，而且还要创制许多名菜，如“御膳熊掌”“御府砂锅鹿尾”“御厨鹅掌”“御府铁雀”等菜，都是这样创制出来并流行于上层社会的。

二、官府风味

官府风味是封建社会官宦人家所制的肴馔。唐人房玄龄对这类菜肴曾有过这样一段评语：“芳饪标奇”，“庖膳穷水陆之珍”（《晋书》），可谓一针见血。达官显贵穷奢极侈，饮食生活争奇斗富，这类事例于历史上不胜枚举。

官府菜又称官僚士大夫菜，包括一些出自豪门之家的名菜。官府菜在规格上一般不得超过宫廷菜，而又与庶民菜有极大的差别。目前流行于世的官府菜主要有孔府菜、东坡菜、云林菜、随园菜、谭家菜等。

（一）官府风味的历史面貌

从文献记载上看，官府风味当滥觞于春秋，而贯穿于整个封建时代。春秋之际的易牙是齐桓公的宠臣，关于他的府第烹饪饮馔情况，古文献所载甚少，但易牙以擅长烹调见称于当时，这一史实表明，易牙府第对美味的追逐和创制绝不亚于齐国公室。何况易牙常为齐桓公下厨，并因此深得桓公宠信（《左传·僖公十七年》）。汉武帝的舅爷郭况“以玉器盛食，故东京谓郭家为琼厨金穴”（《拾遗记》）。汉成帝时，王氏五侯（汉河平二年，帝封舅父王谭平阿侯、王商成都侯、王立红阳侯、王根曲阳侯、王逄高平侯，五人同日受封，时人称“五侯”）争富斗奢，京兆尹楼护“传食五侯间，各得其欢心，竟致奇膳”（《西京杂记·卷二》），“每旦，五侯家各遗饷之。君卿（楼护字）口厌滋味，乃试合五侯所饷为鲭而食，世所谓五侯鲭，君卿所致”（《裴子语林》）。晋武帝时，石崇与王恺斗奢，王恺烹食待客的速度总是比不上石崇，“石崇为客作豆粥，咄嗟便办；恒冬天得韭萍齑（将韭菜根与麦苗放于一处捣碎而成的菜肴）”，王恺怪其故，便买通石崇下的都督，“问所以，都督曰：‘豆至难煮，唯豫作熟末。客至，作白粥以投之。’恺悉从之，遂争长。石崇后闻，皆杀告者。”（《世说新语》）这种宦门间的斗长，虽已到了无聊的地步，却也可见出“咄嗟便办”是当时豪强间衡量烹调技巧的标准之一。唐明皇时，李适之“既富且贵常列鼎于前，以具膳羞”（《明皇杂录》卷上）。更有甚者，“天宝中，诸公主相效进食，上命中官袁思艺为检校进食使，水陆珍馐数千，一盘之贵，盖中人十家之产”（同上）。而杨国忠吃饭不用餐桌，竟令侍女手捧盛满美味的餐具，环立而侍，号称“肉中盘”（《云仙杂记·卷三》）。唐武宗时的宰相李德裕所食之羹，以珍玉、宝贝、雄黄、朱砂等烹制而成，一杯羹费资三万，烹过三次后竟弃滓渣于沟中（《酉阳杂俎》）。如此等等，不一而足。可见历代高官显宦之家挥金如土，穷尽天下美味以自足，一些在今人看来不可思议的饮食行为常发生于这些官宦府内。当然，从另一个角度看，官府菜对中国烹饪的发展、演变也有其积极的一面，它保留了很多传统饮食烹饪的精华，在烹饪理论与实践方面有很多建树，如孔府菜、谭家菜就是如此。

1. 孔府菜

孔府，又称衍圣公府，是孔子后裔的府第。孔子受冷漠于生前，加荣宠于身后，自汉武帝推行“罢黜百家，独尊儒术”之后，孔子的儒家思想在封建社会意识形态中确立了指导性地位。孔子后裔世代受封，孔府便成为中国历史最久、家业最大的世袭贵族府第。明、清两代，衍圣公是世袭“当朝一品”，权势尤为显赫。这样一个拥有两千多年历史、前后共七十七代的家族，在饮食生活方面积累了丰富的经验。当年的孔子就精于饮食之道，其后裔亦谨遵“食为厌精，脍不厌细”的祖训。孔子还备有相当完备的专事饮馔的厨房——内厨和外厨，分工细致，管理严格。所有这一切，对风格独特、美轮美奂之孔府菜的形成和发展起到了十分重要的作用。

孔府菜在重礼制、讲排场、追逐华奢方面与宫廷饮食别无二致。筵席名目繁多，最高级的称为“孔府宴会燕菜全席”，简称“燕菜席”，肴馔品数达 130 有余。据史料载，光绪二十年，七十六代衍圣公孔令贻上京为慈禧贺六十大寿，母彭氏、妻陶氏各向慈禧进一早膳，两桌用银达 240 两之多，排场奢侈之至，由是可见一斑。

孔府菜的烹饪技艺很独特。很多肴馔用料很平常，但粗料细做，非常讲究。如“炒鸡子”，制作时蛋清、蛋黄分打在两只碗内，蛋清内调以细碎的荸荠末，蛋黄内调入海米，搅匀后分别煎成黄、白两个圆饼，然后贴叠一起，入锅调味，大火收熇即成。再如“丁香豆腐”，主料是绿豆芽、豆腐，制作时将豆腐切成三角形，经油炸过，绿豆芽掐去芽和根、豆莛与豆腐同炒，豆莛与豆腐丁配在一起，如丁香花开。孔府上此菜时，常是先让食者观赏一番，然后再吃。

从有关文献看，孔府筵席的首道菜多用“当朝一品锅”，这与孔子家族史及其特殊社会地位有直接关系。明清以后，孔子后裔皆封“当朝一品”，居文武之首，故以“一品”命名的菜肴在孔府菜品中是常见的。诸如“燕菜一品锅”“素菜一品锅”“一品豆腐”“一品丸子”“一品白肉”“一品鱼肚”等。这也反映了孔子后裔对其祖先惠荫后世的感恩之情。像“神仙鸭子”“怀抱鲤”“诗礼银杏”“油发豆莛”“带子上朝”“烧秦皇鱼骨”等，融孔府历史典故与烹饪技艺于一体，富有浓郁的文化色彩。

孔府菜还特别讲究筵席餐具，其最为精美豪华的成套餐具是银质的满汉全席餐具，共计 404 件，造型各异，别具匠心；餐具上还嵌有玉石宝珠，雕有各种鸟兽花卉图案，刻有很多诗句，文化与艺术浑然一体。

孔府菜是最典型、级别最高的官府菜，它生长于鲁菜的土壤上，是在鲁菜的基础上发展起来的；但它又给鲁菜以积极的影响，促使鲁菜精益求精。孔府菜和鲁菜之间形成了相辅相成、密不可分的关系。如今，孔府菜已归属于人民，北京宣武区南菜园街的孔膳堂饭庄和济南英雄山路的孔膳堂，就是以专营孔府菜而闻名的。很多高雅的孔府菜如“一品锅”“带子上朝”“一卵孵双凤”“神仙鸭子”等，皆可在孔膳堂中品到。

2. 谭家菜

谭家菜，清道光年间的谭莹始创。谭莹，字兆仁，号玉生，道光举人，工诗赋，好搜集秘籍；曾协助伍崇曜编订《粤雅堂丛书》《岭南遗书》等，自有《乐志堂诗文集》传世。其人一生不得志，官仅至化州训导，但他从文人的角度为官府饮馔定下了一个淡雅清新的格调。其子谭宗浚，字叔裕，同治进士，亦工诗文，熟于掌故考稽，有《辽史世纪本末》《希古堂诗文集》传世，其文才及成就皆胜其父。他是清末翰林，官至云南盐法道，这也为他热衷于美食美饮提供了保障。此人酷嗜珍馐美味，几乎无日不宴。他一生不置田产，却不惜重金聘请京师名厨，令女眷随厨学艺，博采南北菜系之长，渐成一派，形成甜咸适中、原汁原味的“谭家菜”。

据有关研究成果可知，谭家原系海南人，但久居北京，故其肴馔虽有广东特点，但更多的是北京风味特色，可谓集南北烹饪精华于一体。在清末民初的北京官府菜中，谭家菜比孔府菜更负盛誉，当时有“戏界无腔不学谈，食界无口不夸谭”的民谚。而谭宗浚之子谭瑑青，嗜好美食胜过乃父，人戏称之“谭馔精”。此人不惜变卖房产，于家中设宴待客，终因家道衰落，难以为继。为此，他打出谭家办宴的招牌，有偿服务。凡欲品尝谭家菜风味者，须托与谭家有私旧之情者预约，每席收定金，以备筹措。另外，为了不辱没家风，谭家立了两条规矩：一是食客无论与谭家是否相识，均要给主人设一席位，以示谭家并非以开店为业，而是以主人身份“请客”；二是无论订宴席者的权势有多大，都要进谭家门办席，谭家绝不在外设席。即便这样，前往订席者趋之若鹜，军政要员、金融巨子、文化名流，不惜一掷千金，竞相求订。抗战期间，北京沦陷，当时华北敌伪权贵，常为谭家的座上客，谭家菜的生意未曾衰减。

谭家菜虽然规矩多，索价高，但慕名问津者接踵不断，原因就在于它高超精细的烹调技法。谭家菜中的名馔有百余之多，以烹调山珍海味见长。从慢火炖出的鱼翅熊掌，到汤清味鲜的紫鲍河鳞，无一不是精工细作。而谭家古朴典雅的客厅、异彩纷呈的花梨紫檀木家具、玲珑剔透的古玩、价值连城的名人字画，远非一般官府菜所比。新中国成立后，谭家菜在政府的关怀下得以继承和发扬。20世纪50年代初，彭长海、崔明和等谭府家府在北京果子巷开馆经营谭家菜。1958年，在周总理的建议下，谭家菜在北京饭店落户。发展至今，北京、上海、广州等地都有专营谭家菜的餐馆，品尝谭家菜对寻常百姓来说也并非难事，正可谓“旧时王谢堂前燕，飞入寻常百姓家”。

（二）官府风味的基本特色

官府菜在其生成与发展的历史长河中，总要泛起饮食文化的糟粕。有关研究成果表明，官府菜的争奇斗奢之风始终未减，暴殄天物之例屡见不鲜，但这并非官府菜的主流。像孔府菜、谭家菜等官府菜，其中保留了大量的华夏饮食文化之精华，这些精华充分反映出官府菜的一些典型特征。

（1）烹饪用料广博。以孔府菜为例，其取材选料，基本上采自山东地区品种繁多的土特产，如胶东半岛的海参、鲍鱼、扇贝、对虾、海蟹等海产品，鲁西北的瓜果蔬菜，鲁中南山区的大葱、大蒜、生姜，鲁南湖泊区域的莲、菱、藕、芡，以及遍及全省的梨、桃、葡萄、枣、柿、山楂、板栗、核桃等，都是孔府菜取之不尽的资源，体现了孔府菜用料广博的基本特征。

（2）制作技术奇巧。以谭家菜为例，其海味烹饪最为著名。调味力求原汁原味，以甜提鲜，以咸提香，精于火工，所出菜肴滑嫩软烂，易于消化，多用烧、烩、焖、蒸、扒、煎、烤等制熟方法。如“清汤燕菜”，以温水涨发燕窝，3小时后，再以清水反复冲漂，择尽燕毛与杂质，待燕窝泡发好后，放入一大碗中，灌入250克鸡汤，上笼蒸20 ~ 30分钟，取出分装于小汤碗内，再将以鸡、鸭、肘子、干贝、火腿等料熬成的清汤加入适量的料酒、白糖、盐，盛入小汤碗内，每碗撒几根切得极细的火腿丝上桌。制作之奇，技法之巧，由此可见。

（3）筵席名目繁多。以孔府为例，其筵席品类很多，且等级森严，有婚宴、丧宴、寿宴、官宴、族宴、贵宾宴等。掌事者要根据参宴者官职大小与眷属亲疏来决定饮馔的档次及餐具的规格。另外，孔府中的“满汉全席”“全羊大菜”“燕菜席”“海参席”等，穷极奢华，排场颇盛，选定某种宴席，要以来客的身份、时令节俗、府内事体等作为确定依据。

（4）菜名典雅得趣。孔府菜在这方面较为突出，在菜肴命名上，孔府菜既保持和体现着“雅秀而文”的齐鲁古风，又表现出孔府肴馔与孔府历史的内在联系。如“玉带虾仁”表明衍圣公之地位的尊贵，“诗礼银杏”与孔家诗书继世有关，“文房四宝”表示笔耕砚田的家风，而“烧秦皇鱼骨”则寄托着对秦始皇“焚书坑儒”之暴政的痛恨。这些菜名体现着官府菜的文化趣意与特色。

三、寺院风味

寺院菜，泛指道教、佛教宫观寺院的以素食为主的肴馔。

从历史发展看，在我国传统饮食结构中，素食所占比重很大。《黄帝内经》早已有“五谷为养，五果为助，五畜为益，五菜为充”之论，这种以素为主的饮食结构的形成，其间并没有多少宗教因素起作用，更多的是以科学养生作为饮食结构的生成起点。只是到了后来，随着佛、道寺院宫观的兴盛，素菜的创制与出新便有了与之相应的条件和环境，真正意义上的素菜——寺院菜得以蓬勃发展。可以说，寺院宫观对教徒在饮食生活方面的清规，对我国寺院菜的发展起到了推波助澜的作用。

（一）寺院风味的发展历程

佛教在两汉之际传入中国时，起初是被视为黄老之术的一派而为宫廷内部接受。随后，译经僧不断东来，专事佛典汉译，倡法说教，印度佛教包括大小乘各派基本已被介绍到了中国。至南北朝，佛教摆脱依傍，走上了自己发展的道路。佛、道在宗教体系上的分化，正契合了魏晋的玄学思想，两大宗教在此时皆发展勃兴，出现了寺院宫观遍及名山大川的勃发势态，寺院菜也便应运而生。

起初，小乘佛教僧尼在生活上以乞食为主，所以虽重杀戒，但又无法禁止食肉。《十诵律》说："我听啖三净肉，何等三？不见，不闻，不疑。不见者，不自眼见为我故杀是畜生；不闻者，不从可信人闻为汝故杀是畜生；不疑者，是中有屠儿，是人慈心不能夺畜生命。"有关僧尼吃"三种净肉"的记载，还可见于《四分律》《五分律》《摩诃僧祇律》等佛典中。自南北朝后，大乘佛教盛行。大乘佛教的主要经典有《大般涅槃经》《楞伽经》等都主张禁止食肉。《大般涅槃经·卷四》说："从今日始，不听声闻弟子食肉；若受檀越（施主）信施之时，应观是食如子肉想……夫食肉者，断大慈种。"南朝梁武帝十分推崇《般若》《涅槃》等大乘佛典，尤其重视戒杀和食素。他撰写的《断酒肉文》从三个方面论述他的看法。①僧尼食肉皆断佛种，日后必遭苦报。②僧尼不禁酒肉，将以国法、僧法论处。③郊庙祭祀所用牺牲祭品，皆以面粉造型代用，太医不以虫畜入草。由于他坚持素食，使寺院僧尼开始了真正意义上的戒律生活。所以，我国寺院素菜，其真正产生的时间应是南朝。

素食的发展及形成体系，离不开僧尼的劳动创造。南朝寺庙的香积厨中有的已开始设计系列素食了。梁时的建康建业寺（在今南京）中有个和尚，擅长烹制素菜，用一种瓜可做出十余种菜，且一品一味（《南北史续世说》）。

大乘佛教对荤食有两种解释：其一是戒杀生，不食荤腥，古代愿云禅诗曰："千百年来碗里羹，冤深如海恨难平。欲知世上刀兵劫，但闻屠门半夜声。"恻隐之心，跃然纸上；其二是把葱、蒜等气味浓烈的食物称为"荤"。古代佛门有"五荤"之说，即小蒜、大蒜、兴渠、慈葱、茖葱。从烹饪原料角度看，寺院菜的原料以素为主，当然僧人也有茹腥之特例。传说张献忠攻渝时，强迫破山和尚吃肉，破山和尚道："公不屠城，我便开戒。"张献忠应允。结果破山和尚边吃肉边唱偈："酒肉穿肠过，佛主心中留。"这个和尚为渝城百姓免遭杀戳而破戒，可谓功德无量。另据笔记载，古时一僧将伽蓝（即佛像）当木柴烧狗肉吃，并吟道："狗肉锅中还未烂，伽蓝再取一尊来。"为此，清代佛学家梁章钜痛斥："余以为此不但魔道，直是饿鬼道，畜牲道矣。"（《两般秋雨庵随笔》）这种无法无天、大鸣大放式的吃肉僧侣，在那些一心修习以求正果的信徒当中，受到了无情的冷遇。

寺院菜到了宋代有了长足的发展。一方面，宋人特别是士大夫的饮食观有所变化，素菜被视为美味；另一方面，面筋在素菜中开始被重视，尽管它首创于南朝（《事物绀珠》），但引入素馔烹调，作为“托荤”菜不可或缺的原料，则始于宋。《山家清供·卷下·假煎肉》载有这样一菜：“瓠（即嫩葫芦）与麸（面筋）薄切，各和以料煎，加葱、椒油、酒共炒。瓠与麸不惟如肉，其味亦无辨者。”此便是“托荤”菜之一例。

僧尼食用的寺院菜，一般而言较为清苦，由于他们奉行的是唐朝百丈禅师“一日不作，一日不食”的信条，因此他们认为贪口福有碍定心修行，这是寺院清规所不容的。但向社会开放的筵席却是美味错列。餐馆经营的素菜正是学习和借鉴了寺院宫观烹饪的结果。据史料载，北宋都城汴京、南宋都城临安皆有专营素菜的饮食店，所售素馔皆得传于寺院宫观，“素食店卖素签、头羹、面食、乳茧、河鲲、元鱼。凡麸笋乳蕈饮食，充斋素筵会之备”（《都城纪胜》）。诸如“笋丝麸儿”“假羊事件”“假驴事件”“山药元子”“假肉馒头”“麸笋丝”等“托荤”菜已成系列。当时临安素食店所卖素馔达三四十种，不仅有仿制的鸡鸭鱼肉，还有仿制出的动物内脏，如“假凉菜腰子”“假煎白肠”“假炒肺羊”“素骨头面”，此外，“更有专卖素点心从食店，如丰糖糕、乳糕、栗糕、重阳糕、枣糕、乳饼”（《梦粱录·卷十六》）等。

到了清代，寺院菜发展到了最高水平。许多寺院菜所出肴馔，均已形成该寺院特有的风味，“寺庙庵观素馔著称于时者，京师为法源寺，镇江为定慧寺，上海为白云观，杭州为烟霞洞”（《清稗类钞·饮食类》），而“扬州南门外法少寺，大丛林也，以精制肴馔闻”（同上）。许多寺院僧尼以寺院菜的独特风味而经商谋利。此时还出现了以果品花叶为主料的素馔，“乾、嘉年间，有以果子为肴者，其法始于僧尼，颇有风味，如炒苹果、炒荸荠、炒藕丝、炒山药、炒栗片，以及油煎白果、酱炒核桃、盐水熬落花生之类，不可枚举。但有以花叶入馔者，如胭脂叶、金雀叶、韭菜花、菊花瓣、玉兰花瓣、荷花瓣、玫瑰花瓣之类，亦颇新奇”（同上）。到了晚清，翰林院侍读学士薛宝辰著有《素食说略》一书，依类分四卷，记述了当时较为流行的170余品素馔的烹调方法。尽管作者在“例言”中称“所言做菜之法，不外陕西、京师旧法”，但较之《齐民要术·素食》和《心本斋蔬食谱》等以前的素食论著，内容丰富，方法易行，对寺院菜在民间的推广传播起到了积极的作用。

道教宫观素馔、道士的饮食戒律，基本上照搬了佛门寺院的模式，这其间有着深厚的思想基础。佛教传入中国后，显示出很强的包容性和适应性。以泰山佛教为例，它对异教兼收并蓄，如斗姆宫、红墙宫即是佛教兼容道教的典型寺院。道教的思想虽然杂而多端，但它体现着对理想世界的双重追求。一方面，是在现实世界上建立没有灾荒和疾病、“人人无贵贱，皆天之所生也”“高者抑之，下者举之，有余者损之，无余者补之”的平等社会；另一方面，是追求处生死、极虚静、超凡脱俗、不为物累的“仙境”世界。这一切与佛教的基本教义和思想方法有很多相似点。况且佛教起初传入时，先依附于当时盛行的黄老之学，魏晋时又依附于流行于世的以老庄思想为骨架的玄学。佛、道两教，相激相荡，共同趋于繁荣。由此可知，道教的许多饮食之法、之戒，皆得传于佛门寺院，这也是顺理成章的。

从宫观道教徒的饮食习性看，其宫观饮馔呈现出一种虚静无为、“不食人间烟火”的特点，与庄子所谓“不食五谷，吸风饮露，御飞龙而游乎四海”（《庄子·逍遥游》）的浪漫传说同辙。如“先不食有形而食气”（《太平经·卷四十二》），“先除欲以养精，后禁食以存命”（《太清中黄真经》），“仙人道士非可神，积精所致和专仁。人皆食谷与五味，独食太和阴阳气，故能不灭天相既”（《黄庭外景经》）等食规食律即已为客观饮馔定下了基调。而荤腥及韭蒜葱薤之类，皆为道教徒所忌，“禽兽爪头支，此等血肉食，皆能致命危。荤茹既败气，饥饱也如斯，生硬冷需慎，酸咸辛不宜”（《胎息秘要歌诀·饮食杂忌》）。这种饮食摄生之道如法炮制了佛教寺院的饮食守则。金代，王重阳为其所倡导的“全神锻气，出家修行”之说而制定了一整套道士饮食戒规，提出“大五荤”和“小五荤”之说，“大五荤”即牛羊鸡鸭鱼等一切肉类食物，“小五荤”即韭蒜葱薤等有刺激性气味的蔬菜，这些皆为修道者禁食之物。可见，宫观内的烹饪饮食在更多方面受到了佛门食规的影响，寺院佛门的烹饪方法也便流布于道观中，如寺院佛门中以面筋、豆腐之类为主料的馔品及其烹法皆为宫观道厨所仿用。正因为佛、道先有了教义上的近似点或某些共同点作为相激相荡的前提背景，然后才有大量的寺院佛门菜点及其烹制方法传入宫观道厨之手的可能和必然。

（二）寺院风味的烹饪特色

寺院菜在其生成、发展过程中，形成了一系列鲜明特色，主要有以下几方面。

（1）就地取材。寺院宫观的僧尼、道徒平日除诵经、入定、坐禅及一些佛事、道事之外，其余时间多用于植稼种蔬的田间劳作，以供日常饮食之需。大量的饮馔原料皆得之于寺院宫观依傍之地，可谓“靠山吃山”。以重庆罗汉寺内名馔“罗汉斋”为例，其喻意罗汉的十八种原料分别是花菇、口蘑、香菇、竹笋尖、川竹荪、冬笋、腐竹、油面筋、素肠、黑木耳、金针菜、发菜、银杏、素鸡、马铃薯、胡萝卜、白菜、粉丝。这些原料极其平常，皆为山野货色。而扬州大明寺如“拔丝荸荠”“拔丝山药”“鸡茸菜花”等也都是就地取材的上乘之作。再如斗姆宫所在地的泰山，有这样的民谚：“泰山有三美，白菜豆腐水。”斗姆宫的僧厨用产自岱阳、灌庄、琵琶湾的豆腐，制成“金银豆腐”“葱油豆腐”“朱砂豆腐”“三美豆腐”等名馔，以饷施主。青城山天师洞用茅梨、银杏、慈笋等当地原料，烹制出“燕窝蟠寿”“玫红脆饯”“仙桃肉片”“白果烧鸡”等都是寺院宫观烹饪就地取材的具体反映。

（2）擅烹蔬菽。寺院菜的主要烹饪原料为菇果蔬菽之类，像杭州灵隐寺的“云林素斋”，对这些原料的烹制素有盛名。以“熘黄菜”为例，取嫩豆腐一块半、蘑菇50克，素火腿25克，绿色蔬菜10克，生粉20克，味精、细盐、素油、柠檬黄少许。先将蔬菜放入锅内烫熟捞出，用冷水冲凉，细切成丁；将素火腿、蘑菇切成细丁；将豆腐搅碎，连同蘑菇丁一起，加生粉、细盐、味精、柠檬黄拌匀成糊；素油入锅至六成热，倒进豆腐、蘑菇丁一起制成糊状，然后熘透起出，盛进深底盘内，撒上绿色蔬菜丁和素火腿丁，形成“满天星”，最后淋上麻油即成。此菜味美不腻，清香可口，是云林素斋的代表作之一。与云林素斋齐名的还有上海玉佛寺和功德林、扬州大明寺、成都文殊院等的素斋。它们皆以选料精细、烹制讲究、技艺精湛、花色繁多、口味多样等烹饪特点而蜚声海内外，共同体现着寺院素斋擅烹蔬菽的整体特征。

（3）以素托荤。寺院菜不仅在艺术上颇显功底，而且在以素托荤方面匠心独运。以素托荤，就是以豆腐衣及其他原料作为造型用料，根据鸡鸭鹅鱼虾等形象特征加以造型制馔，不仅形神兼备，而且味香可口，大有以假乱真的效果。如功德林素斋中的名馔“烧烤肥鸭”“四乡熏鱼”“脆皮烧鸭”“八宝鳜鱼”“红油明虾”“醋熘黄鱼”“卷筒嫩鸡”等就属此类。而扬州大明寺的“笋炒鳝丝”，所用原料无非是香菇之类，而烹制出的效果相当逼真，几乎与真鳝鱼切丝烹制出的“炒软兜”无异。另外，按照一定方法，白萝卜加发面、豆粉、食油等可制成“猪肉”；面筋可制成“肉片”；豆筋可制成“肉丝”；胡萝卜、土豆可制“蟹粉”；绿豆粉、玉兰笋可制成“鱼翅”，如此等等。这种以素托荤仿制技巧的运用，充分展现了中国素馔的艺术特色，反映了中国人在饮食活动中所持有的审美心态与艺术创造能力。

四、市肆风味

市肆风味，即人们常说的餐馆菜，是饮食市肆制作并出售的肴馔的总称。它是随着贸易的兴起而发展起来的。

《尔雅·释言》：“贸、贾，市也。”《易·系辞下》：“日中为市，致天下之民，聚天下之货。”“肆”的本义是陈设、陈列（《玉篇·长部》），而作为集市贸易场所之说，则是其本义的引申。市肆菜是经济发展的产物，它能根据时令的变化而变化，并适应社会务阶层的不同需求。高档的酒楼餐馆，中低档的大众菜馆饭铺，乃至街边的小吃排档，皆因各自烹调与出售的饮馔特点而形成各自的消费群体。

（一）市肆饮食的发展历程

中国历史上市肆饮食的兴起与发展，始终伴随着社会经济主旋律的变化，经受着市场贸易与文化交流的互动影响。而历史的变革，社会的动荡，交通运输的便利，文化重心的迁移，宗教力量的钳制，风土习俗的演化，使中国历史上的市肆饮食形成了内容深厚凝重、风格千姿百态的整体性文化特征。

早在原始社会末期，随着私有制的逐步形成，自由贸易市场有了初步规模，《易·系辞下》："神农氏作……日中而市，致天下之民，聚天下之货，交易而退，各得其所。"一摊一贩的市肆饮食业雏形就是在这样的历史条件下应运而生。夏至战国的商业发展已有了一定的水平，相传夏代王亥创制牛车，并用牛等货物和有易氏做生意。有关专家考证，商民族本来有从事商业贸易的传统，商亡后，其贵族遗民由于失去参与政治的前途转而更加积极地投入商业贸易活动。西周的商业贸易在社会中下层得以普及，春秋战国时期，商业空前繁荣，当时已出现了官商和私商，东方六国的首都大梁、邯郸、阳翟、临淄、郢、蓟都是著名的商业中心。商业的发达，不仅为烹饪原料、新型烹饪工具和烹饪技艺等方面的交流提供了便利，同时也为市肆饮食业的形成提供了广大的发展空间。

据史料载，商之都邑市场已出现制作食品的经营者，朝歌屠牛，孟津市粥，宋城酤酒，燕市狗屠，齐鲁市脯皆为有影响的餐饮经营活动。《鹖冠子》载，商汤相父伊尹在掌理朝政之前，曾当过酒保，即酒肆的服务员。姜子牙遇文王前，曾于商都朝歌和重镇孟津做过屠宰和卖饮的生意，谯周《古史考》言吕尚"屠牛于朝歌，市饮于孟津"，足见当时城邑市肆已出现了出售酒肉饭食的餐饮业。至周，市肆饮食业已出现繁荣景象，甚至在都邑之间出现了供商旅游客食宿的店铺，《周礼·地官·遗人》说："凡国野之道，十里有庐，庐有饮食。"时至春秋，饮食店铺林立，餐饮业的厨师不断增多，《韩非子·外储说右上》："宋人有酤酒者，斗概甚平，遇容甚谨，为酒甚美，悬帜甚高……"可见，当时的的店铺甚多，已形成为生存而竞争的态势，竞相提供优质食品与服务已成为当时市肆饮食业必须采取的竞争手段。此时，中国市肆风味既已形成。

如果立足于中国饮食文化历史发展的角度，把先秦三代视为中国餐饮业的形成阶段，那么，公元前221年到公元960年的秦到唐代的1200多年的饮食文化发展历史阶段，则可视为中国市肆菜的发展阶段。汉初，战乱刚结束，官府不得不实行休生养息的政策，经过文景之治，农业和手工业有了一定的发展。秦汉以来，统治者为便于对全国各地的管辖，很重视道路交通的建设。从秦筑驰道、修灵渠，汉通西域，到隋修运河，交通的便利，这一切在客观上大大促进了国内与周边国家以及中亚、西亚、南亚、欧洲等地的经济、文化交往。到了唐代，驿道以长安为中以向外四通八达，“东至宋、汴，西至歧州，夹路列店肆待客，酒馔丰溢。”（《通典·历代盛衰户口》）。而水路交通运输七泽十薮、三江五湖、巴汉、闽越、河洛、淮海无处不达，促进了市肆饮食业的繁荣。

自秦汉始，已建起以京师为中心的全国范围的商业网。汉代的商业大城市有长安、洛阳、邯郸、临淄、宛、江陵、吴、合肥、番禺、成都等。城市商贸交易发达，“通都大邑”的一般店家，就“酤一岁千酿，醯酱千石瓦，酱千儋，屠牛羊豖千皮”（《盐铁论·散不足》）。从《史记·货殖列传》得知，当时大城市饮食市场中的食品相当丰富，有谷、果、蔬、水产品、饮料、调料等。交通发达的繁华城市中即有“贩谷粜千钟”，长安城也有了有鱼行、肉行、米行等食品业，说明当时的市肆饮食市场已经很发达。

餐饮业的繁荣促进了市肆风味的发展。《盐铁论·散不足》中就生动地描述了汉代长安餐饮业所经营的市肆风味“熟食遍列，肴旅成市”的盛况：“作业堕怠，食必趣时，枸豚韭卵，狗聂马朘，煎鱼切肝，羊淹鸡寒，桐马酸酒，蹇膊庸脯。胹羔豆饧，彀膹雁羹，白鲍甘瓠，热粱和炙。”足见当时餐饮业经营的市肆风味品种之丰富。而《史记·货殖列传》之所述，从另一角度也说明了当时市肆饮食业的兴盛；“富商大贾周流天下，交易之物莫不通，得其所欲，而徙豪杰诸侯强族于京师。”正是在这种大环境下，才有“贩脂，辱处也，而雍伯千金。卖浆，小业也，而张氏千万……胃脯，简微耳，浊氏连骑。”汉代的达官显贵所消费的酒食多来自市肆。《汉书·窦婴田蚡传》载，窦婴宴请田蚡，“与夫人益市牛酒。”而司马相如与卓文君在临邛开酒店之事，则成为文人下海的千古佳话。餐饮业的发展，已不仅局限于京都，从史料记载看，临淄、邯郸、开封、成都等地，也形成了商贾云集的市肆饮食市场。

魏晋南北朝期间，烽火连天，战乱不绝，市肆饮食的发展受到一定的影响。但只要战火稍息，餐饮业便有了继续发展的态势。东晋南朝的建康和北魏的洛阳，是当时南北两大商市。城中共有110坊，商业中心的行业多达220个。而洛阳三大市场之一的东市丰都，“周八里，通门十二，其内一百二十行，三千余肆，……市四壁有四百余店，适楼延阁，互相临映，招致商旅，珍奇山积”。国内外的食品都可在此交易。市肆网点设置相对集中，出现了许多少数民族经营的酒肆。据《洛阳伽蓝记》载，在北魏的洛阳，其东市已集中出现了“屠贩”，西市则“多酿酒为业”，当时有一些少数民族到中原经营餐饮，出现了辛延年在《羽林郎》中所描述的“胡姬年十五，春日独当垆”的景象。

隋炀帝大业六年，“诸蕃请入丰都市交易，帝许之。先命整饰店肆，檐宇为一。盛设帷帐，珍货充积，人物华盛。卖菜者籍以龙须席，胡客或过酒食店，悉令邀延就坐，醉饱而散，不取其直。给之曰：‘中国丰饶，酒食例不取直。’胡客皆惊叹”（见《资治通鉴》卷一八一），足见当时市肆饮食业之盛势。而烹饪技术的交流起先就是从市肆饮食业开始的，如波斯人喜食的“胡饼”在市面上随处可见，甚至还出现了专营“胡食”的店铺。“胡食”，即外国或少数民族食品，在许多大商业都市中颇有席位。胡人开的酒店如长兴坊饆饠店、颁政坊馄饨店、辅兴坊胡饼店、永昌坊菜馆等，这些市肆饮食业已出现于有关文献史料记载中。

至唐，经济发达，府库充盈，出现了如扬州、苏州、杭州、荆州、益州、汴州等一大批拥有数十万人口的新兴城市，这是唐代市肆饮食业高度发展的前提。星罗棋布、鳞次栉比的酒楼、餐馆、茶肆，以及沿街兜售小吃的摊贩，已成为都市繁荣的主要特征。饮食品种也随之丰富多彩。《酉阳杂俎》记载了许多都邑名食，如“萧家馄饨，漉去汤肥，可以瀹茗。庾家粽子，白莹如玉。韩约能作樱桃饆饠，其色不变。”足见当时餐饮业市肆烹饪技术已达到了很高水平。而韦巨源《食谱》载：“长安阊阖门外通衢有食肆，人呼为张手美者，水产陆贩，随需而供，每节专卖一物，遍京辐辏，名曰浇店。”

“胡食”和“胡风”的传入，给唐代市肆风味吹来一股清新之气，不仅“贵人御馔尽供胡食”（《新唐书·回鹘传》《旧唐书·舆服志》），就是平民也“时行胡饼，俗家皆然”（ 见慧林：《一切经音义》卷 37）。至于“扬一益二”，这类颇为繁荣的大都市的餐饮业中，多有专售“胡食”的店铺，如胡人开设的酒肆中，就售有高昌国的“葡萄酒”、波斯的“三勒浆”“龙膏酒”“胡饼”“五福饼”等。有的酒肆以胡姬兴舞的方式招徕顾客，许多诗人对此有论。如李白《少年行》诗云：“五陵年少金市东，银鞍白马度春风。落花踏尽游何处，笑入胡姬酒肆中。”另，杨巨源《胡姬词》诗亦云：“妍艳照江头，春风好客留。当垆知妾惯，送酒为郎羞。香度传蕉扇，妆成上竹楼。数钱怜皓腕，非是不能愁。”其又云：“胡姬颜如花，当炉笑春风。笑春风，舞罗衣，君今不醉当安归！”市肆饮食之盛，由是可见。

市肆饮食业的夜市在中唐以后广泛出现，江浙一带的餐饮夜市颇为繁荣，而扬州、金陵、苏州三地为最，唐诗有“水门向晚茶商闹，桥市通宵酒客行”之句，形象地勾勒出夜市餐饮的繁荣景象。而苏州夜市船宴则更具诗情画意，“宴游之风开创于吴，至唐兴盛。游船多停泊于虎丘野芳浜及普济桥上下岸。郡人宴会与请客皆吴贸易者，辄凭沙飞船会饮于是。船制甚宽，艄舱有灶，酒茗肴馔，任客所指”“船之大者可容三席，小者亦可容两席”（《桐桥倚棹录》）。由于唐代交通的便利和餐饮业的发达，各地市肆烹饪的交流亦已成规模，在长安、益州等地可吃到岭南菜和淮扬菜，而在扬州也出现了北食店、川食店。

从公元 960 年北宋建立到 1911 年清朝灭亡，是中国餐饮业不断走向繁荣的时期。在中国经济发展史上，宋代掀起了一个经济高峰，生产力的发展带动了社会经济的兴盛，进入商品流通渠道的农副产品，其品种之多，可谓空前。在北宋汴京市场上就可看到“安邑之枣，江陵之橘，……鲐鮆鲰鲍，酿盐醯豉。或居肆以鼓炉。或居肆以鼓炉橐，或磨刀以屠猪彘”（见周邦彦《汴城赋》），这表明宋代的商品流通条件有了很大改善，而且餐饮市场的进一步发展也有了前提性和必然性，各地富商巨贾为南北风味烹饪在都邑市肆饮食业的交流创造了便利条件。

仅以东京而言，从城内的御街到城外的八个关厢，处处店铺林立，形成了二十余个大小不一的餐饮市场，“集四海之珍奇，皆归市易；会寰区之异味，悉在庖厨”（《东京梦华录·序》）。在这里，著名的酒楼馆就有七十二家，号称“七十二正店”，此外不能遍数的餐饮店铺皆谓之“脚店”（《东京梦华录·卷二》），出现了素食馆、北食店、南食店、川食店等专营性风味餐馆，所经营的菜点有上千种。这类餐饮店铺经营方式灵活多样，昼夜兼营。大酒楼里，讲究使用青一色的细瓷餐具或银具，提高了宴会的审美情趣。夜市开至三更，大同小异不闭市，至五更时早市又开。餐饮市场还出现了上门服务、承办筵席的“四司六局”，各司各局内分工精细，各司其职，为顾主提供周到服务。另外还出现了专为游览山水者备办饮食的“餐船”和专门为他们提供烹调服务的厨娘。另一方面，南方海味大举入京，欧阳修在《京师初食车螯》一诗中就对海味珍品倍加赞颂。从宋代刻印的一些食谱看，南味在北方都邑有很大的市场，而北味也随着宋朝廷的南徙而传入江南。淳熙年间，孝宗常派内寺到市面的饮食店中“宣索”汴京人制作的菜肴，如“李婆朵菜羹”“贺四酪面”“藏三猪胰胡饼”“戈家甜食”等。隆兴年间，皇室在过观灯节时，孝宗等于深夜时品尝了南市张家圆子和李婆婆鱼等，标价甚惠，“直一贯者，犒之二贯”（见周密《癸辛杂识》）。

元代市肆饮食业的繁荣程度与饮馔品种皆逊色于前朝，都邑餐饮市场发生的最明显的变化就是融入了大量的蒙古和西域的食品。10 世纪至 13 世纪初，畜牧业成为蒙古人生产的主要部门和生活的根本来源，故蒙古族人食羊成俗。入主中原后，餐饮市场的饮食结构出现了主食以面食为主、副食以羊肉为主的格局，如全羊席在酒楼餐馆中就很盛行。餐饮市场上还出现了饮食娱乐配套服务的酒店。

明清两代，随着生产力的发展与人口的激增，封建社会再次走向鼎盛，市肆饮食业蓬勃发展并呈现出繁荣的局面，孔尚任在《桃花扇》中描写扬州道：“东南繁荣扬州起，水陆物力盛罗绮。朱橘黄橙香者橼，蔗仙糖仙如茨比。一客已开十丈筵，宾客对列成肆市。”吴敬梓在《儒林外史》中描述南京餐饮盛况时道：“大街小巷，合共起来，大汪酒楼有六七百座，茶社有一千余处。”各地餐饮市场出售的美食在地方特色方面有所增强，甚至形成菜系，时人谓之“帮口”，《清稗类钞·饮食卷》：“肴馔之有特色者，为京师、山东、四川、福建、江宁、苏州、镇江、扬州、淮安。”这不仅说明今天许多菜系的形成源头可以追溯到此时，而且也说明此时这些地方的市肆饮食很发达。餐饮市场为菜系提供了生成与发展的空间，许多保留至今的优秀传统菜品都诞生于这一时期的市肆饮食市场中。繁荣的餐饮市场已形成了能满足各地区、各民族、各种消费水平及习惯等的多层次、全方位、较完善的市场格局。一方面是异彩纷呈的专业化饮食行，它们凭借专业经营与众不同的著名菜点、经营方式灵活及价格低廉等优势，占据着市场的重要位置。如清代北京出现的专营烤鸭的便宜坊、全聚德烤鸭馆，以精湛的技艺而流芳至今。另一方面是种类繁多、档次齐全的综合性饮食店。在餐饮市场中起着举足轻重的作用。它们或因雄厚的烹饪实力、周到细致的服务、舒适优美的环境、优越的地理位置吸引食客，或因方便灵活、自在随意、丰俭由人而受到欢迎。如清代天津著名的八大饭庄，皆属高档的综合饮食店，拥有宽阔的庭院，院内有停车场、花园、红木家具及名人字画等，只承办筵席，宾客多为显贵。而成都的炒菜馆、饭馆则是大众化的低档饮食店，“菜蔬方便，咄嗟可办，肉品齐全，酒亦现成。饭馆可任人自备菜蔬交灶上代炒”（《成都通览》）。此外还有一些风味餐馆和西餐馆也很有个性，如《杭俗怡情集锦》载，清末杭州有京菜馆、番菜馆及广东店、苏州店、南京店等，经营着各种别具一格的风味菜点。

清代后期，以上海为首，广州、厦门、福州、宁波、香港、澳门等一些沿海城市沦为半殖民地化城市，西方列强一方面大肆掠夺包括大豆、茶叶、菜油等中国农产品，另一方面向我国疯狂倾销洋食品。但传统餐饮市场的主导地位即使在口岸城市中也没有被动摇，甚至借助于殖民地化商业的畸形发展，很多风味流派还得以传播和发展。例如著名的北京全聚德烤鸭店、东来顺羊肉馆、北京饭店，广州的陶陶居，杭州的楼外楼，福州的聚春园，天津的狗不理包子铺等都是在这一时期开业的。

（二）市肆饮食的基本特征

1. 技法多样，品种繁多

市肆菜点在漫长的历史发展中，大量吸取了宫廷、官府、寺院、民间乃至少数民族的饮馔品种和烹饪技法，从而构筑了市肆风味在品种和技法方面的优势，如《齐民要术》中记载的一些制酪方法，实际上是由于当时西北游牧民族入主中原后仍保留着原来的饮食习俗，且这种饮食习俗已在汉族人的饮食生活中发生了影响，甚至已有了广阔的市场。元代的京都市肆流行着“全羊席”，烹调技法得传于蒙。清代，京师中许多高档酒楼餐馆都有满族传统菜“煮白肉”“荷包里脊”等出售，其法皆传于皇室王府。

佛教流布中国后，很快为中国人所接受。佛教信徒除出家到寺院落发者外，更多的是做佛家俗门弟子。他们按照佛门清规茹素戒荤，市肆饮食行业为了满足这些佛教徒的饮食之需，学习寺院菜的烹饪方法。如唐代时，许多市肆素馔如“煎春卷”“烧春菇”“白莲汤”等，其烹饪方法皆得传于湖北五祖寺。许多古代素食论著如《齐民要术·素食》《本心斋蔬食谱》《山家清供》等，所录素馔及其方法，无法辨别哪些是官府或民间的，哪些是宫廷或市肆的，哪些又是寺院的。

市肆饮食烹饪方法大大多于官府烹饪或寺院烹饪。据统计，在反映南宋都城情况的《梦粱录》中记述的市肆烹饪方法竟有近20种。该书所记的市肆供应品种，诸如酒楼、茶肆、面食店等出售的各种品种，共计800多种，如果按吴自牧自述的“更有供未尽名件”这句话看，市肆饮馔的实际数量应当更多。另外，像《成都通览》录述了清末民初成都市肆上供应的川味肴馔1328种；《桐桥倚棹录》记载苏州虎岳市场上供应的菜点147种；至于《扬州画舫录》《调鼎集》等有关市肆菜的记载亦不在少数，足见市肆饮食种类之多。发展至今，各地市肆菜点更是丰富多彩，难以数计。

2. 应变力强，适应面广

餐饮业的兴盛，早已成为市场繁荣的象征，而都市的繁荣与都市人口及其不同层次的消费能力有密切关系。以北宋汴京为例，当时72户“正店”酒楼最著名的就有樊楼、杨楼、潘楼、八仙楼、会仙楼等，这些“正店”楼角凌霄，气势不凡，属于消费档次较高的综合性饮食场所。也是王府公侯、达官显贵的出入之地；而被称为“脚店”的中小型食店，多具有专卖性质，如王楼包子、曹婆婆肉饼、段家爊物、梅家鹅鸭等，各展绝技，因有盛名，成为平民百姓乐于光顾的地方。至于出没夜市庙会的食摊、沿街串巷叫卖的食商，更是不可胜计。这样的饮食市场具有明显能适应不同层次、不同嗜好之饮食消费的特点。

积极的饮食服务手段也构成了市肆风味适应面广的一个因素，这在《东京梦华录》中多有反映。汴京的酒楼食店，总是从各方面满足食客的饮食之需，可谓用心良苦，“每店各有厅院东西廊，称呼座次。客坐，则一人执箸纸，遍问坐客。都人侈纵，百端呼索，或热或冷，或温或整，或绝冷、精浇、膘浇之类，人人所唤不同。行菜得之，近局次立，从头唱念，报与局内。当局者谓之‘铛头’，又曰‘着案’讫，须臾，行菜者左手杈三碗，右臂自手至肩叠约二十碗，散下尽合人呼索，不容差错。一有差错，坐客白白主人，必加叱骂，或罚工价，甚者逐之”（卷四）。这样的服务程序不仅满足了食客的需求，也赢得了食客观赏这种表演性服务方式的心态。

市肆菜点与服务，都可以应时而变，应需而变。都邑酒店饭铺，并非仅供行旅商贾或游宦、游学者的不时之需，更多的是满足都邑居民的饮食需求，“市井经纪之家，往往只于市店旋买饮食，不置家蔬”（《梦粱录》）。而“筵会假货”的服务项目，在汴京多由大酒楼承办，包括“椅桌陈设器皿合盘，酒担动使之类”，

“托盘下请书，安排座次，尊前执事，歌说劝酒”（同上），至于肴馔烹调，更不在话下。后来临安“四司六局”中的“四司”作为专为府第斋舍上门服务的机构，则是市肆饮食应需而变在服务方面的具体体现。市肆菜发展到今天，已经演变成为以当地风味为主、兼有外地风味的菜肴。而像北京、上海、广州、成都等地，几乎可以品尝到全国各地的风味菜点，这正是市肆菜应需而变的必然结果。

第四节　其他主要地方风味流派

其他地方风味流派的形成与发展离不开与之相应的四大菜系的影响范围。在与之相应的菜系影响之下，许多地方形成了风味相对独特、发展比较稳定的地方性特征，主要有以下几种。

一、北京菜

北京菜起源于金、元、明、清的御膳、官府和食肆，受鲁菜、满族菜、清真风味和江南名食的影响较大，波及天津和华北，近年来已推向海外。它由本地乡土风味、齐鲁风味、蒙古族风味、清真风味、宫廷风味（含今日之仿膳菜）、斋食风味、江南风味 7 个分支构成。其风味特色是：选料考究，调配和谐，以爆、烤、涮、扒见长；酥脆鲜嫩，汤浓味足，形质并重，名实相符；菜路宽广，品类繁多，广集全国美食之大成。代表名菜主要有：北京烤鸭、涮羊肉、三元头牛、黄焖鱼翅、一品燕菜、八宝豆腐等。

二、上海菜

上海菜起源于清代中叶的浦江平原，后受到各地帮口和西菜的影响，特别是受淮扬菜系的影响最大，成为今天的海派菜。其影响波及华东和北京，近年来在海外也有很高声誉。它由海派江南风味、海派北京风味、海派四川风味、海派广东风味、海派西菜、海派点心、功德林素菜、上海点心 8 个分支构成。其风味特色是：精于红烧、生煸和糟炸，油浓酱赤，汤醇卤厚，鲜香适口，重视本味。代表菜主要有：八宝鸭、虾籽大乌参、松仁玉米、炒青蟹粉、鱼皮馄饨、灌汤虾球、下巴划水、贵妃鸡等。

三、东北菜

东北菜起源于辽金时期的女真部落，植根于东北大地，后受鲁菜影响并向东北平原扩展。它由沈阳风味、大连风味、御府风味（指伪满州国菜肴）、帅府菜肴（指张作霖家府菜）、满州民间风味 5 个分支构成。其风味特色是：用料突出山珍海味，脂滋多咸，汁宽芡亮，焦酥脆嫩，形佳色艳，肥浓、香鲜、润口。代表菜主要有：兰花熊掌、红梅鱼肚、鸡锤海参、猴头飞龙、游龙戏凤、白肉火锅、荷包里脊等。

四、西北菜

西北菜起源于周秦时期的关中平原，活跃在渭水两岸，扩展于陕南陕北，对晋、豫和大西北都有影响。其风味特色是：以香为主，以咸定味，料重味浓，原汤原汁，肥浓酥烂，光滑利口。代表菜主要有：奶汤锅子鱼、遍地锦装鳖、金钱酿发菜、温拌腰丝、红烧金鲤等。

五、安徽菜

安徽菜起源于汉魏时期的歙州，中心在歙县，因商而彰，餐馆遍及三大流域的重镇。它由皖南风味（含歙县、屯溪、绩溪、黄山）、沿江风味（含安庆、铜陵、芜湖、合肥）、沿淮风味（含蚌埠、宿县、淮北）3 个支系构成。其风味特色是：擅长制作山珍海味，精于烧炖、烟熏和糖调；重油、重色、重火力，原汁原味；山乡风味浓郁，迎江寺茶点驰誉一方。代表性名菜有：无为熏鸡、清蒸鹰龟、屯溪臭鳜鱼、八公山豆腐、软炸石鸡、毛峰熏鲥鱼、和县炸麻雀、酥鲫鱼、金雀舌、葡萄鱼、椿芽拌鸡丝等。

六、浙江菜

浙江菜起源于春秋时期的越国，活动中心在杭州湾沿岸，波及浙江全境和京、沪等地。它由杭州风味（以西湖菜为代表）、宁波风味、绍兴风味、温州风味 4 个分枝构成 。其风味特色是：鲜嫩、软滑、精细、注重原味，鲜咸合一；擅长调制海鲜、河鲜与家禽，富有鱼米之乡风情；形美色艳，掌故传闻多，饮食文化的格调较高。代表性名菜有：西湖醋鱼、东坡肉、泥煽童鸡、一品南肉、冰糖甲鱼、密汁火方、敦煌蟹头、干炸响铃、双味蛸蝉、龙井虾仁、芥菜鱼肚、西湖莼菜汤。

七、湖南菜

湖南菜起源于春秋时期的楚国，以古长沙为中心，遍及三湘四水，京、沪、台湾均见其踪迹。它由湘江流域风味（含长沙、湘潭、衡阳）、洞庭湖区风味（含常德、岳阳、益阳）、湖南山区风味（含大庸、吉首、怀化）3大分枝构成。其风味特色是：以水产品和熏腊原料为主体，多用烧、炖、腊、蒸诸法；咸香酸辣，油重色浓。姜豉突出，丰盛大方；民间肴馔别具一格，山林和水乡气质并重。代表性名菜有：腊味合蒸、冰糖湘莲、麻仔鸡、组庵鱼翅、潇湘五元龟、翠竹粉蒸鱼、红椒酿肉、牛中三杰、发丝百叶、霸王别姬、五元神仙鸡、芙蓉鲫鱼等。

八、福建菜

福建菜起源于秦汉时期的闽江流域，以闽侯县为中心向四方传播，影响台湾，流传东南亚与欧美。它由福州风味（含闽侯）、闽南风味（含泉州、漳州、厦门）、闽西风味（含三明、永安、龙岩）和南普陀素菜4个分枝构成。其风味特色是：清鲜、醇和、荤香、不腻；重淡爽、尚甜酸，善于调制珍馔；汤路宽广，佐料奇异，有“一汤十变”之誉。代表性名菜有：佛跳墙、龙身凤尾虾、淡糟香螺片、鸡汤汆海蚌、太极芋泥、芙蓉鲟、七星丸、烧橘巴、玉兔睡芭蕉、通心河鳗、梅开二度、四大金刚等。

九、湖北菜

湖北菜起源于春秋时期楚国都城郢都（今江陵），孕育于荆江河曲，曾影响整个长江流域和岭南，部分菜吕传入相邻省区。它由汉沔风味（含武汉、孝感和沔阳）、荆南风味（含荆州、沙市和宜昌）、襄郧风味（含随州、襄樊和十堰）、鄂东南风味（含黄石、黄岗和咸宁）、鄂西土家族山乡风味（以恩施为中心）5个分支构成。其风味特色是：水产为主，鱼菜为本；擅长蒸、煨、炸、烧、炒，习惯于鸡鸭鱼肉蛋奶合烹；汁浓芡亮，口鲜味醇，重本色，重质地。代表菜主要有：清蒸武昌鱼、冬瓜蟹裙羹、鸡泥桃花鱼、沔阳三蒸、钟祥蟠龙、荆沙鱼糕等。

十、河南菜

河南菜起源于商周时期的黄淮平原，以安阳、洛阳、开封三大古都为依托，向中原大地延展，波及京、杭甚至台湾。它由郑州风味、开封风味、洛阳风味、南阳风味、新乡风味、信阳风味6个分支构成。其风味特色是：重视火工与调味，鲜咸微辣，菜式大方朴实，特别是中州小吃自古有名。代表菜主要有：软溜黄河鲤、铁锅蛋、清蒸白鳝、琥珀冬瓜、烧臆子等。

第五节 主要少数民族风味

少数民族风味，是除汉族以外的其他少数民族菜点的总称。

我国是一个由56个民族组成的统一的多民族国家。由于各民族所处的自然环境、社会经济条件不同，人们在长期的饮食活动中，经过世代的传承和延续，逐渐形成了本民族特有的传统饮食品种和饮食习俗。各民族的菜点在中国饮食文化中占有重要地位。

一、朝鲜族菜

朝鲜族菜流传于东北和天津，与朝鲜和韩国食馔同出一源。选料多为狗肉、牛肉、瘦猪肉、海鲜和蔬菜，擅长生拌、生渍和生烤，常以大酱、清酱、辣椒、胡椒、麻油、香醋、盐、葱、姜、蒜调味，菜品风味鲜香脆嫩，辛辣爽口。餐具多系铜制，喜好生冷。名菜有生渍黄瓜、辣酱南沙参、苹果梨咸菜、头蹄冻、烧地羊、生烤鱼片、冷面等。

二、满族菜

满族菜流传于东北、京津和华北，有400余年的历史，在清代颇有名气。用料多为家畜、家禽或熊、鹿、獐、狗、野猪、兔子等野味。满族菜的主要烹调方法有白煮和生烤，口示偏重鲜咸香，口感重嫩滑。菜品多为整只或大块，届时用手解或刀割食，带有萨满教神祭的遗俗。名菜主要有白肉血肠、阿玛尊肉、烤鹿腿、手扒肉、酸菜等。民族风味宴席（如三套碗、茶席）也很有特色。

三、蒙古族菜

蒙古族菜流传于内蒙古、东北和西北地区，有800多年的历史，元代是其鼎盛时期。蒙古族菜与蒙古菜近似，统称“乌兰伊德”，意为“红食”（其奶面点心则称为“白食”）。取料多系牛羊，也有骆驼、田鼠、野兔、铁雀之类。一般不剔骨，斩大块，或煮或烤。仅用盐或香料调制，重酥烂，喜咸鲜，油多、色深、量足，表现塞北草原粗犷饮食文化的独特风采。名菜主要有反把羊肉、烤羊尾、炖羊肉、羊肉火锅、炒骆驼丝、烤田鼠、太极鳝鱼等。

四、彝族菜

彝族菜流传于川、云、贵、桂等地，有800多年的历史。宋辽金元时的南诏国菜品即以其为主体。取料多用“两只脚”的鸡鸭和“四只脚”的猪牛羊，也用其他野味。多为大块烹煮。添加盐和辣椒佐味。名菜有坨坨肉、皮干生、麂子干巴、羊皮煮肉、肝胆参、油炸蚂蚱、生炸土海参、巍山焦肝等。

五、藏族菜

藏族菜流传于西藏、云南和青海，有1400多年的历史，隋唐至今，其高原雪山的独特风味一脉相承。菜料多为牛羊、野禽、昆虫、菌菇等；重视酥油入馔，习惯于生制、风干、腌食、火烤、油炸和略煮；调味重盐，也加些野生香料；口感鲜嫩，分足量大。名菜有手抓羊肉、生牛肉、火上烤肝、油炸虫草、油松茸、煎奶渣、“藏北三珍”（夏草黄芪炖雪鸡、赛夏蘑菇炖羊肉、人参果拌酥油大米饭）、竹叶火锅等。

六、苗族菜

苗族菜流传于贵州、云南、四川、湖南等地，有1000多年的历史，红苗、黑苗、白苗、青苗、花苗的饮食风味大同小异。食料广泛，嗜好麻酸糯，口味厚重，制菜常用甑蒸、锅焖、罐炖、腌渍诸法，洋洋洒洒的酸菜宴独具特色。名菜有瓦罐焖狗肉、清汤狗肉、薏仁米焖猪脚、血肠粑、油炸飞蚂蚁、炖金嘎嘎呜、辣骨汤、鱼酸、牛肉酸、蚯蚓酸、芋头酸、蕨菜酸、豆酸、蒜苗酸、萝卜酸等。

七、侗族菜

侗族菜流传在黔、桂、鄂交界的山区，有近千年历史。侗族菜现仍秉承古代百越人的山林食风，最大的特点是无料不腌，无菜不酸，腌制方法巧（有制浆、盐煮、拌糟、密封、深埋等10多道工序，保存时间少则2年，多则30年），酸辣香鲜，甘口怡神，名菜有五味姜、龙肉、醅鱼、牛别、酸笋、酸鹅、腌龙虱、腌蜻蜓、腌葱头、腌芋头、腌蚌。

八、傣族菜

傣族菜流传在云南西双版纳、德宏一带，有800余年历史，带有小乘佛教的浓郁情调。用料广博，飞禽动植皆被得用，制菜精细，煎炒炮熘无所不通。

口味偏好酸香清淡，昆虫食品在国外与墨西哥虫馔齐名。肴馔奇异自成系统，有热带风情和民族特色。名菜有苦汁牛肉、烤煎青苔、五香烤傣鲤、菠萝爆肉片、炒牛皮、鱼虾酱、香茅草烧鸡、牛撒撇拼盘、炸什锦、蚂蚁酱、蜂房子、生吃竹虫、清炸蜂蛹、烧烤花蜘蛛、凉拌白蚁蛋、油煎干蝉、狗肉火锅等。

九、土家族菜

土家族菜流传在湘、鄂、川三省边界，有近2000年的历史。由于受到湘、鄂、川菜系的影响，饮食文化较为发达。菜料包括禽畜鱼鲜和粮豆蔬果，还有山珍及野味，烹调技法全面，嗜好酸辣，有“辣椒当盐”之说。肴馔珍异而丰满，带有浓郁的南国原始山林情韵。名食有小米年肉、凉拌鹿丝、红烧螃蟹等。

十、京族菜

京族菜流传在广西防城县，有300余年的历史，与越南菜同属一个体系。制菜多用海鲜，善于使用鲶汁，并有主副食合烹的习惯，爱用鱼汤调味下饭。由于是“靠海吃海”其食馔有鲜明的渔村特色。名菜有螺蟹米粉汤、烤鱼汁芝麻糍粑、烧大虾、生鱼片、鱼露、蚌肉羹、烧石花鱼、炖海龟、清炒海龟蛋、烩海味全家福等。

十一、壮族菜

壮族菜流传在广西和粤、滇、湘等地，有3000年以上的历史，是现今岭南食味的本源。壮族传统肉食有猪牛羊、鸡鸭鹅及山禽野兽等，也吃果蔬，擅长烤、炸、炖、煮、卤、腌，口味趋向麻辣酸香、酥脆爽口。美食众多，调理精细，筵宴济楚，食礼隆重，在桂菜中占有重要的地位。名菜有辣白旺、火把肉、盐风肝、皮肝生、脆熘蜂儿、油炸沙蛆、洋瓜根夹腊肉、龙虎斗、彗星肉、烤辣子水鸡、酿炸麻仁蜂、龙卧金山、白炒三七鸡、酸水煮鲫鱼、马肉米粉。

十二、高山族菜

高山族菜流传于台湾，有1000余年的历史，系由古越人食馔、琉球群岛土著食馔和福建菜等融汇而成。食料多取自本岛所产的动植物，技法有蒸烤、煮、腌、拌等。口味偏好酸香肥糯，饮食带有热带山风情。名菜有三元及第、芥菜长年、香烤墨鱼、萝卜缨菜、干贝烘蛋、芋头肉羹、南瓜汤、发家鸡、蒜苔熬鱼、黄笋猪脚、金玉满堂、土豆烧肉等。

第六节　中国清真菜

我国回族、维吾尔族、哈萨克族、塔吉克族、柯尔克孜族、乌孜别克族、塔塔尔族、撒拉族、东乡族和保安族等信奉伊斯兰教的民族，在饮食习惯和禁忌方面共守伊斯兰教规，在饮食风味方面，这些民族又有相异之处，因此，人们把主要居住于新疆的这些民族的风味菜点称作“新疆菜”。在我国信奉伊斯兰教的少数民族中，回族人口最多，分布最广，因此狭义的“清真菜”就单指回族菜肴了。清真菜已成为我国烹饪的一大流派。

一、中国清真菜的发展历史

清真菜起源于唐代，发展于宋元，定型于明清，近代已形成完整的体系。早在唐代，由于当时社会经济的繁荣和域外通商活动的频繁，很多外国商人特别是阿拉伯人，带着本国的物产，从陆路（即“丝稠之路”）和水路（即“香料之路”）进入中国，行商坐贾。自此，伊斯兰教便随之广布于中国。穆斯林独特的饮食习俗和禁忌逐步为信仰伊斯兰教的中国人所接受。到了元朝，回族人已遍布全国。随着中国穆斯林人数的增多，回族菜也迅速发展起来。

由于回族菜风味独特，很多非穆斯林对之亦颇青睐，所以很多古代食谱对回族菜点亦加载录，如元代的《居家必用事类全集》，载录了“秃秃麻失”“河西肺”“克儿匹剌”“八耳搭”“哈耳尾”“古剌赤”“哈里撒”等 12 款回族菜点，不过这些菜点多为阿拉伯译音，其制法与今之清真菜点也不同，且甜食居多，由此推测，元代的回族菜，较多地保留了阿拉伯国家菜肴的特色。随后，元代宫廷太医忽思慧在其《饮膳正要》中载录了不少回族菜肴，但与《居家必用事类全集》不同的是，羊肉为主要原料的菜品居多。

明末清初，回族学者正岱舆等在译述伊斯兰教义时指出：“盖教本清则净，本真则正，清净则无垢无污，真正则不偏不倚。”又说：“真主原有独尊，谓之清真。”“清真”一词自此便为社会所广泛使用，“清真教”成为伊斯兰教在中国的译称，而“清真菜”之名也取代了“回回菜”的旧称。清真菜广泛流行于回汉杂居的民间。清代，北京出现了不少至今仍颇有名气的清真饭庄和餐馆，如东来顺、烤肉宛、烤肉季、又一顺等。这些地方烹制出来的清真风味，都可称得上是京中佳馔，其影响和魅力也波及了清宫廷。在宫廷御膳中，也有不少得传于京城著名清真菜品，如“酸辣羊肠羊肚热锅”“炸羊肉紫盖”“哈密羊肉”等，这些菜品与现代的清真菜肴非常接近。

二、清真风味的基本特点

清真菜在发展过程中，善于吸收其他民族风味菜肴之优点，将好的烹调方法引入清真菜的制作过程中，如清真菜中的“东坡羊肉”“宫保羊肉”得传于汉族的风味菜肴。而“涮羊肉”原为满族菜，“烤羊肉”原为蒙古族菜，后来都成为清真餐馆热衷经营的风味名菜。

由于各地物产及饮食习惯的影响，中国清真菜形成了三大流派：一是西北地区的清真菜，善于利用当地物产的牛羊肉、牛羊奶及哈密瓜、葡萄干等原料制作菜肴，风格古朴典雅，耐人寻味；二是华北地区的清真菜，取料广博，除牛羊肉外，海味、河鲜、禽蛋、果蔬皆可取用，讲究火候，精于刀工，色香味并重；三是西南地区的清真菜，善于利用家禽和菌类植物，菜肴清鲜淡雅，注重保持原汁原味。

清真菜有着很鲜明的特点，主要表现在以下几个方面。

（一）饮食禁忌严格

饮食禁忌严格主要表现在原料的使用方面。这种禁忌习俗来源于伊斯兰教规。伊斯兰教主张吃“佳美”“合法”的食物，所谓“佳美”就是清洁、可口、富于营养，禁食《古兰经》中规定的不洁食物。此外，诸如鹰、虎、豹、狼、驴、骡等凶猛禽兽及无鳞鱼皆不可食。而那些食草动物（包括食谷的禽类）如牛、羊、驼、鹿、兔、鸡、鸭、鹅、鸠、鸽等，以及河海中有鳞的鱼类，都是穆斯林食规中允许食的食物。至于“合法”，就是以合法手段获取那些“佳美”的食物。按照伊斯兰的教规，屠宰供食用的禽兽，一般都要请清真寺内阿訇认可的人代刀；并且必须事先沐浴净身后再进行屠宰，屠宰时还要口诵安拉之名，才认为是合法。

（二）选料严谨，工艺精细，食品洁净，菜式多样

清真菜的用料主要取于牛、羊两大类，而羊肉用料尤多。烹制羊肉是穆斯林最擅长的。早在清代，就已有清真“全羊席”，“如设盛筵，可以羊之全体为之。蒸之，烹之，炮之，炒之，爆之，灼之，熏之，炸之。汤也，羹也，膏也，甜也，咸也，辣也，椒盐也。所盛之器，或为碗、或为盘、或为碟。无往而不见为羊也，多至七八十品，品各异味”（《清稗类钞·饮食类》），充分体现了厨师高超的烹饪技艺。至同治、光绪年间，“全羊席”更为盛行，以后，终因此席过于糜费而逐渐演变成“全羊大菜”。“全羊大菜”由“独脊髓”（羊脊髓）、“炸蹦肚仁”（羊肚仁）、“单爆腰”（羊腰子）、“烹千里风”（羊耳朵）、“炸羊脑”“白扒蹄筋”（羊蹄）、“红扒羊舌”“独羊眼”八道菜肴组成，是全羊席的精华，也是清真菜中的名馔。

（三）口味偏重鲜咸，汁浓味厚，肥而不腻，嫩而不膻

清真菜的烹饪方法很独特，较多地保留了游牧民族的饮食习俗。如“炮”，就是清真风味中独有的一种烹调方法，将原料和调料放在炮铛上，用旺火热油，不断翻搅，直到汁干肉熟。以清真名菜“炮羊肉”为例，先将羊后腿肉切成薄片，在炮铛上洒一层油，油熟后放入肉片及卤油、酱油、料酒、醋、姜末、蒜末等调料，待炮干汁水，再放入葱丝炮，葱熟，溢出香味即可。倘若此时再续炮片刻，待肉散发出糊香味，则是另一道清真名菜“炮糊”。清真菜中的涮羊肉、烤牛肉、烤羊肉串等菜肴，也都久负盛誉。由于在一些大中城市中，回族、汉族、满族、蒙古族等各民族长期杂居，从事烹饪行业的回族人特别善于学习和吸取其他民族中好的烹饪方法，因而是使清真菜的烹饪技法由简到繁，日臻完善，炒、熘、爆、扒、烩、烧、煎、炸，无所不精，形成了独具一格的清真菜体系。

（四）清真菜筵席特色鲜明，各地名馔繁多

清真菜筵席大体有五类，即燕菜席、鱼翅席、鸭果席、便果席和便席。具有繁简兼收、雅俗共赏、高中低档兼备、色香味形并美的特点。此外，中国清真名菜有500多种，如“葱爆羊肉”“焦熘肉片”“黄焖牛肉”“扒羊肉条”“清水爆肚”等，都是各地餐馆中常见的名品。各地名馔不胜数计，如兰州的“甘肃炒鸡快”、银川的“麻辣羊羔肉”、西安的“羊肉泡馍”、青海的“青海手抓肉”、吉林的“清烧鹿肉”、北京的“它似蜜”和“独鱼腐”等，都是当地特别拿手的清真风味名菜，风味独树一帜。至于清真小吃，用料广泛，制作精细，适应时令，颇受人们的喜爱。

阅读与思考

华夏六大“怪吃”

王长平／文

中国饮食文化博大精深，各地小吃更是极具特色。可是你知道吗？我国有些地方的小吃可称得上“怪吃”，下面选取六例与读者朋友共赏。

闽西宁化老鼠干 闽西有风味特色小吃“八大干”，即连城比瓜干、武平猪胆干、明溪肉脯干、宁化老鼠干、上杭萝卜干、永定菜干、宁化辣椒干、长汀豆腐干。其中宁化老鼠干，系立冬后捕得田鼠、山鼠，经剖腹、脱皮、蒸煮，将肉、肝、心共置于盛有米饭或细糖的热锅中熏烤成干。光亮透红的鼠干味香

可口，烹制爆炒成佳肴，为筵上名品。老鼠干也是出口佳品。

“一片柔肠”与“肝胆相照” 闽西山区农民宰了猪，将一副大肠洗净、沥干，一片片切入滚沸的油锅。炸得脆脆的，蘸盐吃，唤作“一片柔肠”。另将一叶猪肝连胆洗净，放去半个胆的苦汁，另一半让它渗入猪肝。然后风干，切成大片蒸熟，再切成小片，这种入口苦、回味甘的猪肝，唤作“肝胆相照”。

石子膜 这种陕西名食，用水面、酵面两掺，加精盐、碱、熟猪油和花椒汁揉匀和成面团，擀成圆饼。选栗子大小的鹅卵石放入面饼，再将另一半烫石子盖在上面，加盖。上烫下烙，直至饼熟。饼虽高低不平，但因受热均匀，不生不焦，味道很好。

独头蒜炖干贝 用四川独头蒜一枚放入盅中，上放五六粒发过洗净的干贝，高汤炖四五小时，食时弃干贝而食标。因蒜多作配料，故此菜“反客为主”，颇有几分新意。据传，此菜由张大千创制。

腊桥——鸭尾（屁股） 将鸭尾风干，蒸熟，切片即食。另外，也可以将五六只鸭尾用竹扦串好，入油锅汆熟，直至发脆。吃起来更有味道。这是湘西一带著名的风味小吃。

人造海蜇皮 在山东，白木耳受潮后，如果在阳光下晒干，便很难再烂了。但可以在开水中略煮后，切碎，以葱姜末加酱油、麻油拌食，放一点点醋，味道有点像海蜇。但这种“人造海蜇”绝对不会塞牙，也不会咬不动，无论老幼尽可在嚼特嚼。

本文选自2002年11月9日《中国食品质量报》。

思考题：上述这些怪吃为什么会出现在不同地区？你家乡的特色小吃有哪些？其特色是什么？

总结

本章讲述了中国烹饪风味流派的界定、四大菜系、历史传承风味、主要地方与主要少数民族风味流派以及中国清真菜。中国烹饪文化的风味流派历史悠久，派别众多，由于地理、气候、物产、政治、经济、历史、文化、风俗、信仰以及烹饪技术的差异，加之权威倡导、群众喜爱、文化气质、美学风格等诸多因素的相互影响与渗透，菜点的风味差别很大，形成流派。而菜系的形成，一般说来必须在烹饪原料、工艺方法、菜品特色、成品质量和历史筛选与创新这五大方面有独到之处。在历史发展的长河中，中国烹饪文化的风味流派形成了地方风味、民族风味和宗教风味三大块。众多的风味流派和地方小吃构成了中国烹饪文化博大深厚的内涵和色彩绚丽的画面。

同步练习

1. 什么是中国烹饪风味流派?
2. 什么是菜系?我国有几大菜系?它们的状况如何?
3. 中国烹饪风味流派是怎样形成的?
4. 试述中国烹饪风味流派的认定标准。
5. 江苏(淮扬)菜系由哪些风味组成?各地风味特色如何?
6. 粤菜系包括哪几个分支?各分支的风味特色如何?
7. 地理环境和物产资源对鲁菜系的形成与发展产生了怎样的影响?
8. 鲁菜系的分支构成怎样?各分支的风味特色如何?
9. 川菜的分支与特点如何?
10. 什么是宫廷风味?它经历了怎样的历代沿革?
11. 宫廷风味的主要特点是什么?
12. 什么是孔府菜?它具有哪些特点?试举出其中三款代表菜。
13. 官府风味的基本特色怎样?
14. 寺院风味是怎样形成的?它的烹饪特色如何?
15. 什么是市肆菜?它是怎么发展起来的?在发展过程中形成了哪些特点?
16. 上海菜由哪几个分支构成?其风味特点是什么?
17. 试举出三款具有代表性的蒙古族菜?
18. 中国清真菜形成了哪三大流派?其主要特点是什么?

第七章

中国烹饪文化积淀

本章内容： 中国古代烹饪文献
中国烹饪饮食思想
中国烹饪饮食器具
中国食俗

教学时间： 6课时

教学方式： 理论教学

教学要求： 1. 深层次地把握中国烹饪饮食思想体系中的几个具有代表性的思想观念，并了解这些观念对现代中国烹饪产生的影响；
2. 引导学生把握中国烹饪器具的历史发展、分类及特点；
3. 深入了解中国食俗的成因和主要特征。

课前准备： 认真阅读指定的几部中国古代烹饪文献。

在中国文明历史发展进程中，中国烹饪形成了深厚的文化积淀，这主要包括大量的烹饪饮食史料、丰富的烹饪饮食思想、大量的烹饪饮食器具和各地浓厚的饮食风俗。在中国文明的历史长河中，它们之间相激相荡，形成一朵朵耀眼的浪花，共同吟唱着中国烹饪文化的交响史诗。

第一节　中国古代烹饪文献

一、中国古代烹饪文献总述

中国古代烹饪文献，是中国烹饪历史发展历程中重要的文化积淀，是中国烹饪文化的重要组成部分。中国古代烹饪文献主要是指专门记载和论述饮食烹饪之事的著作，如食经、茶经、酒谱之类，这类书籍，存目者过千，传今者百余。

早在商周时期，中国最早的诗歌总集《诗经》中有不少诗句反映当时黄河中下游人们的饮食习俗和饮食文化。周公旦所著的早期礼制全书《周礼》，对周代初期的官制进行全面描述。据该书记载，为王室服务的天官大冢宰中，与制作和供奉饮食有关的人员就达2332人，分为22种官职，并且书中还出现了“六食”“六饮”“六膳”“百馐”“百酱”“八珍”等饮食的名称。稍后的《礼记》在其《月令》《礼运》《内则》等中又有许多有关当时黄河中下游地区饮食文化的记叙，其中提到周代“八珍”及周代的风味小吃饵（点心），成为中国有关方面的最早记录。与黄河中下游地区饮食文化相对应，人们也开始研究和记录长江中下游的饮食文化，如屈原及其弟子的作品总集——《楚辞》中，就有许多作品是歌颂当时楚国的酒与食品，特别是《招魂》中提到许多食品和饮料名称，被誉为中国最古的菜谱。在战国末期又出现了专门的烹饪著作——《吕氏春秋·本味篇》，篇中记叙了商汤以厨技重用伊尹的故事及伊尹说汤的烹饪要诀：“凡味之本，水最为始。五味三材，九沸九变，火为之纪。时疾时徐，灭腥去臊除膻，必以其胜，无失其理。调和之事，必以甘酸辛咸，先后多少，其齐甚微，皆有自起。鼎中之变，精妙微机，口弗能言，志弗能喻，若射御之微，阴阳之化，四时之数。”该烹调理论成为中国以后几千年饮食烹调的理论依据。

到了春秋战国时期，百家争鸣，著书立说，往往借助于烹饪之术、饮食之道，阐明自己的政治主张、哲学思想和道德观念，如老子说的“治大国若烹小鲜”，是以烹制鱼肴之述而喻治国之道，他的“恬淡为上，胜而不美”，又是其“以柔克刚”哲学思想的形象比喻；孔子说的“席弗端勿坐”“割不正不食”，是暗喻以“礼”修身正行的伦理观；孟子的“口之于味有同嗜焉”，则是提出了关于人类共性问题的思考。如此等等，说明春秋战国时期各家学派在论述自己的思想观点时，对烹饪饮食现象也都有不同程度的理性思考，只是这种思考并不是系统的，而是零散的。

秦汉时期，有关烹饪方面的文献有所增加，这与社会稳定、经济发展分不开。许多词赋中都大量记叙当时的饮食物品，如司马相如的《上林赋》、枚乘的《七发》、杨雄的《蜀都赋》等。在王褒的《憧约》、史游的《急就篇》及一些字典（杨雄的《方言》、许慎的《说文解字 》、刘熙的《释名》）中也提及了当时的饮食文化内容。其中王褒的《憧约》中有“烹荼”和“买荼”的文字，是“荼”发展为“茶”字的最早由来，并且出现了研究食疗的专著，主要有《黄帝内经》《神农本草经》和《山海经》等，为以后食疗理论的形成奠定了基础。

至魏晋南北朝时，中国饮食文化研究开始走上繁荣时期，食品制作、烹调和食疗方面的著述成批涌现，出现前所未有的好势头。关于饮食和烹调的书有：《崔氏食经》四卷、《食经》十四卷、《食馔次第法》一卷、《四时御食经》一卷、《马琬食经》三卷、《会稽郡造海味法》一卷，书籍均已亡佚。关于食品制造的著述有《家政方》十二卷、《食法杂酒要方、白酒并作物法》十二卷、《食图》一卷、《四时酒要方》一卷、《白酒方》一卷、《酒并饮食方》一卷、《馐及铛蟹方》一卷、《七日面酒法》一卷、《杂酒食要方》一卷、《杂藏酿法》一卷、《北方生酱法》一卷，均已佚失。关于食疗的著述有《膳馐养疗》二十卷、《论服饵》一卷、《神仙服食经》十卷、《抱朴子·神仙服食神秘方》二卷、《神仙服食药方》十卷、《术叔卿服食杂方》一卷、《服饵方》三卷、《老子禁食经》一卷、《黄帝杂饮食忌》二卷、《太官食经》五卷、《太官食法》二十卷，除《抱朴子·神仙服食药方》以外，已全部佚失，作者无考。此外还有西晋何曾的《食疏》、嵇康的《养生篇》、虞悰的《 食珍录》等，亦佚失。这一时期现存的有关饮食的著述主要有《临海水土异物志》《广雅》《博物志》《抱朴子》《本草经集注》《齐民要术》《荆楚岁时记》《崔浩食经》（序）。

到隋唐时期，中国再次走向统一，封建社会开始进入顶峰，国家达到空前强盛，相应地，同外界的文化交流也进一步加强，人们开始注重风物、饮食、医疗保健、娱乐等方面的研究。隋代因其短命，现存饮食方面的研究成果只有谢讽所撰的《谢讽食经》，并且只记录了 53 种菜肴的名称。盛唐和宋代时期，随着社会的相对稳定，国富民强的社会环境的熏陶，人们追求安逸和享乐，追求口腹之欲，从而使饮食文化研究出现高潮，饮食文化的著述也就不断涌现。烹饪和食物加工的书籍现存的主要有《韦巨源食谱》，是唐代韦巨源献给皇帝的“烧尾宴”的菜单，其中罗列了 58 种菜名，并附有简单的说明。另外就是《膳夫经手录》，这是唐代杨晔传撰的烹饪书，介绍了 26 种食品的产地、性味和食用方法。食疗保健方面的著述有孙思邈的《千金翼方》和《备急千金要方》、孟诜的《食疗本草》、陈藏品的《本草拾遗》、昝殷的《食医心鉴》，其中比较有影响的是《千金翼方》和《食疗本草》。

唐代在研究饮食文化上出现了两种新趋势。一是开始总结前代的成果。如欧阳询等人奉敕撰写的《艺文类聚》中就开始总结唐代以前的饮食文化的宝贵资料，其中“礼”“文”“百谷”“果”“鸟”“兽”“鳞”“介”等部都涉及饮食的内容。“食物”部的食、饼、肉、脯酱、酢、酪苏、米、酒等项中，还有对前代的总结性研究。与此同时，由于盛唐疆域广大，人口流动较前代频繁，人们对各处风土研究的兴趣也大为增强，写出了许多涉及各地饮食风俗的志书，如段成式的《酉阳杂俎》、段公路的《北户录》、刘恂的《岭表录异》 等。二是茶文化研究被列入议事日程。从唐代开始，在佛教的影响下，中国饮茶之风大盛，出现茶文化热，涌现出大量的专家和典籍。其中以陆羽的《茶经》最为有名。另外，还有张又新的《煎茶水记》和苏翼的《十六汤》皆为对煎茶水源、水的冷热程度的专门研究。此外，《膳夫经手录》也概述了饮茶的历史及各地的名茶。

宋代以后，尽管其版图较唐代大为缩小，但由于北方少数民族不断深入中原和南方泉州、广州等地，海外贸易发展引来世界各国商人，这一方面促进各地之间的饮食文化交流；另一方面，对饮食业的发展又不断提出新的要求，饮食文化发展得十分繁荣，并逐渐形成了几个地区性的饮食文化中心，相应的研究活动也是如火如荼。有关饮食文化的杂文集主要有陶谷的《清异录》、李昉等人的《太平广记》、沈括的《梦溪笔谈》、孟元老的《东京梦华录》、吴曾的《能改齐漫录》、陆梁的《老学庵笔记》、吴自牧的《梦梁录》、周密的《武林旧事》、陈公靓的《事林广记》等，它们多为饮食民俗、名肴、历史故事、诗文典据、名物制度的考证等，其中以《清异录》和《东京梦华录》最为突出。有关饮食加工和烹调的著述主要有：蔡襄的《荔枝谱》、朱翼中的《北山酒经》、浦江吴氏的《中馈录》、王灼的《糖霜谱》、韩彦直的《橘录》、陈仁玉的《菌谱》、林洪的《山家清供》，多为专类食品的研究，同时也反映了随宋廷中心的变迁，引起的饮食结构与内容的变化。其中以《北山酒经》和《山家清供》影响较大。宋代，由于饮茶之风在中国更为普遍，饮茶成为社会各阶层共有的雅趣，上至皇帝，下至百姓无不精于此道。当时有关茶道的书籍有蔡襄的《茶录》、熊蕃的《宣和北苑贡茶录》、赵汝砺的《北苑别录》，甚至还有宋徽宗赵哲所作的《大观茶论》。这一时期有关食疗的书籍主要有王怀隐的《太平圣惠方》、陈直的《养老奉亲书》、宋诸医官撰《圣济总录》等，其中《圣济总录》影响较为突出。

到元明清时，中国再次出现大统一的局面，饮食文化发展更加成熟。再加上政治上封建王朝逐渐达到最黑暗的时代，许多文人为逃避现实，乐于从事饮食——闲事或雅事或善事的研究，因此有关著述便层出不穷，达到空前高涨的时期。有关烹调与食品加工的著述有作者佚名《居家必用事类全集》、作者佚名《馔史》、明代刘基的《多能鄙事》、韩奕的《易牙遗意》、钱椿年的《制茶新谱》、邝璠的《便民图纂》、宋诩的《宋氏尊生》、田艺术的《煮泉小品》、许次纾的《茶疏》、王象晋的《群芳谱》、宋应星的《天工开物》、戴羲的《养余月令》，清代李渔的《闲情偶奇》、顾仲的《养小录》、朱彝尊和王士祯的《食宪鸿秘》、汪浩等的《广群芳谱》、李化楠的《醒园录》、袁枚的《随园食单》、汪日桢的《湖雅》、曾懿的《中馈录》等，其中以《居家必用事类全集》《随园食单》最为有名。

此外，还有研究地方性饮食的倪瓒的《云林堂饮食制度集》(元代无锡地区)、童岳荐的《调鼎集》(清代扬州菜)。还出现了以救荒为目的的野菜谱，其中比较有名的有明周定王朱棣的《救荒本草》、王磐的《野菜谱》、姚可成的《救荒野谱》。

这一时期食疗养生的书籍有元代忽思慧的《饮膳正要》、贾铭的《饮食须知》，明代李时珍的《本草纲目》、高濂的《尊生八笺》、姚可成的《食物本草》、清代曹廷栋的《老老恒言》、王士雄的《随息居饮食谱》，并出现专门研究药粥的《粥谱》和《广粥谱》(清代黄云鹄著)，其中著名的有《饮膳正要》《食物本草》和《粥谱》。

这一时期著名的与饮食文化有关的杂文有元代陆友仁的《砚北杂志》、费著的《岁华纪丽谱》，明代周家胄的《香乘》、谈迁的《枣林杂俎》、张岱的《陶庵梦忆》、文震亨的《长物志》、张潮的《虞初新志》，清代周亮工的《闽小记》、梁章鉅的《归田琐记》、潘荣陛的《帝京岁时纪胜》、李斗的《扬州画舫录》、富察敦崇的《燕京岁时记》等。在清末的宣统元年，中国出现了西餐烹饪书《造洋饭书》，书中分二十五章，介绍了西餐的配料及烹调方法，卷末附有英语、汉语对照表。

进入中华民国后，由于社会动荡、战乱不休，饮食文化研究也就进入“文化荒漠”时代，有关饮食文化的著作仅有《素食说略》等廖廖数本。《素食说略》为薛宝成所撰烹饪书，书中介绍了流行于清末的170余种素食的制作方法，但书中内容仅限于陕西、北京两地的日常食用的素食。

二、中国烹饪古籍举要

(一)《吕氏春秋·本味》

吕不韦，战国末年卫国濮阳(今河南濮阳南)人。先为阳翟(今河南禹县)大商人，后被秦襄公任为秦相。秦王政幼年即位，继任相国，号为“仲父”，掌秦国实权。秦王政亲理政务后，被免职，贬迁蜀郡，忧惧自杀。吕不韦掌权时，有门客三千、家童万人。他曾组织门客编纂《吕氏春秋》26卷，共160篇，为先秦时杂家代表作。内容以儒道思想为主，兼及名、法、墨、农及阴阳家言，汇合先秦各派学说，为当时秦统一天下、治理国家提供理论依据。《本味篇》为《吕氏春秋》第14卷，记载了伊尹以“至味”说汤的故事。它的本义是说任用贤才，推行仁义之道可得天下成天子，享用人间所有美味佳肴。鲁迅认为这是中国现存最早的一篇小说。不仅如此，《本味篇》塑造了伊尹这个庖人出身的“鼎鼐之才”的政治家形象，记载了当时的美味佳肴和各地特产，论述了关于刀工、火候、调味的烹饪工艺理论，形成了一份名目繁多的食单，记述了商汤时期天下之美食，它部分地反映了当时的社会生活，对了解我国烹饪发展的历史有重要的参考作用，可以说，《本味篇》是研究我国古代烹饪的重要史料文献之一，是从事烹饪餐饮的工作者必读书目。

（二）《齐民要术》

作者为北魏贾思勰，他曾做过高阳郡（即今山东境内）太守。该书共九十二篇，分十卷，记载了当时黄河流域农业生产和食品制造情况，内容广泛丰富，“起自农耕，终于醯醢”，从农、林、牧、渔到酿造加工，直至烹饪技术都作了专门介绍，是我国乃至世界上被完整保存下来的最早的一部杰出的农学和食品学著作。其中八、九两卷保存了大量珍贵的烹饪史料，诸如历经乱世而亡佚的长达130卷的巨著《淮南王食经》等均为《齐民要术》所引而得以部分保存。书中所收菜肴，似乎以黄河下游地区为主，如产于黄河的鲤鱼、鲂鱼在书中被提到的次数特别多，又如所提到的牛、羊肉的吃法也是北方的习惯。书中涉及的烹饪方法多种多样，达三十种之多，收录菜肴丰富多彩，仅荤菜一类品种达百余之多。从饮食文化的角度看，该书是资料珍贵、影响巨大的烹饪文献。

（三）《备急千金要方·食治》

作者为唐代人孙思邈，京兆华原（今陕西耀县）人。通百家说，善言老庄，医学渊博。唐高宗时，受召拜隋谏议大夫。后称疾还居太白山，永淳元年卒。此书又名《千金食治》，共30卷，书中叙述了日常生活里所食用的果、蔬、谷、肉的性、味、药理作用、服食禁忌及治疗效果。“食治”部分载于第26卷，分绪论、果实、谷米、菜蔬、鸟兽五部分，绪论阐述食疗理论，其他四个部分对100多种动植物食物原料的性味、食疗作用进行了分析，是研究古代食疗理论与方法的重要资料。

（四）《茶经》

作者唐朝陆羽，名疾，字鸿渐，自号桑苧翁，又号竟陵子，生于唐玄宗开元年间，复州竟陵郡（今湖北天门县）人。曾为伶者，工诗，嗜茶。幼年托身佛寺，自幼好学用功，学问渊博，诗文亦佳，且为人清高，淡泊功名。一度招拜为太子太学、太常寺太祝而不就。760年为避安史之乱，陆羽隐居浙江苕溪（今湖州）。其间在亲自调查和实践的基础上，认真总结、悉心研究了前人和当时茶叶的生产经验，完成创始之作《茶经》，因此被尊为茶神和茶仙。《茶经》约7000字，分上、中、下3卷，共10章，分别阐述了茶叶的生产源起、茶的性状、品质、采茶工具、茶叶加工、饮茶器具、饮茶方法、茶叶产地、茶叶史事等。《茶经》问世，影响甚为深广，民间和官方都很重视，历代一再刊行，宋代就有数种刻本。此书早已流传国外，尤其是日本，十分重视对陆羽的研究。目前，《茶经》已被译成日语、语英、俄语等语言，传布于世界各地。

（五）《北山酒经》

作者为宋人朱肱，字翼中，自号大隐翁。乌程（浙江吴兴）人，元佑三年进士，官至奉议郎直秘阁，后归隐杭州大隐坊，研究酿酒与医学，政和四年，被朝廷起用为医学博士，后因书东坡诗而被贬达州。《北山酒经》写于达州，在“酒经”前冠以“北山”二字，意在不忘归隐西湖。全书共3卷，首卷为总论，论述我国酿酒技术的发展情况；中卷谈制曲，叙述了各种酒曲的制法，有香泉曲、香桂曲、金波曲、豆花曲、小酒曲、莲子曲等；第3卷论酿酒，论述了白羊酒、地黄酒、菊花酒、葡萄酒、煨酒、琼液酒等诸酒的酿制方法。《北山酒经》是我国较早的酒学专著，该书著叙详实，与窦苹的《酒谱》相比，该书更具有实用价值。

（六）《山家清供》

作者为南宋人林洪，字龙落，号可山人。全书分上、下2卷，内容以素食为中心，包括当时流传的104种食品。山家清供者，乡居粗茶淡饭之谓也。林洪以杜甫《从驿次草堂复至东屯茅屋诗》中“山家蒸栗暖，野饭射麋新”定书名为《山家清供》，意即山居家庭待客用的清淡饮馔，从而也已点明此书所述饮馔的特点。书一则谈烹调、一则讲酿酒、一则道乐器、一则叙玉食、一则论溪石，其余则尽述菜、羹、饭、粥、面、糕、点的佳味雅意，选料大部分为家蔬、野菜、花果、粮米，其间也有取料于禽鸟、兽畜、鱼虾的。用料尽管平常，但由于中国烹饪艺术的高超，烹饪方法的奇妙，都会给人以丰富的启发和借鉴。如“蟹酿橙”“山家三脆”“山海兜”“东坡豆腐”“梅粥”“蓬糕”“金饭”“汤绽梅”“梅共汤饼”“雪霞羹”等，别出心裁，各具一格，后人可从中窥见当时烹饪技术、烹饪艺术的高超水平，为我们了解南宋江南饮食风貌、研究祖国烹饪历史提供了重要的史料。如其中记载的“拨霞供”的烹食方法，则是涮羊肉所用之“涮”法的较早记载。该书所录菜点，有很多构思别致、取名典雅的品种。每介绍一菜一点，往往要叙述其典故由来，并加以评议。该书对研究我国宋代以前的烹饪饮食文化具有重要的史料价值。

（七）《饮膳正要》

作者为元人忽思慧，蒙古族人，元延祐年间被选为宫廷太医。他根据其管理宫廷饮膳工作十余年的经验，结合他所掌握的中医方面的广博知识，在赵国公常普奚的领导下编著了这部民族烹饪技艺的名著。《饮膳正要》全书共分3卷，第1卷分“三皇圣纪”“养生避忌”“妊娠食忌”“乳母食忌”“饮酒避忌”“聚珍异馔”6部分，其中“聚珍异馔”收录回族、蒙古族等民族及印度等菜点94款；第2卷分“诸般汤煎”“诸水”“神仙服食”“四时报宜”“五味偏走”“食疗诸病”“服药食忌”“食物利害”“食物相反”“食物中毒”“禽兽变异”等11部分，其中“食疗诸病”中收录食疗药方61种；第3卷分“米谷品”“兽品”“禽品”“鱼品”“果品”“菜品”“料物性味”7部分，其中“料物性味”收录调味料28种。纵观全书，除阐述各种饮馔的烹调方法外，更注重阐述各种饮馔的性味和补益作用，以及饮食与营养卫生的关系。另一方面，此书是蒙、汉饮馔并兼收并蓄，而以蒙古族饮馔为主体的食谱。所述馔品的用料，兽类以羊、牛居先，次及马、驼、鹿、猪、虎、豹、狐、狼等；而“奇珍异馔”中，以羊肉为主料者达70%之多。作者从蒙古族的角度研究饮食烹饪，大量吸收汉族人历代宫廷医食同源的经验，结合蒙古人的饮食习惯，来制定肴馔法度，这使此书别出心裁。元文宗皇帝图帖睦尔对此书很看重，他姬妾成群，贪于酒色，这部书自然可满足其医补身体之需要。无论是从内容或表达形式来看，它都是蒙汉两族文化合于一体的文献。

（八）《云林堂饮食制度集》

作者为倪瓒，字元镇，号云林、幻霞子、荆蛮民等，无锡人。元代著名画家，擅画山水，亦工书法，与黄公望、吴镇、王蒙并称“元四家”。家资富足，四方名士，日趋其门。元末，将家产尽散新朋旧戚，独乘一叶小舟，“往来于震泽、三泖间”，过着隐士的生活。《云林堂饮食制度集》是反映元代无锡地方饮食风格的一部烹饪专著，其中汇集的菜肴、饮品及其制法约50种，其中水产类菜品所占比重较大，这与作者所居之地依太湖、滨长江有关。所记菜肴，皆以菜品命题，工艺制作精细，吃法上也颇具特色，如蛤蜊，而今除沿海地区外，一般很少有人生吃了，但该书中的“新法蛤蜊”却是生吃的。这也反映了元代无锡生吃海味的风气较为流行。此外，书中还载述了茶、酒、酱油等制法，具有较高的史料价值和研究价值。

（九）《居家必用事类全集》

此书问世于元代，作者无考，是一部家庭日用手册类书。全书10集，其中《庚集》为“饮食类”，《巳集》蔬食、藏腌品。分别介绍了以汉族为主的菜点烹调法，也有当时回族、女真族的菜点烹调法。所载菜肴制作精美，其中保留了不少的宋代肴馔的制法，如“鹅兜子”“金山寺豆豉”等的制法，即使在一些重要的宋代烹饪文献中也没有明确记载。正因如此，该书在烹饪史上有着较大的影响，许多饮馔品被明清时期的一些通书、农书、烹饪书大量转录。

（十）《饮食须知》

作者为元人贾铭，字文鼎，号华山老人，海昌（浙江海宁）人，相传长寿106岁，曾以通饮食养生之道而受明太祖召见。《饮食须知》共8卷，第1卷为水、火；第2卷为谷类；第3卷为菜类；第4卷为果类；第5卷为味类；第6卷为鱼类；第7卷为禽类；第8卷为兽类。重点介绍了360多种食物相反相忌、性味及饮食方法。类似于今天的饮食卫生类著作，有一定的参考和研究价值。

（十一）《易牙遗意》

作者韩奕，字公望，号蒙斋，平江（今江苏吴县）人，好游山水，博学工诗。《易牙遗意》共2卷，分12类。其中上卷分“酿造类”“脯鲊类”“蔬菜类”；下卷分“笼造类”“炉灶类”“糕饵类”“汤饼类”“斋食类”“果实类”“诸汤类”“诸茶类”“食药类”。共记载了150多种调料、饮料、糕饵、面点、菜肴、蜜饯、食药的制法，内容相当丰富。所收菜肴制作精细，注重色彩，重视用汤。颇近似今天苏州菜的一些特点。很多肴馔的载录有着不可低估的史料研究价值，如书中提到的“火肉”（即今之火腿），是此书问世前的烹饪文献中的空白，足见这一史料的格外珍贵。

（十二）《宋氏养生部》

作者为明代人宋诩，字久夫，江南华亭（今上海松江县）人。他在该书序言中说：“余家世居松江，偏于海隅，习知松江之味，而未知天下之味为何味也。”其母自幼“久处京师”（即今北京），学到了许多京菜的做法。宋诩得到母亲传授，编成该书。全书共6卷，第1卷为茶制、酒制、醋制；第2卷为面食制、粉食制、蓼花制、白糖制、蜜饯制、糖剂制、汤水制；第3、4卷为兽属制、禽属制、鳞属制、虫属制；第5卷为菜果制、美蔬制；第6卷为杂选制、食药制、收藏制、宜禁制。全书收录了1000余则菜点制法及食品加工贮藏法，内容很丰富，如仅“面食制”一项，就收了鹅面、虾面、鸡子面、槐叶面、山药面、馄饨、包子、蒸卷、千层饼、芝麻饼等40余品种。所收菜肴，以北京和江南的为主，亦兼及其他省份，按原料分7大类，然后按烹饪方法分条，条理清晰，史料研究价值较高。

（十三）《本草纲目》

作者为明代李时珍，字东璧，号濒湖，蕲州人。该书共52卷，是作者在继承和总结明代以前本草学成就的基础上，结合本人长期采药实践及向农民、渔民、樵民、药农学习所得知识，并参考历代医药书800余种，历数10余年编就的一部药物学巨著。《本草纲目》与烹饪食疗关系甚密，其中的谷部、果部、鳞部、菜部、介部、禽部、兽部中所收录的大量药物本身就是食物原料；除动植物原料外，该书还直接收入许多种食品，作为药物来治病，如“谷部”收录了大豆豉、粥、粽、饴糖、酱、醋等。由于李时珍旁征博引，所以该书得以保存的有关资料丰富而珍贵，为今人探讨食品加工的历史提供了方便。从另一个角度看，该书也是一部伟大的食疗著作，饮食烹饪工作者不可低估其科学价值。

（十四）《闲情偶寄》

此书为清代戏曲理论家李渔所撰。李渔，字笠翁，浙江兰溪人。他才华横溢，雅谙音律，著有《笠翁十种曲》和小说集《十二楼》等。在《笠翁一家言》中，裒集其所撰诗文，内有《闲情偶寄》六卷，记述有饮食、玩好、园艺、居室、词曲等方面的个人见解。作者阅历丰富，其所见，代表着当时一部分文人士大夫的生活情趣和认识见解。其中的《饮馔部》，全面阐述了主食和荤、素菜肴的烹制和食用之道，娓娓动听，毫无饕餮之态。作者提倡崇俭节用，且能在日常精雅的膳食中寻求饮馔方面的生活乐趣。虽一粥一饭之微，蔬笋虾鱼之俭，却都有一定的讲究。全书分论各种饮馔，主要精神不外乎重蔬食、崇俭约、主清淡、忌油腻、尚真味、讲洁美、慎杀生、求食益八点。全卷虽然较少涉及烹饪的技艺，而深得以清淡为主的要义，也正是江南一带膳食的传统风格，大致符合现代的卫生观点。

（十五）《食宪鸿秘》

作者为清代朱彝君，字锡鬯，秀水（今浙江嘉兴）人，康熙十八年（1679年）举博学鸿词，授翰林检讨。其诗、词均负盛名，有《曝书亭集》等著作。《食宪鸿秘》分上、下卷，上卷分“食宪鸿论”“饮食宜忌”“饮之属”“饭之属”“粉之属”“煮粥”“饵之属”“馅料”“酱之属”“蔬之属”；下卷分“餐芳谱”“果之属”“鱼之属”“蟹”“禽之属”“卵之属”“肉之属”“香之属”“种植”以及附录《汪拂云抄本》等。共收录了400多种调料、饮料、果品、花卉、菜肴、面点，内容相当丰富。所收菜肴以浙江风味为主，兼及北京及其他风味。其中收有金华火腿的制法及近10种吃法，如“东坡腿”“熟火腿”“辣拌法”“糟火腿”等，较有参考价值。其他品种，如浙江的笋馔，水产品制作的菜肴特点也很显著。至于北方的乳制品、面点等特色也很明显。该书所收肴馔制法比较简明，实用性强。如“响面筋”“笋豆”“鱼饼”“鲫鱼羹”“素肉丸”等，均易懂易学。

（十六）《调鼎集》

《调鼎集》是清代一部饮食专著。原书是手抄本，现藏于北京图书馆善本部，究竟最后成书者何时何人，待考。该书内容相当丰富，共分10卷。第1卷为油盐酱醋与调料类，其中尤其以各种酱、酱油、醋的酿制法以及提清老汁的方法，叙述详备；第2卷较杂，主要为宴席类，尤其以铺设戏席、进馔款式及全猪席等资料比较珍贵；第3卷为特性、杂性类菜谱；第4卷为禽蛋类菜谱；第5卷为水产类菜谱；第6卷与第2卷相似，内容比较杂乱，写法较简，如同随手摘录的零碎资料而尚未成书（其中“西人面食”一节，记载了我国西北地区的种种面食，这对于研究我国西北地区的饮食发展有着重要的史料价值）；第7卷为蔬菜类菜谱；第8卷为茶酒类和饭粥类；第9卷前半卷为面点类，后半卷和第10卷全卷，为糖卤及干鲜果类，写法亦很详细。该书收录菜点的范围很广，除江浙地区扬州、南京、苏州、杭州、绍兴等地菜点外，还收有安徽、广东、河南、陕西、东北等地的菜肴。如扬州的文思豆腐、葵花献肉、焦鸡、籽面，南京的三煨鸭，苏州的熏鱼子，镇江的空心肉圆，安徽的徽州肉圆，杭州的醋搂虾、家乡肉，嘉兴的豆腐，金华的火腿，绍兴的汤，西北的烧剥皮羊肉，河南的烧黄河鲤鱼，东北的关东烧鸡，广东的鱼子饼等。书中还有一些烹饪理论方面的内容，但比较零碎，无甚新意。

（十七）《随园食单》

作者为清代乾隆时著名诗人、文学家袁枚，字子才，号简斋、随园老人，钱塘（浙江杭州）人。他同时也是一位美食家，有着丰富的烹饪经验。他根据自己的饮食实践，结合了古代烹饪文献和听到的厨师关于烹饪技术的谈论，将有关烹饪的丰富经验系统地加以总结，形成烹饪学理论著作《随园食单》。该书是我国烹饪史上系统地论述烹饪技术和南北菜点的重要著作。全书分为须知单、戒单、海鲜单、江鲜单、特牲单、杂牲单、羽族单、水族有鳞单、无鳞单、杂素单、小菜单、点心单、饭粥单和菜酒单14个方面。在“须知单”中提出了全面、严格的20个操作要求，在“戒单”中则提出了14个注意事项。书中所列的326种菜肴和点心，自山珍海味到小菜粥饭，品种繁多，其中除作者常居的江南地方风味菜肴外，也有山东、安徽、广东等地方风味食品。该书总结前代和当时厨师的烹调经验，使之上升到理论高度，这在当时的历史条件下很不简单，值得今人研究与继承。

（十八）《醒园录》

作者为清代四川名士李化楠宦游江浙时搜集的饮食资料手稿，由其子李调元整理编纂而刊印成书。全书分上、下卷，收录100多种关于调味品、烹饪、酿酒、糕点小吃、食品加工、饮料、食品保藏等方法，内容详实，记载详细，诸如炮制熊掌、鹿筋、燕窝、鱼翅、鲍鱼等山珍海味之法，加工火腿、酱肉、板鸭、风鸡等法，亦无不涉猎。书中所收菜点，以江南风味为主，亦有四川当地风味和北方风味，所载菜肴制法简明，尤以山珍海味类和面点类有特色。

（十九）《养小录》

《养小录》三卷，清人顾仲撰。顾仲，字中村，浙江嘉兴人，清代医家。他重视养生，所著《养小录》就是他取杨子建辑《食宪》，采录有关饮食方面的内容，结合自身的体验编撰而成的。书中记载了饮料、调料、蔬菜、糕点等190余种，内容丰富，制法简明，既讲究菜肴的实用性，又注意清洁卫生，在风味上，以浙江风味为主，兼及中原及北方的风味。可以说在烹饪史上是较有影响的烹饪文献。在这本书中，顾仲反对“哺啜之人”和“滋味之人”的做法，提倡饮食养生，而且标准也很具体，用好水吃好粮，取寻常食物，不追求山珍海味；食物求鲜、洁、熟，求烹饪得法，饮食有节、有忌，追求有益无损等。这应当是当时知识分子阶层的代表性观点。同时，这本书也是清代一部介绍家常饮食方法的较为全面的著作，它不同于专门介绍烹饪方法的菜谱，举凡原料采集、制作加工、贮存方法直至烹饪方法，都有详细的介绍，因而是一部很讲究实用的书。例如腌白菜、民间野菜等家常菜的做法，许多在民间就一直沿续至今，有的方法虽然不用了，但对于今天的人们了解清代民间饮食习惯和风俗民情，仍然很有帮助。

（二十）《素食说略》

作者为清宣统年间翰林院侍读学士、咸安宫总裁、文渊阁校理薛宝辰，陕西长安县杜曲寺坡人。该书除自序、例言外，按类别分为4卷，共记载了清末较为流行的170余种素菜烹饪方法，虽然作者在“例言”中说：“所言做菜之法，不外陕西、京师旧法”，但较之《齐民要术·素食》《本心斋蔬食谱》《山家清供》

等古代素食论著，内容丰富而多样，制法考究而易行，特别是所编菜点俱为人们日常所闻所见，这就使它具有了一定的群众性。由于作者信佛，故其书“自序”和“例言”中在讲述素食有益于人体的同时，又突出宣扬了“生机贵养，杀戒宜除”的佛教观点，这也是该书的一大特点。

第二节　中国烹饪饮食思想

中国饮食文化的精华是饮食思想与哲理。先秦诸子百家对中国人饮食思想与哲理的形成，都产生过深刻的影响。先秦以来，历代政治家、思想家、哲学家、医学家、艺术家多深谙烹饪之道，以饮食烹饪之事而论修、齐、治、平，成为一种传统。这种传统使中国烹饪超越了做饭做菜的局限，升华到一种思想和哲理的境界。各家饮食之论，角度各一，阴阳家和医家讲阴阳平衡、四气五味；法家讲饮食去豪奢，崇节俭；墨子讲饮食“节用”“非乐”；儒家讲饮食要精、细；道家讲饮食要体现朴素和自然，并合于养生；杂家讲通过烹饪调和以求“至味”；佛教讲饮食尚素，戒杀生，行素食……如此等等，对于中国人在饮食烹饪文化上的共同心理素质，其影响不能低估。先哲的饮食思想与哲理，集中反映在五个方面：饮食与自然、饮食与社会、饮食与健康、饮食与烹调、饮食与艺术。

一、饮食与自然

先哲从各自的角度深悟饮食与自然的关系，不仅如此，他们还立言达义，主要观点有：“医食相通”“阴之所生，本在五味；阴之五宫，伤在五味”（见《黄帝内经》），“口之于味，有同嗜焉”（见《孟子》），“物无定味，适口者珍”（宋人苏易简语），“饮食四方异宜”（宋人欧阳修语）等。

（一）《黄帝内经》：“医食相通”

许多古籍都论述了这个思想，这一思想观念深深地影响着中国烹饪文化的发展过程。中国古代医学就源于饮食，神话传说中神农氏不仅是教民稼穑以获食源的谷神，而且还是医药的发明者。在神话中，人们还想象出一些能够吃的东西具备某种药性，这就是后人所谓的“医食相通”，《山海经》对此就多有记载。而中国独特的饮食传统与制度的生成，与“医食相通”的观念就有直接关系。医家治病常用食方，烹饪师烧菜配料也是根据原料的功能来的，这与许多原料自身具有药用价值有很大关系，如韭菜具有壮阳之效；番茄具有醒胃之功。历代宫廷也从制度上将管理医和食的机构放在一起，使医和食共同为除病延年、养生健身服务。

医食相通的制度，从周代已经开始。领导宫廷饮食业和治病的机构，统属于天官冢宰。管理饮食的机构统称膳夫，其下又设有庖人、内饔、外饔等机构，再下又设有亨人等职，还设有才智很高的称为“胥”的什长和供胥使役的一大批“徒”。而管理治疗疾病的官称为医师，下设食医、疾医、疡医等，其中的食医所做的就像现在的营养师调配各类原料的营养一样。但他与营养师不同的是，食医不仅注重食物的营养，而且还得根据食物的药性，不同的季节给周天子搭配不同的食物。战国时期，全国阐述中医理论的《黄帝内经》的出现，使医食相通的思想系统化、理论化了，其中提到的“五谷为养，五果为助，五畜为益，五菜为充，气味合而服之，以补精益气”，是把中国人的饮食结构与医食相通理论有机结合起来的最好诠释。历代帝王为追求长寿，这种制度也就一直沿习到元代。元代饮膳太医忽思慧所著《饮膳正要》，正是宫廷医食相通的产物。

医食相通的传统和制度，从现代医学的角度看，实际上就是将现代医学和食养紧密地结合起来。我国当代的预防医学、康复医学的治疗原理和手段，其渊源就是来自我国古代医食相通理论的。

（二）欧阳修：“饮食四方异宜”

北宋大文豪欧阳修在他的笔记《归田录·卷二》中说：“饮食四方异宜，而名号亦随时俗言语不同。”这句话道出了饮食文化与环境习俗的密切关系。中国地大物博，幅员辽阔。由于自然环境各不相同，居住在东南西北各地的人，其生理、体质、习俗皆有差异。这种差异导致饮食嗜好的不同。从先秦开始，这种差异就已引起中国人的注意。《黄帝内经·素问》早就提出了“异法方宜论”，具体地说：“东方之域，天地之所生也。鱼盐之地，海滨傍水。其民食鱼而嗜咸，皆安处，美其食。鱼者使人热中，其病皆痈、疡。”“西方者，金玉之域，沙石之处，天地之所收引也。其民陵居而多风，水土刚强，其民不衣而褐荐其民华食而脂肥，故邪不能伤其体，其病生于内。”“北方者，天地之所闭藏也。其地高陵居，风寒冰冽。其民乐野处而乳食。藏寒，生满病。”“南方者，阳之所盛处也，其地下，水土弱，雾露之所聚也。其民嗜酸而食腐。”“中央者，其地平以湿，天地所以生万物也众。其民食杂，故其病多痿、厥、寒热。”可见，由于所处的地域不同，其地理环境、天时气候、饮食嗜好不同，人们所患的疾病也就不同。

从历史发展看，一个地区居民的饮食，首先是由物产决定的。晋人张华在《博物志》中说：“东南之人食水产，西北之人食陆畜。食水产者，龟蛤螺蚌以为珍味，不觉其腥也。食陆畜者，狸兔鼠雀以为珍味，不觉其膻也。”这表明，一个地区的饮食习惯和审美意识是受地理条件和经济状况制约的。嵇康在《养生论》中说："关中土地，俗好俭啬，厨膳肴馐，不过菹酱而已，其人少病而寿，江南岭表，其处饶足，海陆鲑肴，无所不备，土俗多病而人早夭。"清人钱泳在《履园丛话》记载："同一菜也，而口味各有不同。如北方人嗜浓厚，南方嗜清淡……清奇浓淡，各有妙处。"所有这些论述，都表明一个地区的饮食习俗和审美意识以及与之相应的食品，都有着强烈的地方色彩，都有差异。这恰恰是中国各地烹饪文化形成鲜明的地方个性的重要原因。

二、饮食与社会

中国先哲先贤对饮食与社会的关系也给予了高度重视，并提出了不少观点，主要有"夫礼之初，始诸饮食"（见《礼记·礼运》），"民以食为天"（见《管子》），"食为八政之首"（见《尚书》），"饮食男女，人之大欲存焉"（见《礼记》），"五味使人爽口""治大国若烹小鲜"（见《老子》），"和与同异，和如羹焉"（见《左传》昭公二十年），"唯酒无量不及乱"（见《论语》），"其为食也，足以强体适腹而已矣"（见《墨子》）等。中国先民关于饮食与社会的所有论点，都是把饮食之事与社会文明进化、人类教化、道德规范、安定团结等问题联系在一起思考，中国人在饮食活动中所表现出的讲礼仪、重人情与此有着很大的关系。《礼记》中的"夫礼之初始诸饮食"、《尚书》中的"食为八政之首"、《墨子》中的"其为食也，足以强体适腹而已矣"和《老子》中的"五味使人爽口"较为典型地体现了中国人对饮食活动与社会生活各个层面的密切关注以及由此而形成的具有代表性的各种饮食观。

（一）《礼记》："夫礼之初始诸饮食"

何谓"礼"？从本质上说，礼就是国家的各种制度上规定了社会各阶级、各集团的尊卑等级以及与之相应的各类人群的行为规范。《论语·子罕》："礼乐不兴，则刑罚不中；刑罚不中，则民无所措手足。"《论语·泰伯》："立于礼，成于乐。"在孔子的言论中礼、乐总是并提的，在孔子看来，饮食之乐，只有受制于外在的"礼"的规范，才能形成一种社会美。周代统治者十分重视饮食与"礼"之间的关系。以周代为例，周人的宴饮活动十分频繁，宴饮的种类、规格也十分丰富，较为重要的宴饮有祭祀宴饮：祭祀神鬼，祖先及山川日月的宴饮；农事宴饮：在耕种、收割、求雨、驱虫等活动时的宴饮；燕礼：相聚欢宴，多为亲私旧故间的宴饮；射礼：练习和竞赛射箭集会中的宴饮；聘礼：诸侯相互行聘问（遣使曰聘）之礼时的宴饮；乡饮酒礼：乡里大夫荐举贤者并为之送行的宴饮；王师大献：庆祝王师凯旋而归的宴饮……

可以说古人几乎无事不宴。究其原因，除了统治者享乐所需外，还有政治上的需要，那就是通过宴饮，强化礼乐精神，维系统治秩序。如《诗·小雅·鹿鸣》写的是周王与群臣嘉宾的欢宴场面，周王设宴目的何在？“（天子）行其厚意，然后忠臣嘉宾佩荷恩德，皆得尽其忠诚之心以事上焉。上隆下报，君臣尽诚，所以为政之美也”（《毛诗正义》）。在宴饮过程中，人与人之间可以从感情上求得妥协中和，使社会各阶层亲睦和爱。通过宴饮礼制，即可昭示尊卑亲疏贵贱长幼男女之序的差异，明确君臣父子夫妇的关系，也可以转化由此而产生的等级对立，使各阶层的人们在杯盏交错、其乐融融的气氛中和谐相处，共同为统治者服务。礼，就其本质而言，就是序，或谓之差异、差别。《礼记·乐记》：“乐者，天地之和也；礼者，天地之序也。和故万物皆化，序故群物皆别。”这里的“序”指的就是尊卑贵贱之别，故孔颖达释曰：“礼明贵贱是天地之序也。”在宴饮过程中，“序”又通常表现为坐席层数、列食量数以及饮食水平的差别，从而体现出周人的政治地位的高下浮沉，这就是我们所说的“礼数”。在宴饮时，从坐席层数看，公席三重，大夫席两重（铺席者为筵，加铺其上者为席，筵长席短。加铺席数越多者，其身份越为显赫。详见《周礼·司几筵》及郑注）。从列食量数看，周人列鼎而食，“天子九鼎，诸侯七，大夫五，元士三也”（《公羊传》桓公三年，何休注）。除列鼎之外，还有“天子之豆二十有六，诸公之豆十有六，诸侯之豆十有二，上大夫八，下大夫六”“贵者献以爵、贱者献以散；尊者举觯，卑者举角”（见《礼记·礼器》）；“羹食，自诸侯以下至于庶人不等”（见《礼记·内则》），这些现象都反映了味与政之间对应结合的关系。《诗》云：“於我乎！每食四簋，今也每食不饱。於嗟乎！不承权舆。”（《秦风·权舆》）反映的是一个昔日权势在上、今日仕途衰沉的贵族的悲叹，这个贵族正是以今昔饮食生活水平的变化来抒发自己在政治上失落的哀伤之情的。“礼起于何也？曰：人生而有欲，欲而不得，则不能不求；求而无度量分界，则不能不争。争则乱，乱则穷。先王恶其乱也，故制礼义以分之，以养人之欲，给人之求。使欲必不穷乎物，物必不屈于欲，两者相持而长，是礼之所起也。”（《荀子·礼论》）宴饮中的各种礼与其他礼制一样都是服务于治国安邦的手段，通过一系列的礼仪礼节，来体现个人的政治地位和权力，因此近代礼学家凌廷堪指出，周人的宴饮活动“非专为饮食也，为行礼也”（见《礼经释例·乡饮酒义》）。

（二）《尚书》：“八政：一曰食……”

《尚书·洪范》在论述人们认识自然与社会总体“洪范九畴”时，提出了“农用八政”：“一曰食，二曰货，三曰祀，四曰司空，五曰司徒，六曰司寇，七曰宾，八曰师。”此“八政”乃是社会安定、国家富强的必备条件，唐代经学家孔颖达解释说：“一曰食，教民使勤家业也。”“人不食则死，食于人最急，故教民为先也。”可见，在统治者看来，要解决百姓吃饭这件社会最大的事，首先要重视农业生产。

古代的思想家对此也发表过不少的见解。如《管子》说：“民无所游食，必农。民事农，则田垦，田垦则粟足，粟足则国富。”孔子说：“足食足兵，民之信矣。”孟子说：“制民之产，必使仰足以事父母，俯足以畜妻子。乐岁终身饱，凶年免于死亡；然后驱而善之，故民从之也轻。”桓宽说：“认食者民之本，稼穑者民之务。”又说：“种树繁，躬耕时，而衣食足，虽凶年人不病也。”《礼记·王制》也有记载，由于不能保证年年风调雨顺，无凶旱水溢之灾，必须蓄备粮食，以防饥馑，“国无九年之蓄，曰不足。无六年之蓄，曰急。无三年之蓄，曰国非其国也。三年耕，必有一年之食，九年耕，必有三年之食。以三十年之通，虽有凶旱水溢，民无菜色。”从这些见解可知，中国自古以农为本，历代统治者都曾为发展农业生产以解决人民吃饭问题做出过努力。农政有官，农务有学。除碰上战争、灾荒外，在正常年岁时，南亩西畴，稼穑井然，家庆岁熟，物阜民康。

重食是中国历代具有民本思想的统治者们一直重视和强调的大问题。究其原因，一方面是饮食来源的艰难开发与生产条件恶劣所致；另一方面是人口比例失调引起长期缺乏食物所致。中国国土辽阔，物产种类丰富，但耕地面积并不算多。黄河流域的土壤易于板结和水土流失，诚如郭沫若先生所说：“耒耜之作多艰”耕作条件艰苦，故农业生产效率不高；而江南的经济开发是在东晋以后，岭南的经济开发是在唐代以后，东北的农业开垦则是在晚清以后，而对这些地区的开发是迫于人口增长的压力。从历史发展上看，缺粮问题一直困扰着中国人。正因缺粮之故，才有重食之情。而中国饮食文化就是在特有的重食传统和观念中成长起来的。

在“以食为八政之首”的观念影响下，历代的一些有关农业生产、流通、调剂、消费等政策，都曾为农业的发展起过一定的作用。粮食生产政策涉及土地政策、农民保护政策、垦荒政策、水利政策等多方面的内容。如水利方面，战国以来，中国出现了一系列大型水利工程，其中最著名的有四川都江堰、陕西郑国渠、河北障河渠、广西灵渠等。此外，新疆的坎儿井，南北朝时南方农田水利成就，五代时太湖地区水利网的形成，以及历代治黄工程，都是历代水利政策所带来的成就，对农业生产发挥了巨大的作用。而历代流通政策的要旨，则在乎歉收之年，或移民就粟，或移粟救民，禁止粮食输出等。调剂政策的要旨，或积谷平粜，以防凶荒，或改变粮食种类，以补粮食之不足，或预防价格暴涨，以保民生。消费政策的要旨，则是在战争、灾荒之时，实行粮食配给制，限制或禁止酿酒等，以防民有缺粮之虞。这些政策，对于解决百姓吃饭问题，都起过良好的作用。

在“食为八政之首”观念的影响下，中国历史上重视农业发展的成就为世界所瞩目。今天世界上农业栽培的植物、饲养的动物，有很多种类都是源于中国的。如今人称为小米的粟，世界公认是中国最早栽培，以后传到朝鲜和日本，然后传播到世界各地。大豆也是中国原产农作物，以后传到日本、朝鲜和印度等地，100 多年前再传至欧洲和美洲几乎遍布全世界。蔬菜与果树中的油菜、芜菁、萝卜、柑、橘、橙、柚，都先后传至海外，在世界范围内广泛栽种。茶树的栽培也是中国最早开始，中国是世界上种茶、饮茶的发源地。猪从野猪驯化为家猪，中国也是最早的国家之一。当今世界上的罗马猪、大约克夏猪等著名品种，几乎都含有中国猪的血液。骡也是中国用马和驴杂交配种而成的新品种。温室栽培蔬菜、无土栽培蔬菜等先进的农业技术，也是中国最早开始的。可见，“食为八政之首”是统治者从治理社会的角度提出的，它起到了推动中国农业发展的积极作用。

（三）《墨子》：“其为食也，足以强体适腹而已矣”

墨子极力排斥人们对美的追求，推举古人的饮食之法，认为像古人那样只求饱腹充饥、反对饮食的美感享受是值得提倡的。“古者圣王制为饮食之法，曰：‘足以充继气，强股肱，耳目聪明，则止。’不极五味之调，芬芳之和，不致远国珍怪异物。何以知其然？古者尧治天下，南抚交阻，北降幽都，东西至日所出入，莫不宾服。逮至其厚爱（‘爱’当为‘受’，依曹耀湘说）：黍稷不二，羹胾（音自）不重。饭于土熘，啜（音错）于土形，斗以酌”（《墨子·辞过》）。在他看来，人们应效法“古者圣王”，对饮食生活的要求应是低水平的，“其为食也，足以增气充虚，强体适腹而已矣”（《墨子·辞过》）。基于这一观点，他无情地揭露了“当今之主”奢侈的的饮食生活，“为美食刍豢蒸炙鱼鳖，大国累大器，小国累小器，前方丈，目不能遍视，手不能遍操，口不能遍味”（《墨子·节用》）。这段文字深刻地表达了重质轻文、坚持节用的饮食观点。他对孔子所谓“割不正不食”之类的言论很反感，认为这与孔子平时提倡的“礼乐”思想不一致，他举了这说的例子：“孔某穷于蔡、陈之间，藜羹不济。十日，子路为享豚，孔子不问肉之所由来而食，号人衣以酤酒，孔子不问酒之所由来而饮。哀公迎孔子，席不端弗坐，割不正弗食。子路进，请曰：‘何其与陈、蔡反也？’孔某曰‘来，吾语汝！曩与女为苟生，今与汝为苟义。’夫饥约则不辞妄取以活身，赢饱则妄为伪行以处饰污邪诈伪，孰大于此”（《墨子·非儒》），他批评儒家中许多人（如孔、颜等）甘于贫困而倨傲自大，“立命缓贫而高洁居，信本弃事而安息傲”（《墨子·非儒》），显而易见，他将儒家宣扬的“礼乐”看成是茶余饭后的虚伪行为。

（四）《老子》："五味使人爽口"

《老子·十二章》说："五色令人目盲，五音令人耳聋，五味令人口爽……是以圣人为腹不为目，故去彼取此"。《广雅·释诂》三："爽，败也"，《楚辞·招魂》："厉而不爽些"，王逸《楚辞注》："楚人名羹败曰爽"。老子认为，五味可令人胃口大伤。

老子反对五味，有其深厚的思想根源。当时，统治者占有大量财富之后，将审美混同于纯粹的感官享受，毫无节制地追求着，老子认为，这就是产生罪恶的根源。他说："民之饥，祸莫大于不知福，咎莫大于欲得"（《老子·四十章》），"民之饥，以其上食税之多，是以饥"（《老子·七十五章》），因而，他主张取消一切审美活动，回到那种无知无欲、不争不乱的原始社会。可见，他主张"味"也在其摒弃范围之内。"美与之恶，相去几何"（《老子·二十章》），对美味的追求使人"口爽"，这各种美与恶又有何区别？但老子并非禁欲主义者。他提出"圣人为腹不为目"的结论，其实质是不为五味所惑，亦即他所说的"虚其心，实其腹"（《老子·三章》），可见，他排斥对"五味"的追求，不是说要排斥整个饮食活动，就"实其腹"而言，也是一种欲望的满足（生理需要）。这种满足虽说有限，却与后来"道教"的荒唐的饮食观别于天壤。

在排斥美味的同时，老子提出了"恬淡为上，胜而不美"——崇尚"淡"的美食观。

春秋末期的社会现实，使以老子为代表的道家人处于一种柔弱无为的地位。但他们不甘心没落沉沦，于是提出了以柔克刚、以无为胜无不为的理论，以此作为道家的精神支柱。《老子·七十八章》说"天下莫柔弱于水，而攻坚强者莫之能胜"，又《老子·八章》"上善若水。水善利万物，又不争处众人之所恶，故几于道"。朱谦之在《老子校释》中说 "古代道家言，往往以水喻道"，这话有道理。水不但有 "静之徐清" "动之徐生"（《老子·十五章》）的特点，而且"淡乎其无味"（同前），道者，无形无味，与水颇似，这就是老子崇淡饮食观的根源和基础。从而他提出了"恬淡为上，胜而不美"（《老子·三十一章》）的审美理想与情趣，也是他的"无为无不为"（《老子·四十八章》）思想在饮食生活中的具体反映。他说："为无为，事无事，味无味"（《老子·六十三章》），可见他对"道"的观点落实到饮食活动之中，希望人们在饮食活动中要像追求"道"的最高境界一样去追求淡味。

老子认为："柔弱胜刚强"（《老子·三十六章》），并把水比成"致柔"，显然，水味恬淡，淡为致柔；与之相对，"五味" 属坚。"天下之致柔，驰骋于天下之致坚"（《老子·四十三章》），可见他把饮食活动中淡味看成是百味之首，这正是他崇尚自然、反本归真的表现。他的崇淡思想对后世的饮食活动产生了一定的影响，形成了一种特殊的审美风格与审美情趣。

三、饮食与健康

我国先民对饮食与健康之间的关系的把握积累了丰富的经验，并对此加以理论性的总结。所形成的主要观点有“饮食有节”“五谷为养，五果为助，五畜为益，五菜为充”（《黄帝内经》），“食不厌精，脍不厌细”“肉虽多不使胜食气”“色恶不食，失饪不食”“不时不食”（《论语》），“饮食之道，脍不如肉，肉不如蔬”（《闲情偶寄》），“只将食粥致神仙”（陆游诗），如此等等，这些观点既是对中国人饮食养生实践的高度概括，也是中国人饮食养生实践的理论依据。

（一）《论语》：“食不厌精，脍不厌细”

语出《论语·乡党》，本意为选取谷米要尽可能地精致，切割肉类原料要尽可能地细而薄。后人引用时，引申为孔子要求要不断地提高烹饪技术水平，精益求精，把一餐饭菜变成美味精品。

在饮食问题上，尽管孔子豪爽地说“饭疏食，饮水” 乐在其中，但他又指出，在不过分追求美饮美食的前提下，应该“色恶不食”和“割不正不食”（《论语·乡党》），概而论之，就是“食不厌精，脍不厌细”。孔子分别从菜肴的形、色两方面要求饮食能“尽美”，这是它的“乐”的精神的一个具体体现。在“乐”中，“美”与“善”必须统一起来，在某种意义上看，就是形式与内容的统一，就饮食意义而言，就是色、香、味、形的统一。这与他所谓的“君子食无求饱”和“士志于道，而耻恶衣恶食者，不足与议也”并不矛盾。孔子认为，审美可以在人的主观意识修养中起到十分积极的作用。但是并非每个人都是这样，只有符合了“仁”的要求，审美才会起作用，“人而不仁，如乐何？”讲的就是这个道理。在饮食活动中，情感、趣味必须是有节制、有限度的，这种情感与趣味符合“礼”的规范，所以，它应该属于审美的情感。

在饮食活动中，追求“尽善尽美”，这也是孔子所谓的“文”与“质”的关系（《论语·雍也》）在饮食活动中的又一体现。就一个人的修养来看，“文”就是包括审美在内的整个文化修养，表现在饮食活动中，不仅是对饮食对象形式美的追求，也是对饮食过程中人们的礼节、礼貌的起码要求。“文之以礼乐”（《论语·宪问》），“礼乐”是一个君子完成修养所必不可少的，这里的“礼”与“美”也有很大关系。因为饮食活动中的礼节、礼貌的表现形式必须是一种合宜的、能给人以庄严肃穆的、优美的动作姿态，如果缺少包含审美在内的文化修养，那么人们在饮食活动过程中表现出的粗野的动作姿态必将令人望而生畏，这也是孔子所谓的“质胜文则野”（《论语·雍也》）在饮食过程中的表现之一。

孔子提出“食不厌精，脍不厌细”的同时，还有对味、色、香、质地、烹调火候、切割等烹饪工艺从精从细的要求，可以看作是对食品制作要精的具体化。如孔子提出的“不得其酱不食”，就是对味和调味的精的要求。哪种肉应配哪种调味品，如脍，春天要用葱酱，秋天要用芥酱，如不得其酱，当然不食。“色恶不食”是说食物的颜色变坏，表明质地已发生变化，当然谈不上精，也不能食。“臭恶不食”是说发出腐恶气味的食物不能吃。“失饪不食”是说烹制的火候不到或火候过头的食物不能吃。在孔子看来，所有这些“不食”都不符合精的要求，这说明孔子对食品精的要求是相当高的。这一观点至今在国内多有引用，在海外论中国饮食文化的书中常常提及，可见其影响深远。其影响更为深刻的是，孔子所倡导的精品意识，在中国烹饪文化中还有巨大的潜在作用。精，乃是对中国烹饪文化内在品质的概括。精品意识作为一种文化精神，已越来越广泛地渗透到整个烹饪制作与饮食活动中。

（二）《闲情偶寄》：“饮食之道，脍不如肉，肉不如蔬”

清人李渔在其所撰《闲情偶寄·饮馔部·蔬食第一》中，把音乐和烹饪作了这样的对比：“声音之道，丝不如竹，竹不如肉，为其渐近自然；吾谓饮食之道，脍不如肉，肉不如蔬，亦以其渐近自然也。”他认为声音中的丝弦声（如弦乐器中的二胡、高胡，弹拨乐器中的琵琶、筝等）不及竹管声（管乐器中的笛、笙等），竹管声又不及肉声（人的歌声），原因在于它更接近于自然。饮食也是同样的道理。脍（细切的鱼、牛、羊等肉）不及肉（禽鸟类野味，《正字通》“肉，禽鸟，谓之飞肉”），肉又不及蔬（草、菜可食者皆可称蔬），也是因为它更接近自然的缘故。饮食崇尚自然是中国人的饮食传统，《黄帝内经》讲人与天地相应，《老子》讲饮食之道法自然，都是为了使人与自然能相处的更为和谐。李渔继承了这种观念，甚至提出：“草衣木食，上古之风，人能疏远肥腻，食蔬蕨而甘之，腹中菜园不使来踏破，是犹作羲皇之民，喜唐虞之腹……所怪于世者，弃美名不居，百故异端其说，谓佛法如是，是则谬矣。”

李渔以家养的畜肉、养殖和捕捞的鱼肉为脍，与禽鸟之野味肉和蔬菜三者为例相比较，从而得出脍不如肉、肉不如蔬的观点，是有一定道理的。在《闲情偶寄·饮馔部·肉食第三》中，他将野味和家畜家禽的肉质作过比较后指出：“野味之逊于家味者，以其不能尽肥；家味之逊于野味者，以其不能有香也。家味之肥，肥于不自觅食而安享其成；野味之香，香于草木为家而行止自若。”在味道上，野禽野兽与家禽家畜相比，野味之香胜于家味，而其营养价值却无太大的差异。蔬菜在人们的饮食活动中则可以成为养生的重要食源，它能使人从中获得充分的营养，其养生价值不比肉食低，且易于获取原料，也易于烹饪操作。这就是李渔所谓的“肉不如蔬”的道理所在。

四、饮食与烹调

早在先秦时期，我国先民就开始了烹调技术的理论性总结，并为今人留下了很多高度概括烹调技术规律的著名论断，如“凡味之本，水最为始。五味三材，九沸九变，火为之纪。时疾时徐，灭腥去臊除膻，必以其胜，无失其理。调和之事，必以甘酸苦辛咸。先后多少，以齐其微，皆自有起”“鼎中之变，维妙微纤”（《吕氏春秋》），“甘受和，白受采”（《礼记》），“唯在火候，善均五味”（《酉阳杂俎》）。“有味使之出，无味使之入”（《随园食单》），“家常饭好吃”（宋人范仲淹语）等。

（一）《吕氏春秋》：“鼎中之变，维妙微纤”

我国早在商代就有了用盐梅调和羹味的实践和理论，春秋战国时代产生了系统论述调味的言论与著作，《吕氏春秋·本味》就是其中的一篇。“本”含有探求“本源”的意思，因此《本味》中讲的“本味”实际上讲的是“变味”，讲的是如何清除食物原料中恶味、激发食物中的美味。文中强调两个问题：第一是强调水、火候、齐（调味品的剂量）的统一。在作者看来，水在烹调中是给食物加热和使之入味的中介，也是调味的起点。水的“九沸九变”是通过、火候的大小实现的，只有火候合适，才能除去食物原料的异味。食物美味的实现，虽然离不开火，但最终还要靠调味品的调和，所谓“调和之事，必以甘酸苦辛咸，先后多少，以齐其微，皆自有起”。烹调中需要一定的剂量搭配五味，孰先孰后，剂量多少，与水火如何配合，这些道理都是十分精妙的，稍有差错，便会失之毫厘，谬之千里。因此，要通过反复实践，总结经验教训，才能成为一个高明的厨师。第二是强调加热要把握好“度”，要恰到好处，也就是要做到“久而不敝，熟而不烂，甘而不哝，酸而不醋，咸而不减，辛而不烈，淡而不薄，肥而不腻”。“久”与“敝”，“熟”与“烂”，“甘”与“哝”，“酸”与“醋”，“咸”与“减”，“辛”与“烈”，“淡”与“薄”，“肥”与“腻”，这每一对味道概念，有着近似而易混的关系，前者合乎“度”，后者则过度。作者主张既不要“不及”，也不要“过”，因此要在两者之间作深入的辨析。

（二）《礼记》：“甘受和，白受采”

此语出自《礼记·礼器》，大意是“甘”能和众味，“白”易染诸色。唐人孔颖达释道：“甘为众味之本，不偏主一味，故得受五味之和。白是五色之本，不偏主一色，故得受五色之彩。以其质素，故能包受众味及众采也。”古人以此喻人的素质好了，才能进于道。其实，古人所谓的“甘”与今之所说的甜不尽相同，甜则专指甜酒、饴糖、蜂蜜中的味道。甜在基本味中具有缓冲作用，咸、酸、辛、苦太过，都可以用甜味缓冲一下，以削弱它们对味蕾的刺激。“甘”是一种美味，指可以含在嘴里慢慢品味的食物，并非是一种具体的味道，而是一种抽象的美味。先民在饮食活动中，曾赋予“甘”以一些具体的含义，或指甜，或指嗜，或说熟，或指悦，或指调味，或指本味。在先秦两汉的文献中，以“甘”言美味和美食的记载甚多，如《老子》和《庄子》皆以“甘其食”而言食物味美；《孟子》则以“饥者甘食”来表达他对食物甘美的感觉；《管子》又用“味甘味”而说美味；《尚书》中有“稼穑从甘”之语，孔颖达疏：“甘味生于百谷。谷，土之所生，故甘为土之味也。”如此等等，这些都已表明，“甘受和”的观点已为人们所认同。

在中国烹饪工艺发展史上，“甘受和”的观点通常被运用到具体的烹饪与调味之中，如甘滑、甘甜、甘美、甘脆等，都指一种美味、美食的效果。《礼记》：“凡和，春多酸，夏多苦，秋多辛，冬多咸，调以滑甘。”这就是说，调和五味，四时应根据五脏之需而有所侧重，但无论是哪个季节，都要使食物滑润甘甜。清人李渔将烹调中的“甘”理解为鲜味，他在《闲情偶寄》中说：“《记》曰‘甘受和，白受采。’鲜即甘之所从出也。”并列举笋汁、蕈汁、虾汁等极鲜之品，作为“甘之所出”的例证。李渔提出的这一诠释，从另一个侧面体现了中国烹调工艺中的哲学内涵。

（三）范仲淹：“家常饭好吃”

北宋著名文人范仲淹以其自身的经历和感受，总结出“常调官好做，家常饭好吃”的精辟之论。家常饭，即指平时常于家中烹制的饭菜。中国人的日常饮食，就是以家庭为单位，吃家常饭菜。所用烹饪原料，就是常见的稻麦豆薯，干鲜果蔬，禽畜鸟兽，鱼鳖虾蟹。吃这些用普通烹饪原料制成的家常饭菜，具有自在随意的自然气氛和乡情乡味。范仲淹的“家常饭好吃”正是用简洁的语言，表达了人们对家乡菜的钟情。而自古以来，许多文人从不同角度对家常饭菜赞不绝口。北宋大文豪苏东坡在其《狄韶州煮蔓菁芦菔羹》诗中说：“我昔在田间，寒庖有珍烹。常支折脚鼎，自煮花蔓菁。”南宋诗人陆游在其《南堂杂兴》诗中说：“茆檐唤客家常饭，竹院随僧自在茶”清代画家郑板桥在其《范县署中寄舍弟墨第四书》文中说：“天寒地冻时，穷亲戚朋友到门，先泡一大碗炒米送手中，佐以酱姜一小碟，最是暖老温贫之具。暇日咽碎米饼，煮糊涂粥，双手捧碗，缩颈而啜之，霜晨雪早，得此周身俱暖。”明代画家沈石田在其《田家四时苦乐歌》诗中，写及农民的饮食快乐之事时颂道：“春韭满园随意剪，腊醅半瓮邀入酌。喜白头人醉白头扶，田家乐。……原上摘瓜童子笑，池边濯足斜阳落。

晚风前个个说荒唐，田家乐。”又在《田家乐》诗中说：“虽无柏叶珍珠酒，也有浊醪三五斗。虽无海错美精肴，也有鱼虾供素口……”

早在范仲淹说“家常饭好吃”以前，早在晋代就有张翰因莼鲈之思而弃官还乡的典故。范仲淹之后，人们更是眷恋具有浓郁乡情乡味的家常饭菜。时至文明高度发展的今天，一些远离故乡在外地工作的人们，常有难忘家乡饭菜的情怀，这种以食思乡的人之常情已成为古往今来绵绵不断的一种饮食文化现象。

五、饮食与艺术

在中国烹饪文化中，饮食与艺术间的关系呈现出许多显著特点，就美与审美而言，体现出美善合一的特点，即以善为核心，以美为其外在的表现形式的特征。所谓以善为核心，一是强调饮食的养生作用，讲究平衡膳食，戒暴饮暴食；二是强调饮食的人伦、道德意义与精神意义，如尊亲养老劝、俭戒奢及将人格精神力量融汇于饮食行为中等。而作为外在表现形式的美，一是指饮食活动讲究色香味形器的结合，重视菜肴制作和筵席配制的艺术意味；二是指重视饮食活动中的环境因素，追求饮食的意境美；三是将饮食活动与诗词歌舞艺术相融合，重视饮食活动的娱乐性和艺术化等。就饮食活动外在之美而言，前人多有论述，如“食必求饱，然后求美”（《墨子》），“恬淡为上，胜而不美”（《老子》），“饥者甘食，渴者甘饮”（《孟子》），“人莫不饮食也，鲜能知味也”（《中庸》），“味外之美”（宋人苏东坡语），“物无定味，适口者珍”（宋人苏易简语），“美食不如美器”（《随园食单》），“无情之物变有情”（《闲情偶寄》），“是烹调者，亦美术之一道也”（《建国方略》）等。

（一）《中庸》：“人莫不饮食也，鲜能知味也”

何谓“知味”？知味者，不仅善于辨味，而且善于取味，不以五味偏胜，而以淡中求至味。明人陈继儒在《养生语》中说，有的人“日常所养，惟赖五味，若过多偏胜，则五脏偏重，不唯不得养，且以戕生矣。试以真味尝之，如五谷，如瓜果，味皆淡，此可见天地养人之本意，至味皆在其中。今人务为浓厚者，殆失其味之正邪？古人称‘鲜能知味’，不知其味之淡耳。”明代陆树声在其《清暑笔谈》中也说：“都下庖制食物，凡鹅鸭鸡豕类，用料物炮炙，气味辛醲，已失本然之味。夫五味主淡，淡则味理念。昔人偶断羞食淡饭者曰‘今日方知真味，向来几为舌本所瞒’。”以淡味真味为至味，以尚淡为知味，这是先贤的一种饮食境界，也是对真正美味的一种追求。《老子》所谓的“为无为，事无事，味无味”，以无味即是味，也是崇尚清淡、以淡味为至味的一种表现。

另一方面，味觉感受并不仅限于舌面上味蕾的感受，大脑的感受才是最高层次的审美体验。如果只限于口舌的辨味，恐怕还不算是真正的知味者。真正的知味应该是超越动物本能的味觉审美，这就是一种饮食的最高境界。历代的有成就的厨师是美味的炮制者，这其中不少也都可算作是知味者，但知味者绝不仅仅限于庖厨者这个狭小的人群，《淮南子·说山训》说："喜武非侠也，喜文非儒也；好方非医也，好马非驺也；知音非瞽也，知味非庖也。"对药方感兴趣的不是医生，而是患者；对骏马喜爱的并非喂马人，而是骑手；真正的知音者不是乐师，而是听者；真正的知味者不是厨师，而是食客。

（二）苏东坡："味外之美"

苏轼在给友人的信中写到自己吃荠菜后的感想时说："今日食荠极美。念君卧病，面、酒、醋皆不可近，惟有天然之珍，虽不甘于五味，而有味外之美。"这"味外之美"，一直是中国古代士大夫阶层追求的一种饮食境界。所谓"味外之美"即指人们对饮食对象和进餐环境的感觉。其中，饮食趣味、饮食情礼等"味外"的感觉，也烘托着美味佳肴，使人们获得更为广阔的美的感受。

所谓"饮食趣味"，是指在烹制菜肴之前，经过巧妙的设计，赋予成品以诗情画意，或运用雕镂、拼摆等手段将菜肴装饰成动植物形态，以增添饮食的趣味。此外，在菜品的色、香、味、质之外，或使其有声，或使食客自己动手涮肉、剥蟹，以满足其参与感，这些都是增添饮食趣味的方法。

所谓"饮食情礼"，是指多数人在饮食活动中追求的，是指人们在社会交往中，以亲情、友情、乡情、人情点缀其间，使饮食生活充满了感情气氛，并形成相对固定的饮食之礼，这种饮食情礼，是具有永恒魅力的味外之美。如遇到亲友离合或红白喜事，人们都习惯于在饭桌上表达一种感情；洽谈商务，平息纠纷，人们也愿意在宴席上细陈得失。而历史上传承至今的传统节日食品，如春饼、饺子、元宵、粽子、月饼、菊花糕等，无不寄寓着盼望吉祥如意、和睦团圆及尊老敬贤之礼。

饮食需要良好的环境气氛，可以增强人在进食时的愉悦感受，起到使美食锦上添花的效果。因此，吉庆的筵席有必要设置一种喜气洋洋的环境，欢欢喜喜地品尝美味。聚会虽然未必全是为了寻求愉悦的感受，有时可能是为了抒发离情别绪，所以古道长亭或孤灯月影往往是适于这种情绪的饮食环境。饮食的环境和气氛，应以适度、自然、独到为美。在上流社会看来，奢华也是美，所以追求排场也被当作是一种美。

（三）《建国方略》："是烹调者，亦美术之一道也"

孙中山先生在他的《建国方略》中说："夫悦目之画，悦耳之音，皆为美术；而悦口之味，何独不然？是烹调者，亦美术之一道也。"孙中山先生把烹饪与音乐、绘画同列为艺术，是因为在他看来，烹饪本身就是一种艺术，一种创造。

无论在东方还是西方，美之概念的起源问题都与烹饪有着密切的关系。在汉语、英语、法语等语种的文字中，美的概念大多都包含美味、可口、好吃、芳香等意义，而汉语在这方面尤显突出。《说文》："美，甘也，从羊，从大。羊在六畜主给膳也。"此后，上层社会及士大夫们在饮食活动中，处处伴之以美的形式，不仅宫廷宴饮必须行礼举乐；酒肆茶楼有艺人卖唱，连民间婚丧宴集也必须考究服饰、装点环境、伴以戏曲音乐，家常便饭也尽可能地讲究餐具、家具的造型和布局。如此传统，历数千年而不衰，而且随着人类物质文明和精神文明水平的提高，越来越发扬光大。另外，现代生理学和心理学研究成果表明，美感与快感一样有着生理和心理作为基础。各种感觉的存在都不是孤立的，而是在神经系统的综合协调下互相联系、互相制约的。低级器官的感觉可以通过联觉或联想作用，同时使高级器官得到相应的感知。其间没有不可逾越的鸿沟。任何审美对象都不仅给人以精神上的愉悦，而且也给人以生理上的舒适。优美的音乐、书画能给人以精神的愉悦，烹饪艺术与美食，也会给人的感官带来美感，既饱口福，又饱眼福、耳福。因此，很多政治家、思想家和文化巨匠都认为烹饪是一种艺术。而孙中山先生提出的"烹调即美术"的论断尤为直截了当。

第三节　中国烹饪饮食器具

烹饪饮食活动是中国传统文化的重要组成部分，而烹饪饮食器具则是吃的理念与过程的外在表现，因此，对中国古代烹饪饮食器具的了解也成了研究传统文化特别是烹饪饮食文化最为有用的一把钥匙。中国烹饪饮食器具，是中国烹饪饮食文化的重要组成部分，它们积淀着中华民族的伟大智慧和文化情愫，历经数万年的历史锤炼和打铸，形成了人类文化宝库中耀眼夺目的无价瑰宝。这不仅是我们的先民留给我们的无比丰厚的文化遗产，也是中国烹饪饮食历史对人类文化的巨大贡献。

中国烹饪饮食器具，从功能特点上分，可分为饪食具、酒具和茶具。

一、饪食具

饪食具是指人类在烹饪饮食活动中所使用的烹制和食用食物的工具。在饪食具的历史早期，炊具和食具往往是一体的。随着烹饪技术的发展和人们饮食文明的进步，饪食具有了炊、食之分。

（一）饪食具的诞生

人类饮食活动在其初始阶段是没有器具的。在学会用火之前，人类吃的内容与方式与动物并无两样，即直接食用植物果实和动物血肉，这种“茹毛饮血”的饮食方式不存在也不需要饪食具。当人类掌握了火以后，人们先将食物放在火中烧烤，然后再食用，或者将石头烧热，将食品放在热石上焙熟而食。在长达数百万年的旧石器时代，当时的人类，就是依靠烧烤和焙熟这两种原始的熟食方式而走过了尚处入于烹饪的“童年阶段”的艰辛历程。

在原始熟食阶段进入后期时，人类开始有了第一件饪食具——陶器。

考古研究表明，早在距今11000年以前，中国人就发明了陶器。我们的祖先通过长期的劳动实践（不排除炮食这一饪食活动）发现，被火烧过的黏土会变得坚硬如石，不仅保持了火烧前的形状，而且不易水解。于是人们就试着在荆条筐的外面抹上厚厚的泥，风干后放入火堆中烧，待取出时里面的荆条已化为灰烬，剩下的便是形成荆条筐的坚硬之物了，这就是最早的陶器。先民们制作的陶器，绝大部分是饮食生活用具。在距今8000～7500年前的河北省境内的磁山文化遗址中，发现了陶鼎，至此，严格意义上的烹饪开始了。在此后的河姆渡文化、仰韶文化、大汶口文化、良渚文化、龙山文化等遗址中，都发现了数量可观的陶制的饪食器，如鼎、鬲等。在河姆渡遗址和半坡遗址中，发现了原始的灶，说明六七千年以前的中国先民就能自如地控制明火，进行烹饪了。陶烹是烹饪史上的一大进步，是原始烹饪时期里烹饪发展的最高阶段。

陶器的发明是史前时期划时代的变革，人类从此拥有了真正属于自己制造的产品。这一发明对文明进程的影响深刻而久远，在金属器进入社会生活之前的数千年里，陶器一直是人类最主要的生活器具，直到今日，它仍未完全退出我们的生活。在中国，陶器的发明被视为由旧石器时代进入新石器时代的标志之一，而人类所发明的第一件陶器是用以熟食的，因此可以说，人类的第一件饪食器是随着新石器时代的到来而产生的。

（二）中国饪食具发展过程的三个阶段

中国饪食具10000年左右的演进历史，是一个环环相扣的链条，但每个环节的材料和构造却不尽一致，这是中国古代饪食具发展的总特征，也是对饪食具进行分期研究的原因和基础。根据考古学研究的一般原则和中国烹饪文化的特殊内涵，中国古代饪食具的发生发展过程可分为石器时代、青铜器时代和铁器时代三个阶段。

1. 石器时代

石器时代就是我们通常所说的原始社会，即人类诞生以至文字产生之前的历史，因为没有文字记载，故称史前时期。石器时代的前段是使用打制石器的旧石器时代，后段是使用磨制石器的新石器时代。新石器时代发明了陶器，有了原始的农业和畜牧业，出现了真正的饪食具。这便是中国古代饪食具的发生及初步发展期。从公元前 8000 年前后到公元前 2000 年，这段时间共历时约 6000 年。

2. 青铜器时代

这是指青铜器进入社会生产生活领域的时期，大约相当于通常所说的奴隶社会。夏、商和西周，是中国奴隶社会发生、鼎盛和衰亡的时期，也是青铜文化高度发达的时期。东周（包括春秋和战国时期）虽然已进入封建社会的门槛，但其饮食文化的时尚与饪食具的特征和前期并无殊异，因此我们将夏、商、西周、东周划入饪食具发展的第二时期，即发展、勃兴的时期。自公元前 2000 年左右到公元前 200 年左右，这一时期大约有 1800 年之久。

3. 铁器时代

当历史进入封建社会后，铁器已成为主要的生产生活工具。而铁质饪食具的真正普及却是在秦汉时期完成的，而且秦汉时期至魏晋南北朝时期的饮食观念与商周时期有较大的差异，饪食具的形态与组合也发生了很大变化，而唐宋以后的饮食习惯又与秦汉魏晋南北朝时期有别，瓷器也大量地进入饮食领域，所以将秦汉魏晋南北朝和唐宋元明清分别作为铁器时代饪食具发展的前后期。前期是我国饪食具成熟、定型的期，后期则由一日两餐到一日三餐食制的转换完成时期。这两期分别有 800 多年和 1000 多年的历史。

以上几个具有不同内涵的发展时期构成了中国古代饪食具发展的完整过程。对这一过程的分层次描述和整体归纳，就是研究中国饪食具的核心内容。

（三）中国古代饪食具的分类、命名和功能

史前饪食具的固有名称已随着远古时代的流逝而永远地湮灭了。现在饪食具的各种名称都是进入青铜时代以后尤其是秦汉时期的学者们所给出的。从饮食活动的角度看，饪食具有不同的用途，这些用途涉及到完整熟食活动的每个环节。这些环节包括：对原料进行熟食加工、将熟化食品从饪熟食器具中取出放入盛装器皿，再从器皿中取食入口，吃剩的食物及用不完的原料还需加以贮藏……每个环节都要使用不同的器具，而且两个相连环节之间有时还需要有中介工具。在这一完整过程中，客观上已对器具的功能进行了分工，我们由此可以将它们分成炊具、盛食具、进食具和贮藏具四类。

1. 炊具

运用烹、煮、蒸、炒等手段将原料加工成熟并可食用的器具就是炊具。这些器具包括灶、鼎、鬲、甑、甗、鬶、斝等类别。

灶　最原始的灶是在土地上挖成的土坑，直接在土坑内或于其上悬挂其他

器具进行烹饪。这种土坑在新石器时代非常流行，并发展为后世的用土或砖垒砌而成的不可移动的灶，对今仍在广大农村普遍使用。新石器时代中期发明了可移动的单体陶灶，较小的可移动灶称为灶或鏇，实际上就是炉。进入秦汉以后，绝大多数炊具必须与灶相结合才能完成烹饪，灶因此成为烹饪活动的中心。

鼎　新石器时代的鼎均为圆形陶质，是当时主要的炊具之一。商周时期盛行青铜鼎，有圆形三足，也有方形四足。因功能不同，又有镬鼎、升鼎等多种专称，主要用以煮肉和调和五味。青铜鼎多在祭祀礼仪场合中使用，进而成为国家政权的象征，而日常生活所用主要还是陶鼎。秦汉时期，鼎作为炊具的意义大为减弱，演化为标示身份的随葬品。秦汉以后，鼎成为香炉，完全退出了烹饪饮食领域。有关鼎的许多典故说明了鼎在传统文化中的重要性，在现代词汇中，“鼎”仍是很活跃的一个字眼。

鬲　产生于新石器时代晚期，至战国时日渐消亡，故秦以后的文献中很少出现此字。陶鬲是炊具，青铜鬲除具有炊具功能外，还被用作祭礼仪式中的礼器而见存于夏商周时期。

甑　就是底面有孔的深腹盆，是用来蒸饭的器具，其镂孔底面相当于一面箅子。甑只有和鬲、鼎、釜等炊具结合起来才能使用，相当于现在的蒸锅。自新石器时代晚期以后，甑便绵延不绝，今天厨房中仍可见到它的遗风。

釜　即圜底的锅。它产生于新石器时代中期，商周时期有铜釜，秦汉以后出铁釜，带耳的釜叫鍪。釜单独使用时，需要挂起来在底下烧火，大多数情况下，釜是放置于灶上使用。

甗　这是一种复合炊具，上部是甑，可蒸干食；下部是鬲或釜，可煮汤烧水。陶甗产生于新石器时代晚期，商周时期有青铜甗，秦汉之际有铁甗，东汉之后，甗基本消亡。东周这前的甗多为上下连体；东周及秦汉则流行由两件单体器物扣合而成的甗。鬲、鼎与甑相合的甗可直接用于炊事，而釜、甑相合而成的甗仍需与灶结合才能使用。汉时直接呼甗为甑。

鬶　将鬲的上部加长并做出流，一侧再安装上把手就成了鬶。这是中国古代炊具中个性最为鲜明独特的一种，只流行于新石器时代晚期的大汶口文化和山东龙山文化，其他地域罕为发现，同鬲一样，鬶也是利用空袋足盛装流质食物而煮熟的。

斝　外形似鬲而腹与足分离明显。陶斝产生于新石器时代晚期，当时也是空足炊具之一。进入夏商周时期的斝变为三条实足，且多为青铜制成，但已是酒具而不是炊具了，作为炊具的陶斝只存在于新石器时代晚期的数百年间，作为酒具的斝则盛行于商周两代。

2. 盛食具

盛食具是指进餐时所使用的盛装食物的器具，相当于今天所说的餐具，包括盘、碗、盂、鉢、盆、豆、俎、案、簋、盒、敦等。盘是盛食容器的基本形态。

盘 新石器时代已广泛使用陶盘作为盛食器皿。此后，盘一直是餐桌上不可或缺的用具。作为中国古代食具中形态最为普通而固定、流行年代最为久远品类，盘包括了陶、铜、漆木、瓷、金银等多种质料。最为常见的食盘是圆形平底的，偶有方形，或有矮圈足。值得注意的是，商周时期的青铜盘中有相当一部分是盥洗用具。

碗、盂、鉢 碗似盘而深，形体稍小，也是中国盛食具中最常见、生命力最强的器皿。碗最早产生于新石器时代早期，历久不衰且种类繁多。商周时期稍大的碗在文献中称盂，既用于盛饭，也可盛水。碗中较小或无足者称为鉢，或写成钵，也是盛饭的器皿，后世专称僧道随身携带的小碗为钵。

盆 盘之大而深者为盆，盆即用于炊事活动，也是日用盥洗之具，不过后一种意义的盆古代常写为鉴，形状上与盛食之盆也略有差异，新石器时代的陶盆均为食器，式样较多，秦汉以后食盆的质料虽多，但造型一直比较固定，与今天所用基本无别。

豆 盘下附高足者为豆，新石器时代晚期即已产生陶豆，沿用至商周，汉代已基本消亡。豆即是此类物品的泛称，也专指木质的豆，陶质豆称为登，竹质豆称为笾，都是盛食的器具。商周时期，豆均为专盛肉食的器具，广泛用于祭祀场合，故后世以“笾豆之事”代指以食品祭神，豆类器具因此被称为“礼食之器”，其用途甚明。

俎 平板之下有足曰俎。俎是用来放置食品的，也可用作切割肉食的砧板。新石器时代的此类食具尚未发现，但夏商周时期的俎也是祭祀用的礼器，用来向神荐奉肉食，所以常常“俎豆”连用，代指祭仪，孔子说：“俎豆之事，则尝闻之矣。”（《论语·卫灵公》）即言其擅长祭祀礼制之意。

案 其形状功用与俎颇相似，但秦汉及以后多方案而少言俎。食案大致可分两种，一种案面长而足高，可称几案，既可作为家具，又可用作进食的小餐桌；另一种案面较宽，四足较矮或无足，上承盘、碗、杯、箸等器具，专作进食之具，可称作棜案，形同今天的托盘。自商周至秦汉，案多陶质或木质，鲜见金属案，木案上涂漆并髹以彩画是案中的精品，汉代称为“画案”。

簋 青铜质圆形带足的大碗称簋，或称琏；方形的则叫簠，或称瑚，是商周时期的青铜盛食器。在青铜器产生之前，此类器物是陶质或竹木质，被称为土簋，功能与碗相同。簠簋之称仅存在于夏商周时期，当时除作为日常用具之外，更多表示使用者身份地位的不同。与豆不同的是，簋专盛主食。

盒 两碗相扣为盒。盒产生于战国晚期，流行于西汉早中期，有的盒内分许多小格。自西汉至魏晋，流行于南方地区，后又出现了方形盒，统称为多子盒；而无盖的多子盒又叫格盘。此类器具均是用来盛装点心的，但扣碗形的食盒也一直在使用，不过已由陶器变成了漆木器或金银器了。

敦 青铜质盛食器，存在于商周两代，盛行于春秋战国，进入秦汉便基本消失。敦呈圆球状，上下均有环形三足（或把手）两耳（或无耳），一分为二，盖反置后，把手为足，与器身完全相同，同样用来盛装黍、稷、稻、粱类谷物食品。方形之敦称彝，但属酒具而非食具。

3. 进食具

在饮食活动中，人们将烹饪好的食物从炊具中取出放入盛食器，再从盛食器中取出放入口腔，这两个过程所需要的中介工具就是进食具。中国传统的进食具可分为勺子和筷子两类。筷子一经产生，历3000余年而无功能和形态的变化，因而被视为中华国粹的一种，成为饮食文化的象征。而勺类进食具的历史则更为久远，发展变化的过程相对而言要复杂些。

筷子 古称“箸”，至明代始有“筷子”之称。考古发现最早的箸出于安阳殷墟商代晚期的墓葬中，而文献中曾记载商纣王使用过用象牙精制而成的筷子。但中国发明使用箸的历史肯定要早于商代。这种首粗足细的圆柱形进食具，最早应是以木棍为之，商周时期出现青铜制品，汉代则流行竹木质，且多轻髹漆，甚为精美。隋唐时出现了金银质箸，一直用到明清。宋元间出现了六棱、八棱形箸，装饰也日渐奢华。明清时宫廷用箸更是用尽匠心，工艺考究且有题诗作画的箸实际上已成为高雅的艺术品。

瓢、魁 将完整的葫芦一剖为二，便成了两个瓢，最早的瓢就是圆形带柄并是木质的。后来又有了陶瓢和金属瓢，汉代的瓢，方形，平底，既可舀水，也可直接进食，称为“魁”；瓢之较小者称为“蠡”，古语有“以蠡测海”。瓢魁之类既然可舀水进食，当然也可用以挹酒。考古研究表明，上古之世，用于舀酒的器具除了陶质木质外，尚有以动物脑壳为瓢者。

勺 勺在功能上可分为两种，一种是从炊具中捞取食物放入盛食具的勺，同时可兼作烹饪过程中搅拌翻炒之用，古称匕，类似今天的汤勺和炒勺。另一种是从餐具中舀汤入口的勺，形体较小，古称匙，即今天所谓的调羹。但早期的餐勺往往是兼有多种用途的，专以舀汤入口的小匙的出现应是秦汉及其以后的事。考古发现最早的餐勺距今已有7000余年的历史了，属新石器时代。当时的勺既有木质、骨质品，也有陶质的。夏商周出现的铜勺带有宽扁的柄，勺头呈尖叶状，之所以谓之“匕”，是因为勺头展平后形如矛头或尖刀，“匕首”之称即指似勺头的刀类。自战国起，勺头由尖锐变为圆钝，柄亦趋细长，此形态一直为后代沿袭，秦汉时流行漆木勺，做工华美，并分化出汤匙，此后金、银、玉质的匕、匙类也日渐增多，餐桌上的器具随着食具的多样化而更加丰富了。

在古代的饮食活动中，餐勺与箸往往是同时出现并配合使用的。周代时曾规定，箸只能取菜类，而取米饭弱食则必须用匕，分工十分明确。但后来，这一礼制随着时代的变迁而日渐淡化。

4. 藏贮具

广义上讲，用于藏贮食物原料与食物成品的器具均可归为此类。腌制食品的容器也可称为藏贮器。这类器物的构成比较繁杂，包括瓮、罐、仓、瓶、壶、菹甖等类，既有存贮粮食的，也有汲水蓄水的，还有存贮食物的。部分盛食具如盆、盘类也兼有储藏的功能。

瓶　一种小口深腹而形体修长的汲水器，新石器时代的陶瓶形式多样而且大小悬殊，尤以仰韶文化遗址中的小口尖底瓶最有特色，进入青铜器时代以后，金属瓶虽已出现，但数量甚少，用于汲水的瓶仍以陶质为大宗。形体较小的瓶进而兼具盛酒的功能。

罐　罐是小口深腹但较瓶宽矮的器物的泛称，考古所指称的罐包括了瓮、缶、瓿等多种器物，直到北魏时期，文献中才有“罐”的名称，但也无确切所指。现可将新石器时代及其以后用于汲水、存水和保存食品而难以明确归入其他器类的小口大腹器物统谓之罐。

瓮　这是罐类器物的基本形态，用以存水、贮粮，当然也可贮酒，但装酒的瓮多称为资或卢，形体稍小的瓮可称为瓿，一般在口沿部位有穿孔以备绳索，主要用于汲水。另有一种形态与瓮相近的汲水器名为缶，有盖，秦国曾以此为乐器。

壶　形态介于瓶和瓮之间且有颈的器物称为壶。因其形似葫芦而得名。壶可存水，也用以存贮粮，另有一部分盛酒。用作量器的壶叫锺，陶壶自新石器时代产生后一直沿用，后又有金属制品及瓷壶行业。

菹甖　形状似瓮但有内外两层唇口，并加有盖，实际就是今天所说的酱菜坛子。菹就是酸菜，甖就是类似瓮的存粮贮水陶器，其命名已示用途。周代已有腌制食品，但尚未发现其制作器具，最早的菹甖出自汉代墓葬，魏晋唐宋遗址也屡有出土。

二、酒具

（一）中国酒具的历史演变

中华民族从发明农业、进入新石器时代开始，至今已有上万年的历史，此间，酒具也经历了千变万化的发展过程。

流传至今的最早的酒具是陶具。而根据陶器的形制和事物发展的一般规律，可以推测最早用作酒具的应该是匏瓠类植物果壳、兽角以及极易成形的竹木器。大约5000多年前，漆酒具产生了。过了1000多年，夏代青铜酒具被发明出来，到了商代又出现了原始瓷酒具和象牙酒具。到了东周时期，金银酒具面世了。到了汉代，又发明了玻璃酒具和玉酒具。至此，各类酒具皆已齐备。从这一发展过程可以看出，中国古代酒具的发展无疑也是以当时整个社会的生产力发展水平为基础。

另一方面，不同质地的酒具，皆有其各自的兴衰过程。陶酒具从新石器时代一直流行到商代，商代以后就退居次要地位，但一直没有绝迹，至今仍在使用。漆酒具出现于新石器时代，但直到东周时才大放光彩，至汉代达到高峰，此后便颓然衰落。青铜酒具始见于夏代，鼎盛于商周，东周时开始萎缩，汉代时仍有一些青铜酒具，再以后就比较少见了。瓷酒具在商周时期比较珍惜，秦汉亦不多见，魏晋以来大兴于世，唐宋时期推陈出新，明清时期再现高潮。金银酒具始见于东周，盛于隋唐，至宋辽时期依然流行，此后虽至明清不绝，但不再盛行于世。玉酒具自汉代开始步入高潮，到了唐代相当兴盛，后流行不绝。玻璃酒具一直没有形成大的气候，始终是个陪衬者，角、牙酒具也与玻璃酒具一样，没有扮演过主角。这可能与下班生产难度大和名贵的角、牙等原料稀少有关。

综观中国古代酒具的演进历史，可以看出，在古代社会生活中流行的酒具，先后是陶器、青铜器、漆器、瓷器，而其他种类的酒器则皆未占据过主导地位。

（二）中国古代酒具的分类

由于酒在中国古代社会中扮演着重要的角色，所以酒具也就倍受重视，地位尊崇。古代酒具因用途不同而分有许多种类，且形态各异，可谓五彩缤纷，无奇不有。根据酒具的质地，可将古代酒具分为十二种，即陶器、瓷器、漆器、玉器、青铜器、玻璃器、象牙器、兽角器、蚌贝器、竹木器、匏瓠器、锡器等。

从用途上，则可分为六大类，即盛储器、温煮器、冰镇器、挹取器、斟灌器、饮用器等。另外，还有酿酒和娱酒器具。

盛储器主要包括缸、瓮、尊、罍、瓿、缶、彝、壶、卣、枋、瓶、罂等。

温煮器主要有盉、鬶、斝、樽、铛、爵、炉、温锅、注子等。

冰镇器主要有鉴、缶、尊、盘、壶等。

挹取器有勺、斗、瓢等。

饮酒器有杯、爵、觚、觯、角、羽觞、卮、觥、碗、盅等。

斟灌器有盉、鬶、斝、觥、执壶、注子等。

娱酒器主要有包括骰子、令筹、箭壶、金箭、酒牌令等。

酿酒器有发酵器、澄滤器等。

当然，也有不少器物是一器多用的，如爵既是饮酒之具，也可用于温酒；盉、鬶、斝、注子等酒器，不仅可温酒，也可以作为斟灌器使用。

（三）中国古代酒具的造型与装饰艺术

早在新石器时代，就有了仿照动物形象而制作的肖形酒器，如仰韶文化的鹰形陶尊、人形陶瓶，大汶口文化中的狗形和猪形陶鬶，良渚文化中的龟形和水鸟形陶壶，均生动逼真，别有情趣。新石器时代陶酒器在装饰上也颇为讲究，或者绘以色彩绚丽的花纹，或者雕刻神秘奇怪的动物和几何图案。用高岭土制作的白陶鬶，洁净坚实，雅致宜人；而经特殊工艺烧造的黑陶罍，黑亮如漆，光鉴照人；蛋壳酒杯，胎薄体轻，可谓鬼斧神工。

商周时期以青铜酒器为大宗，其他质料的酒器如陶器、原始瓷器、象牙器和漆器则为辅助。商周时期的青铜酒器，谱写了青铜雕塑艺术史上的辉煌篇章。

首先，是肖形铜酒器取材广泛，造型优美，凡生活中常见的动物，如马、牛、羊、豕、虎、象、兔、鸭，甚至日常罕见的犀等，都被用作青铜尊的铸仿原模，而且模仿准确，刻画细腻，惟妙惟肖；而兽形铜觥，则往往糅合了多种动物于一体，亦鸟亦兽，神奇诡秘。著名的“虎食人铜卣”，不仅人兽逼真，而且内涵丰富，把青铜雕塑艺术发展到表现社会现象乃至故事情节的高度。

其次，商周青铜酒器的装饰艺术更是丰富多彩。商代晚期和周初，青铜酒器上的花纹图案务求精细繁复，不惜工本，从平面装饰到立体装饰，花样迭出，其中著名的“龙虎尊”和“四足方体盉”等，成功地运用了阴刻、浅浮雕、高浮雕及圆雕等多种艺术手段，使之豪奢华丽，堪称一绝；图案以狞厉诡秘的饕餮（以龙为主体）为大宗，一派规整庄严之气，极少轻松活泼之风。西周后期的青铜酒器，逐渐转向追求活泼明快、流畅奔放之艺术效果的新风尚。几何形花纹异军突起，陕西出土的青铜酒器“颂壶”，把这种艺术风格发挥得淋漓尽致。东周及秦汉的青铜酒器，不但承袭了西周时期青铜装饰艺术的新格调，图案内容世俗化倾向较为明显。建筑、人物、鸟兽、花卉等皆在表现之列。东周时期，图案更加形象化，有的直接附加与实际存在的动物完全一样的饰件，如河南省新郑的“莲鹤方壶”上的鹤鸟，就与真的鹤鸟无异，开一代新风。

我国最早的漆酒具出现于夏末商初，东周及秦汉时期的漆酒具，在花纹图案方面有独到的艺术成就。有的花纹描绘细致，栩栩如生，有的似行云流水，优雅畅快，而其色彩的调配，则力求对比鲜明，奔放热烈。

最早的瓷酒具出现于商初，由于制作质量较差，被称为“原始瓷”，较为成熟的瓷酒具产生于汉代，造型浑厚凝重，釉色沉而不浮，花纹疏朗典雅。汉代以后的瓷酒具，造型由雄浑转秀丽，由凝重转至灵巧；釉色千变万化，图案内容丰富多彩，典雅的贴画、奔放的舞蹈、醉人的诗篇、脍炙人口的典故、生动活泼的动物，都可成为装饰图案。釉彩方式各不相同，有釉上彩、釉下彩、青花、斗彩，五光十色。

唐宋时期的金银酒具，开创一代新风，一派大国盛世的气象，生活气息浓厚。造型略显单一，重视器体上的图案花纹，如花卉鸟兽，情趣盎然；驰马射猎，场面壮观；人物故事，形象生动。在艺术风格上追求豪华与典雅，凡龙、凤、龟、鱼、天马、神鹿、孔雀、鸳鸯、牡丹、莲花，都是金银酒具装饰图案的突出主题，一派祥和、富足和强盛之气，充分体现了大唐盛世的社会现状。

元明清时期，主要以瓷酒具和金银酒具为主，泱泱大国的思想渗透其中。上层社会饮酒者所用的瓷器和金银器，有的诗文墨彩，有的金玉珠宝，极尽奢华。平民百姓的酒具则平素无华，表现出中国百姓恬淡和无争的心态。

三、茶具

（一）古代茶具的种类

中国茶艺是一种物质活动，更是精神艺术活动，中国茶具则更为讲究，不仅要好使好用，而且要有条理，有美感，所以，早在《茶经》中，陆羽便精心设计适于烹茶、品茶的二十四器：

（1）风炉：为生火煮茶之用，以锻铁铸之，或烧制泥炉代用。

（2）筥：以竹丝编织，方形，用以采茶。

（3）炭挝：六棱铁器，长一尺，用以碎炭。

（4）火夹：用以夹炭入炉。

（5）鍑（釜）：用以煮水烹茶，多以铁铸之，唐代有瓷釜、石釜、银釜。

（6）交床：以木制，用以置放茶鍑。

（7）纸囊：茶炙热后储存其中，不使泄其香。

（8）碾、拂末：前者碾茶，后者将茶拂清。

（9）罗合：罗用以筛茶，合用以贮茶。

（10）则：如今之汤匙，用以量茶的多少。

（11）水方：用以贮生水。

（12）漉水囊：用以过滤煮茶之水，有铜制、木制、竹制。

（13）瓢：杓水用，有用木制。

（14）竹筴：煮茶时环击汤心，以发茶性。

（15）鹾簋、揭：唐代煮茶加盐去苦增甜，前者贮盐花，后者杓盐花。

（16）熟盂：用以贮热水。唐代人煮茶讲究三沸，一沸之后加入茶直接煮，二沸时出现泡沫，杓出盛在熟盂之中，三沸将盂中之熟水再入鍑中，称之“救沸”“育华”。

（17）碗：是品茗的工具，唐代尚越瓷，茶碗高足偏身。此外还有鼎州瓷、婺州瓷、岳州瓷、寿州瓷、洪州瓷。以越州瓷为上品。

（18）畚：用以贮碗。

（19）扎：洗刷器物用，类似于现在的炊帚。

（20）涤方：用以贮水洗具。

（21）渣方：汇聚各种沉渣。

（22）巾：用以擦拭器具。

（23）具列：用以陈列茶器，类似于现在的酒架。

（24）都篮：饮茶完毕，收贮所有的茶具，以备来日。

在古代，文人的饮茶过程，就是完成一定礼仪、追求精神自由和心灵空静的高尚境界的过程，而用器的过程也就是享受制汤与营造美境的过程，所以，古代士大夫阶层在饮茶过程中，用如此复杂多样的器具，也就不足为怪了。

（二）古代茶具的发展规律

纵观中国茶具的发展历史，可知我国茶具发生、发展过程的亦步亦趋，总是烙印着朝野上下的生活方式、饮茶习尚、审美态度以及制作工艺的标记。茶山莽莽，茶具纷纷，千百年来茶具之间的共性在其历史传承中已形成了鲜明的传统特点，而其新的创造又都酷似其所在的时代。主要反映在四个方面。

（1）制作茶具的“章法”，陆羽提出了四点。一是“因材因地制宜”；二是“持久耐用”；三是“益于茶味，不泄茶香，力求‘隽永’”；四是“雅而不丽”“宜俭”。这四条，除皇家御用之外，千百年来基本上依此而行。但在尊重“祖法”的前提下，也时有改进，且是改得更加美好，更加适用。如在器具的造型方面，为了茶香不泄，工匠们给碗形茶具加上一个稍稍小于碗口的盖子，同时又将漆木托盏逐渐移入陶瓷工艺，终于成为茶具家族中的大记。对于短而直的壶嘴，也慢慢改为细而长的两弯或三弯嘴，用以保持壶内的茶味。

（2）制作茶具的原材料，陆羽提到的就有竹、木、匏、蛤、铁、铜、银、绢、纸、陶、瓷等，但在发展过程中，因为陶土蕴藏广泛，作坊遍及南北，烧造费用低廉，瓷釉洁净而宜茶的缘故，所以陶瓷茶具大受品茗者的青睐。陆羽提出“宜茶”的瓷瓯产地有越州、邢州、鼎州、婺州、岳州、寿州、洪州七大窑场，烧造出了具有地方特色和窑别个性的茶具。与此同时，在某些特种工艺擅名的地区，也还制造出少数银、锡、髹漆茶具，供人享用。

（3）最初陆羽称道的青釉或黄釉瓷茶具，皆因素面无饰而博得人们的喜爱。唐代虽然出现了三彩陶茶具，但它是色釉融合，天工成形。再如盛产“小龙团”的建州附近烧出的茶碗，也是自然妆点，宛若瓯底云端，都不能算是装饰。但自晚唐时期南方长沙窑、北宋时期北方磁州窑开始与文人合作，将绘画、书法、诗词、题记与印章移入陶瓷茶具后，各地制造工匠也就纷纷效仿，且有不少佳作问世，从而使得那些“起尝一瓯茶，行读一卷书”的文人茶客不仅借茶“洗尘心”“助诗兴”，而且还能够让自己的情感进入茶具之中。

（4）宜兴是历史上有名的茶乡，更是埋藏丰富“甲泥”的所在。甲泥是一种含铁量高、可塑性强、收缩率小的最为理想的制作茶具的泥土。一件件设计精巧、制作精美的紫砂茶具在这里应运而出，宜兴遂成我国唯一的“创烧”茶具的故乡。回顾近700年的历史，宜兴创烧的茶具，无论是罐、壶还是盘、碗，都是和煮茶、饮茶、储茶，以及以茶待客会友的习尚相适应。工匠们在制作 紫砂茶具时，将作品的大小、样式和装饰都紧紧地围绕着一个“茶”字做文章，并在这方面积累了丰富的经验。换言之，宜兴的制作紫砂茶具的工匠们，对陆羽的制作茶具的四条“章法”所悟甚为透彻，这在他们的紫砂茶具作品有着深刻的体现。

第四节 中国食俗

食俗，是指广大民众在平时的饮食生活中形成的行为传承与风尚，它基本能反映出一个国家或民族的主要饮食品种、饮食制度以及进餐工具与方式等。食俗是特定的自然因素和社会因素对某个区域或某个民族长期影响和制约而自发形成的一种民俗事象，具有调节和规范群体内部成员之间的相互关系和行为的作用。中国是56个民族的大家族，每个民族都有自己比较独特的日常食俗。

一、汉族食俗

（一）日常食俗

中国家庭的传统是主妇主持中馈，菜品多选用普通原料，制作朴实，不重奢华，以适合家庭成员口味为前提，家常味浓。讲究吃喝的富足人家或达官贵族，则多成一家风格，如“孔府菜”“谭家菜”等。

从用餐方式看，古人用餐时跪在席上，并采取分餐制。古人用餐称“飨”，此字在甲骨文中是人们跪在席上用餐的形象。他们把煮肉、装肉的鼎放在中央，而每人面前放一块砧板，这块板叫俎。然后用匕把肉从鼎中取出，放在俎上，用刀割着吃。饭在甑中蒸熟后也用匕取出，放入簠簋，移至席上。酒则贮入罍中，要喝时先注入尊、壶，放在席旁，然后用勺斗斟入爵、觥、觯、杯中饮用。先民吃肉用刀、匕，吃饭则用手抓。西晋以后，生活于北方的匈奴、羯、鲜卑、氐、羌等少数民族陆续进入中原，汉族传统的席地而坐的姿势也随之有了改变，公元5～6世纪出现的高足坐具有束腰凳、方凳、胡床、椅子，逐渐取代了铺在地上的席子。到了唐代，各种高足坐具已非常流行，垂足而坐已成为标准姿势。在敦煌唐代壁画《屠房图》中，可以看到站在高桌前屠牲的庖丁像，表明厨房中也不再使用低矮的俎案了。而用高椅大桌进餐，在唐代已不是稀罕事，不少绘画作品都提供了可靠的研究线索。桌椅的出现使人们很快地利用它们改变了进餐的方式，众人围坐在一桌，共享一桌饭菜，原来的分餐制逐渐转变为合餐制。

在上古时期，人们采用的是早、晚二餐制。这种餐制是为了适应“日出而作，日落而息”的生产作息制度而形成的。早餐后，人们出发生产，男狩猎，女采集；日落后，人们劳动归来，一起用餐。《孟子·滕文公上》：“贤者与民并耕而食，饔飧而活。”赵岐注：“饔飧，熟食也，朝曰饔，夕曰飧。”古人把太阳行至东南方的时间称为隅中，朝食就在隅中之前。晚餐称飧，或称晡食，一般在申时，即下午四点左右吃。晚餐只是把朝食吃剩下的食物热一热吃掉。大约到了战国时期，开始有了三餐制。《周礼·膳夫》：“王燕食，则奉膳、赞祭。”郑玄注：“燕食，谓日中与夕食；奉膳，奉朝之余膳。”孔颖达疏：“天子与诸侯相互为三时食，故燕食以为日中与夕，云奉膳奉朝之余膳者，则一牢分为三时，故奉朝之余馂也。”综合这三段文字可知，天子诸侯这些上层社会的食制是一日三餐，早上称为朝食，中午和晚上两餐称燕食。在一日三餐中，朝食最为重要。大约到了汉代，一日三餐的习惯渐渐在民间普及，但在上层社会，特别是皇帝饮食则并非如此，按照当时礼制规定，皇帝的饮食多为一日四餐。而就一般的文化习惯而言，人们的日常餐制主要是由经济实力、生产需要等要素决定的。总体上看，直到今天，一日三餐食制仍是中国人日常饮食的主流。

作为我国的主体民族，汉族的传统食物结构是以植物性食料为主，主食为五谷，辅食是蔬果，外加少量的肉食。自新石器时代始，我国黄河、长江流域已进入了农耕社会，由于地理条件、气候等因素的作用，黄河流域以粟、黍、麦、菽为主，长江流域以稻为主。战国以后，随着磨的推广应用，粉食逐渐盛行，麦的地位便脱颖而出。北方的小麦在“五谷杂粮”中的地位逐渐上升，成为人们日常生活中最重要的主粮，而南方的稻米却历经数千年，其主粮地位一直未曾动摇。明清时期，我国的人口增长很快，人均耕地数量急剧下降。从海外引入的番薯、玉米、土豆等作物，对我国食物结构的变化产生了一定的影响，并成为丘陵山区的重要粮食来源。我国古代很早就形成了谷食多、食肉少的食物结构，这在平民百姓的日常生活中体现得更加明显。孟子曾主张一般家庭做到“鸡豚狗彘之畜，无失其时，七十者可以食肉矣。”长期以来，肉食在人们饮食结构中所占的比例很小，而在所食动物中，猪肉、禽及禽蛋所占比重较大。在北方，牛、羊、奶酪占有重要地位；在湖泊较多的南方及沿海地区，水产品所占比重较大。直至今日，虽然我国食物结构有所调整，营养水平有较大提高，但是仍然保持着传统食物结构的基本特点。

此外，汉族人的饮料以茶和白酒为主。人们用茶消暑止喝，提神醒脑，文人更是视之为高雅饮品，所以我国汉族地区广植茶树，茶的品种，以茶型分之，有绿茶、红茶、青茶、黄茶、黑茶、白茶等；以制作工艺分之，有花茶、紧压茶、萃取茶、果味茶、药用保健茶、含茶饮料等；其名品繁多，更是美不胜收，如西湖龙井、黄山毛峰、洞庭碧螺春、蒙顶甘露等百余之多。汉族人对白酒的感情也是至深至真的，饮酒助兴已成为汉族人生活中最常见的调整情绪的一种方式。饮起酒来，“虽无丝竹管弦之盛，一觞一咏，亦足以畅叙幽情。”人们在日常生活中需要有各方面情感和情绪调整，饮酒则可以根据时、地、人、事的不同而起作用，人们饮酒，或成就礼仪，或消愁解闷，或庆功助兴，或饯行游子，或送别友人，可以说，白酒在我国汉族民俗中的婚丧嫁娶、生儿育女及朋友之间的交往中，都是不可缺少的助兴剂。正因如此，汉族地区历代酿酒、饮酒成风，人们大多用粮食酿造出了香型众多、名称美妙的优质白酒。以香型而论，白酒的基本香型有浓香型、酱香型、清香型、米香型之分；另外，白酒的特色香型有药香型、豉香型、芝麻香型等类型。就名称和品种而言，人们常用“春”命名酿出了品种众多的白酒，如剑南春、御河春、燕岭春、古贝春、嫩江春、龙泉春、陇南春等。以春名酒，最初是因为人们习惯于冬天酿低度酒，春天来临即可开坛畅饮；后来人们认为酒能给人带来春天般的暖意，使人能充分感受春天带来的快乐，一个春字，言简意赅，可谓妙在其中。

（二）人生礼仪食俗

人生礼俗即人生仪礼与习俗，是指人一生的各个重要阶段通常要举行的仪式、礼节以及由此形成的习俗。一个人从出生到去世要经过许多重要的阶段，而在每个重要阶段来临时，汉族人都会用相应的仪礼加以庆祝或纪念。我国汉族地区多以农业为主，聚族定居是主要的生活方式，汉族人主要通过饮食来实现人生的价值观念。将饮食与治国安邦紧密联系，在人生礼俗中更多地表现为以饮食成礼。

1. 生育饮食习俗

在中国，新生命降临人世，是一件可喜可贺的事，许多地方的庆贺仪式是办三朝酒、满月酒等宴会。这些宴会既充满喜庆的气氛，也寄托着亲友们对幼小生命健康成长的希望和祝福，所以孩子的外婆和亲友们常带着鸡、鸡蛋、红糖、醪糟等食品前来参加。“三朝酒”，又称“三朝宴”，古代也称之为汤饼宴，是婴儿诞生的第三天举行的庆贺宴。清朝冯家吉《锦城竹枝词》描写道：“谁家汤饼大排筵，总是开宗第一篇。亲友人来齐道喜，盆中争掷洗儿钱。”汤饼即面条。它在唐代时通常作为新生婴儿家设宴招待客人的第一道食品。清朝以后，

“三朝”的重要食品不再是面条，而是鸡蛋。婴儿满月时也要举行宴会，称“满月酒”，清代顾张思《风土录》载：“儿生一月，染红蛋祀先，曰做满月。”满月设宴的习俗起于唐代，延续至今。俗语道：“做一次满月等于娶半个媳妇。”美味佳肴甚为丰盛，亲朋好友相聚，热闹异常。婴儿满一百天时还要举行宴会，称为“百日酒”，象征和祝愿孩子长命百岁。前来祝贺的亲友要带上米面、鸡蛋、红糖及小孩衣物等礼物。

当孩子满一周岁时，许多地方则要举行“抓周”礼，以孩子抓取之物来预测其性情、志向、职业、前途等。是时也要操办宴席，请亲友捧场助兴。

2. 婚嫁饮食习俗

孩子长大成年后，婚姻受到高度重视，举行订婚和结婚典礼时都要举办宴会及相应仪式，以饮食成礼，并祝愿新人早生儿女、白头偕老。据傅崇榘《成都通览》载，清末民初的成都人在接亲时有下马宴，送亲时有上马宴，举行婚礼时有喜筵，婚礼后还有正酒、回门酒等，而最隆重的是喜筵，人们以各种方式极力烘托热闹、喜庆的气氛，表达对新人新生活的美好祝愿。饺子和枣因其寓意怀孕生子而成为必须的品种，新娘的嫁妆中有饺子，新床的枕头中有枣子，婚宴结束时新娘要单独吃半生半熟的饺子。给朋友过生日祝寿，要备寿酒、寿糕等礼品。

陕西一些地方，姑娘出嫁时，要在陪嫁的棉被四角包上四样东西，即枣子、花生、桂圆、瓜子。名义上是给新娘夜间饿了便于取食，实际上是借这四种食品的名字的组合谐音，取意早（枣）生（花生）贵（桂圆）子（瓜子）。鄂东南一带的汉族姑娘出嫁时，母亲要为女儿准备几升熟豆子，装在陪嫁的瓷坛中，新婚翌日用以招待上门贺喜的亲朋。在当地，“豆”与“都”同音，豆子有“所生都是儿子”之意。岭南地区的姑娘出嫁时，嫁妆中少不了要放几枚石榴，以石榴多籽而取“多子多孙”之义。在我国各地，鸡蛋是嫁妆中常见的一种食品，许多汉族地区的人们称鸡蛋为“鸡子”，江浙一带汉族姑娘出嫁时的嫁妆中有一种“子孙桶”，其中要盛放喜蛋一枚、喜果一包，送到男方家后由主婚人取出，当地人称此举为“送子”。嫁妆的两只痰盂里分别放有一把筷子和五只染红的鸡蛋，寓意快（筷）生子（蛋）。

婚宴也称“吃喜酒”，是婚礼期间为前来贺喜的宾朋举办的一种隆重的筵席。如果说婚礼把整个婚嫁活动推向高潮的话，那么婚宴则是高潮的高峰。旧时，汉族民间非常重视婚礼喜酒婚宴，婚宴成了男女正式结婚的一种证明和标志。婚宴一般在一对新人拜堂后举行，一般分为两天，第一天为迎亲日，名为“喜酌”，赴宴者皆为三亲六戚，第二天名为“梅酌”，赴宴者皆为亲朋好友。之所以谓之“梅酌”，是因为古时婚礼，宾客来贺，需献上一杯放有青梅的酒，因此酬谢亲朋的喜酒谓之梅酒。

新人入洞房后要喝交杯酒。以绍兴汉族为例，喝交杯酒的程序是：由喜婆先给一对新人各喂七颗汤圆；然后由喜婆端两杯酒，新郎新娘各呷一口，交换杯子后各呷一口；最后，两杯酒混合后再让新人喝完。喝完交杯酒，新娘还要吃生瓜子和染成红红绿绿的生花生，寓早生贵子之意。在婚床的床头，预先放了一对红纸包好的酥饼，就寝前，新人分而食之，表示夫妻和睦相爱。而在我国北方的汉族地区，饮交杯酒仪式完毕后，紧接着便是吃“子孙饽饽”。新人各夹一个由女家包制、在男家蒸煮的半生半熟的饺子，这就是“子孙饽饽”，当新娘吃的时候，要让一个男孩儿在一旁问：“生不生？”新娘羞羞答答地说：“生。”由是可知当地人求子心切。

3. 寿庆饮食习俗

古代汉族人把孩子的生日当作“母难日”，生日不仅不办庆祝活动，有时还进行“母难”纪念。据《隋书·高祖纪》中纪载，六月三日是隋文帝杨坚的生日，他下令这一天为他母亲元明太后的“母难日”，禁止宰杀一切牲畜和家禽。大约到了唐代，汉族人开始重视生日庆祝活动，而祝愿长寿是其重要主题。从寿面、寿桃到寿宴，气氛庄重而热烈，无不寄托着对生命长久的美好愿望。所谓寿面，实指生日时吃的面条，古时又称生日汤饼、长命面。因为面条形状细长，便用来象征长寿、长命，成为生日时必备的食品，由此吃法也较讲究，常由过生日者单独食用，并且要求一口气吸食完一箸，中途不能咬断。中国人尤其重视逢十的生日及宴会，从中年开始有贺天命、贺花甲、贺古稀等名称。寿宴上讲究用象征长寿的六合同春、松鹤延年等菜肴，也常用食物原料摆成寿字，或直接上寿桃、寿面来烘托祝愿长寿的气氛。除通常情况下的寿宴外，旧时在一些特殊时间还要举行比较隆重的寿宴及特殊礼仪，以消灾祈福、益寿延年，称为“渡坎儿”。如在1岁、10岁、20岁、60岁、70岁以及70岁以后的每个生日时都必须举行较隆重的寿宴，其规模和档次都较高，常办十几桌或几十桌。寿宴菜品多扣“九”或“八”，如“九九寿席”或“八仙菜”。席上必有用米粉制作的“定胜糕”以及白果、松子、红枣汤等。所上菜品，名称甚为讲究，如“八仙过海”“三星聚会”“福如东海”“白云青松”等。而忌上西瓜盅、冬瓜盅、爆腰花等。长江下游汉族地区，逢父或母66岁生日，出嫁的女儿要为之祝寿，并将猪腿肉切成66小块，形如豆瓣，俗称“豆瓣肉”，红烧后，盖在一碗大米饭上，连同筷子一同置于篮内，盖上红布，给父亲或母亲品尝，以示祝寿。肉块多，寓意老人长寿。“八仙菜”一般为全鸡、韭菜爆肉、八宝米合以粮枣、莲藕炒肉、笋子炒肉、葛仙汤、馄饨、长寿面等，均有象征寓意。

4. 贺庆饮食礼仪

中国城市或农村都聚集而居，一户有大事、喜事、庆事，往往全体乡里邻居，亲朋好友均来庆贺，有携礼食来贺的，主人家必定招待酒筵答谢。

“上梁酒”和“进屋酒”，在中国农村，盖房是件大事，盖房过程中，上梁又是最重要的一道工序，故在上梁这天，要办上梁酒，有的地方还流行用酒浇梁的习俗。房子造好，举家迁入新居时，又要办进屋酒，一是庆贺新屋落成，并庆乔迁之喜，一是祭祀神仙祖宗，以求保佑。

“开业酒”和“分红酒”，这是店铺作坊置办的喜庆酒。店铺开张、作坊开工之时，老板要置办酒席，以志喜庆贺；店铺或作坊年终按股份分配红利时，要办“分红酒”。

“壮行酒”，也叫“送行酒”，有朋友远行，为其举办酒宴，表达惜别之情。在战争年代，勇士们上战场执行重大且有很大生命危险的任务时，指挥官们都会为他们斟上一杯酒，用酒为勇士们壮胆送行。

5. 丧葬饮食习俗

若逝去的是长寿之人或寿终正寝，则是吉丧，是为一喜，但相对于结婚“红喜”而言为“白喜”。人们在举行丧葬仪式时，也有其特定的食俗。《西石城风俗志》载：“（葬毕）为食用鱼肉，以食役人及诸执事，俗名曰‘回扛饭’。”这是流行于江苏南部地区旧时汉族丧葬风俗，安葬结束后，丧家要置办酒席感谢役人与执事。凡是吉丧则大多要举办宴席。宴席结束时，宾客常将杯盘碗盏悄悄带走，寓意“偷寿”。对于死者则先摆冥席，供清酒、素点、果品与白花等，到斋七、百天、忌辰和清明时，便供奉死者生前爱吃的食物。汉族民间的一般俗规，是送葬归来后共进一餐，这一餐大多数地方称“豆腐饭”，根据儒家的孝道，当父亲或母亲去逝后，子女要服丧。这期间以吃素食表示孝道，据说这是中国民间“豆腐饭”的由来。后来席间也有了荤菜，如今已是大鱼大肉了，但人们仍称之为“豆腐饭”。

此外还有丧礼吃“泡饭”之说，即在抬出灵柩日的一种接待宾客的活动。《西石城风俗志》载：“出柩之日，具饭待宾，和豌豆煮之，名曰‘泡饭’；素菜十大、十三碗不等，贫者或用攒菜四碗，豆腐四碗，分置四座。”

丧葬仪式中的饮食，主要是感谢前来奔丧的宾客。这些宾客中，有些人协助丧家办理丧事，非常辛劳。丧家以饮食款待之，一是表达谢意，二是希望丧事办得让各方面满意。至于丧家成员的饮食，因悲伤，往往很简单，陕西汉族民间有“提汤”之俗。丧主因过度悲伤，不思饮食，也无心做饭。此时，亲友邻里便纷纷送来各种熟食，即劝慰主人进食，也用以待客，谓之“提汤”。

丧葬期间的祭品往往也是以食物的形式体现出来。山西长治县一带的汉族人，过去人死后所供祭品分4种：一是三牲祭——猪头、鱼和公鸡；二是三滴水——4大碗、4小碗、4个碟子；三是白头祭——馒去时头；四是刀番祭——0.5千克猪肉。现在，近亲主要以猪头、三滴水为祭品，一般关系的以糕点为祭品。阳城一带的农村，丧家在出殡前，儿女侄孙辈要提米饭、油食、馍等到坟地吃，撒五谷于地，儿女连土带谷抓在手里，装入口袋，名曰抓富贵。月日这个地区，人死后有“过七”习俗，每逢七日哭祭一次。“七七”仪礼要求备不同祭食。一七馍馍，二七糕，三七齐勒，四七火烧，五七多数吃酸菜、芥菜饺子，六七、七七无定食。然后要过百天、周年、二周年、三周年、五周年、十周年。祭祀时还要烧纸浇汤，祭以水果、食品等，跪拜叩头。十周年过完后丧事才算结束。

（三）主要节日食俗

汉族的传统节日有很多。据宋朝陈元靓《岁时广记》记载，当时的节日有元旦、立春、人日、上元、正月晦、中和节、二社日、寒食、清明、上巳、佛日、端午、朝节、三伏、立秋、七夕、中元、中秋、重九、小春、下元、冬至、腊月、交年节、岁除等。明清以后基本上沿用这个节日时序，但逐渐淡化了其中的一些节日。至今，仍然盛行的传统节日有春节、元宵节、清明节、端午节、中秋、重阳节、重阳节、冬至节、除夕等，而除夕由于在时间上与春节相连，往往被人们习惯地连成一体，作为春节的前奏。

1. 春节

农历元月初一，是中华民族最悠久、也最隆重的传统的节日——春节。

春节，俗称元旦，据《尔雅·释诂》解曰：“元，始也。”而“旦”即象形字，表示太阳从地平线上升起，意为早晨。故《玉篇》上释曰：“旦，朝也”。而“春节”一词则来源于辛亥革命后，因采用公历（俗称阳历）纪年，则将公历的 1 月 1 日称为“元旦”或“新年”，又因农历的“元旦”时值二十四节气的立春前后，故称“春节”。春节期间，人们最重视的是腊月三十和正月初一，其节日食品从早期的春盘、春饼、屠苏酒，到后来的年饭、年糕、饺子、汤圆等，花色多样。

据有关史料记载，先秦时期，春节间“宫廷有祭祀、宴饮之仪，民间有喝春酒的习俗”。至南北朝，即有“长幼悉正衣冠，以次拜贺。进椒柏酒（以椒聊树及柏树之叶浸制而成的酒，原用于祭神），饮桃汤。进屠苏酒、胶牙饧。”宋代王安石有诗曰：“爆竹声中一岁除，春风送暖入屠苏。千门万户曈曈日，总把新桃换旧符。”可见，春节之时，合家饮屠苏酒在北宋仍然风行。至明代以后，春节晨起吃年糕，制椒柏酒以结亲戚。至清，寻常百姓，献椒盘，斟柏酒，吃蒸糕，喝粉羹；而上层社会的人家则家宴丰盛，食乐融融。建国后，虽然不少封建迷信已被革除，但不少食俗仍在民间流行。

春节吃“剩饭”，象征吉庆有余。早晨吃除夕做好的汤圆、饺子，意寓团圆、甜蜜、顺利。相传正月初一又是弥勒佛生日，故信佛者不吃荤、不饮酒。年酒，又叫“春酒”，饮年酒之俗始于西周，《诗·豳风》有“为此春酒，以介眉寿”的记述。春节期间宴请亲友，不仅有祝贺新春之意，还有联络感情之效。目前，这一历史遗俗更加盛行，宴席规格也越来越高。

相传正月初五是财神（赵公明）的生日，是日早晨，家家吃饺子，谓之“揣金宝”。中午用丰盛的菜肴来供奉财神，菜肴中必备有鱼头、芋艿，取“余头”“运来”的谐音；晚上早早关门，置酒守夜，谓之“吃财神酒”。

2. 元宵节

这是岁首第一个圆月之夜。按我国农历的传统规定，正月十五称“上元”，七月十五称“中元”，十月十五称“下元”。元者，月圆也，象征着团圆美满。“一年之月打头圆”，三元中，上元最受重视，故元宵节又称“上元节”。由于这一日的主要庆祝活动都在夜间进行，所以又称“元宵”。

元宵节又称灯节，其活动为放灯，其俗源于汉文帝刘恒。据史料载，陈平、周勃扫除吕后宫乱，推刘恒即位，史称“汉文帝”。汉文帝即位后，广施仁政，励精图治，每逢正月十五，都要微服私访，体察民情。每当此时，长安市民就张灯结彩，恭候皇帝后渐成俗。文帝将此日定为元宵节，并决定从正月十四到十六解除宵禁（古代都市夜间禁止一般行人来往），开禁三天，让人们在街头尽情欢乐。至汉武帝时，是日晚上要在宫中张灯一夜，祭祀“太一”天神，以祈求丰年，因这是宫中燃灯，故并不普及。至东汉永平十年（公元 67 年），蔡音从印度求得佛教，汉明帝刘庄为提倡佛教，敕令在正月十五晚上，家家通宵点灯，以示敬佛。以后相沿成俗，唐朝此俗最盛，后来是日燃灯、观灯逐渐脱离了宗教色彩，成为民间的一种娱乐活动。明·朱元璋规定，从正月初八张灯，至十七落灯。

“上灯元宵落灯面”。在正月十三清晨，民间吃元宵（汤圆），象征家人团聚，生活美满。元宵，是宋代民间开始流行的一种新奇食品，即用各种果饵做馅，外用糯米粉搓成球，煮熟后，香甜可口。由于糯米球煮在锅里忽浮忽沉，故最早时人们称之为“浮子”，后来成为元宵节的特有食品，有些地方称之为元宵。1912 年，袁世凯称帝，他认为“元”与“袁”“宵”与“消”同音，是词有袁世凯消灭之嫌，于是，在 1913 年元宵节前，下令改元宵为“汤圆”，故元宵又有汤圆之称。

古时无宵节除吃元宵以外，还有吃豆粥、科斗羹、蚕丝饭等习俗。今天的元宵节，我国不同地区的汉族食习俗各不相同。上海、江苏一些农村，人们喜吃“荠菜圆”。陕西人有吃元宵菜的习俗，即在面汤里放各种蔬菜和水果；河南洛阳、灵宝一带，元宵节要吃枣糕。如此等等，不一而足。

3. 寒食节

寒食节是节源于春秋时期，晋公子重耳为避献公之妃骊姬之害，流亡于卫、齐、曹、宋、楚、秦诸国达十九年之久，其贤臣介子推忠心耿耿，当重耳流亡于卫时，粮食尽绝，饥饿难忍，介子推毅然割下自己大腿上的肉，煮熟后给重耳充饥。此后，重耳在秦穆公的帮助下，回国平乱，即国君之位，史称晋文公。

在他对随从自己流亡的群臣论功行赏时，唯独忘了功绩卓著的介子推。介子推无视名利，一言不发，决意离开朝廷，与母亲到绵山隐居。其友深感不平，上书提醒晋文公。文公这才想起了介子推，便亲自去绵山找他，但偌大的绵山，难寻他们母子踪影。晋文公想，介子推是个孝子，如果放火烧山，必定会背母亲出来，大火烧了三天三夜，仍不见其踪影，无奈，晋文公只好下令灭火，再进山找，却发现他们母子紧抱着一棵大树，早已被火烧死。为纪念介子推，晋文公将绵山所在地更名为介休（即今山西中部），意为“介子推永远休息之地”，同时下令，以后每年的这一天，全国禁止烟火，冷食一天。人们敬重这位不慕功名的贤臣，都不忍举火炊食，只吃冷食，久而久之，沿习成俗，便形成了“寒食节”。

寒食节对人们饮食烹饪活动影响至深，它推动了一些可供冷吃的点心、小吃的创制，如“寒具”以糯米粉和面，搓成细条状，油煎而成，又名粔敉、餲、粰、环饼、捻头、馓子、膏环、米果等，就是这一节日的著名品种。同时寒食节也推动了中国食品雕刻工艺的发展，据史料载，寒食节“城市尤多斗鸡卵之戏”（《玉烛宝典》），对后来的食品雕刻艺术的发展，无疑是良好的开端。

另外，清明食俗是伴随着清明祭祀活动而展开的。是日家家都要准备丰盛的食品前往本家祖坟上祭奠，祭祀完毕，所有上坟的人围坐在坟场附近食用各种食品。在江南水乡，尤其是江浙一带，每逢清明时节，老百姓总要做一种清明团子，用它上坟祭祖、馈送亲友或留下自己吃。

4. 端午节

农历五月初，是我国传统的节日——端午节。

据《太平御览卷三十一·风土记》载：“仲夏端午，端，初也。”即指五月的第一个五日。改“五”为“午”，事出有因。唐玄宗李隆基生日为八月初五，为避讳，将“五”改为“午”，以后，端五改为端午。至于端午的来源，说法有二：一是端午节起源于古代华夏人对龙的祭祀活动，华夏先民以龙为图腾，将伏羲、女娲、颛顼、禹等著名祖先视为法力无边的龙，端午节是祭祀龙的最隆重的节日；另一个是端午节起源于纪念屈原，战国时期的屈原就死于五月初五。此两说者，影响最广、最深的是纪念屈原说。相传，在屈原投江之日，当地百姓出动大小船只打捞他的尸体，为了不让蛟龙吞食屈原，人们又将黏软的糯米饭投入汨（音古）罗江，让蛟龙吃后粘住嘴，以后，黏米饭又演变成粽子。端午节吃粽子是最具有代表性的节令食俗。

粽子，古代又称“角黍”，魏晋时《风土记》载：“仲夏端五，烹鹜进筒粽，一名角黍。”因其形状有棱有角，并用黍米煮成，故名。制粽子之法，古代初用菰叶裹粘黍，以沌浓灰汁煮成，后多用箬（竹的一种，其叶宽大，至秋季，叶的边缘变成白色）叶裹米，经煮 或蒸而成。当今的粽子，其形状、馅料多种多样。北方以北京的江米小枣粽子为佳；南方则以苏杭一带的豆沙、火腿粽子闻名。

这一天，除吃粽子以外，各地汉族人的应节食品很多，江西萍乡一带，端午节必吃包子和蒸蒜，山东泰安一带要吃薄饼卷鸡蛋，河南汲县一带吃油果，东北一些汉族地区，节日早晨由长者将煮熟的热鸡蛋放在小孩的肚皮上滚一滚，而后去壳给孩子吃下，据说这样可以免除日后肚疼。江南水乡的小孩们胸前都要悬挂一个用网袋装着的咸鸡蛋或鸭蛋；而很多地方的汉族人在这一天饮雄黄酒，并用雄黄酒洒于墙角和四壁，以求避邪；还用此酒涂擦小孩子门额，或在额门上画“王”字，预示小孩子如虎之健。

5. 乞巧节

农历七月初七，是我国汉族传统节日——乞巧节，因此节的主要活动在晚上进行，故又名“七夕节”。

七夕来源于牛郎织女的神话传说。这一神话传说西周时就已产生，至汉代，这个故事已经成形，《淮南子》有“乌鸦填河成桥而渡织女”的文字。不少诗人以这个美丽传说为题材作诗，最有名者即宋人秦观《鹊桥仙》：“纤云弄巧，飞星传恨，银汉迢迢暗渡。金风玉露一相逢，便胜却人间无数。柔情似水，佳期如梦，忍顾鹊桥归路。两情若是久长时，又岂在朝朝暮暮！”

“乞巧节”是妇女的主要节日之一，据史料载，南北朝时民间就有向织女乞巧之俗。据梁宗懔《荆楚岁时记》中记载：“是夕，人家妇女结彩缕，穿七孔针，或以金银鍮石为针，陈瓜于庭中以乞巧，有喜子网于瓜上，则为符应。”配合乞巧，巧果应运而生。它是以面和糖炸制而成的食品。关于这种食品，文献史料多有记述，《东京梦华录》：“七夕以油面糖蜜，选取为笑靥儿，谓之果食，花样奇巧。”《清嘉录》：“七夕前，市上已卖巧果，有以面粉和糖，绾（将条状物盘绕成结）作苎（即苎麻）结之形，油氽令脆者，俗呼为苎结。”这应是今人所食之麻花的最早形态。

6. 中秋节

农历八月十五，是我国民间传统的中秋节，又称“八月节”“团圆节”。

“中秋”一词，始见于《周礼》一书。汉代，中秋节已成刍形，但时间是在立秋日。至晋，已有中秋赏月之举，但未成风俗。至唐，中秋赏月、玩月已很盛行。北宋时始定为八月十五为中秋节，南宋孟元老《东京梦华录》：“中秋夜，贵家结饰台榭，民间争占酒楼玩月。”此时，月饼早已被列为节日佳品。苏东坡有诗云：“小饼如嚼月，中有酥和饴”。而实际上，中秋吃月饼之俗，早在唐代即已有之，最初，它作为祭月神的食品，当时帝王有春季祭日、秋季祭月的礼制，民间亦有中秋拜月神的风俗。当时祭祀月神的食品除“月华饭”“玩月羹”外，还有圆形包糖馅的“胡饼”，后来改称“月饼”。中秋之夜，合家祭月，祭罢，分食月饼，以示对团圆的喜悦和对美好生活的向往。

在清代，详细记载月饼制法的文献有不少，如曾懿的《中馈录》，其中所述月饼的制法与今大致相似。现在的月饼制法，通常是用水油面团或酥油面团做皮儿，内包馅心儿，压制成扁圆形生胚，再烘烤制熟。月饼的面皮儿由于制酥法的不同，起酥程度和类型也不一样。月饼的馅心儿多种多样，诸如枣泥、椰蓉、五仁、豆沙、松仁、火腿等，因而风味各异。

由中秋月饼而来，现在全国各地制作的月饼品种繁多，但归纳起来，有粤、苏、京式三大月饼流派。

是夜，很多地方除吃月饼外，还有吃石榴（相传成熟的石榴有裂口，谓之“开口笑”，预示家庭和睦欢乐）、柿子（寓子孙满堂，生生不息）、苹果（平安，有善果）、白藕（藕断丝连，象征全家永不分离）之风俗。

7. 重阳节

农历九月九日，是我国人民传统节日之一——重阳节。

九月九为“重阳”，是词最早见于《易经》：“以阳爻为九”，以“九”为阳数。九月初九，两九相重，故称“重九”，又称“重阳”。屈原诗中有“集重阳入帝宫兮”（见《楚辞·离骚》）之句，说明重阳节早在两千多年前的楚国即已成风。

据南朝梁·吴均《续齐谐记》中载：东汉年间，汝南汝河带瘟疫盛行，危及民生，时有汝南人桓景，为解民危，历经艰辛，入山学道，拜道士费长房为师，求驱瘟逐邪之法，费长房见其心诚、忠厚，收其为徒，传其道术。一日，费长房告诉桓景：“今年九月九日，瘟魔又要害人，你速下山，以解民危。”桓景奉师命，下山后将驱逐瘟魔之法传于百姓，九月九日这天，他率众登高。将茱萸装入红布袋子中，扎在每人的胳膊上，并要大家饮菊花酒，以挫瘟魔之害，消除灾祸。就在桓景率众登山之后，汝河汹涌澎湃，云雾弥漫，瘟魔来到山前，因菊花酒气刺鼻，茱萸异香烧心，难以靠近。此时，桓景舞剑战魔，斩之于山下，为民除了一害。傍晚，百姓返回家园，发现家中鸡狗牛羊全部死光，唯独登高、饮菊花酒、佩扎茱萸的人们安然无恙。此后，每到九月九日重阳节，人们就要登高野宴，佩戴茱萸，饮菊花酒，以祈求免祸呈祥，并历代相沿，遂为节日习俗，延续至今。

重阳节这天还有吃重阳糕之俗，重阳糕，因其形色花巧，故又名“花糕”，是重阳节蒸食的节日糕点。重阳糕起很早，南朝梁·宗懔《荆楚岁时记》载：“九月初九日宴会，未知起于何代，然自汉至宋未改。今北人亦重此节。佩茱萸，食饵，饮菊花酒，云令人长寿。”宋·高承《事物纪原》卷九说：“盖饵，糕也。”因此，自汉以来，重阳节食糕的风俗一直沿袭至今。糕有米面或麦面两种，其为甜食中间夹有大枣、核桃、栗子肉、红绿丝等。古时将糕制作九层，取九重吉祥之意。

“糕”与“高”同音，重阳节时，老人们和忙于生计未能登高的人，是日有以食糕代替登高的说法。

古代重阳节有饮菊花酒之俗。早在汉代，人们在菊花盛开之际，采其茎叶，杂和黍米，酿成美酒，翌年重阳，即可饮之。后来，饮菊花酒就慢慢演变为赏菊。

重阳节又称“女儿节”，旧时，有接女儿回娘家吃重阳糕的习俗。

8. 腊八节

农历腊月初八，是我国民间传统的节日——腊八节。

腊，本是我国古代的一种祭祀之礼，《左传》僖公五年:“虞不腊矣。”杜预注:“腊，岁终祭众神之名。”“腊”和“猎”古时两字相通，汉·应劭《风俗通》:“腊者，猎也，田猎取兽，祭先祖也。”腊祭时所用的供品最初是用猎获的禽兽，这也就是腊（即猎）祭的由来。腊祭的目的，是答谢祖先和天地神灵带给人间的丰收，祈福求寿，避灾迎祥。

腊祭之俗语起源很早，夏朝称之为“嘉平”，商朝称之为“清祀”，周朝称之为“大腊”。因为腊祭在十二月举行，故十二月又称之为“腊月”。早先，腊祭之日并不固定，直到南北朝时才固定为腊月初八。《荆楚岁时记》：“十二月八日，腊日。”自先秦始，腊日即为年节，人们在这一天，要举行盛大而隆重的仪式，以祭诸神，祭通常由国君主持，仪式结束后，贵族们要大摆宴席，诸客饮酒，老百姓也要聚餐共享，欢度节日。南北朝固定腊日后，腊月初八就成了节日。

至于后世吃腊八粥的腊八节，与古代的腊日，本是两回事。《弄楚岁时记》虽然提及十二月初八为腊日，但并无吃腊八粥的记载，直到宋人写的《东京梦华录》《梦粱录》诸书，仍然把“腊日”“腊八”区别得很清楚。如《梦粱录》载:“此月（十二月）八日，寺院谓之腊八，大刹等寺俱设五味粥，名曰腊八粥”。许多文献史料对腊八粥还作了详细介绍，如南宋人周密《武林旧事》中说：“八日，则寺院及人家用胡桃、松子、乳蕈（蕈，可食用的菌菇。乳蕈，嫩质磨菇）、柿、栗之类作粥，谓之腊八粥。”另据清·富察敦崇所撰《燕京岁时记》载：“腊八粥者，用黄米、白米、江米、小米、菱角米、栗子、红豇豆、去皮枣泥等合水煮熟，外用染红桃仁、杏仁、瓜子、花生、榛瓤（即榛仁）、松子及白糖、红糖、琐琐（细碎貌）葡萄，以作点染。”可见，腊月初八吃腊八粥的风俗是在宋代以后才从佛教寺院传到民间，并逐渐普及开来的。

吃腊八粥的习俗本源于佛教。相传佛祖释迦牟尼在成佛前曾遍游印度名山大川，寻求人生真谛，历尽千辛万苦，由于饥饿劳累而昏倒在地，幸遇一牧女煮成乳糜（煮米使糜烂状）粥（以牲乳和米煮成烂粥）喂他，使他恢复健康。于是他在尼连河里洗了个澡，然后在菩提树下静坐沉思，终于悟道成佛。这一天正是十二月八日，故后来的寺院僧侣每到这天都要诵经、浴佛，并煮粥供佛，以纪念佛祖。宋代以后，因附会了佛教的传说，传统的腊日祭百神的习俗逐渐为吃腊八粥所代替。明清两代，每逢腊八，宫廷中不但要煮粥，而且用来分赐百姓。在清代品种繁多的腊八粥中，最具传奇色彩的要属雍和宫的腊八粥，据说，雍和宫熬腊八粥的锅大得出奇，可“容米数石”。

古时，腊八粥不仅配料讲究，而且工序也考究。先用旺火，后用文火，使粥的稠度适当，吃时加糖，或拌煮红枣、栗子等，因地方不同，风味也就不同，这就使腊八粥的品种变得更为多样，至今，腊八节煮吃腊八粥的风俗仍很盛行，品种也更多了。

9. 除夕

除夕，也称除夜。有除旧布新之意。宋人吴自牧《梦粱录》载：“十二月尽，俗云‘月穷岁尽之日’，谓之‘除夜’。士庶家不论大小家，俱洒扫门闾，去岁秽，净庭户，换门神，挂钟馗，钉桃符，贴春牌，祭祀祖宗。遇夜则备迎神、香花、供物，以祈新岁之安。”这段话概括了除夕的主要活动。

在食俗方面，春节当令的食品主要是饺子，饺子最晚出现于唐代，1972 年新疆吐鲁番地区发掘的唐代墓葬中发现了一个木碗中盛着饺子，与今之饺子之形无异，由此可证。宋文献中有“角子”一词，明文献有“水角儿”一词。《金瓶梅》第八十回：“月娘主张，叫雪娥做了些水角儿，拿到面前与西门庆吃”，元代又称“扁食”，成书于元末的《朴事通》就曾提到：“你将那白面拿来，捏些扁食。”而饺子作为春节食品，大约始于明代，明人沈榜《宛署杂记》载：“元旦拜年，作扁食。”刘若愚《酌中志》也说：“初一日正旦节，吃水点心，即扁食也。”至于北方许多地方，还称饺子为扁食。明、清习俗，饺子必须在除夕之夜亥末子初时（相当于今之夜里 11 时）包完，取“更岁交子”之义，在“交子”的“交”上加“饣”旁，便成了“饺子”。

另外，是日有蒸年糕之俗。年糕，取糕之谐音“高”。寓意“步步登高”“年年高升”。此俗相传为纪念吴国忠臣伍子胥而成。

公元前 514 年，吴王阖闾接受忠臣伍子胥建议修建王城，联齐抗越，并令伍子胥负责此事。公元前 484 年，阖闾死后，其子夫差继位，他不听伍子胥之劝，起兵北上伐齐，并于临蔡（今山东省泰安）打败齐军。吴王班师回来，百官皆出城迎接，唯有伍子胥忧心如焚，他回营后，悄悄对身边几个亲信说：“待我死后，倘国有难，民众缺粮，汝等可于象门之城墙处掘地三尺，可得食粮。”后，伍子胥受人诬陷，被夫差赐剑自刎。不久，越王勾践攻吴，京都被困，城中粮尽，军民多被饿死。后，伍子胥的亲信想起伍子胥的嘱咐，于象门挖地四尺，得大量“城砖”，这些“城砖”原是用糯米蒸制后压成，十分坚硬，既可用以砌墙，又可用以充饥。这是当年忠臣伍子胥建城楼时暗中设下的“屯粮防急”之计。从此，每逢除夕，百姓就蒸制“城砖”样的糯米年糕，以追念忠臣伍子胥的功绩。

代代相沿，遂成民间一俗。

除夕夜祭神祭祖后，全家人聚坐食饮，举行守岁家筵，席上必有鱼，不少地方有“看鱼”之俗，即不吃席上之鱼，“余”着明年吃。筵中必有酒，旧时饮屠苏酒，酒毕要吃饺子。而饮屠苏酒来源于屠苏散，据宋人陈元靓《岁时广记》卷五载：“俗说屠苏者，草庵之名也，昔有人居草庵之中，每岁除夕，遗里闾药一贴，令囊浸井中，至元日，取水至于酒樽，合家饮之，不病瘟疫。今人得其方而不识其名，但曰屠苏而已。”另据孙真人《屠苏饮论》载：“屠者，言其屠绝鬼气；苏者，言其苏醒人魂。其方用药八品，合而为剂，故亦名八神散。大黄、蜀椒、桔梗、桂心、防风各半两，白术、虎杖各一分，乌头半分，咬咀以降囊贮之。除日薄暮，悬井中，令至泥，正旦出之，和囊浸酒中，倾时，捧杯咒之曰：一人饮之，一家无疾，一家饮之，一里无痛。先少而后长，东向进饮，取其滓悬于中门，以避瘟气。三日外，弃于井中，此轩辕皇帝神方。”也有说屠苏酒是唐代名医孙思邈留下的，据说他每年腊月都要分送给朋友、邻里一包药，要大家泡在酒中，除夕饮尽，可防瘟疫。以后除夕饮屠苏酒历代相传，沿袭成俗。陆游有“半盏屠苏犹半举，灯前小草写桃符”（《除夜雪中》）的诗句；苏轼也有“但把穷悉博长健，不辞最后饮屠苏”（《除夕野宿常州城外》）的笔句。宋·王安石也有诗曰：“爆竹声中一岁除，春风送暖入屠苏。千门万户曈曈日，总把新桃换旧符。”现在屠苏酒已不多见，但饮酒之风盛行不衰。

二、少数民族食俗

（一）日常食俗

中国除汉族外，其他民族的食俗更是五彩缤纷，此处重点介绍一些特色鲜明的少数民族日常食俗。

1. 朝鲜族

朝鲜族人的饮食分为家常便饭和特制饮食两大类。家常便饭类主要有米饭、汤、菜等，喜吃菜叶卷饭；而特制饮食有打糕、泡菜、糖果和冷面等。打糕就是将蒸熟的糯米饭放在木臼中砸成糕团，再切成片，蘸蜂蜜或白糖吃。而冷面则是用荞麦面和白薯面压成面条，佐以牛肉、鸡肉、猪肉、蛋丝、辣椒、芝麻、香油、苹果、梨等，甜中有酸，清爽可口。由于他们生活在多山和海滨的地区，就可以吃到独特的“山珍海味”，有山菜、山果、山药、山兽及山禽等“山珍”，还有鱼贝类、海菜、紫菜等“海味”。朝鲜族人还喜欢吃的肉类有狗肉、牛肉、鸡肉和海鱼等，不喜欢吃羊、鸭、鹅以及油腻的食物。他们还有家家酿酒的习俗，主要有米酒、清酒和浊酒等，朝鲜族人的就餐方式是在炕上摆小桌，围席而食。

2. 满族

满族人的主食是黏米和小米，每逢过冬，家家都要做很多的黏豆包，经过冷冻后储存慢用。由于气候寒冷，满族人养成了吃冷冻食品的习惯。他们利用冬季的自然条件自制冻饺子、冻豆腐、冻梨。满族人喜欢吃猪肉，特别是农村，至今仍有“杀猪菜”之说，届时把亲友、邻居请去吃猪肉和血肠。冬天“渍酸菜”仍是满族人保留至今的饮食习俗。满族人的点心很多，其中“萨其玛”是人们最为喜欢、流行最广的点心。

3. 回族

回族人多信奉伊斯兰教，他们的饮食也受此宗教的影响，从狭义上说，“清真菜”就单指回族菜肴了。清真菜广泛流传于回汉杂居的民间，清代，北京出现了不少至今颇有名气的清真饭庄、餐馆，如东来顺、烤肉宛、烤肉季、又一顺等。回族人以食牛羊肉为主，禁食《古兰经》中规定不洁的食物，诸如鹰、虎、豹、狼、驴、骡等凶猛禽兽及无鳞鱼皆不可食，也不饮酒；而那些食草动物（包括食谷的禽类）如牛、羊、驼、鹿、兔、鸡、鸭、鹅、鸠、鸽等，以及河海中有鳞的鱼，都是穆斯林食规中允许吃食的食物。在煮饭时，回族人喜欢加入剁成小块的牛羊肉、萝卜块、土豆块和调料等，合煮成饭；他们还喜欢吃油炸豆腐、打卤面、羊肉水饺、粉汤、羊肉糖包等。特色风味食品有涮羊肉和用牛羊的头、蹄、内脏加调料煮成的杂碎汤。在伊斯兰教历 9 月 30 日（或 10 月 1 日）的开斋节（又称肉孜节）期间，回族人家家杀鸡宰羊，并备办炸馓子、油条、水果等。

4. 维吾尔族

维吾尔族人以面食为主，喜食牛羊肉类。他们有喝奶茶、茯茶、红茶的习俗，瓜果、果酱、奶制品（黄油、酸奶、马奶）、糕点等为重要的副食。常见的食物有馕、清炖羊肉、拉面、面片汤、炒面、烤肉等。

5. 俄罗斯族

俄罗斯族人以面食为主，喜食肉类，有馅饼、薄饼、大圆面包及蜜糖饼干等。一日三餐中以中餐最为丰富，习惯分三道菜进餐，即一汤、一菜、一甜食，常见食物有黄油、酸瓜、鱼和肉等。他们爱喝加糖的红茶，男子多爱喝啤酒和白酒，妇女则多爱喝带色的酒，如葡萄酒。俄罗斯族人的特产饮料是“格瓦斯”。

6. 藏族

藏族人的主食是以糌粑（由炒熟的青稞面与酥油、奶渣、热茶拌匀后捏成团状而食）、肉和奶制品为主，手抓羊肉是其主食之一。居住在城里的藏族人除吃糌粑外，还吃大米、白面和各种蔬菜，口味以辣为主。他们的主要饮料是奶茶、酥油茶和青稞酒。

7. 彝族

彝族人的主食是粑粑，即用玉米、荞子、麦子、粟米、高粱等加工成粉，加水和成面团后煮成疙瘩，用锅贴熟或烤熟。大米和土豆也是彝族人的重要食物，他们习惯将燕麦制成炒面。蔬菜主要有各种豆类（如黄豆、豌豆、胡豆、四季豆等）、青菜、白菜、南瓜、莴苣等。肉食主要有牛肉、猪肉、羊肉、鸡肉等，并喜欢切成大块食用。大部分彝族人忌食狗肉、马肉及蛙、蛇之类的肉。另外，他们喜食酸辣，爱好喝酒。用高粱酿成的“杆杆酒”驰名西南地区。有些地区的彝族人仍保留使用木制餐具的习惯。荞粑粑是他们最喜爱的食品，“皮肝生”也是彝族人常吃的美味。蜜制品是他们重要食品之一，“荞粑粑蘸蜂蜜”是年节期间的美味，也是平时待客用的名点。

8. 白族

白族人以大米和小麦为主食，还有玉米、荞麦、薯类、豆类等。一年四季瓜果蔬菜不断，肉食以猪肉为主，也吃牛羊肉。临水而居的白族人擅长水鲜烹调，如水煮活鱼、砂锅鱼、梅干酸辣鱼等。乳扇、干攒、生皮是白族人喜食的美味。而大理猪肝胙、腊鸡、合庆火腿是白族人的菜中上品。口味以酸辣为主，喜欢喝用糯米酿制的甜酒，还爱喝烤茶，筵席有素席、果酒席和草席三大类，各有所用，十分讲究。爱吃甩糯米饭加干麦粉发酵变甜的糖饭，喜欢用“三道茶”待客。

9. 傣族

傣族人喜欢用糯米做成各种食物，爱吃香竹饭，用泡好的糯米放入竹节中，用芝麻叶或糯米香叶堵口，放入火中烧烤即成。菜肴以酸辣为主，爱吃酸菜、酸笋，还有酸鱼、酸辣味的蟹浆，他们每餐几乎离不开酸、涩、苦三味菜肴。傣族人还爱吃油炸竹虫（黑蜂幼虫），或用竹虫制酱，或用鸡蛋将竹虫穿衣套炸而食。他们还用筒帕兜住蚁巢，让酸蚂蚁逃走，取其蛋，洗净晒干，与鸡蛋炒吃。他们还将青苔晒干后用油煎炸而食。傣族人的婚宴酒席上，大都有一碗象征吉祥的白旺，这种佳肴是以杀猪时接下来的鲜猪血为料，将烫熟或炒熟的猪肝及脊肉切成的薄片，拌入花生米、葱、姜、蒜与适量的盐，一并倒入猪血中搅拌，待其凝固而成。苦瓜是德宏傣族人常吃的蔬菜，西双版纳傣族人则喜食野生苦笋。

10. 布依族

布依族人聚居于贵州省境内，喜吃狗肉，他们有句谚语：“肥羊抵不上瘦狗”，杀狗待客，至诚至真。关岭县的花江清炖狗肉代表着布依族地区的西部特色，而贵定县的盘江黄焖狗肉则独占东部鳌头。而火锅的吃法和狗灌肠在布依族地区很普遍。

11. 苗族

苗族人以大米为主食，以糯米为贵，通常把糯米饭作为丰收和吉祥的象征。喜欢糍糯、酸辣的风味。副食方面喜欢吃狗肉。另外还有鲊类菜肴，即用鸡、鸭、鱼和畜肉、蔬菜腌制而成的酸味菜肴。苗族人几乎家家都有腌制食物的酸坛。腌制时先将肉切成大块，一层肉一层盐地放好，三天后将糯米饭与甜糟酒混合并与肉块一起擦搓，再放辣椒粉和其他调料，密封坛口，随时取食。苗族人最著名的饮品是咂酒、油茶、万花茶和酸汤。咂酒最有特色的是饮酒方式，众人围着酒坛，用麦秆吸吮酒汁，吸完后再冲水吸，直至淡而无味时则止。万花茶是将冬瓜、萝卜、丝瓜和橙皮、柚子皮原料浸泡，煮沸后加糖、蜂蜜、桂花、玫瑰等拌合，晒至透明、干脆，然后取数片冲沸水而饮。

12. 壮族

壮族人日食三餐，也有少数地区的壮族人习惯于日食四餐，即在中午和晚上之间加一餐。大米和玉米是他们的主食。用糯米制作的糍粑、粽子、醪糟和五色糯米饭味道甜美。玉米饼、玉米粥和南瓜粥也是壮族人喜爱的主食。在副食方面，四季蔬菜不断，各种禽畜皆可食用，爱吃狗肉，擅长水煮与烤、炸、炖、卤等烹饪方法，著名品种有清炖破脸狗、白切狗肉、状元柴把、壮族酥鸡和鱼生、龙泵三夹等，壮族人常自酿米酒、红薯酒和木薯酒。而在米酒中加鸡杂而成的鸡杂酒、加猪肝而成的猪肝酒、加蛇胆而成的蛇胆酒则颇具特色。

13. 蒙古族

蒙古族通常一日三餐，几乎餐餐都离不开奶与肉。以奶为原料制成的食品，蒙古族语称“查干伊得”，意思是圣洁、纯净的食品，即“白食”。他们食用得最多的是牛奶，其次是羊奶、马奶、鹿奶和骆驼奶等，除一部分作为鲜奶饮用外，大部分加工成奶制品，常见的有酸奶干、奶豆腐、奶皮子、奶油、稀奶油、奶油渣、酪酥、奶粉等，这些奶制品都被视为上乘的珍品。以肉为原料制成的食物，蒙古族语称为“乌兰伊得”，意思是“红食”。蒙古族人的肉类食物主要有牛和绵羊，其次是山羊、骆驼和少量的马，狩猎季节也捕食黄羊。羊肉在一年四季均有食用，最常用的烹饪方法是烤、煮、炸、炒等，最常见且著名的品种有烤全羊、烤羊腿、手把羊肉、大炸羊等。牛肉则大多在冬季食用，以清炖、红烧、煮汤为主。在蒙古族日常食俗中，与白食、红食占有同样地位的是“炒米”。人们常用炒米做“崩”，加羊油、红枣、糖等拌匀，捏成小块，当作饭吃。此外，蒙古族的饮品主要的酒和茶。蒙古族人都喜欢饮酒，常常豪饮，而最具特色的是奶酒和马奶酒。茶是他们每天不可缺少的饮料，而奶茶最具特色。

14. 高山族

聚居于台湾、福建一带的高山族以大米、小米、玉米和薯类为主食，除煮制米饭外，大部分高山族人喜欢将糯米、玉米面等蒸制成糕或者糍粑，外出时则常常用干芋、熟红薯或糯米制品作干粮。在副食方面，蔬菜品种非常丰富，肉食品以猪、牛、鸡为主，也有鱼和野猪、鹿、猴等猎物作为补充。他们吃鱼的方法很独特，一般把鱼捞出后，就地取一块石板烧热，把鱼放在上面烤至八成熟，即撒盐食用。高山族人很少或不饮茶，嗜好饮酒，主要是自酿的米酒，也喜欢用生姜或辣椒泡的凉水作饮料。

15. 黎族

聚居于海南中南部黎族人，主食为大米及一些杂粮，最著名的是竹筒饭，即把适量的米和水倒入筒中，放在火堆里烧烤而成，也可以把猎获的野味、畜肉与香糯米、盐混合后加入竹筒中烧烤成熟，此即香糯饭。香糯米是海南的特产，用它烧饭，有“一家饭熟，百家闻香”的赞誉。在副食方面，猪、牛是主要肉食，但也特别喜欢吃鼠肉和一些野生植物。无论田鼠还是家鼠、松鼠，皆可用来烧烤食用。“南杀”曾是黎族常吃的小菜，是用螃蟹、田蛙、鱼虾或飞禽走兽腌制而成。此外，还有鱼虾煮雷公根、烤芭蕉心、鱼茶、肉茶等。黎族人嗜好饮酒，常见的有米酒、红薯酒和木薯酒。而用山兰米酿制的酒是黎族酒中的名贵品种。

（二）节日食俗

中国各少数民族的节日项目有很多，内容也很丰富，而且大部分节日都有鲜明的饮食风俗特色。这里仅对一此重要的少数民族节日食俗作简要的介绍。

1. 开斋节

开斋节是阿拉伯语“尔德•菲图尔”的意译，又称肉孜节，是回族、维吾尔族、哈萨克族、东乡族、撒拉族、乌孜别克族、柯尔克孜族、塔吉克族、塔塔尔族、保安族等信仰伊斯兰教诸民族的传统节日。时间是教历十月一日。开斋节来源于伊斯兰教，是穆斯林斋戒一月期满的标志。按照伊斯兰教的规定：教历每年九月是斋戒月，凡穆斯林（除患病等情况）均要入斋，每日从黎明到日落之间不能饮食。这一月的开始和最后一天均以见新月为准，斋期满的次日即教历十月一日为开斋节，节期为三天。在开斋节的第一天早晨，穆斯林打扫清洁完，穿上盛装后，就从四面八方汇集到清真寺参加会礼，向圣地麦加古寺克尔白的方向叩拜，听阿訇诵经。整个节日期间，家家户户都要宰鸡宰羊，烹制美食接待客人，要炸馓子、油香等富有民族风味的食品，互送亲友邻里，互相拜节问候，女婿们还有带上节日礼品给岳父拜节。

2. 古尔邦节

古尔邦节，在阿拉伯语中称为“尔德 · 古尔邦”或“尔德 · 阿祖哈”。“尔德”是节日之意，“古尔邦”或“阿祖哈”有牺牲、献身之意，此节日又俗称献牲节、宰牲节。它同样是回族、维吾尔族、哈萨克族、东乡族、撒拉族、乌孜别克族、柯尔克孜族、塔吉克族、塔塔尔族、保安族等信仰伊斯兰教诸民族的传统节日，基本上与开斋节并重。其时间在教历十二月十日，即开斋节后的 70 天。

按照伊斯兰教规定，教历每年十二月上旬是教徒履行宗教功课、前往麦加朝觐的日期，在其最后一天（十二月十日）以宰牛羊共同庆祝。这一习俗来自一个传说：相传先知易卜拉欣梦见真主安拉命令他宰自己的儿子作祭物，以考验他对安拉的忠诚。次日，当他遵从安拉的命令，准备宰他的儿子献祭时，安拉又命使者送来一只羊代替。从此，穆斯林就有了宰牲献祭的习俗，后来又有了宰牲节。节日的早晨，穆斯林也要打扫清洁、穿上盛装，到清真寺参加隆重的会礼，然后就是炸油香、宰牛、羊或骆驼，招待客人，互相馈赠。宰牲时有一些讲究，一般不宰不满两周岁的小羊羔和不满三周岁的小牛犊、骆驼羔；不宰眼瞎、腿瘸、割耳、少尾的牲畜。所宰的肉要分成三份：一份自己食用，一份送亲友邻居，一份济贫施舍。

3. 雪顿节

雪顿节是藏族人历史悠久的重要节日，时间在藏历七月一日。雪顿是藏语的音译，意为酸奶宴。在藏语中，“雪”是酸奶子的意思，“顿”是“吃”“宴”的意思，雪顿节按藏语解释就是吃酸奶子的节日。因为雪顿节期间有隆重热烈的藏戏演出和规模盛大的晒佛仪式，所以有人也称之为“藏戏节”“展佛节”。传统的雪顿节以展佛为序幕，以演藏戏、看藏戏、群众游园为主要内容，同时还有精彩的赛牦牛和马术表演等。

雪顿节在17世纪以前是一种纯宗教的节日活动。民间相传，由于夏季天气变暖，百虫惊蛰，万物复苏，其间僧人外出活动难免踩杀生命，有违“不杀生”之戒律。因此，格鲁派的戒律中规定藏历四月至六月期间，僧人只能在寺庙念经修行，直到六月底方可开禁。待到解制开禁之日，僧人纷纷出寺下山，世俗老百姓为了犒劳僧人，酿制酸奶，为他们举行郊游野宴，并在欢庆会上表演藏戏。这就是雪顿节的由来。

节日期间，人们敬青稞酒，品酥油茶。各家开始串幕作客，主人向客人敬三口一杯的“聂达”酒，在劝酒时，唱起不同曲调的酒歌，各帐篷内，相互敬酒，十分热闹。

4. 火把节

火把节是彝族、白族、哈尼族、傈僳族、纳西族、普米族、拉祜族等少数民族的传统节日，因为点燃火把为节日活动的中心内容而得名，时间多在农历六月初或二十四、二十五日，一般延续三天。民俗学研究成果表明，火把节的产生与人们对火的崇拜有关，期望用火驱虫除害，保护庄稼生长。在火把节期间，各村寨用干松木和松明子扎成大火把竖于寨中，各家门前竖立小火把，入夜点燃，使村寨一片通明。人们还手持小型火把，绕行田间和住宅一周，将松明子插在田间地角，青年男女弹起月琴和大三弦，跳起优美的舞蹈，彻夜不眠。与此同时，人们要杀猪、宰牛，祭祀祖先神灵，有的地区还要抱鸡到田间祭祀田公地母，然后相互宴饮，吃坨坨肉，喝转转酒，共同祝愿五谷丰登。

5. 泼水节

泼水节是傣族最隆重盛大的传统节日，因人们在节日期间相互泼水祝福而得名，布朗族、德昂族、阿昌族也过此节日。傣族称此节为“比迈”，意为新年。其时间为傣历六月，大致相当于公历四月中旬，持续三四天，第一天叫“宛多尚罕”，意为除夕；最后一天叫“宛叭宛玛”，意为“日子之王到来之日”，即傣历元旦；中间的一两天称“宛脑”，意为“空日”。

泼水节的起源与小乘佛教的传入密切相关，其活动包括许多宗教内容，但其主要活动——泼水也反映出人们征服干旱、火灾等自然灾害的愿望。节日的第一天早晨，人们沐浴更衣，然后聚集到佛寺，用沙堆宝塔，听僧人诵经，泼水浴佛，接着便敲着铜锣、打着象脚鼓，涌上街头、村寨，相互追逐、泼水，表达美好的祝愿，所泼的水必须是清澈的泉水，象征友爱与幸福。在其余时间，人们还举行放高升、赛龙舟、丢包、跳孔雀舞、放火花和孔明灯等活动。节日期间，美食是少不了的。人们通常要摆筵席，宴请僧人和亲友，除酒菜要丰盛外，还有许多风味小吃。其中，毫咯素、毫火和毫烙粉是这时家家必做、人人爱吃的品种。毫咯素是将糯米舂细，加红糖和一种叫“咯素”的香花拌匀，用芭蕉叶包裹后蒸制而成。毫火是将蒸熟的糯米舂好，加红糖并制成圆片，晒干后用火焙烤或油炸，香脆可口。毫烙粉，是用一种名叫“烙粉”的黄色香花与糯米一起浸泡后蒸制成饭，色黄香甜。

6. 丰收节

丰收节是高山族一年一度庆祝丰收的传统节日，多在农历十月粮食进仓之后，择吉祥日举行。

节日之前，青壮年男子上山打猎，女子在家中酿米酒，老人则杀猪宰羊，为节日做准备。丰收节开始，各个部落村寨都要在大坪上举行盛会，最突出的特点是大坪中间常常摆放着上百坛米酒，每个酒坛边上都有几把雕刻着蛇图腾的木制长形拉卡嘞酒具。部落头人首先拿双斗拉卡嘞酒具，用手沾酒，向天、地、左、右弹洒酒滴，表示对天地神灵和祖先的祭祀，祈求保佑丰收，然后走向部落的英雄敬酒，与客人畅饮。在欢乐的歌舞中，部落头人和有威望的老人会逐一审视在场的人，人们争着向他们敬酒献歌，使节日更加欢乐。

阅读与思考

闲言碎语话年糕

白忠懋 / 文

过年蒸糕，新年信糕，寓“年年胜旧，步步高升”之美景。旧时温州人吃年夜饭，头一道摆中间的，必是炒年糕，寓意“一年比一年高”。湖南人把年糕叫成“粑粑”，与“爸爸”谐音，外省人与之调侃：“买爸爸”“吃爸爸”。湖南澧水用年糕做“粑粑”，圆而大，一个就有30斤！小粑粑用籼米做的，巴掌大小，盖有“富贵”二字。

日本人用黏性较大的糯米做年糕，为过年必备食品，象征好运。

年糕制作有用纯糯米，也有纯用粳米，更有糯粳掺用。海宁人把纯用粳米做的年糕答作“宁波年糕”。书画名家钱君匋先生生前说：“在糯米里加些粳米，一半对一半，……这种年糕吃起来没有纯糯米制成的来得好吃，但也还可以。还有一种完全用粳米做成的，那就难吃了。”这是钱先生个人的爱好。我是宁波人，最爱吃的还是“块”（俗称年糕块，以往每逢过年，亲戚从宁波带来，我见了眼前一亮），蒸时放黑洋酥，因为用了糯米，一筷夹起，可以拉起，似牛皮糖。不知何故，现已少见。

在丰子恺故乡石门湾，年糕名称古怪——“打”，大概与“舂”有关吧。它比一般年糕稍宽，上盖红印。石门湾我去过，位于桐乡之西。浙北做年糕用糯米，钱君匋先生是桐乡人，难怪他对糯米年糕情有独钟。

云南自蒙的年糕形状特别——像半个球。这与制法相关：糯米面中和入红糖水，拌成糊，盛入涂上熟菜油的碗，蒸熟后剜出，在平的那一面撒上芝麻。

京津有小枣年糕。用糯米或黍子面，加沧州金丝小枣。早年，天津盛行白面加小枣制成的塔式年花糕，其高盈尺，顶捏面花，十分美观。

云南拉祜族过年时每户都做糯粑粑，一对大的象征太阳和月亮，一些小的象征星星，以表示新的一年风调雨顺，五谷丰登。

选自2004年1月30日《新民晚报》

思考题：在很多地方，人们每逢春节时为什么吃年糕？文中提到的宁波的年糕有什么特点？

总结

本章讲述了中国古代烹饪文献、中国烹饪饮食思想、中国烹饪饮食器具和中国食俗。中国古代烹饪文献与中国古代烹饪思想，是中国烹饪文化的两大历史渊源，是学习和研究中国烹饪文化的重要内容。中国烹饪器具，是中国烹饪历史发展到今天留给我们的重要物质文化遗产，是我们分析和把握中国饮食文化历史原貌的重要依据。中国食俗是千百年来中华民族饮食文化在不同地域的民俗表现形态，也是中国烹饪文化在中国各地民间的积累与演绎，是我们认识和研究中国烹饪历史的活化石。它们是中国烹饪文化的不可或缺的重要组成，是我们学习和研究中国烹饪文化的重要内容。

同步练习

1.《楚辞》中有一首诗提到许多食品和饮料名称，被誉为中国最古老的菜谱，这首诗的标题是什么？

2. 在战国末期出现了专门的烹饪文章，篇中记叙了商汤以厨技重用伊尹的故事及伊尹说汤的烹饪要诀，这篇烹饪文章的标题是什么？出自哪部经典中？

3. “治大国若烹小鲜”一语是谁说的？

4. “割不正不食” 一语是谁说的？

5. “口之于味有同嗜焉” 一语是谁说的？

6.《齐民要术》一书成于何时？出自谁手？

7. 我国（也是世界上）第一部综合性茶学专著是什么？

8.《北山酒经》是我国较早的酒学专著，它成于何时？出自谁手？

9.《饮膳正要》成于何时？出自谁手？其史料价值和研究价值如何？

10. 元代著名画家倪瓒写了一部反映元代无锡地方饮食风格的一部烹饪专著，这部书的名字是什么？

11.《饮食须知》一书成于何时？出自谁手？

12.《调鼎集》一书成于何时？出自谁手？

13.《随园食单 · 须知单》中提出了全面、严格的操作要求有多少个？

14. 四川名士李化楠宦游江浙时搜集的饮食资料手稿，后由其子李调元整理编纂而刊印成书，此书的名字是什么？

15. 医食相通的制度始于哪个朝代？

16.“五谷为养，五果为助，五畜为益，五菜为充，气味合而服之，以补精益气”这段文字出自何书？

17. “夫礼之初始诸饮食”一语出自何书？什么意思？

18. 为什么中国历代具有民本思想的统治者们一直重视和强调重食问题？

19. “恬淡为上，胜而不美” 一语出自何书？对后世饮食文化产生了怎样的影响？

20. “食不厌精，脍不厌细”是谁说的？本意是什么？引申意义是什么？

21. 什么是味外之美？试举例说明。

22. “是烹调者，亦美术之一道也”这句话出自何书？何人所说？

23. 饪食具的诞生历程怎样？其发展过程又经历了哪三个阶段？

24. 中国古代饪食具分了几类？甑属于哪一类？其主要特点是什么？

25. 青铜酒具是在什么时候被发明出来的？

26. 按用途分，中国古代酒具可分为哪几大类？

27. 商周时期的青铜酒器，其装饰艺术有什么特点？

28. 中国古代茶具之间的共性在其历史传承中已形成了鲜明的传统特点，而其新的创造又都酷似其所在的时代，主要反映在哪几个方面？

29. 汉族传统的席地而坐的姿势是在何时改变的？为什么？

30. 汉族原来的分餐制转变为合餐制是从何时开始的？为什么？

31. 在古代，婴儿诞生的第三天举行的庆贺宴叫什么宴？

32. 以绍兴汉族为例，喝交杯酒的程序是怎样的？试描述。

33. 所谓寿面，实指生日时吃的面条，古时又称把这种寿面又称作什么？

34. 试说明春节的来历？你家乡的春节食俗有什么特点？

35. 元宵是何时开始流行的一种食品？

36. 寒食节的来历怎样？其主要食俗的特点如何？

37. 有关端午节的起源有几种说法？为什么这一天要吃粽子？粽子的古名是什么？

38. 中秋吃月饼之俗早在何时即已有之？

39. 饮菊花酒是哪个节日的食俗？

40. 由于气候寒冷，满族人养成了吃冷冻食品的习惯。试举出三个有代表性的冷冻食品。

41. 白族筵席有哪三大类？

42. 傣族人的婚宴酒席上，大都有一碗象征吉祥的白旺，这种食品有什么特点？

43. 蒙古族的白食、红食各指的是什么？

44. 雪顿节是哪个少数民族人历史悠久的重要节日？这个节日在哪一天？其主要节日食品是什么？

第八章

中国饮食烹饪科学

本章内容： 中国饮食烹饪科学思想体系
中国传统饮食结构
“调以滑甘”的科学内涵

教学时间： 2课时

教学方式： 理论教学

教学要求： 1. 解析中国饮食烹饪科学体系三大科学思想和指导价值；
2. 正确把握中国传统饮食结构的表现形式及基本内容，并了解其历史成因及科学价值。

课前准备： 阅读有关中国饮食营养、食疗保健方面的书籍。

饮食烹饪科学，就是以人们加工制作饮食的技术实践为主要研究对象，揭示饮食烹饪发展客观规律的知识体系和社会活动。中国饮食科学内容非常丰富，但核心的内容主要是两个方面，即饮食科学思想体系和以此为基础而筑成的饮食结构。这也是中国烹饪文化独具魅力的一个方面，更是中国人长期以来在烹饪实践中经验的科学总结和对世界文化的伟大贡献。

第一节　中国饮食烹饪科学思想体系

中国烹饪，实质上就是在对生物学、医学、人体生理学的认识的基础上发展起来的一门科学，因而使烹饪技术具有了烹饪科学的性质。而中国烹饪科学的形成与发展，正是以中国人通过几千年的艰苦实践和不断积累、不断总结经验为前提的。如果用今天的科学研究方法和科学价值观来分析和判断中国烹饪科学理论的基本内涵，那么正如熊四智先生在其《中国烹饪概论》中总结的经验那样，天人合一的生态观念、食治养生的营养观念和五味调和的美食观念构成了中国烹饪科学的理论体系。

一、天人合一的生态观念

中国人在长期的生产劳动和饮食活动实践中意识到，人的生命过程是人体与自然界的物质交换过程，人体的新陈代谢是通过饮食活动进行的。天人相应的生态观念，就是指人获取自然界的食物原料烹制肴馔来维持生命、营养身体，必须适应自然，适应环境，要在宏观上加以控制，保持阴阳平衡，使人与天（自然）相适应。

（一）食顺天时

自古至今，中国人在烹饪饮食活动中都非常重视对天时的关照。《礼记·内则》曰："凡和，春多酸，夏多苦，秋多辛，冬多咸，调以滑甘。"在以此为前提，提出了顺应四时之变、调整烹和之道的饮食方法。如《礼记·内则》中就说"脍，春多葱，秋多芥""豚，春多韭，秋多蓼"。季节不同了，原料的配伍方法也就随之而变。元代宫廷太医忽思慧在其《饮膳正要》中也论述了主食当顺应四时之变而变化观点，并提出了主食的"四时所宜"，春气温，宜食麦；夏气热，宜食菽；秋气燥，宜食麻；冬气寒，宜食黍。清代美食家袁枚在其《随园食单·时节须知》中说："冬宜食牛羊，移之于夏，非其时也；夏宜食干腊，移之于冬，非其时也。辅佐之物，夏宜食芥末，冬宜食胡椒。"可见，中国人在长期的饮食实践中很重视时令季节的变化对饮食活动的影响，人们总是根据不同的季节选择不同的食物原料进行烹饪、食用，人们不仅已掌握了季节不同原料的出产和质量也必然不同的规律，同时人们还把握了自身对食物的需要也应遵循时令季节要求的客观准则。一句话，人们在烹饪饮食活动中必须顺应天时之变。

（二）食适地宜

俗话说，一方土养一方人。中国地域广阔，山川纵横，气候物产各异，风土人情不同。《黄帝内经·素问》指出，地域不同，物候各异，使人们对食物的嗜好与选择也形成了对比性差别，说东方之民“食鱼而嗜咸”，西方之民“华食”（美食），北方之民“乳食”，南方之民“嗜酸而食腑”（有腐臭味的食物），这也是对各地饮食风格的概括。晋朝张华在其《博物志》中也载述了不同地域的人对食物的不同选择和爱好：“东南之人食水产，西北之人食陆畜。食水产者，龟蛤螺蚌以为珍味，不觉其腥臊也；食陆畜者，狸兔鼠雀以为珍味，不觉其膻也。”人们不仅对食物原料的选择上显示出地域的差异性，就是在口味上，地域差异也同样有所体现。清人钱泳《履园丛话》言：“同一菜也，而口味各有不同。如北方人嗜浓厚，南方人嗜清淡。”就江苏菜而论，由于气候、物产及历史文化等因素的差异，致使江苏菜就分成了淮扬、苏锡、金陵和徐海四大地方风味。

（三）食从阴阳

从烹饪科学的角度说，食从阴阳，就是指饮食活动要从宏观上把握住人与自然环境的和谐关系，而这种和谐关系的中心就是保持人体的阴阳平衡。阴阳平衡就是指在进行烹饪加工过程中，要从总体上把握天地四时的阴阳和人体的阴阳处于平衡状态，阴阳平衡是人体健康的必需。

《黄帝内经》说：“水为阴，火为阳。阳为气，阴为味。味伤形，气伤精；精化为气，气伤于味。”可见，人的生存过程就是人体与自然的物质交换过程。人们通过摄取饮食五味以求得能动的阴阳平衡，维持人体的正常生理状态。中国历史上逐渐形成的原料配伍的饮食制度、饮食须知和饮食禁忌以及对食物结构的科学选择与烹饪技术的运用，无不与这种宏观认识有关。总而言之，中国人的饮食烹饪活动，正是在这样宏观的认识基础上进行的。

二、食治养生的营养观念

所谓的食治养生，就是指人的饮食活动与饮食对象必须满足人的养生需要，通过原料的合理搭配与合理饮食，去弊强体，以求健康长寿。原料的合理搭配主要体现辨证施食方面，合理饮食又主要体现于饮食有节方面。

（一）辨证施食

辨证施食，是指将食物的性能和作用以性味、归经的方式加以概括，并根据人体的特点和各种需要，合理地搭配食用不同种类与数量的食物。其中，性味和归经是中国传统养生学中特有的术语，是在观察事物的整体功能基础上产生的。

性味，就是食物的性能，主要包括四气五味。四气者，是指食物具有的寒、凉、温、热四种性能，这是根据食物的整体功能而不是实际温度划分的。凡是具有清热、泻火、解毒功能的食物即为寒凉性食物，凡具有温阳、救逆、散寒等功能的食物即为温热性食物。而在寒凉、温热之间的食物则称为平性食物，具有健脾、开胃、补气等功能。

五味，就是食物具有的甘、酸、苦、辛、咸，这也是根据食物整体功能而不是化学味道划分的。饮食养生学中有“甘缓、酸收、苦燥、辛散、咸软”之说。无论是动物性原料还是植物性原料，都可以划分出各自的性味。如蔬果类中，生姜、荔枝，性温，味辛或甘；丝瓜、柿子，性凉或寒，味甘。肉食类中，牛羊肉性平或温，味甘；鸭肉、蛤蜊，性凉、寒，味甘或咸。食物的性味不同，养生价值也就不同。甜味能供给营养能量，促进新陈代谢，治虚证。酸味能收敛固涩，中和碱性胺为胺盐，增加静电引力，止汗，止血。苦味能增高生物膜表面张力和它的相变温度，健胃，清热，泻火。辣味减少生物膜表面张力，增加其热运动，行气，活血，发汗，退热。咸味能增加体液渗透压，具有溶化、解凝、稀释、消散的作用。

归经，是把食物的作用与脏腑联系起来，通过对脏器定位观察，说明其作用。例如，从食物的食治养生作用上讲，梨有止咳作用而入肺经；酸枣仁有安神作用而入心经；人乳、稻米、大豆有健脾作用而入脾经；核桃仁、芝麻有健腰作用而入肾经；芹菜、莴苣有降血压平肝阳的作用而入肝经。

食物的性味、归经观念，在烹饪中得到了广泛的应用。烹饪技术所形成的严格选择原料，将原料一物多用，综合利用，荤素搭配，性味配合，使主料、配料、调味料协调互补，都是来源于食治养生的传统营养观念。中国烹饪自古就很重视菜肴的养生健体的功能，强调性味配合得当，使其提高营养价值。如人体本能需要酸碱平衡，肉类原料多呈酸性，蔬菜、豆类多呈碱性，片面使用荤料或素料，超过肌体耐受范围的负荷而失去平衡，就会引起病态反映。性味配合，既可以趋吉避凶，也可以改善菜肴的口感。而蛋白质的利用，也可以从性味配合中取得最佳效果。动物蛋白质和植物蛋白质按一定的比例配合食用，就可以做到互为补充，通过这些蛋白质的理想比值关系，来达到氨基酸平衡，从而提高蛋白质的利用率。如黄豆芽与猪排骨炖汤在民间较为普遍，究其原因，除味美以外，还有就是蛋白质的利用率很高。另外，为了性味配合得当，菜肴原料的配合并不介意原料的贵贱，如萝卜，产量大，价格低，但萝卜的养生价值人们从未低估。各地常见的萝卜炖腊肉，除了乡土风味浓郁和味道鲜香以外，就其性味配合来说，还因为萝卜里的酶可分解致癌物质而起到防癌作用。

（二）饮食有节

自古以来，中国人对饮食的节制问题，有关饮食有节观念的阐论古来未绝。如《易·颐卦·象》说："君子以慎言语，节饮食。"《吕氏春秋·尽数》："凡饮食无将厚味，无以烈味厚重，是以谓这疾首。食能以时，身必无灾。凡食之道，无饥无饱，是以谓五藏之葆。"《管子·内业》："凡食之道，大充，伤而形不臧；大摄，骨枯而血沍。充摄之间，谓之和成。"《抱朴子·极言》："不欲极饥而食，食不过饱；不欲极渴而饮，饮不过多。"归纳上述有关饮食有节的阐论，可知这个问题实际上包括了三个方面的内容，即饮食数量的节制、饮食质量的调节和饮食寒温的调节。

饮食数量的调节，就是指摄取饮食数量要符合人体的需要量，不能过饥过饱，不能暴饮暴食，否则，不仅消化不良，还会使气血流通失常，引起多种疾病。现代医学研究表明，很多患有肥胖症和心血管病的人都是因为饮食过量而引发的，控制饮食的数量有宜于避免这类病症。

饮食质量的调节，是指食物种类的搭配要合理，不能有过分的偏好，否则也会引起身体不适乃至疾病。古今医学理论研究都共同验证了调节饮食的重要性，告诫人们偏食会给人们带来营养不良或营养过剩等疾病，应该重视各种烹饪原料的合理配伍，重视粗粮与细粮、蔬菜与肉食的科学配餐。

饮食的寒温调节，就是指食物四性（即寒、凉、温、热）的调节、食物四性与四时之变的对应调节与食物自身温度的调节。强调不能过量食用单一食性的食物，食用的食物，其食性不能违背季节，食物自身的温度不能过冷过热，否则都有可能给食者的身体健康带来伤害。

辨证施食与饮食有节，是中国烹饪科学的重要内容，是食治养生这一传统营养观念的主体。随着历史的演进与社会的发展，西方营养学进入了中国，它与中国传统的食治养生学说一旦形成相互借鉴和互补的关系，那么，必将能对中国烹饪的科学发展产生一种重要的推动作用。

三、五味调和的美食观念

五味调和的美食观念，就是指通过对饮食五味的烹饪调制，创造出合乎时序与口味的新的综合性美味，达到中国人认为的饮食之美的最佳境界"和"，以满足人的生理与心理双重需要。在烹调过程中，五味正是通过“和”而相互依存并表现出其审美价值，这就是中国传统烹调强调的“以和处众”，是“和而不同”的哲学思辩在烹调实践中的具体运用而产生的效果。

（一）众料合烹成菜

五味调和的美食观念，具体表现在菜肴的组成制作上，强调菜点由主料、配料和调味料的组成与合烹。中国烹饪有一个鲜明的民族特色表现，就是各种烹饪原料合理配伍，在圆底铁锅烹炒菜肴的过程中合烹，同时还采用大翻勺和勾芡等技术，使锅中的主料、配料和调料均匀地融合成一体，更促进了合烹成菜。圆底铁锅不仅用于炒法合烹成菜，而且还可以用于爆、炸、熘、煎、炖、煮等多种烹饪方法，不同种类、质地、形状的原料都可以通过这些方法在圆底铁锅中“以和处众”，合烹成菜。它充分体现了中国饮食“和”的特点，也反映出中国烹饪的模糊和不易掌握。

（二）众味组配调和

五味调和的美食观念表现在菜肴的风格特色上，讲究内容与形式的调和统一，在味道上强调味觉感受完善，在形式上强调视觉效果优美。味觉感受完善，一是要通过诸味的巧妙调和来实现，将主料、配料和调料按一定的比例和方法调和一处，使各种原料原有的单一味变成丰富多彩的复合味。如淮扬名菜“大煮干丝”，就是将主料豆腐干丝与配料火腿丝、笋丝、银鱼丝、木耳丝、口蘑丝、榨菜丝、蛋皮丝、鸡丝等等及鲜姜丝、香菜、青蒜等多种调料，加鸡汤烹制而成，各种原料原本的单一味，在合理的烹调中形成回味无穷的复合味。中国四大菜系，数千款名馔，无不是用利用各类原料天然的单一味进行调配组合，使之成为精湛诱人的复合味。二是通过调味和其他手段，使有自然美味的原料充分表现出美味，使无味或少味的原料入味，最终创造出全新的美味，并使这种美味均匀地渗透于各种主料与配料之中，难分彼此。如陕西名菜“红烧牛尾”，就是主料牛尾与胡萝卜、冬笋等配料及干辣椒、姜等调料组配烹调，先是用中火，将胡萝卜、冬笋和牛尾炸至金黄色捞出，又以旺火将备好的诸味调料与牛尾、胡萝卜、冬笋等加汤同锅烹制，再以小火煨透使汤汁变浓，最终使牛尾的膻腥味去除、鲜美味突出。主料与配料之间形成“你中有我，我中有你”的效果，滋味全新而统一，真正做到了味觉感受完善，视觉效果优美。

事实上，中国烹饪“和”的境界不仅是五味调和、众料“以和处众”的结果，同时也是厨师调动刀工、火候、造型、菜品命名、餐具搭配等各种工艺手段和艺术手法实现的。如著名的仿唐菜“比翼连鲤”，就是将带鳍的鲤鱼连皮对剖，烹制成双色、双味的菜肴，展鳍平铺于盘中，淋上汤汁，味觉效果、视觉效果俱佳。最后借用白居易“在天愿作比翼鸟，在地愿为连理枝”的诗句命名此菜，充分展示了中国菜品形态的意境之美。诸如此类的菜肴在中国烹饪中不胜枚举，而冷拼类菜品表现得犹为突出，如出水芙蓉、孔雀开屏、金鱼戏莲、蝴蝶竹荪、松鹤延年、大鹏展翅等，都是五味调和美食观念得以充分发挥运用的结果。

第二节　中国传统饮食结构

食物结构是指人们在饮食生活中食物种类与相对数量的构成。它的形成与确立，不仅关系到一个人的身体素质与健康长寿，也关系到一个民族、一个国家的健康发展。食物结构是烹饪科学思想观念的具体化，权衡与选择什么样的食物结构，以达到养生健身的需要，既要避免营养不足，又要防止营养过剩，世界各民族、各地区的人都有自己的主张。中国人从三大观念出发，选择了“五谷为养，五果为助，五畜为益，五菜为充”的食物结构模式。成书于战国至东汉时期的《黄帝内经》从中国医学业角度论述食疗问题时指出：“五谷为养，五果为助，五畜为益，五菜为充。气味合而服之，以补精益气。此五者，有辛酸甘苦咸，各有所利，或散，或收，或缓，或急，或坚，或软，四时五藏，病随五味所宣也。”历史发展表明，中国人特别是汉族人的饮食，在以主食、副食和饮品为表现形式、以养、助、益、充为养生内容的饮食结构中经历了两千多年，直到今天，仍未改变。

一、中国饮食结构的表现形式

从历史发展的角度看，中国进入农业社会后，农业就成为中国社会的最重要的经济生产部门，在粮食生产逐步增长的同时，中国人的饮食生活也就逐渐形成了以谷物为主食，以其他肉类、蔬菜、瓜果为副食，以茶、酒等为饮料的饮食结构。这种饮食结构从上古延续至今，形成了与西方的饮食结构迥然不同的饮食文化模式。

以下从主食、副食和饮品三个方面来说明中国饮食结构。

（一）主食

中国人的主食是在漫长的农业生产的历史条件下逐渐形成并定型的，中国人的主食概念就是：在中国膳食结构中人们用来获得人体所需主要营养素的谷物及谷物制品，如米饭、馒头、面条等。主食主要有米和面粉两大类。

1. 米类主食

中国是世界上最早培植小米和大米的国家。早在8000年以前，磁山人和裴李岗人就开始在华北平原上培植小米，以后，黄河流域又出现了高粱米；到了5000年以前，黄河流域出现了高粱等农作物的种植。由于上古时代北方大部分地区因为气候温暖湿润、土壤疏松而盛产小米、高粱米和玉米，所以北方人常把它们做成米饭或粥来作为主食。另外， 大约在7000多年以前，长江下游（现浙江宁波余姚市）的河姆渡人就开始种植籼稻。目前，我国的稻产量占世界稻总产量的1/3，产量居世界第一位，水稻产区集中在长江流域和珠江流域，包括四川、湖南、湖北、广东、浙江、安徽、江西、江苏、贵州、福建等地，华北和东北等地也有产出。大米的主要种类有籼米、粳米、糯米，我国还出产一些特殊品种的稻米，如东北地区出产的清水大米、陕西洋县黑米、河北丰县红米、云南紫米、山东明水香米等。

2. 面类主食

一般地说，面类主食是指用小麦磨制加工的一种粉末状原料而制成的主食，这种面粉原料又叫小麦粉。由于小麦的产地有别，栽培方法各异，因此小麦的品种有很多，磨制成的粉末质量也不一样。按照小麦加工精度的指标，面粉按照加工精度不同和用途不同，可分为等级粉和专用粉。其中等级粉可分为特制粉、标准粉和普通粉三个等级；而专用粉则可分为面包粉、饼干糕点粉、面条粉和家庭用粉。通过对上古公元前5000年左右的龙山文化、大汶口后期文化的人类遗存的考古研究，确信当时不仅有大麦、小麦的种植，而且还有了粮食加工工具，如石磨盘、石磨棒等，说明面粉在当时已经出现了。面粉是黄河流域以北地区的主粮之一，与南方出产的小麦相比，北方小麦的蛋白质含量高，产量也大于南方。

3. 中国传统的特色主食

千百年来中国人民在生活实践中将米类主食制作成五色纷呈的食品。

一般来说大米、小米、谷子、高粱等粒状主食，烹制成熟的类型不多，即按与水的配比不同区分为饭和粥两大类。加水少而且适量烹制成熟为饭，加水多而且适量烹制成熟为粥。米饭类有大米饭、小米饭、杂米饭、青稞饭、五色饭、扬州炒饭、羊肉抓饭等品种。粥类（稀饭类）有米粥、肉粥、菜粥、豆粥等品种，粥中精品有江南八宝粥、陕西红枣黑米粥。

我国著名的传统米类食品还有粽子，通常用糯米制作。粽子在古时候的名目繁多，宋朝的饮食古籍《中馈录》中就记载了各种形状的粽子，如茭粽、角粽，惟粽。古代粽子是无馅的，有馅的粽子约始于宋代。“用粽米淘净，夹枣栗干银杏赤豆，以茭叶或箬叶裹之。”后来粽子成为端午节的节日食品，除了枣栗赤豆馅粽子外，还有肉粽、花生棕等多种品种。

米粉类有米粉、米线、糕类食品。米粉、米线指将其制成细丝状，用汤水沸煮，糕类食品是指用大米、糯米、玉米、黏黄米等米粉蒸制成块状或片状食品。我国商周时期，就有了米糕的记载。现在，我国传统米糕食品很多，如重阳糕、雪片糕、芙蓉糕、年糕、金银糕（用白面与黏黄米面合蒸而成）等。成名的特色米粉小吃有云南过桥米线、苏州糕团、元宵。元宵，北方称为元宵，南方多叫汤团或汤圆，唐代已有记载，元宵最早称作米团，是端午食品。宋代则发展成为元宵节的节日食品，“砂糖入赤豆或绿豆，煮成团，外以生糯米粉裹作大团，蒸或滚汤内煮亦可”（宋·吴氏《中馈录》）。

面粉可供制做多种传统主食，如馒头、饼、面条、花卷，还可以包馅形成饺子、包子等，杂粮粉可供制做各种面饼、窝头和粗形短的面条。

面粉是中国人主食中的另一主要原料，南方面粉除麦面粉外有米粉、薯粉，北方则主要为麦面粉，部分杂粮如高粱、玉米之类也可以加工成杂粮粉。北方的小麦要优于南方。中医理论认为，南面性热，麦面有小毒（微量不利于人的元素），食之烦渴，北面性温，无毒，食之不渴，北麦花开于昼，有阳气而宜人，南麦花开于夜，有阴气而不如北麦。北方麦面粉比南方麦面粉的品质好，具有筋性大、韧性强的特点。麦面粉为主要原料制做的食品中，有馒头、包子、饺子、面条、烙饼等类传统食品。

汉刘熙的字书《释名》中这样解释：“饼，并也，溲面（面粉适量加水）使合并也。”糅制的面团加工成各类面食：上笼蒸制的叫“蒸饼”，即今日之馒头，用水煮熟的叫“汤饼”即今日之面条，用炉烤制的称“炉饼”“烧饼”，即今日之烙饼。

馒头起源于中国北方，其出现至今大约已有2000年的历史了，最早称为饼。东汉典籍中记录的“入水即烂”的酒溲饼，指的就是馒头类的发酵食品。《齐民要术》注释：“起面也，发酵使面轻高浮起，炊之为饼。”亦指馒头面言。馒头易于消化，营养丰富，香甜可口，有很多品种：呛面馒头、开花馒头、花卷、糖三角、银丝卷、蒸饼、荷叶饼等。

包子是用发酵面团包馅蒸制成的食品，起源与馒头的历史密切相关。宋代已有记录，有细馅、糖馅，澄沙馅，蜜蜡馅，笋肉馅，枣粟馅等繁多的品种。明清以后，北方谓之馒头，无馅，南方仍有带馅的包子。现在包子品种很多，如小笼包子、水晶包子、水煎包、灌汤包、天津包子、淮扬包子等，是深受大众欢迎的美味佳肴。

中国传统食品饺子历史悠久，深受中外人士欢迎，是以面粉制皮，加肉末或菜末或菜肉末为馅，经煮、蒸、煎或炸制而成的。以水调面皮擀成圆形，将馅放在中央，将饺皮两边相交而成月牙状。根据考古发现，唐代已有饺子和馄饨，饺子古代称作角子，又称扁食。宋代《武林旧事》中记载有诸色角儿，“正月初一五更，吃水点如即扁食也。”（《明宫史》）至今仍有“济南扁食”等称法。

饺子的种类很多，因烹制方法的不同，有水饺、蒸饺、水煎饺、油炸酥饺等。

面条更是历史久远的传统食品，在汉代已有记载。汉刘熙《释名》所载的汤饼和索饼，都是面条类食品。世界各国数中国是面条种类最多的国家。按烹调方法分类，有煮面、蒸面、炒面、油炸面；按调配佐料分类有卤面、炸酱面、麻酱面、肉丝面、大肉面、担担面；按加工方法分类又有刀削面、抻面、河漏面等。不仅种类繁多、色彩形状悦目而且滑腴可口，深受欢迎。

烙饼是指以面粉为原料经火炉或平底锅煎制而成的食品。我国制饼的历史同样久远。在秦汉时代发明了磨以后，学会了制粉。“乃得成面，作饼饵自此而始矣。”（《农政全书》）烙饼的种类也十分多样，按烹制方法分，有烙饼、蒸饼、炸饼；按加工用料分，有油饼、肉饼、糖饼、春饼、筋饼；以及用杂粮制做的煎饼。

（二）副食

副食是相对主食而言的菜类食品，是主食的补充食物，如菜肴、小菜等。大自然中可供制作菜肴、小菜的原料，如蔬菜、家畜、家禽、蛋类、奶类、豆制品、水产品、调味品、食用油等，也在副食的范畴。

就菜肴类食品而言，以地方风味特色来划分，中国菜可分淮扬菜、粤菜、川菜和鲁菜四大菜系，实际上代表着中国东南西北四大区域的饮食消费的喜恶；以消费对象来划分，中国菜可分为宫廷菜、官府菜、寺院菜和市肆菜；以民族风格来划分，中国菜可分为汉族菜、苗族菜、傣族菜、朝鲜族菜等；以宗教饮食禁忌特点来划分，中国菜可分为佛门菜（即寺院菜）、清真菜等；以菜肴烹制时所使用的原料类别来划分，中国菜又可分为蔬菜类、肉类、蛋奶类、豆制品类、调味品类等几大类。

1. 蔬菜类

蔬菜是人类不可或缺的食品，是烹饪原料中消费量较多的一类，最早起源于远古人类对植物的采集。它含有大量的植物性蛋白、维生素、矿物质和碳水化合物，提供保持肠道清洁的纤维素以及对人体健康有益的叶绿素及其他成分，而这些成分，正好是动物性食品所缺乏的。中外科学家认识到蔬菜中不仅含言丰富的维生素 C、钙、铁等，而且在甘蓝类蔬菜中还含有抗癌物质，能增强人体对苯并芘及二甲基苯蒽这两种致癌物质的抵抗力。在推荐最佳食品时，往往是把甘蓝、番茄等蔬菜食品排在前列。在蔬菜中，鲜豆荚类、黄瓜，冬瓜、苦瓜等瓜类蔬菜，营养也十分丰富。如菜豆荚、豇豆、扁豆中所含矿物质、维生素都很丰富；苦瓜含有丰富的维生素 C，是清凉解毒之上品；黄瓜是减肥瓜，生吃解暑，熟炒成菜，都受到食客的青睐，因它含有名叫丙醇二酸的元素，可以抑制糖类物质转变为脂肪，是理想的减肥食品。再如冬瓜，夏季里冬瓜虾皮汤，鲜爽解暑，营养丰富；冬瓜还可以与肉一起做馅，制成各种营养丰富的面食。

我国蔬菜除供直接烹调食用外，还可加工制作腌菜、泡菜、酱菜等。我国各地有许多风味独特的传统酱菜，如北京六必居的八宝菜、上海的五香冬瓜、扬州的三和四美乳黄瓜、辽宁锦州的虾油小菜等，这些都是深受人们喜爱的酱菜食品。

2. 肉类

我国肉类食品资源相当丰富，肉食又被称作“荤食”，来自于远古人类的渔猎活动。随着历史的发展，家畜饲养业为人类的肉食原料的烹调提供了可靠保证。大约在公元前5000年左右，我国劳动人民已饲养了牛、犬、猪、羊、鸡、马，史称“六畜”“六膳”。不过，人们在长期的“六畜”食用中，马肉终因农业生产、交通运输的需要及其食味不佳而不再为人们所食用，其余五畜则一直被认为是美味。在肉制食品中，猪肉制品鲜香肥美无异味。瘦肉纤维细嫩，烹调后滑嫩鲜香，适宜做各种菜肴。肥猪肉含有易引起人类肥胖病和心血管疾病的饱和脂肪酸，但也含有对人的健康有益的长链多不饱和脂肪酸，适当吃点肥肉对身体是有益的。牛羊肉与猪肉相比，虽然肉质粗老并带有腥膻味，但牛羊肉内脂肪含量少，蛋白质丰富，且维生素A、B族维生素、铁、锌等含量高。同时牛肉、羊肉性甘、温，食牛肉可获较大的热能，羊肉冬季补虚，是深受人们欢迎的。鸡、鸭、鹅、鹌鹑、肉鸽等禽肉是营养丰富、滋补性强、味道鲜美的肉类，其蛋白质含量丰富，脂肪含量少，且含有多种维生素，深受人们的欢迎。千百年来人们充分利用禽肉的营养价值和调补功能，让体虚病弱的病人和产妇饮老母鸡汤进补。

鱼、虾、蟹、贝等水产肉类食品是又一个营养丰富、滋味鲜美的动物蛋白宝库，早在1.8万年以前，人类祖先就知道捕鱼充饥。鱼类蛋白含有丰足的不饱和脂肪酸，肉质纤细、柔软，消化吸收率高。鱼肉中的矿物质和维生素含量极大地超过了其他肉类，大多数鱼肉性味甘平，有补脾胃之功效，根据研究证实，常吃鱼肉可以软化中老年人的心脑血管，延年益寿，因而鱼类等水产肉类深受人们的喜爱。

肉类食品的食用方法上，最早是用烤食的方法，如炮、炙、燔等方法，自炊食器出现后，便有了蒸、煮甚至较为复杂的熟食技法。据专家考证，腌制肉品可能起源于家畜饲养业出现之前。由于远古先民狩猎所得丰歉不定，猎捕来的肉食如果多了，就将富余部分腌制风干保存，以备歉时之需。历史发展到今天，我国肉类菜肴的制熟手段更加精妙多样，肉类菜肴的品种更是难以数计。

3. 蛋奶类

蛋是鸟类和部分爬行类动物的生殖细胞，也称作卵，由壳、清和黄三部分构成。奶，是雌性哺乳动物产仔后乳腺分泌出的白色液汁，是供其幼仔食用的食品，也称作乳。蛋和奶所富含的营养物质相当丰富，是理想的烹饪原料。在烹调中常用的蛋类原料是家禽蛋，其中又以鸡蛋用得最多，鸡蛋用于烹调，具有加工十分简便、可烹调出多种美味、食用适应面广等特点。因为鸡蛋在烹调时可产生三大特性：①全蛋加热可以凝固；②蛋清搅拌可以起泡；③蛋黄加水搅拌可以乳化。正因为这三种特性，所以鸡蛋在烹调运用中又具有以下四大功能：

第一，既可作为主料单独制成食品，也可作为配料，还可作为调味料（如沙拉油、蛋黄酱等）、佐助料（如用于配色、起酥、黏合及上浆、挂糊等）；

第二，适用于任何烹调方法，蒸、煮、煎、炒、氽汤等均能成菜，最宜于制作工艺菜，可制作多种菜型，如蛋皮、蛋丝、蛋松、蛋糕、蛋花等，打成蛋泡糊还可制成雪花、雪山、雪塔、芙蓉等，还可用模具塑造成型，或凝固后雕塑成型；

第三，适应任何味型的调味，既可与香辛的葱、韭、辣椒相配，也可与清淡的黄瓜，丝瓜相配；

第四，可用于制作菜肴、糕果、饮料等多种食品。

我国蛋类食品的独到之处，还在于把蛋品加工成独特的食品的传统加工方法，如腌蛋、糟蛋、松花蛋，口感丰富、色彩悦目。

奶类用于烹调，以牛奶应用为最多，其他奶类因地区限制或产量少而不能广泛应用。烹调中，常以牛奶代替汤汁成菜，如牛奶白菜、奶油菜心等。

4. 豆制品类

豆类是人类三大食用作物（谷类、豆类和薯类）之一，我国原产的豆科植物种类有很多，如黄豆、蚕豆、豌豆、扁豆等，其中黄豆因其富含的蛋白质最高而位处豆类之首。豆制品是我国特有的烹饪原料。我国豆制品的历史悠久、种类繁多，如豆腐、豆干、豆芽、百叶、油皮、腐竹、素鸡、粉丝、粉皮、豆豉等。而用豆制品作为主要烹调原料所制出的风味菜肴更是丰富多彩，最为著名的有淮南豆腐、扬州大煮干丝和烫干丝、长沙火宫殿臭豆腐、四川麻婆豆腐、苏州卤汁茶干等。

5. 调味品类

即在烹调过程中主要用于调和食物口味的原料的总称。中国烹饪注重味的调和，对调味品的利用有着悠久的历史，并且在长期的调味实践中积累了丰富的经验。调味品在烹调过程中虽然用量不大，但应用广泛，变化很大。其原因之一是每种调味品都含有区别于其他调味品的特殊呈味成分。在烹调过程中，这些成分连同菜点主配料所含的各种呈味成分相互作用，从而形成了菜点的不同风味特色。由于调味品的来源、外观、化学成分及其呈味特性各不相同，所以在烹调过程中所能确定的味型也很多，有基本型和复合型之分。按照味型的特点，可以将调味品分成以下七大类：

（1）咸味调料：如食盐、酱油、酱、豆豉等；

（2）甜味调料：如食糖、饴糖、蜂蜜、糖精等；

（3）酸味调料：如食醋、番茄酱、柠檬酸等；

（4）辣味调料：如辣椒、胡椒、芥末、咖喱粉等；

（5）麻味调料：如花椒等；

（6）鲜味调料：如味精、蚝油、虾油、鱼露等；

（7）香味调料：如茴香、八角、桂皮等。

调味品是形成菜点口味特点的主要因素，在烹调过程中起着重要的作用：①给本身不显味的原料赋味，确定菜点的口味；②矫除原料的异味，增进菜肴的色泽和营养；③延长原料的保存期，杀菌消毒；④增进食欲，促进消化等。

总之，中国的饮食林林总总，品类繁多，充分体现了中国饮食文化用料广博、美味纷陈的特点，这正是中国古代先民长期的饮食生活的经验积累与创造的结果，是中国饮食文化的物质基础。

（三）饮品

茶和酒是中国人自古以来十分重视和喜爱的主要饮品，迄今为止，中国各族人民都还保留着本民族在历史文化积淀中传承而来的茶和酒。茶酒是中国饮食的重要组成部分。

1. 茶

茶叶是中国的“国饮”。我国是茶树的原产地，中国的西南地区，包括云南、贵州、四川是茶树原产地的中心。六朝以前的史料表明，中国茶业，最初兴起于巴蜀，后向我国的东部南部渐次传播开来。至唐代以后，中国的茶文化才有了真正的大发展。早在公元7世纪，中国茶就传入了土耳其，在唐宋以后茶文化开始向外辐射，形成了一个亚洲茶文化圈。公元804年，日本高僧最澄来到中国求学，归国之际，带去了中国的茶籽，植于日本国土。次年，日本弘法大师再度入唐，又带回大量的中国茶籽，分种在日本各地。16世纪末至17世纪初，中国茶叶逐渐传入俄罗斯、英国、荷兰、丹麦、法国、德国、西班牙等欧洲国家。我国悠久的产茶历史，辽阔的产茶区域，众多的茶树品种，丰富的采制经验，在世界上都是独一无二的。中国名茶品种之多、制作工艺之巧，品格质量之优，也是世界其他国家所不及的。

目前，我国的茶叶可分为七大类：

第一类是绿茶，其名品有西湖龙井、洞庭碧螺春、黄山毛峰等；

第二类是红茶，其名品有祁门红茶、滇红等；

第三类是白茶，其名品有白毫银针、白牡丹、福鼎白茶等；

第四类是黑茶，其名品有四川边茶、湖南黑茶等；

第五类是黄茶，其名品有君山银针、山黄芽等；

第六类是乌龙茶，其名品有武夷大红袍、安徽铁观音等；

第七类是花茶，其名品有茉莉花茶、珠兰花茶等。

今天，由于科学与分析化学测定手段的不断完善，人们已经发现茶叶中含有碱（又称茶素）、多酚类物质（又称茶单宁）、蛋白质、维生素、氨基酸、糖类、类脂等有机化合物约450种以上，还含有钠、钾、铁、铜、磷、氟等28

种无机营养元素。各种元素之间的组合十分和谐，不仅益于增进人体生理所必需的营养，而且还能预防和治疗疾病。而茶本身所特有的清澄和明洁，反映了中华民族特有的性质：淡雅、恬静、清新、沉练。这正是古人所借以返璞归真、浑脱自然、开慧激能的依凭，也是中国茶文化独具魅力的所在。

2. 酒

“清酗之美，始于耒耜”，酿酒是农业发展、粮食有所剩余的产物。这已在河姆渡文化、仰昭文化等人类文化遗址中得到证明。我国考古发掘与研究表明，在浙江余姚河姆渡文化遗址中，发掘出一批调酒的陶盉、饮酒的陶杯等酒具，而黄河下游的大汶口文化和龙山文化遗存中，出现了大量的酿酒器和饮酒器。此后，随着历史的演进，中国的酿酒业便有了长足发展，至周以后，酿酒业已成为重要的手工业部门。自秦汉至隋唐，酿酒技术水平不断进步，酒的品种、产量日渐增多，各地名酒辈出，相应的饮酒之风也弥漫朝野，宋代在我国酿酒史上可称是一座里程碑，官私酿酒业的规模空前扩大，技术和产量大大提高，见于文献记载的名酒达200余种，至南宋及金，已出现了蒸馏白酒，元代后，白酒开始推广。时至明清，中国的酿酒业已进入了兴旺发达的时代。南北各地，“所至咸有佳酿”，生产规模、产品质量和产量空前提高。如今的历史名酒大多在清代时即声名已就。啤酒在晚清时亦已发展，逐步成为酒之家族重要的成员之一。随着现代工业文明的演进，高科技浪潮的推动，自20世纪以来，尤其是新中国成立以后，我国的酿酒行业获得了突飞猛进的发展，酒厂数以万计，名酒不胜枚举。美酒芳香飘遍天南地北，具有悠久酒文化历史传统的中国成了名副其实的酿酒大国，酒业也成了国民经济的支柱产业。目前，我国的酒可分为白酒、啤酒、黄酒、葡萄酒、果酒、露酒和药酒等。其名品有茅台、五粮液、剑南春、西凤、泸州老窖、贵宾洋河、青岛啤酒、北京啤酒、金陵啤酒、三泰啤酒、中丹啤酒、古越龙山绍兴加饭酒、新缸酒、丹阳封缸酒、天津王朝葡萄酒、山东张裕葡萄酒、吉林通化葡萄酒、椰岛鹿龟酒、古井亭竹叶青酒、园林青酒、中亚至宝三鞭酒、葵花金奖白兰地等。

总之，中国饮食的品种多彩多姿，结构完整合理，营养丰富全面，是既有历史文化传承的结晶，又有以现代科学技术和现代艺术理论指导下的创新。中国饮食不仅是中国饮食文化的物质基础，也是中国饮食文化的具体表现。

二、中国饮食结构的基本内容

1. 五谷为养

“五谷”，是粮食的泛称。五谷为养的含义就是指包括谷类和豆类在内的各种粮食是人们养生所必需的最重要的食物。它强调杂食五谷，以其为主食，抓住获取营养的根本，并在此基础上，通过与“五果”“五畜”“五菜”的配合，辨证施食，达到养生健身的目的。这个原则在中国烹饪中的运用主要体现在三个方面：一是在中国古代的食谱中，多将“五谷”排于首位；二是在中国的饮食品中，拥有众多以“五谷”为主体的主食和豆制品；三是在中国的饮食制作和格局上，形成了养与助、益、充结合的传统。如在用粮食作为主要原料的饭、粥、面点中加入肉食品和蔬果，成为中国人约定俗成的食品制作方式。而中国的饮食格局特别是筵席格局，长期以来都包括菜肴、点心、饭粥、果品和水酒五大类。五谷之“养”与五果之“助”、五畜之“益”、五菜之“充”彼此互动，以共同满足中国人的养生之需。

2. 五果为助

“五果”泛指所有果品，包括水果和干果。从饮食烹饪科学的角度看，五果为助的含义就是指食用少量的果品作为对粮食和肉、蔬菜的辅助和调节，对维护人体健康有很大帮助。这一原则在中国饮食烹饪中的运用主要体现在两个方面：一是果品成为中国普通菜点的重要原料；二是许多果品成为食品雕刻作品等花色菜肴的造型材料，也是厨师施展烹饪技艺的重要加工对象。

3. 五畜为益

“五畜”，是家畜家禽及其副产品乳、蛋的泛称。从饮食烹饪科学的角度看，五畜应指整个动物性食物原料。五畜为益的含义指的是适量地食用动物性食物原料，对人体健康特别是人的肌体的生长有很大的补益。它强调必须食用肉、乳、蛋类食品，孔子曾说“肉虽多不使胜食品”，这就是说，肉食品不能与主食品五谷颠倒，过度食用，而应恰如其分地食用，这样才能合理地满足人体所需。这个原则在中国饮食烹饪中的运用，主要有两个方面。一是动物性原料成为中国菜肴原料的核心之一。在中国菜肴中，用动物性原料作为主料或辅料而制作的菜肴超过一半以上，品种繁多，风格各异。无论是家禽家畜，还是河鲜水产，每一类、每一种原料都能制作出不同的菜品，使中国菜肴变得更加丰富多彩。二是动物性原料成为中国厨师施展烹饪技艺的主要加工对象。在菜肴制作中，多种多样的刀工刀法、配菜方法、制熟技法、调味手段等，多是围绕着动物性原料进行的，这不仅是中国厨师精湛烹饪技艺的综合体现，也是中国菜肴个性突出、变化无穷的重要原因。

4. 五菜为充

“五菜”，是对人工种植的蔬菜与自然生长的野菜的统称。从饮食烹饪科学的角度看，五菜应是各种蔬菜的泛指。五菜为充的含义是指食用一定量的蔬菜作为对粮食和肉食的补充，可以使人体所需的营养得到充实和完善，有效地促进人体健康。这一原则在中国饮食烹饪的运用上有两面的体现。一是蔬菜成为中国菜肴原料的另一个重要的核心，并且在“益”“充”配合、互补的原则下烹制出难以数计的荤素结合的菜肴，品种与风味更显丰富。荤素结合烹制菜肴，这已成为中国烹饪的重要特点。二是菜单也是中国厨师施展烹饪技艺的重要对象。中国厨师在烹饪过程中，运用各种切配、加热、调味等烹饪技艺，对蔬菜原料进行粗菜细做、细菜精做、一菜多做、素菜荤做、以素托荤，烹制出数量众多、美味可口的菜肴。

三、中国传统食物结构分析

1. 符合中国人养生健身的总体营养需求

现代营养学研究成果表明，维持人体健康以及提供其生长发育所必需的、存在于各种食物中的营养素，主要包括蛋白、脂肪、碳水化合物、无机盐、维生素、水和膳食纤维，而中国传统的食物结构正好提供了人体需要的七大营养素。

包括谷类和豆类在内的各种粮食，提供了人体所需的大量的碳水化合物和植物蛋白质。谷类含有大量的碳水化合物，能够转化为能量，为人体提供了生命活动所需要的动力来源；豆类含有大量的蛋白质，是生命细胞最基本的组成部分。能量和蛋白质对机体代谢、生理功能、健康状况等都具有重要作用。另一方面，肉食品、蔬菜和果品恰恰含有粮食所缺乏的营养素。其中，动物性原料富含大量的优质动物蛋白、脂肪、B 族维生素和钙、锌等无机盐；蔬菜和果品除含有大量水分以外，还含有大量的品种丰富的维生素 C、胡萝卜素等维生素以及钾、镁、钙、铁等无机盐，这些食物原料配合食用，能够弥补“五谷为养”的不足，满足人体对各种营养素的需要。当然，人体对各种营养素的需要也是有一定数量的，否则将损害人的身体健康。因此，在传统食物结构中，在提出“五谷为养”之后，认为必须适量地食用肉食品、蔬菜和果品，并彼此合理搭配食用，这样才能满足中国人养生健身的需求。

2. 适合中国的国情

中国是个人口大国，且自古以农立国，农业是中国传统而重要的经济生产部门。粮食、蔬菜和果品等植物原料的产量大，价格低，除了战争和灾荒等因素外，在正常情况下，能够比较充分地满足人们的饮食需要，普通百姓也有条件把它们作为常食之品。而动物性食物原料，其产量小，价格也较贵，不太容易满足人口大国的国民饮食需要，普通百姓常常只能根据自己的条件来选择。而有豆类所提供的蛋白质作支撑，不会从根本上影响人的健康。因此说，中国人选择这个以素食为主的饮食结构非常符合中国的国情。

3. 传统饮食结构的缺欠

中国传统饮食结构的明显缺欠，就是它的模糊性及由此带来的随意性。在传统饮食结构中，只有质的区别，而没有明确的量的规定，即主要强调的是各种食物品种、质量的搭配，而没有进一步指出明确的数量。《黄帝内经》所提出的养、助、益、充的饮食结构，肉类原料、蔬菜类和果品的量化配比比较模糊，历代养生家和医学家也未曾对各类原料的量化配比标准作出明确的规定。这就使人们在搭配食物时在数量和比例上有较大的随意性，如由于动物性烹饪原料在饮食过程中搭配的量比值过低，就会出现优质蛋白质、无机盐、B族维生素的缺乏，进而容易引发疾病。而过量摄取脂肪等高热量的肉类食物，就会造成体内热能供过于求，被迫滞留于皮下和附着于五脏六腑壁管之上而形成肥胖，进而引发许多疾病。近些年来，由于我国国民经济的迅速发展，人们生活水平日益提高，传统的以素食为主的饮食结构已经被打破，随之而来的是鸡鱼肉蛋，肥甘厚味，暴饮暴食，接踵而来的是肥胖者增加，心脑血管病恶性肿瘤及糖尿病患者等的增加。这种饮食结构及其饮食习惯的变化，对国民身体健康产生了严重的影响，从根本上说也是中国传统饮食结构模糊性与随意性的现实折射。因此，必须重视对传统饮食结构现状和改革措施的研究。

第三节 “调以滑甘”的科学内涵

早在周代，厨师对菜品的口感和味感就有很明确的要求。《周礼·食医》：“凡和，春多酸，夏多苦，秋多辛，冬多咸，调以滑甘。”《礼记·内则》复载同文。春酸夏苦，秋辛冬咸，因时和味，基于五行。调味于四季各有侧重，这是先民五行意识支配的结果。“调以滑甘”四字，后人多予忽视。甘，《说文》：“美也，从口含一。一，道也。”即饴美之味，四季皆以甘和味。《礼记·内则》：“枣、栗、饴、蜜以甘之。”周时无糖，以枣栗饴蜜之甘调味。今人烹调，常以糖提鲜，不分季节，溯源寻本，当出于此。这显然是先民对菜品滋味之美的追求。而“滑”则是先民对口感的要求，实现这种要求，先民科学性地开发了许多烹饪辅料，其中葵即实现“滑”之口感的重要食材。

一、“滑”的本义与内涵

古人把食物在口腔中的滑爽粘润的感觉称作“滑”，其工艺手段和效果与今人所说的勾芡大致相同。先民对哪些菜品进行“滑”制？又通过怎样的方式使烹制出的菜品达到“滑”的效果呢？

《仪礼·公食大夫礼》：“铏芼：牛藿，羊苦，豕薇，皆有滑。”铏，《说文·金部》：“器也。”段注：“此礼器也。《鲁颂》：‘毛炮胾羹。’《传》曰：‘羹，大羹，铏羹。’按：大羹，煮肉汁不和，贵其质也。铏羹，肉汁之有菜和者也。

大羹盛之于登，铏羹盛之于铏。铏羹和菜谓之芼。”由此可知，铏本为盛羹之器，在此指有菜的肉汤。芼，孔颖达疏曰：“芼菜者，按《公食大夫礼》三牲皆有芼者，‘牛藿、羊苦、豕薇’也，是芼之为菜也，用菜杂肉为羹。”依此可知，“牛藿”即以豆叶烹制的牛肉汤；“羊苦”即以荼菜烹制的羊肉汤；“豕薇”即以野豌豆烹制的猪肉汤，先民将牛藿、羊苦和豕薇统称“铏芼”。铏芼就是制“滑”勾芡的对象。

完成制滑工艺，必须借用可以制滑勾芡的植物。《仪礼·士虞礼》：“铏芼用苦若薇。有滑：夏用葵，冬用荁。”郑玄注：“苦，苦荼也；荁，堇类也。干则滑，夏秋用生葵，冬春用干荁。”依郑注，夏秋两季，用葵菜对牛藿、羊苦和豕薇制滑勾芡；冬春两季，用干荁对牛藿、羊苦和豕薇制滑勾芡。《礼记·内则》表述更细：“堇、荁、枌、榆、免、薨，滫、瀡以滑之。”郑玄注：“荁，堇类也。冬用堇，夏用荁，榆白曰枌。免，新生也；薨，干也。秦人溲曰滫，齐人滑曰瀡也。”孔颖达疏：“以滑之者，谓用堇、用荁及枌榆及新生干薨相和滫瀡之令柔滑之。”郑、孔注疏，为我们传递了一个重要信息，先民勾芡，一方面用堇、荁、枌、榆这四种植物，另一方面，对新鲜的或风干的食物要用滫、瀡两种方法进行柔化，使之滑润。堇、荁、枌、榆，这四种植物具有怎样的勾芡制滑效果？滫、瀡又是怎样的制滑方法呢？

堇，《说文》写作“堇”，释曰：“草也。根如荠，叶如细柳，蒸食之甘。”段玉裁注：“《大雅》‘堇荼如饴。’《传》曰：堇，菜也。《夏小正》：‘二月荣堇。’《采蘩·传》曰：‘皆豆实也。’《内则》‘堇荁’注曰：‘荁、堇类也。冬用堇，夏用荁。’按“释草”，堇有二：啮、苦堇。《诗》《礼》之堇也。芨、堇草。晋语之置堇于肉。即今附子也。从艸。堇声。”而李时珍直言曰：“此旱芹也。其性滑利。故共舜俞赋曰：烈有椒、桂，滑有堇、榆。”据此可知，堇即旱芹（亦称药芹）之古名，其汁液有滑利润口之特性，且有促进排泄、清热利尿之功效，故而成为先民烹饪“铏芼”、制滑勾芡的首选辅料。

荁，《广韵·桓韵》：“堇类。”《仪礼·特牲馈食礼》：“铏芼，用苦若薇，皆有滑。夏葵，冬荁。”郑玄注：“荁，堇属。干之，冬滑于葵。”《宋本礼记》陆德明释文：“荁，似堇而叶大也。”据此可知，荁属旱芹之一种，其特性与功效与堇相差无异，也是先民烹饪“铏芼”、制滑勾芡的和味食材。

枌，《说文·木部》：“榆也。”段玉裁注：“枌，榆者，榆之一种。”《礼记·内则》郑玄注：“榆白曰枌。”李时珍曰：“邢昺《尔雅》疏云：榆有数十种，今人不能尽别，惟知荚榆、刺榆、榔榆数种而已。荚榆、白榆皆大榆也，有赤、白两种。白者曰枌，其木甚高大。未生叶时，枝条间先生榆荚，形状似钱而小，色白而串，俗呼榆钱。后方生叶，似山茱萸叶而长，尖觥润泽。嫩叶炸，浸淘过可食。故《内则》云：堇、荁、枌、榆、免、薨、滫瀡以滑之。三月采榆钱可作羹，亦可收至冬酿酒，瀹过晒干可为酱，即榆仁酱也。今人采其白皮为榆面，水调和香剂，黏滑胜于胶漆。”又曰：“榆皮、榆叶，性皆滑利下降，手足太阳、太阳明经药也。故大小便不通、五淋肿满、喘嗽不眠、经脉胎产诸证宜之。《本草十剂》云：滑可去著，冬葵子、白榆皮之属。盖亦取其利窍渗湿热，消留著有形之物尔，气盛而壅者宜之。”他还转引了唐人孟诜《食疗本草》中的一段文字：“高昌人多捣白皮为末，和菜菹食甚美，令人能食。”李时珍从科学实践的角度，对枌作了透彻的阐述。他认为，枌即白榆，将枌皮捣成粉状，以水调和，其黏滑程度胜过胶漆。枌皮的滑利特性对疏壅通窍颇有功效，可谓养生上品。

榆，与枋虽为同类，却亦有别。《说文·木部》：“榆，白枌。”段玉裁注：“《陈风》‘东门之枌’《传》云：枌、白榆也。然则《释木》榆白为逗，枌为句，显然，许意亦如此读。”《说文》及段注并未说清榆、枋之别，这也引发了后世学者们的纷争。惟李时珍引王安石《字说》中的文字道出了两者区别：“榆渖俞柔，故谓之榆；其枌则有分之之道，故谓之枌。”渖，又作“瀋”，《说文·水部》：“汁也。《春秋传》曰‘犹拾瀋。’”段玉裁注：“《左传》哀三年曰：‘无备而官办者，犹拾渖也。’杜云：‘渖、汁也。’陆德明云：‘北土呼汁为渖。’按《礼记·檀弓》为‘榆沈’，假沈为渖。”王安石认为，枌枌之所以谓之“枌”，是因为其有“分之于道”的生态特征；榆树之所以谓之“榆”，是因为榆皮因多汁液而“俞柔”。俞者，本义为安然；俞柔者，黏滑柔润也。显然，榆树得名，是因为皮多汁液的缘故。李时珍引陶弘景《名医别录》曰：“此即今之榆树，取皮刮去上赤皮，亦可临时用之，性至滑利。初生荚仁，以作糜羹，令人多睡，嵇康所谓‘榆令人瞑’也。”又引《冯氏药录》曰：“榆处处有之。三月生荚。古人采仁以为糜羹，今无复食者，惟用陈老实作酱耳。按《尔雅》疏云：榆类有数十种，叶皆相似，但皮及木理有异耳。刺榆有针刺如柘，其叶如榆，沦为蔬羹，滑于白榆，即《尔雅》所谓‘枢、荎’，《诗经》所谓‘山有枢’是也。”综合考述引文可知，《礼记・内则》中“堇苣枌榆”之“榆”，是指刺榆，遍布大江南北，先民以其荚仁做粥，口感滑润；刺榆叶、皮可捣碎成粉，烹制“铏芼”时可用以调和致滑，是当时重要的勾芡食材。

先民勾芡制滑，除以“堇苣枌榆”为原料外，米汁也是先民常用的原料，只是它专用于新鲜或风干的食材。先民称新鲜食材为“免”，称风干食材为“薨”，这些都是古人对肉类食材的专称。《礼记・内则》提到的“滫”“瀡”就是用米汁对“免”“薨”进行勾芡制滑。滫，《说文・水部》段玉裁注：“《内则》‘滫瀡’注：‘秦人溲曰滫。’此则别是汤液之类。”《礼记・内则》郑玄注：“秦人溲曰滫，齐人滑曰瀡也。”溲者，即淘米也，浸泡也，以淘米水浸泡原料“免”“薨”，使之滑润致嫩。《内则》中载“炮豚”一菜，其中就有一道工序：当乳猪经火炮之后，去其附于皮面上的泥土，以湿手拭净，“为稻粉，糔溲之以为酏，以付豚，煎诸膏。”按《内则》贾逵释“酏为粥清，粥而去米也”可知，酏，即一种去掉米粒的粥，可用于上浆制滑。这与今之上浆、勾芡之法相得益彰，形成了中国烹饪勾芡制滑的源流关系。

二、“葵”的概念、品类及制滑作用

在先民菜品制滑勾芡工艺中，葵菜的地位不可忽视，在某种程度上，葵菜已成为我国烹饪历史发展中制滑勾芡的主要原料。

很多学者认为，葵菜，又名“冬葵”“冬寒菜”，先民视作“百菜之首”。他们多引元人王祯《农书》之论：“葵为百菜之主，备四时之馔，本丰而耐旱，味甘而无毒，供食之余可为菹腊，枯枿之遗可为榜簇，子若根则能疗疾。”可见，葵菜在中国先民的饮食生活中具有很高的食用价值，且不论尊卑，普遍食之。先秦以来的古诗文对“葵”多有提及。南朝鲍照还写有《葵园赋》，盛赞葵菜风味之美。时至唐宋，葵菜仍为时人所重视，文人墨客尤其喜欢在吟诗诵赋中赞美葵菜，故而唐诗宋词中不乏其踪影，如李白“园蔬烹露葵”、杜甫“秋露接园葵”、王维“烹葵邀上客”、白居易“晨露园葵鲜”、苏轼“煮葵烧笋饷春耕”、黄庭坚“陋巷六经葵苋秋”、陆游“葵羹出鬴香”等，可见葵菜在文人心目中是尤美之食。

自明朝中叶后，葵菜的概念在人们的脑海中即已模糊了。李时珍曰：“葵菜古人种为常食，今之种者颇鲜。……今人不复食之，亦无种者。”李时珍生活于16世纪，卒于明万历二十二年，即公元1593年，从他说到“葵”在他生活的年代里已无人种，亦无人食的史实看，当时葵菜已经退出人们的日常饮食生活了。然而本人认为，李时珍关于“葵菜”无人种无人食之说有待考稽。秦汉时期，人们说的葵菜应有专指，即后世学者所谓的“冬葵”“冬苋菜”。自元明后，随着海上运输能力的增强和泊来蔬菜品种的增多，“冬葵”或曰“冬苋菜”逐渐淡出人们的饮食活动中；至李时珍时代，人们已不食“冬葵”，自然也就不种“冬葵”了。这时先民心目中的“葵”，应不仅指冬葵一种。“葵”字从“癸”。“癸”，甲骨文写作ㄨ，金文写作十，叶玉森指出：“癸为葵之古字，象四叶对生形，与叒象三叶，竹象二叶同。”《说文·癸部》段注：“癸之为言揆也，言万物可揆度。”宋人陆佃在《埤雅》中指出：“葵犹能卫其足，今葵心随日光所转，輒低覆其根似知。”菜之叶向日而生，似有揆度之智，故写作“葵”。古人认为，凡称“葵”者，其菜质皆有滑感，这种滑液的生成与葵心随日而转以护其根的生态特点有关。如莼菜，古名“水葵”；木耳菜，古名“落葵”；苋菜，古名“紫葵”；它们都有口感甘滑的特点，故名“葵”，诸葵之中，以冬葵尤胜。

历史上最负盛名的滑口之羹，莫过于“纯羹”了。《晋书·文苑传·张翰》：“翰因见秋风起，乃思吴中菰菜莼羹鲈鱼脍，曰：‘人生贵得适志，何能羁宦数千里以要名爵乎。’遂命驾而归。”文中的“莼羹”即以莼菜烹制而成的羹，莼，古名“水葵”，即葵菜之一种，贾思勰在《齐民要术·臛羹法》中对水葵的选用要求、加工操作等作了详尽的载述，兹录如下：“芼羹之菜，莼为第一。四月，莼生茎而未叶，名作‘雉尾莼’。第一肥羹，叶舒长足，名曰‘丝莼’，五月、六月用。丝莼，入七月尽，九月、十月内，不中食。莼有蜗虫著故也。虫甚微细，与莼一体，不可识别，食之损人。十月，水冻虫死，莼还可食。从十月尽至三月，皆食‘环莼’。环莼者，根上头，丝莼下茇也。丝莼既死，上有根茇，形似珊瑚。一寸许，肥滑处，任用；深取即苦涩。凡丝莼，陂池积水，色黄肥好，直净洗则用。野取色青，须别铛中热汤暂煠之，然后用。不煠则苦涩。丝莼、环莼，悉长用不切。鱼、莼等并冷水下。若无莼者，春中可用芜菁英，秋夏可畦芮菘芜菁叶，冬用荠菜以芼之。芜菁等宜待沸，掠去上沫，然后下之。皆少着，不用多，多则失羹味。干芜菁无味，不中用。豉汁，于别铛中汤煮，一沸，漉出滓，澄而用之。勿以杓扼，扼则羹浊，过不清。煮豉，但作新琥珀色而已，勿令过黑，黑则䤈苦。唯莼芼而不得着葱薤及米糁菹醋等。莼尤不宜咸，羹熟即下清冷水。大率羹一斗用水一升，多则加之，益羹清隽甜美。下菜、豉盐悉不得搅，搅则鱼、莼碎，令羹浊而不能好。”莼菜，贾思勰称“芼羹之菜第一”，芼羹在周代即为以豆叶烹制的牛肉汤、以荼菜烹制的羊肉汤和以野豌豆烹制的猪肉汤之统名，又作“铏芼”。显然，“芼羹”的概念在晋代已有了变化，“脍鱼莼羹”也称作“芼羹”，尽管贾思勰在文中并未道尽鲈鱼入莼成羹之法，但晋人烹制鲈鱼，以莼制羹，进而达到滑润之效，这种烹法显然是周人“铏芼”的历史延续。后世厨师演绎出的“鲫鱼莼菜羹”“莼菜银鱼羹”“莼菜鱼丸汤”“莼菜香菇冬笋汤”“虾仁拌莼菜”等皆因莼菜滑美可口而以之治味。故而杜甫有“羹煮秋莼滑，杯迎露菊新”的诗句盛赞水葵滑润之美。

从相关史料记载看，先民发现和利用葵菜黏液的历史应是很早的事了。周代厨师甚明四季调和不离滑甘的道理，而且提出了“铏芼用苦若薇，有滑：夏用葵，冬用荁”的观点，郑玄释曰：“夏秋用生葵。”由此可知，葵在周代，就已经成为厨师勾芡的重要原料。今闽、赣、川、湘诸省的葵菜，叶茎青翠欲滴，煮成的菜羹呈碧绿之色，闽东一带的厨师煮葵菜时，将嫩茎连叶切碎，入水烹煮，因葵菜茎叶含有黏液质，只要水下少些，煮时用锅铲将菜连汤按在锅底研磨，黏液质受压挤出，煮成的汤就会呈黏稠状，吃起来有滑腻感。这应源于古代厨师从葵菜中汲取黏液用以制滑的古法，可视为先民制滑勾芡工艺的历史延续。故而李时珍总结道：“葵，人呼为滑菜，言其性也。”又曰：“苗叶作菜茹甚甘美，但性滑利。”可见，取葵液制滑勾芡，不仅有食材利用理论依据，而且还有养生价值。

三、勾芡制滑的科学内涵

滑，《说文·水部》：“利也。”古人为何将“滑”释为“利”？《周礼·食医》贾公彦疏：“滑者，通利往来，亦所以调和四味。”孙治让正义：“谓以米粉和菜为滑也。”《素问·五藏生成篇》曰：“夫脉之大小滑涩浮沉，可以指别。”王冰注曰：“夫脉者细小，大者满大，滑者往来流利……”从中医学的角度看，“滑”被视为脉象之一，指脉膊往来流利。结合先民对五味之用的规律，可知滑感不仅是口感，亦可使春酸夏苦秋辛冬咸一年四味之利通达于人体之内，以利养生。《周礼·疡医》：“凡药，以酸养骨，以辛养筋，以咸养脉，以苦养气，以甘养肉，以滑养窍。”窍，九窍，《正字通·穴部》：“窍，凡物气相通者曰窍。”《素问·阴阳应象大论》：“故清阳出上窍，浊阴出下窍。清阳发脉理，浊阴走五藏。”在先民看来，“滑”的真正目的是为了符合人体的养生之需，而口感尚在其次。从中医角度看，“滑”正是以“通利往来”于窍，达到了人体养生的效果，这是中华先民的养生智慧在烹饪工艺上的伟大体现。

通过一定的烹饪方法达到“滑”的效果，这是先民在烹饪实践中不断摸索和总结的过程；而以“滑”养生，则是先民在孝亲尊老的前提下形成的制度和烹道。中国古代最早也最突出的伦理规范就是“孝亲”。父母为“亲”，“善父母为孝”，所以善待父母的孝包含着事亲和爱亲。从文献资料看，古人孝亲表现和实践不限于亲子之对父母，从孝亲范围看，在纵向上溯至祖先，在横向上推及父系宗亲。而日常饮食行为是体现孝亲的最佳形式，孝亲行为方式也就成为饮食礼制的重要内容之一。在宗法制度下，孝亲与尊老养老之间有着内在联系，因此，人们将孝亲推及尊老养老。和孝亲一样，尊老养老在日常饮食活动中也形成了一系列的礼仪制度。周“八珍”具有嫩烂滑软、易嚼易咽的特点，是专用以事亲奉老的美撰；“调以滑甘”则是基于老人的饮食养生而确立的风味标准。孝亲所进之食，首先要想到老人的饮食习惯，尽量使食物润滑适口，易嚼易咽，易于消化，可谓孝亲所致，用心良苦。

从现代烹饪理论上说，勾芡是实现味觉艺术的重要方法之一，其目的就是使汤汁的营养成分经过勾芡着附于原料表面上，从而增加菜肴的美味。换言之，勾芡是改善菜肴口味、口感、色泽和形态的重要手段。但在先民看来，勾芡的目的只有两个，一是满足老人的养生需求。既是“以滑养窍”，那么，《内则》提到的堇、荁、枌、榆及葵菜之属都有滑的口感特征，都有养窍的功效。在老人的菜羹中利用堇、荁、枌、榆及葵菜等食材进行勾芡，使菜羹产生滑爽柔润的口感，老人食用后，就能够达到脉膊往来流利、九窍滑利通畅的养生效果。

二是满足老人对厚味的需求。老人味蕾日渐衰败，味觉不灵，咀嚼和消化功能减弱，那么，勾芡制滑无疑是对菜品风味的有效补救。根据菜品原料的不同特点，芡汁或浓或稀，都是为了满足老人对菜品风味的审美享受。勾芡使菜品风味更加丰满，汁浓味厚，滑润柔爽，老人食之津津有味，从而精神愉悦，情绪高昂，利于身心健康，这正是古代厨师勾芡制滑的良苦用心所在。这两个方面，就是中国烹饪勾芡工艺在历史形成中积淀而成的文化内涵。

阅读与思考

味觉与养生相关

陈远飞 / 文

食物的滋味能满足人们的口味嗜好，科学表明，味觉与健康养生的关系也很密切。

食物的甜味，主要来自小分子的碳水化合物，如蔗糖、麦芽糖、葡萄糖、果糖，给刚出生的婴儿品尝甜味，他会面露愉悦之色，可见喜欢甜味是一种本能。因为碳水化合物在体内能快速地向机体提供热能，以维持各种生理活动。

生长发育较快的青少年，能量消耗大的运动员，处于饥饿中的人，适当吃些糖类甜食，可以很快补充能量，保持旺盛的精力和体力。

咸味来自食盐，食盐中的钠和氯都是新陈代谢必需的无机盐，特别是钠，还与肌肉收缩有关。机体缺盐，可以影响肌肉活动，体软无力。虽然咸味是食品风味的基础，但嗜咸却并非生理需要，而是后天诱导出来的。理论上每天人体对钠的需求仅相当于 3 克食盐，而我们实际摄入食盐却高达 15 ~ 20 克，高盐膳食已被证明是高血压病的一个重要诱导因素，改变口味，吃口清淡，是养生的重要因素。

机体新陈代谢的中间产物大多是酸性的，喜欢酸味被认为是体内代谢加速的信号，孕妇嗜好酸味食物就是例证。胃酸的强酸性有助于蛋白质和无机盐的消化吸收，经常吃食醋和含有机酸的水果，能够增食欲，助开胃，利消化。

食物中的鲜味物质主要是氨基酸和核苷酸，它们存在于蛋白质食物中，鲜味成为摄入蛋白质的信号。东方人膳食长期以植物性食物为主，蛋白质消化相对较少，因此喜欢鲜味表明希望多摄入蛋白质。而欧美等地的人们以动物性食物作为膳食的主角，所以他们对于鲜味就不那么在意。蛋白质是人体最重要的营养物质，膳食结构中保持有一定量的肉类食品也是重要的。

适量的苦味与其他味感配合，可组成独特的风味，如啤酒、咖啡、茶、苦瓜，大都为人们所喜爱。苦味能松驰神经，清心除烦。

对食品风味的嗜好，是主观行为，也是长期饮食习惯养成的。但同样可以通过学习、体验而改变。不要偏食，扩大嗜好面，兼收并蓄，是有利养生的。

选自 2005 年 5 月 19 日《新民晚报》

思考题：为什么说喜欢甜味是人类的一种本能？嗜好鲜味的意味着人体需要什么？对于鲜味，东西方人为什么会有不同的感受？

总结

本章讲述了中国饮食烹饪科学的基本思想体系和中国传统饮食的基本结构。中国传统饮食观念与西方营养学一样都是以食物与健康为研究中心的，但是中国古代的饮食养生理论与西方营养学相比，其历史更悠久，且在防病治病、滋补强身、抗老延年方面有独到之处。现代科学研究成果表明，中国传统的饮食烹饪科学可以与西方现代营养学相互补充。中国传统饮食结构建立于中国自古以农立国、以农为本的历史石基上，是中国先民在长期的生产生活实践中总结并建立起来的适于中国国情和民情的合理结构。学习并掌握中国烹饪科学，对于我们在促进中国烹饪文化走向世界的同时把握民族个性与民族饮食科学精神有着积极的意义。

同步练习

1. 什么是饮食烹饪科学？其主要核心内容是什么？
2. 天人合一的生态观念主要包括哪些内容？
3. 什么是辨证施食？
4. 食物性味的养生价值有什么不同？
5. 什么是归经？
6. 要完善味觉感受，一般要什么方法来实现？
7. 怎能样才能达到中国烹饪“和”的境界？
8. 什么叫食物结构？中国人从三大观念出发，选择怎样的食物结构模式？
9. 为什么说中国传统饮食结构模式符合中国人养生健身的总体营养需求？
10. 为什么说中国传统饮食结构模式适合中国的国情？
11. 中国传统饮食结构还存在哪些方面的缺欠？
12. “调以滑甘”的“滑”是什么意思？
13. 古人烹饪时为什么要制滑？制滑与今天的勾芡有何不同？
14. 古人用什么原料制滑？

第九章

中国烹饪艺术

本章内容： 中国烹饪艺术的基本精神

中国烹饪艺术的主要内容

中国饮食烹饪活动中的象征艺术

教学时间： 4课时

教学方式： 理论教学

教学要求： 1. 解析“中和”的源出及其基本精神；

2. 准确把握中国烹饪美学中“和而不和”的基本内涵和“以中为度”的审美准则；

3. 掌握中国烹饪艺术中的味觉艺术、味外之味和宴席艺术的基本知识；

4. 阐述中国烹饪艺术中的象征艺术的历史发展、种类和各种表现形态；

5. 结合目前餐饮业的发展状况，解析中国烹饪象征艺术的现实意义和利用价值。

课前准备： 阅读烹饪美学方面的书籍。

中国烹饪艺术，是人们饮食活动与审美活动有机结合的创造，是以烹饪技术加工成的饮食品为审美对象、满足人们在饮食活动中审美享受需求的艺术，是中国饮食烹饪文化的又一重要组成部分。

中国人在长期的饮食活动实践中，形成了寄精神于佳肴美饮的品味之中，并由此而获得精神世界的畅想与享受。历史演进到今天，这种精神享受经过理论的总结与升华，已经形成中国饮食文化的另一个重要内容——饮食美学与烹饪艺术。中国烹饪之所以成为一种举世称誉的文化艺术，就是因为它在色香味形上能给人以美的享受。中国饮食中的文化意义远远超出了生物性的“吃”的本身。其自身已经潜在地蕴含了大量的审美文化因素，这就使得中国烹饪艺术的基本观点不仅可以直接从饮食活动中产生，而且也是建立在这种生活艺术基础之上的。

第一节 中国烹饪艺术的基本精神

中国烹饪艺术的基本精神问题向来就表现得很复杂，也因此而被争议不休。但若统观中国传统文化，我们就会得出一个整合性认识，那就是中国的传统文化，其基本表现形态和特征具有浓厚的美性色彩。关于这一点，我们只要翻一下《左传》襄公二十九年“季札观乐”、《国语·周语下》中“政象乐，乐从和”、《国语·楚语上》中“伍举论美”，还有我国最早的音乐理论专著《乐记》等，自然就清楚了。问题是，中国烹饪艺术的基本美性特征是通过什么体现的？其浓厚的美性色彩又是怎样表现出来的？

一、“中和”的源出

中国烹饪艺术的基本美性特征就是“中和”。

“中和”源自于儒家创始人孔子提出的中庸之道。其总特征是承认矛盾，而又调和矛盾。在《论语·雍也》中，孔子直接提到“中庸”二字的地方中有一处，即“中庸为之德也，其至矣乎，民鲜久矣”；当然也有间接说到中庸的：“子曰‘吾道以一贯之。’曾参拜曰‘夫子之道，忠恕而已矣。’”（《论语·里仁》）孔子是把“中庸”思想当做最高的道德标准和根本的哲学原则来看的。所谓“中”，就是不偏不倚，无过亦无不及；所谓“庸”，一般有三义：用也，常也，普通也。中庸者，就是要以“中”为用、为常（不变的定理）、为普遍的道理。孔子承认矛盾的存在，看到了事物都有两端，认为“攻乎异端，斯害已也”（《论语·为政》），如何对待“两端”呢？他主张采用“折中”“守中”“致中”和“用中”

的方法，就是要在两端之间找出重心，保持平衡；通过折中，以求稳定，从而使矛盾在平和中转化。

孔子提出的中庸之道，“和”是问题的中心。他与其门人主张“和而不同”（《论语·子张》），提出“宽猛相济，政是以和”（《左传·昭公十年》），认为“四海之内皆兄弟也”（《论语·颜渊》）、“礼之用，和为贵，先王之道，斯为美”（《论语·学而》）。在孔子之前，周幽王时的史伯就提出了“和实生物”的问题，认为“以他平他谓之和，故能丰长，而物归之；若以同裨同，尽乃弃也”，所以说“声一无听，色一无文，味一无果，物一无讲”（《国语·郑语》)。如果说史伯认为矛盾的双方是无法同处的,那么,孔子则认为可以运用“和”的手段求其共处，“知和而和，不以礼节之，亦不可行也”（《论语·学而》）。可见，孔子的“中庸之道”以情感认知为导向，美性色彩相当突出。

而进一步突出这种情感导向与美性色彩的是后来的儒家把“中和”连缀起来进而形成一个专用名词“中和”，《中庸》：“喜怒哀乐之未发谓之中，发而皆中节谓之和。中也者，天下之大本也；和也者，天下之大道也。致中和。天地位焉，万物有焉。”可见，“中和”是与人的情感活动和万物化育联系在一起的。

其实，“和”的概念最早源于先民对农业生产之认识的结果。“禾”即是“和”之声，也表“和”之意。在农业生产上，经过人为调理而得之于“天”的禾穗就是“和”的结果和象征，这也就是“和”从禾从口、禾亦表声的道理。“五味调和百味香”，此语白而不俗。“香”是“和”的一种外在表现，是饮食者与饮食对象间形成的和谐的沟通渠道，这种沟通，正是先民于农事中体会到的人与自然间的默契与神会在后来的烹调活动中的转化与感悟。后来被人们引入哲学范畴，为说明“和”与“同”的关系，哲人们取譬于先民的饮食活动，如“和如羹焉”（《左传·昭公二十年》）、“声亦如味”（《乐记》）。其实，中国人的许多情感的表现形态与饮食活动有着密切的联系。如“怡”字，《玉篇·心部》：“悦也”；《尔雅·释诂上》：“乐也”；《广雅·释诂一》：“喜也”。而《说文·心部》直接释为“和也”，段注：“怡”有“调”“和”等义。可见，先民从“美食”烹调与品尝中体悟出生命的快乐，并把这种快乐与哲学思想或社会生活中的许多方面联系在一起，这对意识形态产生了深刻的影响，人们在哲学思辨中去领悟烹饪活动中“和”的哲学意味，在意识形态中，人们提出了“和以处众”、（宋·林逋《省心录》）“和羹之美在于合异；上下之益在能相济”（清·申涵煜《省心短语》），如此等等，不一而足。在烹调活动中，人们用“调”的手段去转化五味之间、水火之间、原料性味之间等各式矛盾，折中而和。

二、“和而不同”的烹饪美学

“和”与“同”是中国古代哲学家和思想家们提出的一对重要的哲学范畴。折中不等于求同，孔子说“君子和而不同，小人同而不和”（《论语·子路》），史伯说：“和实生物，同则不继”（《国语·郑语》），如此等等，说明先哲都在强调着“和而不同”的问题。物质的运动规律实际上就是在“和而不同”的基础上展示的，宇宙间的阴与阳、正与反、刚与柔、大与小等等相依、相对而又相和的矛盾事物，都是“和而不同”的具体反映。这一点在饮食审美实践中有着更为充分的表现。从五味调和的规律来看，调和五味并不是为了泯灭五味，为了使五味之间相互制约，以求中和而共存，进而达到人类所追求的美味效果。

人是自然的一部分，自然之变与人的生存关系甚密。先民认为“金木水火土”这五行是相互联系、相互影响的存在体，它存在于人的生存过程之中，而饮食则是人之生存的本能需要，因此，先民很重视五行与饮食的关系及对饮食的影响问题，把五行与五味对而配之，就说明了先民对这个问题的重视。《尚书·洪范》：“一曰水，二曰火，三曰木，四曰金，五曰土。水曰润下，火曰炎上，木曰曲直，金曰从革，土爰稼穑，润下作咸，炎上作苦，曲直作酸，从革作辛，稼穑作甘。”这段文字试图从哲学的高度把人类的饮食活动单独提出，把五行与五味的关系联系得很密切，其原因正如朱熹所注：“五行有声色气味，而独言味者，以其切于民用也。”五行之变是天地自然之本，正所谓“在天唯五行”（宋·朱熹《尚书》注）；五味之变是人类本能之需，正所谓“饮食以卫生也”（清·顾仲《养小录·序》）。将人的饮食之需与天地自然之变相联系，反映了中国祖先对人与自然之关系的深刻哲学思考，充分体现了中国人情感化的美性思维特征。在古人看来，五行之间存在着物性相衡的关系，如《黄帝内经·素问》所说：“五运之政，犹权衡也，高者抑之，下者举之，化者应之，变者复之。此生长化成收藏之理，气之常也，失常则天地四塞矣。”明人高濂在其《遵生八笺·序》中说：“饮食，活人之本也，是以一身之中，阴阳运用，五行相生，莫不由于饮食。”将五行与五味相配，也就是在强调饮食须遵循五行之气的运行规律，使五味的调和与人体变化的自然节律相吻合，从而达到气化和谐。史伯说：“先王以土与金、木、水、火杂，以成万物，是以和五味以调口……夫如是，和之至也。”（《国语·郑语》）。

如此说来，五行的相生相克是在“和”的基础上完成的，“同”是不分是非而混合一气，是以一端吞灭另一端；“和”是调节是非而使两端趋于和顺，是两端各守其长，各去其短。以金生金，以土生土，以水克水，以火克火，如此等等，都是不可能的；同理，五味的调和重在一个“和”字。菜品中的“冷拼”可以说是“和而不同”之美的代表之一，将色香味各不相同的菜肴拼成富有意味的图案，形成和谐的整体，在视觉中充满了味觉的诱惑，正如音乐中不同的音符组合成美妙动听的乐曲一样。袁枚在《随园食单·调剂须知》中说："调剂之法，相物而施。有酒、水兼用者，有专用酒不用水者，有专用水不用酒者；有盐、酱并用者，有专用清酱不用盐者，有用盐不用酱者；有物太腻，要用油先炙者；有气太腥，要用醋先喷者；有用鲜必用冰糖者；有以干燥为贵者，使其味入于内，使其味溢于外，清浮之物是也。"袁氏此语道出了中国烹调实践中"和而不同"的辩证法则与调剂规律，淮扬名菜"天下第一菜"（又名"平地一声雷"）其用料主要有饭锅巴、大虾仁、熟鸡丝、番茄酱、盐、姜末、葱花、绍酒、蛋清、味精、淀粉、白糖、白醋、香油、鸡清汤、色拉油等，其制法是把洗好的大虾仁"炒锅上火注油加热，放虾仁滑散、滑透，倒回漏勺控油。炒锅上火加入适量油放入葱花、姜末煸炒至香，下番茄酱，随即倒绍酒、清汤、盐、胡椒粉、白糖、白醋调味烧开加入虾仁、鸡丝，用水淀粉勾芡。与此同时另起锅上火，加足量的油加热至八成熟，下入锅巴炸呈金黄色，捞出装盘，略带些热油，趁热将烧好的虾仁汁倒入碗中，同锅巴一起上桌，即将虾仁汁浇在锅巴上即成，发出爆响声"（见王云《经典名菜》，农村读物出版，2000年版），这道菜充分体现了用料多而在烹调过程中力求众料和而处之的特色，最后的一声爆响，揭示出了中国先哲的"和而不同"在中国传统烹调中的绝妙运作，这正是中国人"寓杂多于统一"的美学观在烹调中的体现。

三、"以中为度"的审美准则

在烹调过程中，五味正是通过"和"而相互依存并表现出其审美价值，这就是中国传统烹调强调的"以和处众"，是"和而不同"的哲学思辩在烹调实践中的具体运用而产生的效果。而主宰这一过程的正是一个"中"，正所谓"中也者，天下之大本也"（《中庸》）。

"中"的概念也是源于农业生产之中。甲骨文中已出现这个字形，据学者们考证，"中"本是测天的仪器，既可辨识风向，也可用来观测日影。自古以来，中国便以农为本，以农立国，农业在中国历史上是最早的、更是最为重要的经济部门。而农业生产的基本特点之一就是靠天吃饭，从某种意义上说，在农业生产水平十分落后的远古时代，天（自然）决定着农业生产的丰歉，天的最大特征和本质内容集中表现为一定的时序，如何地把握天时，遵循天道，已成为当时先民们共同认知的最高学问。正是这样，远古先民的许多概念、观点甚或许多发明都产自农业生产过程中对天的认识与把握。如"中"，一方面，它是根据农业生产的需要，为把握天时而发明的一种工具。姜亮夫在其《楚辞学论文集》中考证说："中者，日中也。臬而见影，影正为一日计度之准则，故中者为正，正者必直。”以“中”测天，以观时变，从而准确地把握农时，中国人对天的认识和把握首先就是这样开始的。另一方面，从以“中”观天的实践过程体悟出“天命有德”(《尚书·皋陶谟》)之道，进而产生了“惟德动天”(《尚书·大禹谟》)心理。在先秦文献里面有多处直接把“中”与“德”和“正”联系到一起，如“丕惟曰尔克永观省，作稽中德”（《尚书·酒诰》）；“跪敷衽以陈辞兮，耿吾既得此中正”（《楚辞·离骚》），“中”与“德”和“正”的关系，使得“中”也必然地成为影响和制约这个古老民族文化心态的、一个无处不在的、极为重要的哲学范畴与社会生活行为的审美准则。

《周礼·地官·大司徒》：“以五礼防万民之伪，而教之中。”贾公彦疏：“使得中正也。”这一审美准则可谓是无孔不入，表现在烹饪活动中，孔子直接就提出“割不正不食”和“席不正不坐”（《论语·乡党》）的行为准则，强调以“中正”为美。孔子提出的“中庸”思想，其本质就是要求人们在主观上节制自己的情欲，从客观方面以“礼”节制人们对“声”“色”和“味”的追求，这无疑包含着合理的因素，这就是中和之美。如饮食过程中的五味调和是要使不同之物及物性相互调和从而达到中和，“和”是天地万物以中为度相依而存的必然形态，《左传》载刘康公说：“吾闻之，民受天地之中以生，所谓命也。”(《左传·成公十三年》)，孔颖达疏：“天地之中，谓中和之气也。”五味调和的过程也正是把握和众相处、以中为度的过程，《左传·昭公二十年》载齐相晏婴答齐景公提出的“和”“同”之关系的问题时说：“和如羹焉。水火醯醢盐梅，以烹鱼肉，燀之以薪。宰夫和之，齐之以味，济其不及，以泄其过。君子食之，以平其心。”晏婴所说的烹调之道，其中的关键就是要把握好“中”，厨师在调和过程中，为使味道适中，调料不足的就增补些，过多的就充淡些，所谓“济其不及”，即不可寡味；“以泄其过”，即不可过味。寡味与过味都需以“齐”（调和）修正，从而达到无“寡”无“过”的以中为度的和美境界。老子说：“万物负阴抱阳，冲气以为和。”（《道德经·四十二章》）冲者，何也？高亨《老子正诂》：“《说文》：‘涌摇也。’《广雅·释诂》：‘为，成也。’冲气以为和者，言阴阳二气涌摇交荡以成和气也。”由此可见，“阴阳”是万物运动发展的内在因素，“冲气”是对万物相适而存的调控方式。今俗语中有“冲茶”“用酒冲服”说的就是用水或酒浇注调制，以求适中。《吕氏春秋》中的“本味”“本生”“尽数”诸篇，从护生养性的角度，论述了烹调过程把握“中”度的必要性。《本味》说：“久而不弊，熟而不烂，甘而不哝，酸而不酷，咸而不减，辛而不烈，淡而不薄，肥而不腴。”这就是把握适中的结果，是“中”在烹调过程中的具体表现形态与审美准则。这里，“本味”就是要揭示食味的本质，食味的本质是什么？就是作为人养生所需的内在节律。《本生篇》：“以全其天也。”即人既能健康地享用天年，又能让自己具有睿智的思维能力和判断能力，“天全则神和矣，目明矣，耳聪矣，鼻臭矣，口敏矣……上为天子而不骄，下为匹夫而不惛。此为全德之人”（《吕氏春秋·本生篇》）饮食的取中调和是“天全”的一个重要所在，五味若不取中和之，则无法取利去害，《尽数篇》：“大甘、大酸、大苦、大辛、大咸，五者充形则生害矣。”又说：“凡食无强厚，味无以烈味重酒，是以谓之疾首……口必甘味，和精端容，将之以神气，百节虞欢，咸进受气，饮必小咽，端直无戾。”这段文字直接道出了以中为度的五味调和对人的生理需求与精神需求的益处。味以和为美，食味以护生养性为尚，和以中为度，充分反映出我们的祖先对本味之本质的理性认识及对取中而和的审美准则。

清人袁枚在《随园食单·火候须知》中说：“儒家以无过、不及为中。”他还在《随园食单·疑似须知》中说：“味要浓厚，不可油腻；味要清鲜，不可淡薄。此疑似之间，差之毫厘，失之千里。浓厚者，取精多而糟粕去之谓也；若图贪肥腻，不如专食猪油矣。清鲜者，真味出而俗尘无也之谓也；若贪图淡薄，则不如饮水矣。”，袁氏此语正道出对味之审美价值取舍的标准问题，即以“中”为度，这是审评调和美味的基点所在。五味调和，既求无过，亦避不及，中而不极，和而不同，这就是中国美性哲学思辨在饮食活动中的具体表现，是中国传统烹调所特有的美学气质和审美准则。

第二节　中国烹饪艺术的主要内容

孔子说：“食不厌精，脍不厌细。”又说：“割不正不食。”（见《论语·乡党》）这在客观上为中国烹饪工艺提出了一个严格的操作规则，而这种规则所体现的正是孔子在烹饪操作问题上的“精品”意识与艺术观念。早在先秦时期，中国烹饪就达到了相当高的境界，细腻丰富的造型形式，诸多精神、情感的蕴含与表现及某些智慧、力量的显现，确立了中国烹饪艺术的地位，也肯定了它可以作为美与审美对象而存在。中国烹饪艺术的内容极其丰富，而味觉艺术、味外之味和筵席艺术是中国烹饪艺术的主要内容。

一、味觉艺术

要研究中国烹饪艺术的创造规律，就必须首先研究味觉审美的规律。原因很简单，烹饪艺术是为味觉审美活动服务的。烹饪艺术的所有创造，目的只有一个，那就是满足人们在饮食上求美的心理要求。烹饪艺术，是人类味觉审美活动的必然产物，是人类在艺术创造中的一个独特领域。烹饪所以能够成为一门艺术，不在于它在某些方面同其他艺术有着相似之处，不在于它在形式上有着某些视觉艺术的共同特点，而在于它在本质上具备审美的要素，不过不是视觉和听觉的审美，而是味觉的审美。烹饪艺术的审美核心是味觉，这是烹饪艺术的本质属性，也是烹饪艺术与一切其他艺术的明显区别。

简而言之，味觉艺术是烹饪艺术的核心内容。

狭义的味觉，是指辨别食物味道的感觉，即指由溶解于水或唾液中的化学物质作用于舌面的口腔黏膜上的味蕾细胞产生兴奋，再传入大脑皮层而引起的味感。

广义的味觉，既包括含咸、甜、苦、酸、鲜、香与千变万化的滋味等化学味觉，也包括对饮食品的机械特性、几何特性、触觉特性感觉到的物理味觉，以及不同的人在不同的环境与不同的饮食习俗因素下形成的对饮食品的不同感觉这种心理味觉。

中国烹饪的味觉问题十分复杂，它与人们的人文意识有着复杂的联系性，从而使味觉具有多向度的特点，往往成为物质现象和精神现象的复合体。在中国传统文化中，饮食之味早已进入了人的精神观念形态之中，成为人们追求生活之趣、生活之美的一个表现，因而也成为了美和审美的对象。

（一）味觉与化学味觉

味觉就是可溶性物质作用于味觉器官所产生的感觉，通常具有嗅觉、触觉、温度觉和痛觉等成分。日常生活中单纯的味觉是没有的。味觉神经在舌面分布并不均匀。如普通酸味在舌的边缘易于产生感觉，苦味在舌根，甜味在舌尖，而咸味则自舌尖以及边缘较易感觉。

人们感受到的肴馔的滋味、气味，包括单纯的酸咸苦辣咸和千变万化的复合味，属于化学味觉。

1. 味的分类

味可分为两类：一是本味，或称基本味、独味；二是复合味，或称调味、多味。

（1）基本味。味有多种，基本味却不多。生理学家只承认咸、甜、苦、酸四种基本味。按我国传统分法，则有五味，即咸、甜、酸、苦、辣。

①咸味。自古以来一直是调味的基本味。盐在烹调中的主要作用有三种。一是定味。用盐可以使原料在成熟过程中增加美味，有些无味的原料可增加味。二是作为烹调前的菜品加工手段。如制作蔬菜围碟或热菜，在烹调前须腌渍一下，使其脱去一部分水，纤维组织紧缩，加热后的菜肴带有脆性。还可以作为洗涤剂，在清洗畜禽肠时加上粗粒盐可洗去肠壁黏膜及异味。三是消毒杀菌。盐水溶液的电解作用，可使一些非嗜盐性微生物和虫卵脱水死亡。

②甜味。甜味食品分自然甜味和人工甜味。甜味品在烹调中的作用有五种：

一是为菜肴确定甜味；二是给一些加酱烧制的食品增鲜，如制作“红烧肉”“东坡肉”等要加入一定量的甜味品；三是给烧烤食品上色，如“烤鸭”“烤乳猪”“烤乳鸽”等；四是使菜肴的芡汁稠浓，如“叉烧肉”等；五是腌制一些甜味品。

③酸味。自然酸味食品有梅、橙、柠檬、山楂等；人工酿成的酸味食品是醋，有白醋、陈醋和醋精之分。在烹调中的作用主要是去除腥膻味，以增加香味。醋不可多食，醋酸腐蚀齿表，对牙齿不利。在烹制水产类、畜禽类内脏时加醋再加酒同用，可以形成“酒尽醋干”的风味特色。

④苦味。在烹调中应用苦味，可以开味、提神、健脾、解暑。自然界中的苦味食物主要有橘皮、药芹、苦瓜、苦杏仁等。

⑤辣味。可刺激舌与口腔之触觉及鼻腔之嗅觉，因而产生刺激快感。适度的强刺激的辣味，会促进消化液分泌和增进食欲，促进人体血液循环，祛湿去风。烹制菜肴时，辣味可增加鲜味，去除腥臊气味。自然界中的带有辣味的食物主要有葱、姜、蒜、辣椒、芥末等。

（2）复合味

复合味主要有糖醋味、醋椒味、椒盐味、怪味、麻辣味等。

①糖醋味。这主要是咸味、酸味和甜味混合烹制出的复合味，如糖醋肉段、糖醋鳜鱼、糖醋排骨等。根据各地人们口味习惯的不同，糖与醋的比例也不一样。

②醋椒味。用胡椒与醋加香菜混合而成，如“醋椒鱼”“醋椒鸡”等，有清香、爽口的感觉。

③椒盐味。用花椒和精盐同炒成熟的混合味。如“软炸鸡”“干炸里脊”“软炸虾仁”等炸制菜肴，食用时蘸椒盐吃，具有麻辣与咸鲜合成的美味。

④怪味。咸、甜、辣、麻、酸、香等各味俱全，互不压味，如“怪味鸡”“怪味豆”等菜肴就是这种特殊的美味，因味型复杂难名，故称怪味。

⑤麻辣味。辣椒与花辣并重，以突出此味。如“麻辣豆腐”“麻辣肚片”等菜肴即为此味。菜品有色泽红亮、麻辣味浓等特点。

2. 香味嗅觉

香，属于气味，指食品中挥发性物质之微粒子扩散浮悬于空气中，经鼻孔刺激嗅觉神经，然后传导中枢神经而引起的一种美好的感觉。

香与味密切相关，但香是嗅觉反映，而味则是味觉反映。

食物气味有美恶之分。美好的气味是香味。按香味的化学性质可分为五种。一是硫化合物的香味，硫化丙烯化合物是韭菜、蒜、洋葱等香辛气味的主要成分。二是如醇类 C_1—C_3 具有轻快的香味，庚醇有葡萄香气味，壬二烯醇有黄瓜香气味。三是芳香族化合物，醛类有多种香气，发酵食品及烹调食品中多有此味。四是环烃化合物的姜烯，在姜的香气中有之。五是含氮化合物，主要为胺类化合物，如发酵食品中的酱油香气。

人们在食用各种食物时所产生的味觉，大部分是化学味觉，因为各种烹饪原料所含的营养成分不同，通过烹制加热，烹饪原料之间营养成分发生了变化，或互补，或抵消，或合成另外一种物质。

（二）调味品对味觉的影响

袁枚在《随园食单》里所写的“十二须知”和“十四戒”，从不同角度说明了本味问题。他说：“凡物各有先天，如人各有资禀”“一物有一物之味，不可混而同之，要使一物各献一牲，一碗各成一味”“余尝谓鸡猪鱼鸭，豪杰之士也，各有本味，自成一家”，反复强调了烹饪菜肴时要注重本味。袁枚指出，在选料、切配、调味、火候等工艺环节中都应该力求原料本味能各尽所长，避其所短，如荤食品中的鳗鱼、鳖鱼、螃蟹、鲥鱼、牛羊肉等，原料自身有浓厚的腥味或膻味，需“用五味调和，全力治之，方能取其长而去其弊”。

那么，调味品应用不当会怎么样呢？如制作“熘鱼片”，加精盐、适量的醋和白糖、料酒、味精等调味品，使鱼片成品滑嫩不柴，色泽洁白，口味鲜美，若多放醋或白糖，都会使菜肴口味不正，自然也不会使人产生好的味觉感受，这说明味觉与呈味物质的配合有微妙的变化关系。一是对比现象，如烹制甜味糕点，可在糖内稍加椒盐，能使甜味更甜。未提炼的红糖比提炼过的砂糖甜，味精加少量食盐则更鲜。二是味消杀现象，砂糖、食盐、奎宁、盐酸等，每两种以适当浓度混合，其中任何一种单独之味都会减弱。三是味的变调现象，如尝过食盐后，随即饮无味的清水，则会感觉有甜味。四是味的相乘现象。如谷氨酸钠（味精）与5'—次黄嘌呤核苷酸及鸟嘌呤核苷酸共存，其鲜味有相乘的增强作用，比这些单独的上述鲜味成分增鲜许多倍。

由此可知，中国烹饪艺术的烹与调，正是面对错综复杂的味感现象，运用调味物质材料，以烹饪原料和水为载体，表现味的个性，进行味的组合，并结合人们心理味觉的需要，巧妙地反映味外之味，来满足人们生理的、心理的需要，展示出与审美相结合的烹饪艺术。

（三）味觉审美的本质特征

味觉审美，恰恰是人人都能感受的最普遍的审美形式，而且也是一种永恒的审美形式，这是味觉审美形式的基本特征。

1. 人类生命意识中的审美化倾向，最大量地体现在味觉审美之中

从根本上看，审美是人的生命欲望的合理满足，人生通过审美而获得意义。味觉审美的要求，则是最直接、最强烈地表达了这种欲望。味觉审美几乎平等地钟情于每一个生命个体：人们一方面满足了生理上的要求，另一方面又得到基本的愉悦。对于缺少其他审美活动的人来说，这种基本的愉悦是尤为珍贵的。

2. 作为人类经验的组成部分，味觉审美具有超越于其他审美的普遍性

人类审美机制的形成，既不在于客观对象，也不是一种先验的能力。把对象和主体联系起来的纽带，是人的审美体验。这种审美体验是个体经验的产物，又是历史的沉淀。那么，经验又是从何而来呢？尼采说："一切经历物是长久延续着的。"经验来自人的经历。人们的生活经历各个不同，人们的审美经历同样各呈异态，由此产生不同的审美趣味。然而人们只有一种经历是共同的、相似的，这就是饮食的经历。也许人们在视觉和听觉方面由于经历不同形成不同的趣味，但人们在味觉审美的经验方面，在追求味觉审美的欲望方面，总是容易找到共同的语言。因此，唯有味觉审美，对人们才能最终摆脱主体不同经历而具有普遍的意义。

3. 味觉审美采取的形式，与其他审美相比，是最为大众化的

审美总是有条件的。一个缺少音乐修养的人，很难接受交响乐的美感；一个不懂书法艺术的人，对再好的书法作品也不会产生兴趣；文盲不可能读小说；舞盲当然也不会欣赏舞蹈，等。即使对极为普通的自然美，有些人也往往视而不见。因此，一个人进入审美状态的条件，有时候是十分苛刻的。正如马克思所说："对于没有音乐感的耳朵说来，最美的音乐也毫无意义。"

但是，当人们把眼光移到味觉审美的领域，情况就起了变化。在这里，审美的种种条件几乎不再存在，审美的个体差异虽然没有消除，但差距缩小了。不管是孩子还是老人，不管是贵族还是平民，以至国家不同民族不同，以及职业、文化程度、性格爱好等都不同的人，在味觉审美上，却有着惊人的相似。他们很容易找到相同或相近的感受。嗜痂成癖的人，毕竟属于病态的例外。味觉审美的普遍性，抹平了人与人之间的某些鸿沟。美食，成了全人类不需翻译的世界语言。味觉审美的大众化形式，使它成为人类最为普遍的审美活动。

4. 味觉审美具有永恒性

人类的审美活动是一个历史的范畴。各种审美形式都处于不断的萌生、形成、发展和演变之中，都有它的兴盛和衰落。然而在世界上也有万古不变的审美对象，这就是美食。美食的形式和内容会随着历史的发展而发生变化，但美食本身总是长存不衰的，具有永久的魅力。可以这样说，生命的永恒性，决定了味觉审美的永恒性；生命的普遍性，决定了味觉审美的普遍性。只要生命之树长青，味觉审美就不会衰亡。

二、味外之味

美食的美，远不限于美食自身，有时，通过美食的感性特征，还能透视出某种思辨之美、启迪之美、智慧之美。这种深邃的理性美，恰恰美食带给

食者的感性美的引伸。这也是中国传统美学理论中经常提到的“味外之美”。

（一）“味外之美”的一般表现

“味外之味”，又称心理味觉，是味觉审美的最高境界。这在很多情况下并不确指美味本身，而是渗透了主体对饮食审美的情感依恋和理性反思。因而这种“味外之味”，带有相当程度的主观色彩和不确定性，它打破了味觉经验的单一性、清晰性和相对稳定性，从而极大地提高了味觉审美活动的品位，最终出现一种“食有尽而味无穷”的审美佳境。

老子曰：“治大国若烹小鲜。”看似平常的烹饪技艺，却蕴含着高深的治国之道，那么与烹饪对应的饮食活动，其内涵之深、之广也就不难想象了。其实，饮食活动中的理性内容，渗透在中国文化的各个领域、各个方面，与中国人的文化心理结构息息相关。例如，对于味的审美标准，《吕氏春秋.本味篇》中有这样的总结：“久而不弊，熟而不烂，甘而不哝，酸而不酷，咸而不减，辛而不烈，淡而不薄，肥而不腻。”这何止是味的标准，它所追求的适度、中庸、淡泊、和谐，正是中国传统的审美观、道德观乃至人生观的具体体现。

又如，中国饮食方式中讲究“整体”和“有序”。饭桌是圆的，就餐者围桌而坐，这就构成一种封闭状态的“圆”的哲学；而且饭桌上的排列也是井然有序，宾主、长幼、尊卑，都有大体的规定。这些，都已超出了单纯的饮食的范围了。饮食活动中所产生的“味外之味”，除了上述的群体表现外，还有个体的特点。例如，在饮食品味中，可以引发对社会现象的思考，可以激发起创作的灵感，可以产生对人生的感悟，也可以加深友情调整人际关系，等等。

（二）“味外之味”的个性体现

在味觉审美中，心理味觉不存在划一的、凝固的审美标准。

尽管人的生理味觉的总的原则是“口之于味，有同嗜也”，但并不排斥不同的口味要求。西谚说“唯味与色无可争”。而在“味外之味”的感受中，追寻统一的标准是没有意义的。“食无定味，适口者珍”，如果品味者感到食物适口，那么这个食物才具有美食的意义。同样的道理，心理味觉由于诸多个性元素的差异，也会形成见仁见智的个性心理感受。不同的个体有着不同的饮食习惯和口味要求，即使对同一个人来说，他的味觉审美标准和由此引起的个体感受也不可能一成不变。最简单的例子是“食多无味”。相同的食物，对不同情况下的同一个人，也未必产生同样的审美效应。

另一方面，随着社会经济发展和文化观念等方面的变化，无论个人，还是民族、地区，味觉的审美标准也都处在变动之中。因此从总的情况来看，味觉审美的稳定性中存在着变异性，“味外之味”的客观标准只是相对的。造成这种相对性的因素是十分复杂的，主要有以下几种情形。

1.“味外之味”存在着个体感受上的差异

托尔斯 . 门罗说：“某种审美反应或经验总是由三组主要因素相结合而组成的。这三个方面是，客体的性质，主体或观赏者的性质，以及环境的性质。”他还说，主体的特征包括“性别、体质、智力、个性结构、成熟阶段、特殊资质和所受的教育。”可见，主体不同的性质特征，必然会带来不同的审美反应。在心理味觉审美中，情况基本上也是如此。

比如在性别的差别上，女性的味觉感受能力一般比男性更强些，尤其是她们更敏感于鲜味和酸味，同时色泽清新、淡雅爽口的菜肴似乎更容易引起她们的味觉快感；在体质的差别上，身体虚弱者在味觉审美中较为挑剔，在饮食的精细程度上要求更高；在年龄的差别上，成年人由于经历和阅历的增多，味觉感受的宽容度更大些；在文化程度的差别上，文化水平较高者一般更容易在味觉审美中得到审美愉悦，审美要求和审美层次也相对较高；在性格的差别上，性格直爽、外向者一般更偏爱口味强烈、浓郁型的美食。在地区的差别上，就有北咸南甜、东酸西辣之分。至于不同的生活经验，不同的禀赋、兴趣爱好，等等，都会给主体的味觉审美打上不同的印记，产生不同的味觉偏差。

造成心理味觉审美个体差异的主要原因，是审美的过程总是伴随着主体能动的选择过程，选择的依据就是个人的偏爱和偏见。这就是说，在感觉中，总会有一种影响感觉的东西预先就存在着，并左右着对“味外之味”的审美评价。纯粹客观的心理味觉不仅在审美中不可能存在，而且在人类的认识活动中也不可能存在。

2. 心理味觉的相对性，还表现在同一个人身上

人的心境、环境以及生理状况等不同，会强化或钝化一个人的心理味觉审美能力，影响心理味觉的审美效果。味觉美感的产生，是人的生理感觉和心理活动协同配合、相辅相成的结果，缺少了任何一个环节，都会给味觉审美带来消极的影响。同样的美食，如果主体的性质和环境的性质起了变化，就有可能失去美味的品质。孔子说：“闻韶乐，三月不知肉味。”为什么会“三月不知肉味”，作为对象的性质当然没有变，肉还是肉，应该有肉味；但主体的心理状态非同寻常，是处在“闻韶乐”的特定条件下，音乐使主体到了迷醉的程度，感觉力都给听觉独占了，味觉相应就减弱了，以致出现“食不甘味”的结果。饿了什么都好吃，饱了什么也不高贵。这简单的常识，其实蕴含着“味外之味”的至理。

3.“味外之味”的审美相对性还体现在变动性上

任何习惯都有它的稳定性和变动性。饮食习惯总是要改变的，社会的饮食风尚、走向也总是随经济、文化的变化而变化的。从宏观上看，人类的饮食习

惯的嬗变大体上按照以下的趋向：从崇尚浓厚到喜爱清淡，从偏爱肉食到转向蔬菜，从繁复到简单到注重方便，从注重美味到讲究营养等。饮食习惯的改变，使心理味觉审美永远不会停留在一个凝固不变的标准上，而始终带有开放和变动的特点。

需要说明的是，心理味觉审美的相对性，并不意味着它的随意性和无序性。我们从中可以发现一定的规律。一方面，我们要尊重个人的习惯和偏爱，满足不同的味觉审美需求，拓宽美食的空间，以多样化的美食来供不同的审美主体选择。另一方面，这种选择还体现在美食与欣赏的双向选择上。对审美主体来说，美食是对象；但从改变和引导品味者的饮食习惯、提高品味者的审美能力来看，美食又成了能动的主体，它可以给品味者施加一定的影响。从这一点出发，品味者既是主动的选择者，又是被动的接受者。他的心理味觉审美观的确立，在一定程度上受制于美食的对象世界。

（三）调味对心理味觉的影响

调味在季节上、调味品比例上和风俗习惯方面对人的心理味觉同样会产生影响。

1. 调味在季节上对心理味觉的影响

如北方一年四季分明，冬天北方人为了御寒，喜食偏咸的或重油的菜肴，吸收营养，增加热量。在菜肴制作时，口味的调制就应符合人们的心理因素，才能受到欢迎。夏天喜食清淡爽口的菜肴，对油腻过重的菜肴兴趣不大。所以季节发生了变化，调味也要随之而变，这样才能符合人们的心理味觉。

2. 调味品的比例多少对人们心理味觉的影响

中国菜肴之所以呈现出一菜一味百菜百格的特点，主要是调味品的投放比例变化起了重要作用。如制作“红烧鱼”一菜，主料为鱼，主要调料有酱油、精盐、白糖、醋等，各种调味品的比例要适量，菜肴成品特点是色泽红亮，口感嫩，味鲜咸。在此菜中，主要调味品酱油（用以调色）、精盐（用以调味）的比例应略加大一些。倘若将白糖与醋的分量加大，就变成“糖醋鱼”了。所以，调味品的比例、用量不同，就可以改变菜性质，这同样对人的心理味觉产生影响。

3. 各地风俗习惯也可以影响人们的心理味觉

风俗习惯的千差万别，是中华民族文化丰富多彩的一个重要原因。在人的一生中，诞生、婚嫁、祝寿、出殡等，食俗大有差别；各地、各民族在送往迎来、祝捷庆功、省亲访友等方面的食风食俗也不相同。这些风俗习惯也决定了人们的心理味觉。如川菜的辣味型菜肴，当地人普遍喜欢，但北方人就不尽然，害辣的人一见到辣味川菜就心理紧张。又如南方菜的清淡，北方人吃了觉得淡而无味，北方菜的偏咸和重油，南方人吃了也不习惯，这都是各地饮食风俗对人们心理味觉影响的具体反映。

（四）美食与美名、美器与美境对心理味觉的影响。

中国烹饪艺术不仅有着悠久的历史，而且在长期的发展演变过程中，成为一个涉及面非常广的系统工程。在满足生存和健康的等目的同时，中国烹饪非常注重味觉与其他艺术形态之间形成的审美趣味。正是在这一点上，它同西方的烹饪形成了较为明显的差别，在世界上产生了一定的影响。人们常说传统的中国文化是一种乐感文化，那么，在吃的方面，这种乐感文化事实上已达到了非常成熟和精致的程度。中国烹饪的艺术追求是建立在味觉审美基础上的。反过来说，中国人对味觉审美的执着追求，促使中国烹饪走向了艺术。这主要体现在美食与美名、美器和美境相配，进而对心理味觉产生影响，形成了中国烹饪艺术中另一种“味外之味”。

1. 美名与心理味觉

美食配以美名，这是中国烹饪所特有的。菜肴的命名，粗看有很大的随意性，其实并不尽然，它反映出命名者自身的文化艺术修养、社会知识和历史知识。其综合素质之高低、直接影响菜点命名的美和俗。中国菜肴的命名十分讲究，菜肴名称往往典雅、简洁，富有文化品味，体现了一定的意境和情趣。一个好的菜名能增加美食佳肴的深情雅趣，诱发品尝者的心理味觉，增强食者的食欲。如以料命名的“荷叶包鸡”，以味命名的“糖醋排骨”“如意八宝菜”，以发人遐想命名的“佛跳墙”等。因此，不少吃客点菜时翻开菜单，往往会被配以美名的菜肴所吸引，会情不自禁地点而吃之，如果品尝以后认为是名符其实的，就必定会甘做“回头客”。例如，“佛跳墙”原来的菜名叫“福寿全”，后来在一次文人聚会上，有人认为如此美味可口的美食以“福寿全”不能体现其美，于是即兴赋诗：“坛启荤香飘四邻，佛闻弃禅跳墙来。”遂由在座公议，将此菜更名为“佛跳墙”，从此朗朗上口的“美名”，盛传百年不衰。由此可见，美食配以美名，才能相得益彰，使人感到心情舒畅，令人神往心怡。

菜肴名称可分为两大类，即实名类和艺名类。

（1）实名类。实名类的菜肴，人们可从菜名就看出菜肴的特色或全貌，有的菜名体现出菜的主要原料或全部原料，有的菜名体现出菜肴的烹调工艺、烹制方法，有的菜名体现出菜的历史典故或文化内涵，有的菜名体现出菜的色、香、味、型。

① 体现出菜的主要原料或全部原料的菜名。如雪梨鱼片、芝麻肉丝、腊肉河蚌、西米草莓等。

② 体现出菜的颜色的菜名。如红烧鱼块、黄焖鸡翅、碧绿银针、金黄豆腐、银丝糖葫芦等，这些菜名直接可以体现出菜的色。又如明月兰片、水晶鸡块、

玛瑙鸭片、珍珠鲈鱼、芙蓉虾仁等。因为这些菜的色泽晶莹透亮，所以用菜肴中主料相近的物来喻色。

③ 可体现出菜的香型的菜名。如鱼香肉丝、五香仔鸽、桂花肉片等。

④ 可体现出菜的味型的菜名。如糖醋苔菜、奶油虾球、酸菜鳝鱼、蒜辣肚丝、橙汁泥鳅、芦蒿炒臭干、怪味桃仁等。

⑤ 可体现出菜的形状的菜名。菜的“形”体现了中国烹饪十分讲究刀功的精湛，使菜的成形显得多姿多态。如菊花形、网眼形、凤尾形等，将菜肴的成形达到观之者动容，味之者动情的艺术境地。大致可分三类。

a. 以菜名直接标明菜的种类，直接显示菜的形状。如咸菜炒慈菇片、富贵鸡条、宫保腰块、腐皮肉卷、银芽鸡丝、烹明虾段、芝麻玉球、鱼香鸡串、翡翠豆泥、木犀汤、叉烤酥方、八宝鲍鱼盒、核桃酪、云思豆腐羹、杏仁汁腐等。

b. 以人们比较熟悉的其他物体的形状来体现菜肴主料的形。如樱桃肉、松鼠鳜鱼、梅花里脊、兰花蛋等。

c. 以表示状态的动词或形容词来体现菜的形。如三丝鸽松、九转大肠等，“松”和“九转”体现菜形呈现出细末和迂回曲折之状。

⑥ 体现出菜的烹调工艺、烹制方法的菜名。有些菜名可以体现出菜的制作过程，如回锅肉、拔丝苹果、过油肉等。表现烹饪工艺方法的菜名在生活中举不胜举。

⑦ 体现出菜的口感及主观印象的菜名。如香酥芝麻鸭、炸脆鳝、滑炒河虾仁、炒软兜、大观一品、通天鱼翅等，这些菜名中的酥、脆、焦、滑、软、硬成分以口感或其他直觉来吸引人们，激起人们强烈的食欲，尽管“一品”“通天”等字眼往往带有夸大的意味，但消费者往往以品尝此菜为自豪。

⑧ 体现出菜的烹器、食具的菜名。如铁板牛柳、明炉羊肉、三鲜砂锅、菊花锅、汽锅鸡等。

（2）艺名类。艺术加工后的菜名，是经过美化的名称，它们是从纯文化的角度命名的。大多以菜“形”之特点为出发点，运用比喻、象征、夸张、谐音等修辞格，给人们一幅幅图画，或体现历史典故，或表现自然现象，或展现民族精神，将菜肴与丰富的历史文化联系起来，给人们以全新的艺术感受。

① 体现出菜的发源地和首创人的菜名。如凤阳瓤豆腐、东坡肉、麻婆豆腐、罗汉大虾、山东丸子、南京桂花鸭等，这类菜名中用地名、人名作为菜名的一部分，以提示人们这种菜何以出名。

② 利用菜的主配料的谐音或形状派生出的菜名。中国文字内涵丰富，很多字有众多谐音，经历代文人雅士的艺术加工，有的引用古典诗文，以点缀诗情画意，形成了文化气息浓郁的菜名。它们以突出艺术性、追求典雅作为基本原则。

a. 谐音相譬喻的菜名。如霸王别姬——实质内容是鸡鳖汤，“鳖”谐音“别”，

“鸡”谐音“姬”；游园惊梦——实质内容是鱼圆汤菜，“圆”谐音“园”，汤寓意“游”，“梦”字为少女杜丽娘之梦中情人书生柳梦梅；踏雪寻梅——实质内容是西芹炒蛋清蓉，“芹”谐音方言中的“寻”，雪白的蛋白蓉寓意“雪”；广东菜“发财好市”，这道菜的原料“发菜”“蚝豉”的当地发音跟“发财”和“好市（食）”谐音，以祈求“发财”“好生意”而得名。

b. 根据主辅料食用功能艺术出的菜名。如天麻智慧——实质内容是药膳天麻猪脑焐花菜，民间养生理论为“吃啥补啥”，以猪脑补人的智力，同时避开猪脑的俗称，以免引起食用者的忌讳，故称“智慧”。

c. 根据原料形状艺术出的菜名。如“孔雀开屏”以形似强调了造型艺术的美，“蟹粉狮子头”以特制肉球借喻狮子形态，“老蚌怀珠”用晶莹透亮的营养丰富的鸽蛋来比喻巨型珍珠。

在高档宴席中人们越来越讲求菜名的艺术性、文学性，如上海亚太经合组织（APEC）会议的宴会菜，用嵌字法将对大会的良好祝福蕴含在各道菜肴中。再如为纪念中国京剧大师泰州梅兰芳先生，泰州宾馆创制了“梅兰宴”，菜单为：冷菜主题‘天女散花’，主盘梅兰争妍围碟为山花肴蹄、茭白白兰、凤尾月季、紫菜卷花、醋香大丽、鸭脯理菊、心地睡莲、素鸭菊花、牡丹鹅颈、绣球芦笋。热菜：龙凤呈祥、玉堂春色、霸王别姬、贵妃醉酒、双凤还巢、桂英挂帅、锦枫取参、断桥相会、嫦娥奔月。汤菜：游园惊梦。甜菜：碑亭避雨。点心：金玉良缘、清炸玉笏、玉脂长寿。水果：时果拼盘。整个宴席主题分明，特色独具。冷菜围绕“天女散花”的主题，用肴肉、茭白等各种菜料组成了十朵艳丽的花卉，一花一菜，一菜一味，恰如其分地表达了天女从空抖落的朵朵鲜花之意。而热菜、汤菜、甜菜均为梅兰芳先生出演过的一出出京剧戏目，寓意深刻，品位高雅，从菜单到菜肴都成了文化精品。

根据菜名的各种类型，不难看出命名方法的规律，主要围绕原料的主辅料、烹饪工艺方法、菜品成菜前后的形状、菜肴的谐音及寓意引发的名人典故等方面的因素进行，加上这些因素的组合叠加。一般来说，菜名宜乎简洁，除借用诗句外不会超出七字。

2. 美器与心理味觉

精致的菜点要有精美的餐具来烘托，这样才能达到完美的效果。袁枚在《随园食单·须知单·器具须知》中说：“宜碗者碗，宜盘者碗，宜大者大，宜小者小。参错其间，方觉生色。……大抵物贵者器宜大，物贱者器宜小；煎炒宜盘，汤羹宜碗；煎炒宜铁锅，煨煮宜砂罐。”美器之美，不仅表现在器物本身的质、形、饰等方面，也表现在它的组合方式上，在美食与美器的配合方式上，应以表达菜点或筵席至题为核心，以和谐、富有意韵为美。

（1）根据菜肴的造型选择器具。中国菜肴的造型千姿百态，为了突出菜肴的造型美，必须选择适当的器具与之搭配。在一般情况下，大器皿象征了气势与容量，小器具体现了精致与灵巧，在选择盛器的大小时，尤其是在展台和大型高级宴会上使用时，应与想要表达的内涵相结合。如以山水风景造型的花色冷盘“瘦西湖风景”，必须选用大型器具，只有用足够的空间，才能将扬州的瘦西湖、五亭桥、白塔等风光充分展现出来。

（2）根据菜肴的用料选择器具。不同形状、不同类别和不同档次的原料有不同的装盘方法，必须选择不同的盛装器具。如鱼类菜肴，尤其是整鱼，则应当选择与鱼的大小相匹配的鱼盘。盘小鱼大，观之不雅；鱼小盘大，观之不配。而白果炖鸡一菜，因用整鸡，且汤汁很多，应当选择汤钵或瓦罐盛装，可给人以返璞归真之感。一般而言，名贵菜品应配以名贵器皿盛装，如燕鲍翅参等原料烹制的菜肴就不可配以低档质差的器具，否则原料的特色就不能完美地得以体现。而普通原料烹制的菜肴，如盛入高档器具中，也会显得不伦不类。

（3）根据菜肴的色彩选择器具。菜肴的色彩是选择器具的又一个依据。为菜肴选择色彩和谐的器具，自然会给菜肴增色不少。一道绿色的蔬菜盛放在白色的成器中，给人一种碧绿鲜嫩的感觉，如盛放在绿色的盛器中，就会逊色不少。一道金黄色的软炸鱼排，如放在黑色的盛器中，在强烈的色彩对比烘托下，鱼排更加色香诱人，可使人食欲大增。

（4）根据菜肴的风味选择器具。不同材质的器具有不同的象征意义，金银器具象征荣华与富贵，象牙瓷器象征高雅与华丽，紫砂漆器象征古典与传统，玻璃水晶象征浪漫与温馨，铁器粗陶象征粗犷与豪放，竹木石器象征乡情与质朴，纸质塑料象征廉价与方便，搪瓷不锈钢象征清洁与卫生。因此，必须根据菜肴的风味特征来选择可与之搭配的不同材质的器具。如以药膳等为主的筵宴，可选用江苏宜兴的紫砂陶器，因为紫砂陶器是中国特有的，能将药膳地域文化的背景烘托出来；如经营烧烤风味的，可选用铸铁与石头为主的盛器，经营傣家风味的可选用以竹木为主的盛器等。

（5）根据筵宴的主题选择器具。盛器造型的一个主要功能就是要点明筵宴与菜点的主题，以引起食用者的联想，进而增进食用者的食欲，达到烘托、渲染气氛的目的。因此，在选择盛器造型时，应根据菜点和筵宴主题的要求来决定。如将糟熘鱼片盛放在造型为鱼的象形盆里，鱼就是这道菜的主题，虽然鱼自身的形状或许看不见了，但鱼形盛器对此菜的主料给予了暗示，使食者从中理解了这道菜的主题含义。又如，将蟹粉豆腐放在蟹形盛器中，将虾胶制成的菜肴盛放在虾形盛器中，将蔬菜盛入大白菜形盛器中，将水果甜羹盛放在苹果盅里等，都是利用盛器的造型来点明菜点主题的典型例子，同时也能引发食用者的联想，提高食用者的品尝兴致，渲染出主题气氛。

3. 美境与心理味觉

人的一切心理现象，从简单的感觉、知觉到复杂的想象、思维、动机、兴趣、情感、意志、性格等，都是人脑对客观事物的反映，这种反映正是通过人的感官来实现的，如气味对应着嗅觉，色彩对应着视觉。政治家一些环境因素在人的感觉局限中无法察觉，但又实实在在地影响着人的心理，如电场、磁场、无色无味的化学污染等，对人的身心都在起作用。人们只有在美境中品尝美味，才能得到更好的享受。常言道：酒逢知己千杯少。这就说明就餐时的心情、菜肴的质量、菜点间的搭配、都是影响人的饮食情绪与心境的重要因素。良辰吉日，触景生情，可增进进食情趣；花前月下，水榭雅座，可得自然之趣；知己对饮，吟诗赏月，可得尽兴之趣。此外，服务员的礼貌服务，就餐环境的清洁卫生，也属于饮食美境的内容。

（1）美食与就餐环境。就餐环境主要包括餐饮店坐落的位置、餐厅的装饰、房间的设施等因素。目前餐饮市场的激烈竞争使大多数餐饮企业经营者们都非常重视餐厅位置的选择、内部环境的装饰，其目的就是为了让食者有一个好的就餐心理，能够在品尝美食中真正获得美感。但是餐厅的装饰必须与自身特点、经营风格、营销对象相适应，美食要置身于符合其个性特点的环境中，使就餐者从中领略出美食真正之美。乡村小镇，啖食野味山珍；酒店宾馆，品尝生猛海鲜，这才是各得其所，各放异彩。如果把星级宾馆的餐厅装饰成乡村野味的风格，甚至将井台、蓑衣、老玉米等充斥其间，不但不会给就餐者以好感，反而会令人产生错位之感；而一些中小型的特色餐饮店，拼力贴金抹银，尽显富贵豪华，这同样会令人感觉不伦不类。

（2）美食与就餐心境。就餐者的心境，就是就餐者在进餐过程中的心情。对于就餐者而言，带着轻松愉快的心情就餐，就会食之若甘，其香入脾；而带着苦闷抑郁的心情就餐，再好的美食也会食之乏味。所谓“借酒消愁愁更愁”，说的就是这个道理。因此，引导和调解就餐者就餐心理就显得非常重要，经营者要充分利用餐厅的各个条件，通过一切适当的手段调动就餐者的听觉、视觉、触觉等，激发就餐者的食欲。要把就餐者的注意力集中在嗅 觉和味觉上，使就餐者能尽情地享受美食，体会美味。

（3）美食与就餐情景。就餐情景，就是指就餐者与就餐者之间、就餐者与服务员之间所共同构成的暂时性人际关系和人情关系气氛。影响人的心理的因素是多方面的，人际关系所构成的情感氛围会对人的心理产生重要影响。美食的品尝，如果没有一个和谐融洽的人际关系，自然就不会收到好的效果。融洽的人际关系会让人胃口大开，开怀畅饮；尴尬的人际关系会使人食而无味，举杯难饮。除就餐者之间的人际关系以外，就餐者与酒店服务员之间的关系也同样重要，酒店服务人员的仪表、谈吐、态度、服务技能等都会在一定程度上影响到就餐者的饮食心理。

三、筵席艺术

筵席是为人们聚餐而设置的、按一定原则组合的成套菜点及酒水等，又称为酒席。最初，古人席地而坐，当时的筵和席都是指宴饮时铺在地上的坐具，筵长，席短，随着历史的演进，才逐渐将筵、席二字合用成为今天的酒席的专称。宴会是人们因习俗、礼仪或其他需要而举行的以饮食活动为主要内容的聚会，宴会的核心内容就是筵席。

（一）筵席的主要种类

1. 以烹饪原料分类

以筵席所使用的原料而言，有以筵席所用原料为标准划分的筵席，第一种是以某种原料为主制成的筵席，如全羊席、全鱼席、豆腐席等；第二种是以一大类原料为主制成的筵席，如海鲜席、花果席、全素席等；第三种是以头菜为命名的筵席，如海参席、鱼翅席、鲍鱼席等。前两种筵席工艺难度大，特色突出，能充分展示烹饪技术和艺术水平；后一种筵席的头菜为其主菜，大多用料贵重，烹制精细，头菜决定了其他菜点的搭配规格等，在质量上要求和谐统一，衬托得体。

2. 以风味特色分类

从风味特色的角度看，有展示地方风味特色的筵席，如淮扬席、粤菜席、徽菜席等，它们具有浓郁的地方特色和鲜明的个性；有体现民族风味特色的筵席，如汉席、满席、朝鲜族风味席等，这些筵席都能展现特色鲜明的民族风情。

3. 以风俗习惯分类

以地方习俗为标准而划分的筵席，有代表性的是洛阳水席、四川田席、四六席、婚席、寿席等。这些筵席体现了地方文化习俗，表达了人们的一定的思想情感。

（二）宴会的主要种类

1. 以宴会性质及举办者为依据的分类

按宴会性质及举办者分，主要有国宴、家宴、公宴等。国宴是指国家元首、政府首脑以国家和政府的名义为国家庆典或款待国宾及其他贵宾而举行的宴会。它是所有宴会中规格和档次最高、礼仪最隆重的宴会。宴会场所通常悬挂国旗、国徽，设主宾席，按宾主身份排列座次，请柬、菜单、座席卡都标有国徽；开宴前，主宾要致辞、祝酒、奏国歌等。无论是服务规格还是烹饪技艺，处处都体现出高水平、高档次。家宴是指人们在家中以个人的名义款待亲友及其他宾客而举行的宴会。它追求轻松愉快、自在随意的气氛，不太拘于严格的礼仪，肴馔的烹制主要根据进餐者的意愿、口味、爱好等进行。品种和数量没有统一的模式。公宴是地方政府及社会机构、团体等以相应的名义为各种各样的公事款待相关宾客而举办的宴会，其规格、礼仪基本上都低于国宴。

2. 以宴会形式及举办地为依据的分类

按宴会形式及举办地分，主要有游宴、船宴、猎宴和普通宴会等。游宴是指人们游览玩赏时在风景名胜之地举办的宴会。它没有繁缛的礼节，饮与食也比较随意，追求的是食与游的和谐之乐，无论是达官显贵还是文人学士，大多喜欢这种宴会。船宴是指人们在游船上举办的宴会。人们在品味船宴上的美食时，一般都在饱览湖光山色，因此，船宴也是一种游乐与饮食相结合的宴会形式，就其广义而言，也是游宴的一种。但由于在历史上船宴有着很高的地位和知名度，人们习惯于将船宴从游宴中分离出来，把它视为一种独立的与游宴相提并论的宴会形式。猎宴是指打猎时在野外兴办的宴会，是劳动收获与宴饮享乐相结合的一种形式。它常常选用刚刚获得的猎物作为主料烹食，最大的乐趣在于及时享受劳动所得。普通宴会是指人们在室内举办的宴会，是最普遍、最常见的一种宴会形式，它通常都有不同的规格和礼仪等，与游宴、船宴和猎宴相比，则更注重菜点的丰盛和味美，强调食者彼此之间的礼节礼貌和感情表达，对宴饮环境也比较讲究。

3. 以宴会的目的特别是习俗为依据的分类

这种情况大致可分三种：一是为人生礼仪需要而举办的宴会，有百日宴、婚宴、寿宴、丧宴等；二是为节日习俗需要而举办的宴会，有元日宴、端午宴、中秋宴、重阳宴、冬至宴、除夕宴等；三是为社交习俗需要而举办的宴会，有接风宴、饯别宴、庆贺宴、酬谢宴、谢师宴等。它们的共同特点是各种民俗贯穿其中，感情气氛真诚热烈。

（三）中国历史上的著名筵宴

中国历史上有很多有名的筵席和宴会，这里只介绍著名的几种。

1. 筵席类

（1）整羊席。这是蒙古族喜食的招待尊贵客人的最丰盛最讲究的一种传统筵席。选用小口绵羊或当年羊羔作为主要原料，将宰杀的羊经剥皮、清除内脏后的带骨整料，按要求分头部、颈脊椎、带左右三根肋条和连着尾巴的羊背及四肢整腿，共割成七大块，入锅煮熟即起。用大方盘，先摆好四只整羊腿，还放一大块颈脊椎，然后在上面扣放带肋条及有羊尾的一块，最后摆羊头、羊肉，拼成整羊形，以象征完整吉利。全羊席有两大特点：一是烹饪技艺高超，可入席的菜品多达300款，款款味佳形美，个性鲜明。袁枚在《随园食单》中称："全羊法有七十二种"，"此屠龙之技，家厨难学。"二是菜名风雅有趣，如以羊眼所制之菜称为"明开夜合"，羊舌所制之菜称为"迎草香"、羊脑所制之菜称为"烩白云"，羊鼻尖肉所制之菜称为"采灵芝"，如此等等，不一而足。

（2）全猪席。烹饪全猪席最为著名者是北京砂锅居。此席用猪为原料，以烧、燎、白煮等烹饪技法制作而成。其菜品多达几十种，其中尤以白片肉、炸猪尾、糊肘最为著名，而以猪的肝、肺、心、肠、肚、舌等精制的烧碟，又称猪小烧，有24、32及至64等多种名目。

（3）全鸭席。此席为北京全聚德烤鸭店首创，是由烤鸭和鸭的皮、肉、舌、翅、掌、心、肝、肺、肚、肠、胰等为料，制成各种不同口味的冷热菜肴而组成的筵席。

（4）满汉全席。它是清朝中叶兴起的一种规模盛大、程序繁杂、满汉饮食精粹合璧的筵席，又称满汉席、满汉大席、满汉燕翅烧烤席等。清扬州人李斗在《扬州画舫录》中记载，乾隆时扬州所办的满汉席共计110菜点，以江浙名菜为主，满族烧烤为辅，并汇集全国各地美食。发展至清末，满汉全席日趋奢侈豪华。随着官员的频繁调动，满汉全席在全国各地广为流传，并不断融会、整合一些当地风味菜肴。这就使得它只有通常的基本格局，而无全国统一的菜单。其基本格局是由红白烧烤菜构成的四红四白，但其具体品种在不同时期、不同地区、不同场合都不尽相同。满汉全席的特点有三个。一是规格高，礼仪重。满汉全席向来被视为"筵席中之无上上品"，用料广博，集山珍海味于一席，燕鲍翅参、驼峰鹿唇等高档原料常常出现于席中，菜品档次极高。二是程序繁，菜品多。一席菜品，数量最多的可达200余款，少者也有30余款。三是排场大，席套席。满汉全席通常是按大席套小席的模式设计，所有菜点分门别类组成若干个前后相连的小席，依次推出，从而构成整个大席。每个小席中常常以一道名菜领衔，搭配相应菜品，使筵席既有主次之分，又有统一风格。

2. 宴会类

（1）烧尾宴。烧尾宴是唐朝著名的宴会形式，专指士子新登或官吏升迁时举办的庆贺宴。唐朝封演《封氏闻见录》："士子初荣进及迁除，朋僚慰贺，必盛置酒馔音乐，以展欢颜，谓之烧尾。"烧尾宴是唐人在身份发生变化后举行的重要仪式。其排场豪华。当时尚书令左仆谢韦巨源曾举办烧尾宴献给唐中宗，在他所留下的食单中"仅择其奇异者"就有58道款之多，可以由此想见唐代烹饪水平与宴会规模等方面的发达程度。

（2）曲江宴。曲江宴也是唐朝著名的宴会形式，因在当时京城长安的曲江园林举行此宴而得名。曲江园林风景优美，属于当时的半开放式的游赏宴饮胜地，当时人们把在这里举行的各种宴会通称为"曲江宴"。在里举办的众多宴会中，最具规模和特色的有三种：一是上巳节时皇帝的赐宴，是由上万人参加的规模盛大的宴会，唐代整个的上层社会人物都可在此设宴，且皇家乐工舞女和民间演艺团体都前来演出助兴，整个曲江成了宴饮、歌舞的海洋；二是说城仕女春日游曲江时举办的宴会，此宴最具风韵，常常先花间草地插竹竿、挂红裙作为宴幄，肴馔味美形佳，食者兴致盎然；三是为新科进士举办的宴会，这种宴会沿袭的历史长达200年之久。

（3）春秋大宴。春秋大宴是宋代著名的宴会形式，是国家在春秋季仲时举办的宴会，其最大特点是排场大，等级严，礼仪繁。仅以座次为例，宰相、使相、三师、三公、仆谢、尚书丞郎、学士、御史大夫、皇帝宗亲坐在殿上，四品以上官员坐于朵殿，其余分坐于两庑，且各等级的坐具、餐具都不一样。

（4）诈马宴。诈马宴是元代著名的宴会形式，是宫廷或亲王在重大政治活动时举办的宴会。诈马是波斯语“外衣”的音译，因赴宴的王公大臣必须穿戴皇帝赏赐的同一颜色的质孙服，故此宴也叫“质孙宴”。据史料载，凡是新皇即位、皇帝寿筵、册封皇后或册立太子等，都要举办这种大宴。它规模庞大，肴馔极具蒙古族特色。宴会地点通常是可容6000人的大殿之上，菜肴以烤全羊为主，还有醍醐、野驼蹄、鹿唇、驼乳糜等“迤北八珍”和各种奶制品，用特大型酒海盛饮烈性酒。

（5）千叟宴。千叟宴是清代康乾盛世著名的宴会形式，指清代宫廷专为老臣和贤达老人举办的宴会，因赴宴者多达千人而得名。据有关史料载，千叟宴主要有两方面的特点：一是规模庞大，每次宴会都要请65岁以上的千名老人，最多时可达5000人；二是等级森严，礼仪繁缛。整个宴会分两个等级，宴请对象、设宴地点、菜点品种与数量均有明显区别。一等席面由王公、一二品大员和外国使节就座，地点设在大殿内和廊下两旁，菜肴有银火锅、锡火锅、猪肉片、煺羊肉片各一个，还有鹿尾烧鹿肉、蒸食寿意等菜肴各一盘。二等席面用于招待三至九品官员及其他人，地点在丹墀、甬道和丹墀以下，菜点则是铜火锅两个，猪肉片、煺羊肉片、烧狍肉等各一盘。礼仪更是繁杂不堪，从静候皇帝升座、就位、进茶、奉觞上寿到皇帝赐酒、起驾回宫等，赴宴者每个礼仪环节都要行三跪九拜之礼。

（四）筵席的主要特点

1. 整体美

整体美是筵席的最大的特点。每款单个菜肴的成功不等同于筵席的成功。筵席必须在整体的统一上给人留下美感。这种整体美表现在：一是以菜点的美为主体，形成包括环境、灯光、音乐、席面摆设、餐具、服务规范等在内的综合性美感；二是由筵席菜单构成的菜点之间的有机统一形成的整体美，这是人们衡量筵席质量的最重要标准。

为了说明筵席的整体美，不妨对菜肴的功能做一点简单的分析。

菜肴的功能一般有三个层次。一是基本功能，即菜肴在独立的情况下所具备的功能，一盆肴肉就是一盆肴肉，一盆青菜就是一盆青菜。仅此而已。二是“加功能”，即几款菜肴加在一起的功能。仍以上面那盆肴肉和青菜为例，如果把它们组合在一起的话，那么除了各自原有的功能外，还会产生出另外的功能：例如，一红一绿的色彩对比功能，荤与素的口味调剂功能，营养成分的互补功能，还有在造型、冷热方面的对比功能等。显然，这些功能和特征是单款的菜肴所不具备的。三是置于筵席中的菜肴，又进一步超越了上面这种“加功能”，产生更为丰富的“结构功能”。

在筵席的有序组合中，菜肴之间的关系，并不是并列和相加的关系，而是相互依存、制约和衬托的关系。例如，筵席中的莲子羹，就不同于一般意义上的点心，它既是对筵席口味上的调节和气氛的渲染，而且还体现出筵席的风格、等级等。在人们单独品尝一碗莲子羹时，这些意义显然是不存在的。又如，四川名菜馆“姑姑筵”的主人，常在筵席的山珍海味中间，插进一盆水煮黄豆芽。这盆让吃客个个叫好的黄豆芽，其作用就不同于平时下饭的黄豆芽，它在筵席中的出奇制胜的审美效果，几乎是其他菜肴所无法替代的。

因此，在设计整桌的筵席菜时，我们不能仅仅考虑菜肴本身的美味，而要兼顾到菜肴与菜肴之间有可能产生的加功能和结构功能。在筵席的整体结构中，菜肴应该是多样的，多样才能多彩，才能有变化；同时又必须是统一的，统一于一定的风格和旨趣，给人以完整的味觉审美享受。

筵席的整体美更重要的是能够充分完成和体现筵席的目的和主旨。由于筵席的种类不同，要求不同，主题不同，规格不同，对象不同，价格不同，因此对于筵席来说要根据这些不同作出不同的设计和安排，精心编排菜单，一切都要围绕筵席的目的和主旨服务，使之成为一个有机而完整的统一体。

2. 节奏美

与普通的饮食相比，筵席的上菜过程表现出明显的节奏感。什么是节奏？柏拉图说：“节奏即运动的秩序。”世界上任何事物都存在一定的节奏形式。和谐的、符合人的心理活动规律的节奏，会给人带来美感。而节奏的紊乱，会给人带来不快。筵席的节奏，一方面存在于菜肴的组合中，这是菜肴之间相互关系构成的内在节奏。另一方面存在于外部，即上菜的速度徐疾所组成的时间节奏。

筵席的内在节奏，是指菜肴的色彩、造型、口味、质感和品种上的差别，由差别让人产生一种感受上的起伏变化。例如，筵席的第一道是冷菜，可以由若干个品种组成；这若干种冷菜在造型、口味、色彩上，就可以构成一种静态的节奏。如果冷菜中都是相近的色形，首先会给人以沉闷的感觉，就不能产生和谐的节奏感。由此可见，由菜肴的色香味形等要素的变化引起的节奏感，要求有起有伏，有抑有扬。筵席的上菜顺序和相互间隔组成的外在的节奏感或者说运动感，同样应该是有讲究的。上菜过快过频，给人局促不安的心理感觉，影响品味和气氛。上菜过迟过慢，则给人以拖沓、疲乏和断裂的感觉。综观筵席的节奏掌握，重点应放在高潮的组织上。在每次高潮之后，应留下适当的时间空隙，以加深就餐者对高潮的印象。其中最关键的高潮部分，应掌握在上了一半菜肴之后。高潮过早，铺垫就嫌不足，而且影响以后的气氛；高潮过迟，会使人产生冗长、疲乏之感。

筵席的节奏掌握是比较微妙的，它虽然不是那么直观，但它左右着就餐者的心理和情绪，给味觉审美活动带来影响，这一点是不容忽视的。

3. 高雅美

筵席的等级、规格、特色可以不同，但作为饮食活动的高级形式，它的格调应当是高雅的。为此，筵席菜单的设计构思，要考虑到菜点的够格和入品，即使是普通的菜肴，一旦进入筵席，在取材和制作中就应与一般情况下有所区别。应该选用最好的原料和运用最好的烹饪技艺，来体现厨师的最高水平。

筵席的高雅美最主要的体现当然是菜点的高雅不俗，此外还应该包括餐具、环境、服务等因素与筵席档次的相协调。

（五）筵席设计的基本要求与原则

中国筵席设计由于流派不同，风俗习惯各异，各地方菜有很大的区别，在设计上也有差异，但千变万化离不开筵席的规律。同样的原料，在同样的设备，而制作出来的筵席往往水平高低不同。这固然与制作者的水平有关，但主要与筵席的设计有关。筵席设计是一种创造性劳动，一个席面是否有特色，是否恰到好处，取决于设计者的功底。虽然设计不是制作，但和菜品质量有直接关系。设计者如能综合考虑设备、技术、原料等情况，则菜品质量容易达到预想的效果；否则，必定力不从心，菜品质量低劣，最终导致筵席的失败。

1. 筵席设计的基本要求

筵席设计的基本要求主要有七点。

（1）规格的统一的性。虽然在规格上各地有所不同，但大体上统一的。第一，筵席各部分要全，比例要适应，不可以头重脚轻。第二，菜品搭配要符合筵席档次，不能把低档的菜配到高、中档筵席上来，否则会影响筵席的整体质量。第三，要突出头菜，头菜的选料要精，技术要高，质量要好。

（2）风味的地方性。筵席反对不伦不类，要有地方特色。首先要展现当地的独特原料和土特产品；其次要发挥当地、本店的技术特长，拿出名师的绝招，使食者不仅感到耳目一新，而且能够大快朵颐，感到不虚此行；最后要配备风味酒和地方名酒，使筵席酒菜相宜，相得益彰。

（3）菜品的多变性。无论何种筵席，都应根据需要，灵活排定菜单。菜单既要有统一风味，又不可缺少多变的灵活。统一而不死板。首先，席单上的菜品要多变，反对菜式单调或口味雷同。原料多变，鸡、鸭、鱼、肉、虾、蟹、果、蔬等要相互搭配。形状要变，段、块、片、条、丝、丁、蓉等形状要有机结合。色泽要变，白、黄、绿、红要灵活穿插上席。口味要变，酸、甜、苦、辣、咸等各种味型层次分明。口感要变，酥、脆、柔、滑、软、嫩要兼顾。器具要变，杯盘碗碟交换使用。只有这样，才能使筵席有节奏感，不枯燥，不呆板。其次，席单要多变，反对千篇一律、几年一贯制。有的厨师设计一个菜单客人吃后反映很好，以后凡有设宴的，都是这套菜品，这是不可取的。

（4）内容的雅趣性。雅，即反对庸俗化。搭配菜点名称要雅，如掌上明珠、贵妃鸡翅、碧波龙舟等。还要注意布局和礼仪，要有鲜明的民族个性与典雅的风俗趣意。趣，要有情趣，使客人心情舒畅、欢快。安排菜肴要有祝酒、助兴的作用，如寿筵上的"松鹤延年"、喜筵上的"龙凤呈祥""珠联璧合"等，都能突出筵席主旨。

（5）制作的现实性。筵席设计要切合实际。这里所做的实际包括技术能力、餐馆设备、饮食器具、原料供应、准备时宜等。

（6）原料的安全性。近年来经济建设的高速发展，使农牧业生态在一定程度上遭到了破坏，烹饪原料的安全隐患也接踵而来。所以，在进货渠道上，要严把原料质量关，将原料的安全隐患在进货渠道中排除掉。另一方面，要把绿色与安全作为采购原料的依据和标准。

（7）营养的合理性。筵席设计要考虑菜品间的营养合理搭配，否则会失去菜肴的食用价值。第一要注意选配多种原料入席，不可只注重山珍海味，忽视肉蛋乳蔬果等原料。第二要克服重荤菜、轻素菜的倾向，设计筵席时应考虑素荤结合。第三要注意脂肪特别是动物性脂肪不可过多。第四要注意蛋白质的互补作用。

2. 筵席设计的原则

（1）因人配菜。即根据宾客的具体情况确定菜品，尤其是主宾的性别、国籍、民族、宗教信仰、职业、年龄、嗜好等在设计筵席时要重点考虑，保证主宾，兼顾其他。菜品数量和质量切不可过多，以免造成浪费，也不能太少，以免造成尴尬。

（2）因时配菜。一年有四季之变，在设计筵席时，既要按照季节选用时令原料，力争鲜活，丰美可口，又要根据季节特点来变化菜品的口味和色彩，要鲜醇浓淡四时各异。如冬季可多配烧、扒、炖菜和火锅、砂锅，宜多用暖色调，夏季多配炒、烩、爆、熘、拌、炝菜，宜多用冷色调。

（3）因价配菜。根据筵席的等级和价格决定菜品的数量和质量，做到质价相符。筵席价格常受原料供应、市场物价、工艺难度、餐馆等级等因素的影响，需进行成本核算，以保证供需双方的利益不受损害。一般地说，档次高的，菜品原料与工艺制作的质量要精，价格自然要高些；档次低的，菜品原料与工艺制作的质量要粗些，价格自然要低。

（4）因需配菜。这个“需”主要是宾客的需要，例如筵席目的、主人需要、客人类别、主宾嗜好、等级高低等。事先应征求客人的意见，了解客人的要求。要实行推荐和自选相结合，给人以选择的余地。根据客人的需要，结合餐馆的实际能力设计好菜单。

第三节　中国饮食烹饪活动中的象征艺术

象征，是伴随人类活动而产生的文化现象，是人类借助一种文化形式表达另一种特殊意思的表意方式，是人类理性与非理性思维、心理活动的结果。象征现象遍及各个文化领域，如艺术、建筑、动物、植物、天文、语言以及饮食风俗等，它以色彩、符号、形象、动作、味道等方式体现。由于象征文化留存，人类的各种感觉经验和文化观念，我们可以通过视觉、听觉、嗅觉等感知象征文化传递给我们的信息，因而感知象征文化是一个综合交叉的过程。象征最为普遍的表现形式是隐喻，此外还有寓言、神话、符号、写意、对比等。中国象征文化的源头可以追溯到上古时期，从原始艺术、原始宗教等遗留中都能找到。在中国人的早期饮食活动中，象征文化内容就已十分丰富，从人们的饮食生活中，我们可以发现不同主题内容的象征文化表现形态，饮食器具、饮食原料、饮食制作、饮食行为等，都可以成为象征文化的载体。本节就中国传统活动中的象征文化进行剖解，打开尘封多年的中华饮食文明的另一个奇异而多彩的陌生世界之门。

一、礼仪制度中的饮食象征艺术

依古文献载，中国古代饮食礼仪制度的生成，至少可溯周初，且逐渐以具体的礼节仪文积淀成俗。在早期儒家思想和政权设计中，礼仪制度使社会各阶级、各集团“贵贱有等，长幼有差，贫富轻重皆有称者也”，进而成为统治者治理手下的方法与手段。在各种礼仪制度中，饮食礼仪制度于周初在政治、伦理、礼乐精神诸方面都已具备了特殊的文化象征意义，深深影响着中国人的饮食活动达几千年。

（一）敬德与贵民的象征艺术

中国早期文化中的“德”，具体内容大都体现于政治领域。在君主制下，政治道德当然首先是君主个人的道德品行与规范。周初，人们对前代君主在饮食活动中的种种不德表现有着深刻的理解和认识。殷末统治者“惟荒湎于酒，不惟自息乃逸，厥心疾恨，不克畏死”，最后“诞惟民怨，庶群自酒，腥闻其上，故天降丧于殷”。（《书·酒诰》）周人把殷商亡国原因直接归结于殷人嗜酒的不德之风，认识到君主个人德行对维持政治稳定的重要意义。因此，必须使君主制下的规范约束诉诸道德的力量，这是周人以“敬德贵民”为旗帜，在人们日常生活特别是饮食行为方面移风易俗的真正目的。为此，周人提出“德”的概念，“皇天无亲，惟德是辅”，这是周人端正饮食礼俗的理论依据，也是后世评判人君饮食行为是否符合礼制的重要原则。正如郭沫若所说：“礼是由德的客观方面的节文所蜕化下来的，古代有德者的一切正当行为的方式汇集下来便成为后来的礼。德的客观上的节文，《周书》中说得很少，但德的精神上的推动，是明白地注重在一个‘敬’字上，敬者警也，本意是要人时常努力，不可有丝毫的放松。”（《郭沫若全集·历史卷》，第一卷，第336页）郭氏所言，道破了饮食礼制在敬德方面的象征意义及其对统治集团的强大约束力量，无怪乎自周以降天子、国君争称自是“寡人”，以表修德不及的自谦。

在敬德方面，周人对前代遗留的嗜酒之风首先加以控制。周公遣康叔在卫国宣布禁酒令——《酒诰》，制定禁止官员聚饮的条例，规定酒器的大小。如觚，是当时指定酒器之一，“觚三升”（《考工记》），觚、孤同音，有寡少之义，也有诫人少饮之意，今人犹有“不可操觚自为”之说。可见，觚的本身已不仅是酒器，它更隐藏着饮酒以德的象征意义。成、康以后，饮酒之风渐起，至春秋，觚的实际容量已超规格，故孔子感慨道：“觚不觚，觚哉，觚哉！”尽管如此，因礼数制约，饮酒活动的敬德精神在古人身上并未尽弃，人们通过各种具有象征意义的礼仪礼节自觉控制，以昭酒德。每逢欢宴，礼仪易废，一旦如此，钟人必奏《陔夏》之曲，宾主君臣闻之，立敛醉态，宴饮告终。

如果说自周以降，饮食礼制加大了对酒的控制，重在象征敬德；那么食礼所倡导的俭食非奢则是立足于贵民。殷人贪食尚奢的实例很多，后人时常引以为戒。春秋以降的历代贵族，多沉于饮食之奢，于是有远见的统治者和思想家希冀于道德规范的约束力量。晏子针对齐景公在阴雨成灾、百姓遭难之际纵于饮食之乐长达十七日之事指责道：“怀宝乡有数十，饥氓里数家，百姓老弱，冻寒不得裼，饥饿不得糟糠，敝撤无走，四顾无告。而君不恤，日夜饮酒，令国致乐不已，马食府粟，狗厌刍豢，三保之妾，俱足粱肉。”（《晏子春秋·卷一·内篇谏上第一》）通过强烈对比，晏子从侧面拨出了为君的饮食之道当以食德自控的弦外之音，这就是“贵民”。孟子针对当时统治集团存在的饮食失德现象也严厉指出：“狗彘食人食而不知俭，途有饿莩而不知发”和“厩有肥马，民有饥色，野有饿莩，此率兽而食人也”。（《孟子·梁惠王章句上》）《左传》中季孙行父派人给鲁文公讲了这样的故事：“缙云氏有不才于，贪于饮食，昌于货贿，侵欲崇侈，不可盈厌，聚敛积实，不知纪极，不分孤寡，不恤穷匮，天下之民以比三凶，谓之‘饕餮’。”（《左传》文公十八年）饕餮之名由来已久，周人将其形象铸诸鼎上，艺术地在告诫进食者对饮食要有节勿纵，可见，饕餮具有诫人纵食的象征意义。周初人们节制饮食的要求出于对放纵饮食的普遍反感，由一种自发行为而约定俗成。春秋以后的饮食礼制真正形成的一种道德力量，则是经过春秋战国时思想家们所倡导的。在以后历代天子、王侯中，这种食制的影响力很强，“贵民”的象征意义与表现艺术就显得相当突出。后世流传下来的许多书信家训之类对此多有记载。

（二）孝亲与尊老的象征艺术

在古人饮食礼制中，“恭”“让”的具体德行，更显示出亲睦九族，协和万邦的价值取向，它构成了古代饮食礼制的又一个重要象征隐喻艺术。

中国古代最早也最突出的伦理规范就是“孝亲”。“善父母为孝。”父母为“亲”，所以善待父母的孝包含着事亲和爱亲。从文献资料看，古人孝亲表现和实践不限于亲子之对父母，从孝亲范围看，在纵向上溯至祖先，在横向上推及父系宗亲。由于宗法制度以血缘亲疏来辨别同宗子孙的尊卑等级关系，以维系宗族团结，所以十分强调尊祖敬宗。而统治者十分看重孝亲，一个重要原因就是可由孝亲推及为忠君。所谓“君子之事亲孝，故忠可移于君；事兄悌，故顺可移于长；君家理，故治可移于官”（《孝经·广扬名》），这种伦理——政治系统的结构特征，形成了中国社会独有的“家国同构”格局。而日常饮食行为是体现孝亲的最佳象征形式，孝亲行为方式也就成为饮食礼制的重要内容之一。《礼记》对日常饮食的孝亲仪节多有涉猎，如：“父母在，朝夕恒食，子妇佐馂；父没母存，冢子御食，群子妇佐馂如初。”“以适父母舅姑之所，……问所欲而敬之，柔色以温之，饘酏酒醴芼羹菽麦蕡稻黍粱秫唯所欲，枣栗饴蜜以甘之，堇荁榆免薨滫以滑之，脂膏以膏之。”孝亲所进之食，首先要想到老人的饮食习惯，尽量使食物鲜，美，润滑，酥烂，适口，易嚼，易咽，易于消化，可谓孝亲所致，用心良苦。在进食过程中，也形成了一整套的进食礼仪制度，如“朝夕之食上，世子必在，视寒暖之节。食下，问所膳羞。必知所进，以命腊宰，然后退。”进食的食部意义都是孝亲的最佳表现，进食礼仪的象征意义就是孝亲。

在宗法制度下，孝亲与尊老养老之间有着内在联系，因此，人们将孝亲推及尊老养老。和孝亲一样，尊老养老在日常饮食活动中也形成了一系列的礼仪制度。周“八珍”具有嫩烂滑软、易嚼易咽的特点，是专用以事亲奉老的美撰；至清之乾嘉年间，朝廷曾多次举办专门招待老人的千叟宴。尊老制度之久远，由此可见。“八珍”也罢，千叟宴也罢，千年延伸未断的就是其中的尊老养老的象征意义。饮食礼制还规定了许多尊老的仪节，如：“侍食于长者，主人亲馈，则拜而食；主人不亲馈，则不拜而食。共食不饱，共饭不泽手。”“侍饮于长者，酒进则起，拜受于尊所。长者辞，少者反席而饮。长者举，未酣，少者不敢饮。”“五十异粻；六十宿肉；七十贰膳；八十常珍；九十，饮食不离寝，膳饮从游可也。”“食三老五更于大学，天子袒而割牲，执酱而馈，执爵而酳，冕而总干，所以教诸侯之弟也。”“乡饮酒之礼，六十者坐，五十者立侍，以听政役，所以明尊长也。六十者三豆，七十者四豆，八十者五豆，九十者六豆，所以明养老也。”（《礼记》）类似食制不再赘举，这些仪节正是先民尊老的具体的象征艺术表现形式。

古代依时举行乡射和大射。乡射前要行乡饮酒礼，大射之前要行燕礼。乡饮酒礼和燕礼，合称燕饮之礼。举行燕饮之礼，并非专为饮食，其主要目的是为了明长幼之序，兴尊老之风。荀子曾对此感慨道：“吾观于乡而知王道之易易也。”在荀子看来，事亲尊老，合乎仪节，实现王道就很容易。无怪乎后世统治者对此问题相当重视。饮食活动的孝亲尊老制度构成了睦族合邦的象征语言，“内者宗族，外者乡里，皆得而俱饮食之，虽使鬼神诚亡，此犹可以合欢聚众，取亲于乡里”（《墨子·明鬼》），族人聚饮合欢，本是宗法制度下的产物，溯古甚远。至春秋以降，这种“和亲”象征内容已变得不简单了，其中除宗教意识，还有就是政治目的，即稳定民心，强化社会秩序，形成一个长幼有序、孝亲尊老、层层隶属、等级森严的社会体系。

（三）宴饮与礼乐的象征艺术

在古代，“乐”本是“礼”的组成部分，分而言之，有礼有乐，合而言之，礼中有乐。《周礼》载大司徒用十二种方式教育人民时就有“以乐礼教和，则民不乖”之说，这里的“和”是说音乐能求得人与人之间的妥协中和，使社会各阶级亲睦和爱，这样就能使在宗法封建制度下用“礼”所昭示的尊卑亲疏贵贱长幼男女之序的差异和对立，通过“乐”的象征语言调和起来。这种制约疏导作用，在饮食礼仪制度中展示得最充分完美，宴饮因之增添了一种文质彬彬的礼乐象征艺术的特色。

周人所谓的“乐”，往往指音乐、舞蹈、诗歌结合的艺术形式。而《诗》三百零五篇，既是诗，又是歌词，大多为周、鲁太师及乐工记录保存，孔子亦整理之，“三百零五篇，孔子皆弦而歌之，以合《韵》《武》《雅》《颂》之音”（《史记·孔子世家》），后人在饮食中常举乐而歌之，一方面是“侑食”之需，另一方面旨在象征“为政之美”。对于宴中举乐的仪节，周大夫单靖公在谏景王铸钟时发过这样的议论："口内味而耳内声，声味生气。气在口为言，在目为明。言以信名，明以时动。名以成政，动以殖生。政成生殖，乐之至也。若视听不和，而有震眩，则味入不精，不精则气佚，气佚则不和。于是乎有狂悖之言，有眩惑之明，有转易之名，有过慝之度。（《国语·周语下》）在古人看来，音乐诗舞不适合燕礼则会导致朝政紊乱，所以人们对饮食活动中的举乐制度颇为重视。据《左传》载，晋平公与诸侯聚宴于温（案：地名，在今河南温县西南），"使诸大夫舞，曰：'歌诗必类！'齐高厚之诗不类，荀偃怒，且曰：'诸侯有异志矣'。使诸大夫盟高厚。高厚逃归。于是叔孙豹、晋荀偃、宋向戌、卫宁殖、郑公孙虿、小邾之大夫盟曰：'同讨不庭。'"可见宴饮中的歌舞乐诗，其象征喻意既可稳政，亦可乱政，这不能不引起统治者的警觉和重视。

在日常饮食活动中，尊天事祖的象征文化也时有体现。古人进餐前有个重要礼节，就是向先祖尽祭食之礼，"主人迎客祭，祭食，祭所先进，肴之序，遍祭之。"（见《礼记》）食前祭祖仪节颇似西方人的餐前祷告，但有质的不同，西方人的餐前祷告是把祈求或报答恩典寄于上帝，几乎没有人间烟火的味道；而中国人的餐前祭食是报祖念本，它与治世之道和教人好礼从善密不可分，其内容是现实的，其心态是朴实的，无怪乎严复这样认为："欧洲之所谓教，中国之所谓礼"，（《严复·法意》）可谓一针见血。"凡治人之道，莫急于礼；礼有五经，莫重于祭。"先民重视祭礼有益于稳固统治者的政治地位。由于统治者自命"天子"，故他们很需要通过各种环境、渠道和手段渲染出一种"君权神授"的气氛，以达到春风化雨、深入民心的效果。祭礼是最有效的方法，通过向天神或祖先敬献美食美饮，沟通神人之间的感情，使臣吏庶民对天子帝王受命于天和神圣不可冒犯深信不疑。而饮食礼仪的象征语言又无不蕴含着先民的礼乐精神；作为礼仪制度的一个重要内容——明确尊卑贵贱长幼之序，又无不通过宴饮过程中的祭食仪节这种象征形式得以充分完善的体现。食礼中的祭祀仪节除了隐喻人神沟通之目的，还有就是由神及人，使人具有内在的道德风范和好礼从善的欲求，进而构成一个上自天子下至庶人层层隶属的象征。

中国古代饮食礼仪制度较集中地反映出先民的饮食风貌，有着的丰富的文化象征意义，在世界文化遗产中独树一帜，推动了人类文明的历史进程。在中国周边一些国家和地区中，至今还保留着中国部分古代食制的遗风，足见中国古代食制对世界文明的积极影响。

二、宗教活动中的饮食象征艺术

《礼记·郊特牲》云："祭有祈焉，有报焉，有由辟焉。"可见，宗教祭祀本来就是一种象征性的交换形式，即人们通过向想象中的神灵奉献祭品而期望得到神灵的恩赐。把宗教祭祀的目的概括为祈福和报恩，基本上反映了古人对宗教祭祀所赋予的象征意义，它无疑是人的生存需要与神灵观念相结合的产物。中国的传统宗教是以自然崇拜和祖先崇拜为核心，以祭祀活动作为表现形式的本土宗教。在中国历代典籍中，传统宗教祭祀都是归在礼制的范围内，即“五礼”之首的吉礼，表明它在人们的心目中占据着重要的地位，尤其是古代“国之大事在祀与戎”（《左传》成公十三年）的记载更是反映了宗教祭祀对于统治者是不可或缺的。宗教祭祀对人们的日常饮食活动产生了重要影响，中国人类远古时期的饮食活动表现得最为突出的就是宗教象征文化。如新石器时代半坡彩陶上的人面鱼纹，有的认为是图腾崇拜的标志，有的认为是女性生殖器的象征，无论哪一种说法，均属于以人类食器为载体的宗教象征的范畴。半坡遗址中两个小罐里所盛的粟米可能被当时的人们用于奉献神灵，以求更多的收获，这是先民以人类饮食品为载体的宗教象征。先民饮食活动中的宗教象征主要有以下几种艺术表现形态。

（一）祭品种类及毛色的象征艺术

在中国传统的宗教祭祀中，充当沟通人与超自然联系的重要媒介是以食物为主的祭品。神灵欲食，“口甘五味”，所以“礼之初始诸饮食”（《礼记·礼运》），凡祭祀都要陈供牺牲粢盛酒鬯笾豆祭品，“黍稷馨香”才能“神必据我”。祭品作为一种献给神灵的礼物，是宗教信仰者向神灵传递信息、表达思想感情和心理意愿的载体，祭品的种类、颜色、质量、大小和生熟状态往往是意喻神灵色的一种符号形态。以不同种类的祭品奉献不同角色的神灵是古人选择祭品的一个重要标准，凡常规的天神地坻宗庙诸礼，则用牛羊豕而不用犬鸡；凡非常之祭，如禳除灾殃、避祛邪恶，则多用犬；凡建造新成行衅礼，则多用羊、犬和鸡；大丧遣奠，则用马；祭日以牛，祭月以羊和猪；祭祖多用猪。在中国传统宗教祭祀活动中，人们对祭牲所呈现的毛色尤为重视。牲畜的毛色纯一与混杂，既是人们衡量祭牲好坏的价值尺度，也是意喻神灵角色的一种符号形态。如《礼记·檀弓上》云：“夏后氏尚黑，牲用玄；殷人尚白，牲用白；周人尚赤，牲用马辛。”又《礼记·明堂位》：“夏后氏牲尚黑，殷白牡，周马辛刚。”可见，黑、白、赤三色成了夏商周三代选择纯毛色祭牲最显著的艺术表现形态。

（二）不同肉质的象征艺术

《诗·小雅·楚茨》云：“神嗜饮食，使君寿考。”在古人看来，神灵与人一样都喜爱质佳味美的肉食，故用于祭神的牲畜必须完好无损，膘肥体壮，这样才能尽情地满足神灵的食欲，以取信于神灵。《周礼·牧人》云：“凡祭祀，共其牺牲，以授充人系之。凡牲不系者，共奉之。”贾公彦疏曰：“牧人养牲，临祭前三月授与充人系养之。”《周人·充人》：“掌系祭祀之牲牷，祀五帝则系于牢，刍之三月。享先王亦如之。”这是因为牧养的牲畜没有膘，而祭牲却讲究“牲牷肥腯”，以示诚心敬意。这种象征意义一直到清代也未减低，清代满族祭祀用的猪肉必须膘肥肉厚，称为“神肉”或“福肉”；清代回族则形成了祭牲以体肥健全为美的选牲标准。古人往往根据自己的嗜好去猜测神灵。人们爱吃肉质香嫩的幼牲，越小的牛就越珍贵，并将这种嗜好来类比神灵的食欲，认为用肉嫩的牛犊祭天，可示诚信，古人称小牛为“犊”，小羊为“羔”，小猪为“豚”。牛又可分三等，牛角长一尺的是大牛，叫“角尺”；角长一握者为中牛，称“角握”；牛角初长、状如茧栗的是小牛，叫“角茧栗”。在古人看来，祭祀用牛，以小为贵。故《礼记·王制》云：“祭天地之牛，角茧栗；宗庙之牛，角握；飨宾客之牛，角尺。”《国语·楚语下》云：“郊禘不过茧栗，烝尝不过把握。”古人认为，天地最尊，祖先次之，生人最卑，所以古人才把肉质最好的幼牲用于祭天地，自己选食肉质最老、口感最差的老畜。

（三）肉食生熟程度的象征艺术

在中国传统宗教祭祀活动中，祭品的生熟程度往往被先民用来意喻神灵角色的大小。先民通常以牲血祭天，以生肉祭祖，以半熟之肉祭山川草泽，祭祀对象越是尊贵，用牲越是不熟，故《礼记·礼器》有“效（祭天）血，大飨（祭先王）腥，三献（社稷五祀诸祭）爓，一献（指群小祀）熟”之说。古人认为，有虞氏时的祭祀崇尚生气，故祭祀用牲血、生肉和半生的肉，都是用生气，尤其是牲血祭神，是为了表示生气旺盛。李亦园认为，台湾民间宗教祭祀活动中，人们用“生”的祭品来表示关系的疏远，用“熟”的祭品来表示稔熟和较为随便。具体表现在拜“天公”或孔子时的全猪全羊皆未经烹制，都是生供，含有对祭祀对象一种遥远关系的象征意义。而祭祀妈祖、关帝到王爷、千岁等一般神明时，所用祭牲在进供前需稍加烹煮，但不能全熟。这些都是对“天”以下的各种神祇的敬意，同时也因祭品牺牲的稍加烹饪而表示其关系的较为密切。祭祖的祭品则不但要煮熟，有时还要调味，以表祖宗与其他神灵有异，属于“自家人”范畴，故以家常之礼待之，敬意之中喻意亲昵之情（见李亦园：《人类的视野》，上海文艺出版社 1996 年 7 月版）。以祭品的生熟程度来象征祭祀对象的角色，来隐喻祭祀对象与自己的亲疏远近，与世界其他民族的历史相比，这种象征形式在中国最讲究，历史也最久。

（四）祭品数量的象征艺术

周初的礼制中等级制度非常严格，人们的社会地位不同，社会活动及生活方式也就有了森严的等级差别。祭祀活动也不例外。祭品不仅代表着神明的角色，也象征着祭祀者不同的等级角色。贵族举行祭祀时，鼎簋壶豆的数量要按等级制度遵循，如果超过标准，便是“僭越”“非礼”。据《公羊传·桓公二年》何休注，周制天子用九鼎，诸侯七、卿大夫五、士三或一。而礼的等级通常又是以用牲的量作为标志的，如祭祀社稷，周天子用牛、羊、猪三牲，谓之“太牢”；诸侯用羊、猪，谓之“少牢”；大夫及士用豕牲，谓之“特牲”。楚国祭典规定，国君用牛祭，大夫以羊祭，士以猪、狗祭，平民百姓以腊鱼祭，唯果品、肉酱之类方可上下通用。

（五）祭器的象征艺术

作为祭品的食物是如此，盛放食物的祭器同样具有明确的象征艺术内涵。周人祭社坛使用瓦制的大缶，在国门禳除风霜灾疫的莋祭使用瓠瓢和齐尊，庙祭使用酒器，祭祀山川四方之神用蜃尊，埋祭山林用有红色带子的概尊，辜祭四方百物则用无饰的散尊。周人祭天，不用割刀，以鸾刀为贵，是因为鸾刀铃声协和，可象征天地之和，故而取其义理，以鸾刀割牲肉，献与尸品尝。祭天的祭器特用粗陶和瓠瓜，以象征天地质朴的本性。祭器的使用数量也有一定的象征意义，如鼎俎之数当为奇数，而笾豆之数当为偶数。这是因为阴阳的理义不同。贮存郁鬯的最上等的酒器称为“黄目”，黄者，五行之中；目是眼睛，象征清明。以黄目贮酒敬天，象征天昭大德，四方清明。祭祀者身份地位不同，所用的祭器也不同。《礼记·礼器》云：“宗庙之祭，贵阳市者献以爵，贱者献以散。尊者举觯，卑者举角。”凡此种种，《三礼》所载详备，充分说明了先民赋予祭品、祭器鲜明而丰富的象征语言。

“天之所欲则为之，天所不欲则止”（《墨子·法仪》），在中国古代社会中，无论是帝王将相还是平民百姓都把祈福作为举行宗教祭祀的重要价值取向。人们把祭品献给神灵享用，主要就是为了讨得神灵的欢心，以便让其赐福于民，祈福的要求居于所有祭祀目的之首。在人们向神灵奉献和处理美食美饮的行为方式中大都隐含着浓厚的祈福心态。如《诗》中通过献祭祈福的诗文就有各种不同的表达方式，如“神之吊矣，诒尔多福”（《小雅·天保》）；“以享以祀，以介景福”（《小雅·大田》）；“公尸燕饮，福禄来成”（《大雅·凫鹥》）；“以洽百礼，降福孔皆”（《周颂·丰年》）；“神嗜饮食，使君寿考”（《小雅·楚茨》）；“来假来飨，降福无疆”（《商颂·烈祖》）。这些诗句将古人向神灵敬献食饮以祈降福的心态淋漓尽致地表达出来。先秦思想家墨子在其著述中多次谈到通过献饮奉食来祈福求安。如《墨子·天志》载：“故昔三代圣王禹汤文武，欲以天之为政于天子，明说天下之百姓，故莫不刍牛羊，豢犬豕，洁为粢盛酒醴，以祭祀上帝鬼神，而求祈福于天。”古人通常把祭祀天地人鬼的酒肴称为福酒，并于祭后分食，象征天地祖先赐福于人。天子赐祭肉给诸侯朝臣也是祝福的象征。

有的人从统治者的利益出发，希望通过宗教祭祀活动来祈求增加国家的税收。如管仲曾向齐桓公建议：从前尧帝有五个功臣，现在无人祭祀，君主应建立五个死者的祭祀制度，让人们来祭祀这五个功臣，春天献上兰花，秋天收新谷为祭，用生鱼做成鱼干祭品，用小鱼做成菜肴祭品。这样国家的鱼税收入可以比从前增加百倍。在这里，酒肉因具有了象征意义而为祭祀者倍加重视。今天，这些象征语言大多已十分模糊，但却以丰富多彩的饮食礼俗投胎于民间，形成了中华民族论脉归宗、共祈祥和的食俗文化。

三、民间风俗中的饮食象征艺术

中国食俗是中国人民世上承的饮食生活习惯与传统的积淀，其中蕴藏着丰富的文化养料和发人深思的生活智慧，特别是它所蓄含的象征喻意，具有朴实与生动的本色，充满了野性与活力，并常常成为饮食文明进步的源头活水。

（一）年节食俗中的象征艺术

年节食俗是中国饮食文化的重要组成部分，它的形成是一种农业发展历史过程的积淀，人们在农业生产劳动中赋予了节日食俗以丰富多彩的象征语言。在年节食俗中，春节的食俗无疑是一部“重头戏”，除夕的年夜饭不仅是美味佳肴的大荟萃，其中还隐喻着吉祥安康之意，是合家团圆幸福的象征。在北方，有条件的人家要做十二道菜，象征一年十二个月。无论南北东西，年夜饭中的鱼是不可少的，它象征着吉庆有鱼，旧时的贫困人家，如无鲜鱼，则用硬鱼或干鱼。如连咸鱼、干鱼都没有，则以木头刻成鱼形替代。吃年夜饭的意义在于合家团聚，因此，远在天涯的游子都要赶回家中过年，吃上这顿意味深长的年夜饭，如果实在赶不回来，家人要为远在他乡的亲人摆上一只酒杯，一双筷子，以此象征全家团圆之意。在中国民间，年夜饭是具有神圣意味的晚餐，它反映着人们对美好生活的追求，并集中体现出中国食俗的祈福象征。如浙江绍兴一带吃年夜饭时，无论人多人少，碗筷和座位必凑成十，寓意“十全福寿”。而许多菜肴也因赋予了特殊的意义而具有象征性，如藕块、荸荠、红枣加糖煮成的食物谓之“藕脯”，谐音“有富”；咸煮花生谓之“长生果”；咸菜烧豆瓣、千张等谓之“八宝菜”；有头有尾的一碗鱼谓之“元宝鱼”；鲞冻肉上放一个不吃的鲞头，谓之“有想头”……在山东胶东一带，年夜饭必食栗子鸡，栗谐音利，鸡谐音吉，故以此菜象征大吉大利；还有吃菜饽饽，菜谐音财，饽谐音勃，吃菜饽饽象征着发财。而东北地区的人们过年喜吃饺子，饺子这种食品本身就是“更岁交子”的象征，有的在饺子里放糖，以象征来年生活甜美；有的放些花生，以象征健康长寿；有的放一枚硬币，以象征食之者财运亨通。在江西的广昌一带，人们过年的早上要吃汤圆和年糕，以象征“团团圆圆”“年年登高”；而鄱阳湖渔区的管驿前村，春节家宴中离不开用鲜活鲶鱼烹制的菜肴；除夕的年夜饭之前吃“鲶鱼打糊”（即鲶鱼糊羹），正月初一的早点为鲶鱼煮米粉，因为鲶鱼在当地人的心目中就是“年年有余”的象征。

粽子作为端午节的传统食品，历史悠久。明人张岱《夜航船》：“汝颓作粽。”汝颓为汉代人，可知汉代时粽子即已有之。民间俗信，端午节吃粽子的风俗起源于纪念屈原。此说是否符合史实，姑且不论，作为一种食俗，它已被民间普遍认同，各地民间对端午节有了自己的理解，从而产生了不同的饮食象征文化。如旧时温州流行一首《重五谣》：“吃炙重五粽，破碎（破衣）远远送。吃炙雄黄酒，毒蛇远远游。重五草头汤，疤瘰洗精光。重五吃麦麦，字眼学起快。吃炙重五卵，做个生员卵（秀才），重五吃大蒜，读书做高官。”在瑞安、平阳等地，人们在这一天用中草药、盐和茶烹制成汤，称“重午盐茶”，据说饮之可化食散风，十分有效。在江西一些地方，端午节有吃“五子”的习俗，“五子”者，粽子、包子、鸡子（鸡蛋）、油子（油炸食品）和蒜子，以喻“五子登科”。而山东民间认为，端午节这天吃蛋有治腰痛之疗效，而海阳县旧俗，年轻人端午节必携鸡蛋登山，在山顶上吃鸡蛋。总之，各地端午节食俗不尽相同，或是为了纪念前贤，或是为了祛病强身，人们在吃粽子、鸡蛋、大蒜或饮雄黄酒时，不仅表达了对前贤的崇敬之情，同时也赋予这些食品以禳灾祈福的美好愿望。

中秋节吃月饼，此俗已有千余年，北宋文人苏东坡即有“小饼如嚼月，中有酥与饴”之诗，南宋《武林旧事·蒸作从食》有关于月饼制作方法的记载。人们在这一天吃月饼，更多的是取团圆之意，《熙朝乐事》载：“八月十五谓之中秋，民间之月饼相遗，取团圆之义。”《酌中志》载：“至十五日，家家供月饼瓜果，候月上焚香后，即大肆饮啖，多竟夜始散席者。如有剩月饼，仍整收于干燥风凉处，至岁暮合家分用之，曰团圆饼包。”《帝京景物略》载：“八月十五祭月，其祭果饼必圆，分瓜必牙错瓣之如莲花……月饼月果，戚属馈相报，饼有径二尽者，女归宁，是日必返其家，曰团圆节也。”中秋节食品，除月饼外，各地民间还有一些特色鲜明的节令食品。仅以浙江为例，湖州一带，还吃莲子、鲜藕以及柿子，它们象征着游子与家人间藕断丝连的亲情和子子孙孙生生不息的宗亲企盼；杭州民间则吃石榴、瓜果，取其种瓜得瓜、多子多福之意；绍兴旧时祭月必用长形南瓜，祭毕必将此南瓜塞入新妇被窝之中，以图吉利，次日，再将此瓜煮熟后给新妇吃，据说吃了这个颇似男根、采得月华的南瓜，更具繁衍子孙的能力。可见，南瓜在当地有延续宗嗣的象征意义。

从食俗角度来看中国民间的“年节”，除了春节、端午节和中秋节外，还有一些节日的时令食品也颇有象征意义。如二月二，据《燕京岁时记》载：“二月二日，古之中和节也，今人呼为‘龙抬头’。是日食饼者谓之龙事鳞饼，食面者谓之龙须面。”《清嘉录》载：二月二吴地民间“以隔年糕油煎食之，谓之撑腰糕。”可见这一天人们吃的饼、面或糕都包含着鲜明的象征意义，体现了中华民族作为龙的传人同宗一脉、同舟共济的美好祝愿。三月三，古人谓之“上巳”，民间称之“女儿节”，荠菜煮鸡蛋，这是女儿节中较为典型的食俗，此菜有女子求偶、求育的象征意义，据元人陈澔《礼记·月令》注曰：“《诗》‘天命玄鸟，降而生商’，但谓简狄以玄鸟至之时，祈于郊禖而生契。”由此可知，荠菜煮蛋的象征意义事出有因，源于简狄吞卵受孕的典故。四月八日为浴佛节，其节令食品中，值得一提的是结缘豆，《燕京岁时记》载：“四月八日，都人之好善者，取青黄豆数升，宣佛号而拈之，拈毕煮熟，散之市人，谓之‘结缘豆’，预结来世缘也。”至于七月七日食“巧果”，重阳节食“重阳糕”，诸如此类，还有很多，且各地民间的节令食品多有不同，可谓不胜繁举，但有一点是可以肯定的，年节食品中绝大多数都有不同程度的象征含义，极大地丰富了中国饮食文化的内涵。

（二）喜庆食俗中的象征艺术

喜庆食俗不仅是社会喜庆礼俗的重要组成部分，同时也是中国饮食文化的研究对象之一。喜庆礼俗主要有婚姻生育、生日寿辰、金榜提名、建房造屋、祭谢土神、乔迁之喜等。这些喜庆礼俗都有相应的饮食习俗。从饮食象征文化的角度考察喜庆食俗，不难看出，无论是社会哪个阶层的人，都非常重视喜庆礼仪，由于喜庆食俗中都有约定俗成的象征意义，所以人们对食俗不仅很重视，而且对食俗也很讲究。

在喜庆礼俗中，婚姻礼俗最重要，婚姻礼俗的议婚、订婚、纳彩、择期、迎亲和回门等各个环节，都有与之对应的食俗。以山西为例，议婚，就是媒人提亲，媒人登门，主人要备酒留饭，一般设四道或八道菜，象征“四平八稳”之意。订婚之时有吃“订婚饭”的习俗，河津民间订婚，男方要蒸“龙凤糕”，摆上柿子、桂圆、石榴等果品，并称之为“柿子好意吊桂圆，朝天石榴配姻缘”，象征内涵，不言而喻。至纳彩之日，男方要判断女方家长对彩礼是否满意，要看女方家长是否肯喝下未来新婿敬的酒。至择期之时，媒人要带上男方的羊肉（羊前胛）、烧酒和馍馍去通知女家，称之“饷飧”，大有女儿离娘，如娘割心头肉的喻意。迎亲之日，女家要在嫁妆的洗脸盆里放上一种叫“珠盘”的面食，状如盘龙，上插纸花，象征“珠联璧合”，女儿出嫁前要吃“翻身饼”，意喻姑娘过门后不受婆家气。婚宴间，新人要喝酒，意喻两人恩爱如胶似漆。洞房之夜，新人的被褥里要放上枣、花生、桂圆和莲子，意喻早生贵子。要吃银丝挂面，以象征千丝万缕情意不断。至回门日，新婿要在岳父岳母家吃饺子，饺子里包有辣椒、花椒、鲜姜之类的辛辣之物，旨在一个“乐”（辣）字，除戏耍姑爷外，还有喜庆吉祥之意。

生育食俗也颇具象征色彩，民间有“酸儿辣女”之说（此说是否科学，本文姑且不论），在山西，为生儿子，孕妇除不能吃辣以外，还不能吃兔肉、葡萄、马肉、骡肉、生姜等，因为吃兔肉，生下的孩子会成豁嘴；吃葡萄会生怪胎；吃马肉会延长孕期；吃骡肉会断子绝孙；吃生姜，生下的孩子会多指，如此多的禁忌，都原于这些食品的形象特征被人们看成是对孕妇和胎儿不吉的象征。至分娩后，妇婿要先去岳父家报喜，要带去煮熟的鸡蛋，如鸡蛋是白皮且单数，则表示生男，如鸡蛋为红皮且双数，则表示生女。鸡蛋的颜色和数量已成为生男生女的象征。婴儿出生后，有让婴儿尝“五味”之俗，即盐、醋、糖、黄连和辣椒等，意喻先品味人间的酸甜苦辣。至婴儿过百日时，家中要蒸制“套颈馍”，这种面食，其状如圆圈，可套于婴儿的脖子上，作为拴牢的象征。

“祝寿”食俗早在商周时期即已有之，当时天子祝寿称“祝嘏”，自唐以降，吃面祝寿，渐成风俗。上自天子，下至平民，皆以吃寿面为祝寿仪节中的重要一环，长长的面条，“寿星”健康长寿的象征。许多地方有为老人摆设寿宴之俗，寿宴谓之“八仙宴”，基本组合为“八大品碗”，另加寿桃一件，意喻老人长寿如仙。山西临汾办寿筵时，桌中央需放大葱一根，大葱上再放一双筷子，以此来象征“添寿”。

至于“金榜题名”一向被人们视为人生“四喜”之一，自隋废世族中正制以来，科举遂兴，至唐，已有进士、秀才、明法、明书诸科，天子亲行殿试，凡中榜者，朝廷设琼林宴，琼者，美玉，以“琼林”命宴之名，象征金榜题名的国家栋梁。乡试考中者，州县官吏设“鹿鸣宴”，歌《诗·鹿鸣》诗，表示祝贺。这种“乡饮酒礼”的风俗传到民间，便成了书香门第人家一种特殊的饮食风俗。建房造屋一向被民间视为家庭兴旺、财源茂盛的重要标志。建造房屋时，亲友工匠前来帮忙，主人备酒食款待，主食一定要有糕。民间有“上梁馍馍后栈糕”之说，因为这些食品有蒸蒸日上、步步高升的象征含义。居民迁居新舍，中午常设“四四席”或“八八席”，以象征“四平八稳”，同样，主食少不了糕点，俗语说：“搬家不吃糕，三月搬一遭。”

（三）行业食俗中的象征艺术

行业食俗是中国饮食文化的重要组成部分，也是中国民间食俗的一个类型。在社会分工与行业出现以前，行业食俗是不存在的。行业食俗在其发展的历史进程中逐步形成了重时序、重祈禳、重师制、重禁忌的独特个性。行业食俗主要包括农业、渔业、商业和“百工”方面的食俗。

农业食俗与农村食俗是两个联系密切、又有所区别的概念。从历史发展看，农村食俗是中国食俗的主体，而作为一个行业的农业，其食俗又有别于农村的一般食俗，它与季节和时序密切相关。旧时农民大都按农忙、农闲来安排饮食，农忙时一日三餐，甚至在三餐之外再加上一餐；农闲时一日二餐。农忙时吃干的，并有荤腥；农闲时喝稀的，多为素食。由此可见，农业食俗的特点比较集中于农忙季节。当然，农业食俗不仅在不同的季节和时序不同，同一季节和时序的不同地域的农业食俗也不同。但大多数农业食俗所体现出的象征意义则基本上是客观存在的。如南方的浙江，插秧第一天称为“开秧门”。旧时，这是一年农事的开端，主人要像办喜事一样，以鱼肉款待插秧人员，特别要烧一条黄鱼，以此象征兴旺发达。上午九时左右，要“打点心”送到田头。点心中必有“白水糯米粽”，当地俗语称，“种田调雄绳，白糖拌粽子”（指插秧快手）；“种田调雌绳，只有吃白水粽”（指插秧慢手）。这里，粽子是否拌白糖已具有了不同的象征意义。开秧门这天早晨要吃鲞鱼头，谐音“有想头”，鲞鱼头在桌上的朝向也有象征意义，鱼头朝南，兆示天晴，象征好运；鱼头朝北，兆示天阴有雨，象征不吉利。在浙北海宁、桐乡一带流行落盘的种田风俗，即春忙季节农民结会，谓之“青苗会”，参加青苗会谓之“落盘”，落盘的人就集中一起插秧，插到谁家的田，谁家就要招待吃饭，其中有一道菜不能少，那就是白焐肉，它又称为“种田肉”，俗语称“铁耙榫”，吃的规矩就是在座的师傅不动筷子，谁也不能先吃，可见，白焐肉已不能视为一道简单的菜了，其中已蕴含着尊重孝敬师傅的象征艺术语言了。

渔业食俗集中表现在渔船制造、新船下水、出海捕鱼之前、海上作业等几个场面中。在江苏海州湾，新船下坞后，板主（渔船主人）一定置酒席款待全体造船工人，并在酒席间敬请木匠大师傅为船命名。如造船过程中板主经常做菜汤给船匠吃，大师傅因反感成怨而给这条船起名为“汤瓢”；如板主常以小乌盆装菜上桌，大师傅则起船名为“小乌盆”；其他如大椒酱、烂切面、小苏瓜、大山芋等船名，也都是这样产生的。船一旦命了名，则终身不变。因此船主虽不满意，但也不愿违规犯忌，所以从船名上就可看出船匠造船过程中的伙食状况。

（四）少数民族食俗中的象征艺术

我国是个多民族的国家，各民族由于所处的社会历史发展阶段不同，居住的地区不同，饮食习俗中所体现出的象征意义与内涵便有着明显的差异。如广西壮乡在每年三月三的歌节，妇女们做出的“五彩糯米饭”，不仅色香味俱佳，象征艺术内涵明确，即五谷丰登，吉利幸福。春节时壮族人有两种特殊食品：“团结圆”和“壮粽”。在广西的东兰、巴马、凤山县一带流行的团结圆实际上就是以豆腐为主料炸制而成，其外形似元宵，因象征团圆和美，故称之“团结圆”，当地俗语道：“过年不吃团结圆，喝酒嚼肉也不甜”。可见在当地人心目中，团结圆的象征意义很重要。在广西宁明县，春节时做的壮粽足有八仙桌大，以芭蕉叶包成，内放一条剔去骨头的腌猪腿。泡入水缸，盖严缸口，连煮七天七夜，粽子方熟。春节时，壮家人抬着大粽子游街祭祖。然后同族人分食之，以象征大家同心同德、和睦亲密。“三月三，吃乌饭”，畲族人有吃乌饭之俗，据传起于唐代，畲军起义领袖雷万兴兵困粮绝，畲军采山中乌饭果供大家充饥，乌饭果为黑色，状如蚕豆，无核，秋熟，味甘。畲军吃后精神大振，后组织突围反攻，于翌年三月三取得胜利。从此，乌饭有了旗开得胜、马到成功的象征寓意。满族大年三十的年夜饭一不可有鸡，二不可有蛋，因为鸡谐音“饥”，含饥荒之义，蛋谐音孩子调皮捣蛋。藏族的年饭在藏历十二月二十九日晚，名为“古突”，做“古突”时，要用四块面团分别包进羊毛、辣椒、瓷块和木炭，然后与其他的疙瘩一起蒸。吃到包羊毛的，表示你心地善良；吃到包辣椒的，表示你嘴厉害；吃到包瓷块的，表示你心肠硬；吃到包木炭的，表示你心黑，其象征意义非常明确。象征着吉祥、幸福的糯米粑，是湖南西城苗族自治县的特产。糯米粑不仅是当地群众逢年过节的必备食品，也是年轻人举行婚礼时必不可少的，婚礼由一位少女主持，她的头上顶着一个刻有“吉祥”二字的大糯米粑，象征着人们祝愿一对新人建立一个美满幸福的新家庭。婚礼快要结束时，主婚人用雕花木盘盛一个糯米粑，端给新郎新娘吃。这个绘有龙、凤和大胖娃娃的糯米粑，象征着这对新人和谐幸福、早生贵子。而侗族同胞在客人登门时，总要杀鸡宰鸭，并先将鸡头、鸭头敬与客人，以示尊敬和欢迎，而客人也应双手接过鸡头、鸭头，转敬给同席的老人，由此可知，鸡头、鸭头在侗族人的心目中是尊贵、祝福的象征。

四、中国饮食象征艺术的基本特征

正如前文所述，饮食作为人们日常生活中的重要活动，除了满足人们的生理需求外，还具有多种不同的社会功能，如在宗教祭祀活动中作为供品献神，以表祈祷或报答之情；在人际交往过程中充当着沟通人与人之间关系的媒介角色；在婚丧嫁娶和节日庆典中被人们赋予深刻而复杂的含义。这说明，饮食象征文化是人们在特定时间和场合对饮食活动本身进行思维和想象的必然结果，其特定含义又是通过饮食象征艺术符号的各种表现形式得以体现的。这就使中国饮食象征艺术出现了一系列独具民族个性的基本特征。

（一）可以引发联想和蕴藏寓意的食物特征：饮食象征艺术符号

饮食象征符号是指人们运用象征思维，对食物的某种特征进行类比，并赋予这种食物以特定的观念意识，从而使之在一定的环境和条件下形成约定俗成的象征意义。如中国食俗中最为突出的是根据食物特定名称的语音与意指对象之间的相似性来进行类比的谐音关系法。如春节吃鱼象征年年有鱼，拜年送橘子象征大吉大利，吃芹菜象征勤快，吃葱表示聪明。实际上，饮食象征符号的艺术表现形态要比这些复杂得多，食物的形状、色彩、数量、味感、特性乃至于原料种类都可以在一定条件或环境下形成饮食象征符号。这也是中华饮食文化中民族特色最浓的表现之一。

食物本身最具有可视性的要素就是食物的形状，从人们运用象征形象思维进行类比之规律的角度看，以食物形状来类比某些特定事物和观念分别有原生型与人工型两种。以食物的原生形状进行的类比推理，其本身具有的形状就与人们观念意识中的某些特定事物有着一定的类似之处，如鸡蛋，其状如男性睾丸，故以送红蛋寓意生子，华夏民族之此俗由来已久，即源于此。土家族禁忌女孩吃鱼卵，因其形似葡萄，人们以之与葡萄胎相类比，便对此产生一种恐惧心理。经烹饪制作而成的食品，其形状的类比性更为普遍，因为人们在烹饪工艺过程中就已经根据自己所要寄予的观念和寓意把食物的形状进行了普遍认同的变化。如面条呈长条形，饺子呈月牙形，月饼呈圆形，人们在制作它们时，就是要通过其特殊的造型，使它们分别象征着长寿、财富和团圆，从而艺术地表达了人们内心深处的美好理想和愿望。

食物的色彩也可构成食物象征艺术符号在外部形态上的一种可视特征。食物的不同色彩经过人们运用象征思维进行类比推理，从而产生出以食物色彩为依据的各种象征意义。食物的色彩也分原生型与人工型两种，原生型色彩即不经任何烹调技术处理的纯自然的颜色，以此类比某些特定的事物和观念。如蒙古族、哈萨克族等游牧民族中，白色的乳汁成为纯洁、吉祥和高尚的象征。人工型色彩是人们对烹饪原料进行了烹调技术处理后变化而成的具有一定象征意义的颜色，如山西有的地方，孩子过完一周岁后，通常要喝用小米、黄米、豇豆、莲子加碱熬制成的红色稀粥，以纪念母亲生育时的“红”。在很多民间地区，婴儿降生后往往要向亲友们送染有红色的鸡蛋，以象征获得子嗣的喜庆气氛。在山东郯城，用染成朱红色鸡蛋表示生男，以染成桃红色鸡蛋表示生女，以深浅不同的红色鸡蛋象征不同性别的小孩。

在一定条件下，食物的数量组合关系也可以构成饮食象征艺术符号。不同社会与民族，在长期历史发展中，对各自食物数量组合关系形成了相对独立的偏好与倾向。有的民族以双数搭配的食物送礼或款待客人，这早已被该民族普遍认为是吉利的象征，如白族以 6 为吉数，节日或喜庆用来送礼的食物数量必须是 6。浙江汉族吃的年夜饭要用十碗菜，称“十大碗”，讨十全大福之彩。许多地方的汉族婚宴上，一对新人要喝双杯酒，以表成双成对，白头到老。但有的民族在食物数量组合中禁忌偶数，崇尚奇数，如苗族女孩出嫁时送与男方的礼物是送单不送双。在汉族传统中，人们在婚丧嫁娶等仪式活动中所用的食物数量往往因时因事不同而呈现出一定的差异性，以双数或单数组合的食物可能分别象征不同的事物和观念。如东北人平时款待客人吃饭时，菜必双数；但父母去逝时款待送葬的客人，则菜必单数。在河南开封，生男送蛋必双，生女送蛋必单。

味感，在特殊情况下，也能构成饮食象征艺术符号，人们也可把食物所具有的滋味用来类比人生历程和生活实践中出现的某些特定现象。如白族三道茶，以一苦二甜三回味艺术地隐含着人生道路上先苦后甜的象征意义；在台湾民间，女孩出嫁前，男方要在盘中放两个蜜橘，送到花轿中让新娘摸，以此象征一对新人像蜜橘一样过着甜蜜的家庭生活。

此外，还有诸如通过食物特性及动物性原料品种构成的饮食象征艺术符号，食物的特性主要是指食物的冷热、软硬、干湿等状态，这种状态经过人们的想象，往往被用来类比某些与之相似的事物或观念，这在饮食象征艺术符号的内在属性中也是被运用较多的一种手法。如汉族在寒食节盛行禁火并吃冷食，以表怀古之情。壮族蒸糯米饭时，热气升向哪方，哪方就最有利。畲族人蒸孝子饭时，木甑的哪一边先冒热气，站在哪一边的人就吉祥如意。侗族人除夕时全家吃稀粥，每人一小碗，称为“年更饭”，以象征来年耕田水足、泥土不硬，稻苗茁壮，粮食丰收。另外就是动物性原料品种在生长发育和生存环境中养成的某些能力与习性，这些具体属性经过人们的想象往往用来类比人自身在生长发育过程中可能形成的体质特征和适应环境的各种能力与习性，进而构成了饮食象征符号。如福建客家人盖房上梁宴请时必吃公鸡，认为公鸡有报晓和报喜之能，宰吃公鸡意味着前途如朝阳一样光明，福寿临门。阿昌族给孩子开荤时最忌用猪肉，认为猪最蠢笨。汉族、壮族和土家族最忌小孩吃鸡爪，认为小孩食之则上学写字时手会像鸡爪一样颤抖。基诺族举行成年礼时，通过吃牛肉而期望获得牛一样的力气。如此等等，不一而足。

（二）对人生理想目标的热衷追求构成饮食象征艺术的基本内容

在中国饮食象征艺术中，主体对人生理想目标的热衷和追求构成了最重要最基本的内容，基中包括爱情、生育、家庭、财富、人生、智慧、长寿等诸多方面。这些内容集中体现了中华民族自强不息、勇于进取的精神力量和人格特征，是中国传统文化在人们饮食活动中的折射反映。

不孝有三，无后为大。就生育内容而言，早生贵子与多子多福的生育观念曾是数千年来普遍形成在中国人头脑中的重要价值取向，宗族的延续是中国人家庭生活幸福的标志，断子绝孙则是家庭衰败的象征，被人们视为最大的耻辱。

为增强妇女的生子能力，中国传统社会的人们制定并履行过各种祈求子嗣的仪式活动，其中以特定食物来象征生育和祈子的现象最为普遍，反映了人们头脑中特定的食物致孕观念。自宋以来，盛行于妇女生育前后通过赠送鸡蛋以求子的风俗一直延续到近现代，成为一种象征生育的最为普遍的仪式活动。如浙江绍兴一带的孕妇在分娩前，由女方家用红绸布包裹着红蛋送至女儿床上后，马上让红蛋滚动出来，以此祈求女儿顺产。江苏徐州一带女方陪嫁的马桶里所放的鸡蛋，象征日后生育如母鸡一样不会有麻烦。在这些象征性的饮食行为中，人们的祈子心理和盼望孕妇顺产的愿望都是通过母鸡下蛋的方式显现出来。母鸡与孕妇、鸡蛋与子嗣被想象为具有同一性。其实，以蛋祈子的风俗由来已久，它源本于古代的卵生神话。当然，除鸡蛋以外，还有如瓜、枣、花生、桂圆、栗子、荔枝、莲子和石榴等也被人们赋予了与鸡蛋类似的具有生子和顺产的象征意义。《诗·大雅·绵》中有“绵绵瓜瓞，民之初生”之句，象征周人如瓜瓞结在藤蔓上世代绵延，生生不息。宋明以来，汉族人撒帐时普遍撒“彩果”或“诸果”。到了清代，在汉人以求子为目的的食俗象征文化中，更普遍的是在婚礼上撒帐时所撒的红枣、花生、桂圆和栗子等象征早生贵子的祝福食物。《池北偶谈》载“齐俗娶妇之家必用枣栗，取早利子之义。”

生育，在传统社会的人们看来非同小可，且在饮食象征文化中有着充分的体现。面食中有不少品种就具有生育象征意义，如饺子、面条等。在北方婚礼中盛行新人吃饺子的习俗，所采用的类比方法是将水饺煮至半生不熟，通过新人应答“生”，以求其谐音生子之“生”，使其产生促进生育的作用。《清稗类钞·婚姻类》：“食水饺，饺不熟，即熟亦讳言之，生者，取生育之义也。”说的就是这种思维方式。与之类似，江苏徐州地区办婚宴时要给新娘吃一碗半生不熟的面条，以此问新娘生否，新娘必答“生”，以寓日后能生育小孩。黄河流域的人们在婚礼上有送礼馍之俗。如陕西米脂县盛行男方向女方索要“蛇盘兔馍”的礼节。馍上有盘蛇昂首的造型，蛇头之下蹲着张开大嘴的兔子。蛇头是男性生殖器的暗示，而张开大嘴的兔子则代表女性。在蛇、兔旁边装点着雨水浇灌的莲花，象征男女间的阴阳交媾，可见，“蛇盘兔馍”具有促进夫妻性功能以及妇女生育繁殖力的象征含义。另外，果品中的石榴则因多子实而有了象征生育的意义。相传北齐高延宗受其妃子之母宋氏赠送的石榴，大臣魏收说石榴房中多子，王新婚，食之可子女众多。

爱情与婚姻是人类永恒的主题。在中国传统社会中，爱情与理想婚姻通常表现为青年男女双方感情纯洁真挚以及夫妻和睦恩爱、忠贞不渝。这种美好理想经过人们运用象征艺术思维进行类比推理，使之在许多特定的饮食象征艺术符号中显现出来。其中新婚夫妇在婚礼仪式上的共饮共食行为就是人们用来象征男女结合和夫妻恩爱的典型表现形式，这种象征寓意起源于古代婚礼中的同牢合卺，当时人们用于献祭的猪肉和猪肺往往被新婚男女所共食。此习俗一直到现在还可于众多华夏民族中看到历史踪迹。如福建闽南人新郎新娘在婚礼中要吃一个猪心，意求夫妻同心。赫哲族新郎要吃猪头肉，新娘要吃猪尾巴，以示有头有尾，永不分离。新婚夫妻共食的另一类象征食物是饭食，古代共牢而食之礼中就有用黍稷等做成的饭，新人们要共吃三口饭，至今此俗犹存。陕西武功一带新婚男女在新婚次日早餐时，第一碗饭盛上来，二人各吃一口，称为“和气饭”。广西瑶族新婚之日新郎新娘要坐在一处吃“交心饭”。汉族人婚礼上普遍有一对新人饮交杯酒的习俗。朝鲜族新婚夫妇要喝三杯酒，头一杯和第二杯各自独饮，第三杯要互相交换，而且要一饮而尽。如此等等，不一而足。

家庭的团圆、和睦与幸福一直是人类美好理想生活的目标和追求，人们也由此而形成了许多象征团圆、和睦与幸福有饮食文化现象。在象征家庭团圆的各类吉祥食品中最具有代表性的是中秋月饼。明人田汝成在《西湖游览志余》中说：“八月十五谓之‘中秋’，民间以月饼相遗，取团圆之义。”而仅次于中秋月饼的是元宵或冬至汤圆。宋代诗人周必大《元宵者浮圆子》中就有“今夕是何夕，团圆事事同”的诗句，表明当时的人们已用元宵汤圆来象征团圆。除月饼、元宵以外，中国人还盛行于除夕吃年夜饭，以此象征家庭团圆和睦，这顿年夜饭非同寻常，家庭的所有成员都必须参加，无故不参加者，往往被视为忘本，有失家长的脸面。正因机会难得，故家庭成员在吃饭时总是海阔天空，无话不谈，气氛和谐，其乐融融。

在中国传统社会中，对财富的奢望是任何一个阶层的人们所普遍具有的一种心理定势，由此也产生了许多象征财富的饮食文化现象，其中用不同食物来代表某种财富的现象比较突出，如汉族及许多其他少数民族的人们都有年夜饭必上一道鱼菜的风俗，义取年年有余之意。而对黄金和白银的追逐心态在某些食品中得到了更为充分的反映。如浙江一带除夕吃的春饼裹肉丝，谓“银包金丝”。山西有一些地方在农历二月二的早晨煮鸡蛋吃，名曰“咬金咬银”。饮誉世界的扬州蛋炒蛋又称“碎金炒饭”，其中还分“金裹色彩”和“银裹金”两类。陕南一带正月初一早饭吃形如饺子的“元宝”，取全家进宝之意。诸如此类，不可胜举。中国自古以农立国，农业的丰歉从某种意义上说直接影响着人们的经济生活，所以除金银财宝以外，以五谷为代表的粮食也是人们竭力渴望获取的重要财富。五谷满仓已成为传统社会人们富足的标志。清代北京正月二十五日为填仓节，届时人们购买牛羊猪肉，整天吃喝，客人来时必使其尽饱而归，名曰填仓，用饱餐的形式来象征五谷满仓。山东滕县除夕吃剩的年夜饭放于仓囤之中，取意“仓仓皆满，囤囤有余”之意。安徽广大农村除夕吃的年夜饭菜肴极其丰盛，人们必须将桌上菜肴全部吃遍，且剩余的菜肴要够多顿，当地有“年下剩饭有几盆，来年陈粮换金银”之俗，即通过剩年夜饭象征粮食年年有余。

以官为贵的人生价值取向在中国传统社会中一直成为人们为之奋斗的重要目标。在人们的饮食活动中，这种心态往往也有所表现，如被人们用于象征主体追逐仕途最具表现性的象征符号是由“鱼跃龙门”这一神话传说引出的某些特定饮食活动。如河南人宴客，席上必有一道糖醋熘鲤鱼，即取此意。除以鱼跃龙门作为象征符号以外，以某些食物作为会元、解元、状元三元的象征符号，以此鞭策人们在科考中夺取功名，如《清稗类钞·婚姻类》载，清代有的地方盛行婚嫁过程中“进三元汤。三无际得，鱼圆、肉圆、汤圆。科举考试时代取连中三元之意。”现在，还有许多家长为高考中榜的学子办宴庆贺，谓之“状元宴”，可见追逐仕途功名的饮食象征不仅产生历史久远，而且影响至今。

健康与长寿意识在人们的传统价值取向中也占有重要地位。某些特定的饮食象征艺术符号就反映了人们对健康的追求，如广西有月下吃田螺之俗，即在中秋之夜取一田螺于月下食之，俗称“对月吃田螺，越吃眼越明”。因田螺肉表面明亮有纹，酷似人的眼睛，故期望食之以起到明目的效果。清代吴地每年二月二，人们以油煎隔年糕食用，谓之撑腰糕，期望以此获得腰部的健壮。浙江许多地方四月初夏盛行吃竹笋，谓之健脚笋，以求强盘壮骨，《全国风俗志·浙江》对此释曰：“俗云笋为竹之嫩芽，竹与足字音相似，立夏食笋，即能健足力矣。”还有些特定的饮食象征符号体现了人们对长寿的渴望，中国最早的祈寿食物就是酒了，《诗》中对此即有记载，如《豳风·七月》：“称彼兕觥，万寿无疆。”《小雅·信南山》：“曾孙之穑，以为酒食，畀我尸宾，寿考万年。”汉代人在正旦时饮柏叶酒；魏晋以来出现了九月九日饮菊花酒之俗；唐代人于正月初一饮屠苏酒；民间以此三酒为寿酒。除酒而外，面条是常见的祈寿食品中又一种类。在人们的想象中，自身的生命也应如面条一样绵长。所以，生日或祝寿时必上一碗面条。另外，桃、糕、馍、饺、龟等也因其特征和谐音而被人们赋予了长寿的象征意义，进而成为中国饮食象征艺术的表现形态之一。

（三）中国饮食象征艺术具有强大的社会功能

在中国人的饮食活动中，饮食主体的观念意识与心理状态都是通过饮食对象刻意表现出的象征艺术符号传达出来的。饮食象征符号系统不仅在沟通人与人、人与社会联系的过程中起着重要的作用，而且还具有传递重要信息、规范行为活动、加强人际关系和确定社会角色等社会功能，进而满足饮食主体的心理需要和社会需要，这也是中国饮食文化民族个性鲜明、生命力旺盛、为世界各民族所热捧的一个重要原因。

1. 传递信息

这是中国饮食烹饪象征艺术的第一大社会功能，它是在人际交往活动中，以特定的食物和饮食活动为媒介，把人的观念意识和心理状态艺术地表达出来，使信息的传递者和接受者双方在一种非语言形式的交流中领悟到相互之间的思想与情感，从而使信息的传递者和接受者双方据此对某些不确定性的人和事作出合适的选择。这一点在青年男女要确立恋爱关系时表现得尤为突出，因为这种信息传达方式最适于表达即将进入恋爱角色的青年男女内心深处最为隐秘的思想情感。在许多地方风俗中，具有黏性的糯米饭、年糕以及具有甜味的水果等最为普遍地成为青年男女表达爱情的媒介或信物，如侗族糯米饭被喻为爱情的象征，人们常用“糯米饭能捏成团”来比喻爱情的忠贞不渝。满族人在情歌中常借助年糕来抒发对恋人的爱慕之情，如“黄米饭，黏又黏，红芸豆，撒上面，格格做的定情饭，双手捧在我面前。吃下红豆定心丸，再吃年糕更觉黏。越黏越觉心不散，你心我心黏一团。”而以某些具有象征意义的水果作为传情表意的媒介，这在古代即已有之，《诗》中对此有很多载述，如《周南·桃夭》：“桃之夭夭，灼灼其华。之子于归，宜其室家。”《召南·摽有梅》：“摽有梅，其实七兮。求我庶士，迨其吉也。”《卫风·木瓜》：“投我以木桃，报之以琼瑶。匪报也，永以为好也。”表明这类以果实传情的符号形式有着悠久的历史传统。在用水果进行传情媒介的交往方式中，槟榔这种亚热带棕榈科植物的果实具有一定的代表性，香港已故歌星邓丽君演唱的《采槟榔》一曲可谓家喻户晓，妇孺皆知，此曲以采槟榔这一小小的生活细节为喻，婉转地表达了恋爱男女间的纯洁朴实的爱情。而我国傣族、黎族、壮族、基诺族、拉祜族等都有以互赠槟榔作为表达爱情的风俗。黎族情歌唱道：“口嚼槟榔又唱歌，嘴唇红红见情哥。哥吃槟榔妹送灰，有心交情不用媒。”此外，还有用茶、酒、蛋等作为传递爱情信息的象征符号。如湖南苗族用万花茶表达少男少女间的爱情。小伙子上门求婚，如姑娘中意，她捧给小伙子的茶杯里就放有四片透明如玉的万花茶，两朵“凤凰齐翔”，两朵“并蒂莲花”。若姑娘不答应，那杯中只有三朵万花茶，象征单花独鸟，求婚者只好知趣地辞谢而去。云南彝族男方向女方示爱，需以敬松毛酒（一种白酒）作为求婚的表示，并一边敬酒一边唱道：“只要郎儿合妹意，就请吃口松毛酒”的歌谣。广西壮族青年男女选择恋爱对象时有碰蛋之俗。当小伙子握着红蛋去碰姑娘手中的蛋时，如果姑娘不中意，就会把蛋整个握住，不让碰破，小伙子只好快快而去。

2. 教育

这是中国饮食象征艺术的第二大社会功能。在中国古代，利用具有特殊象征意义的饮食行为以达到教育目的，这是一种比较普遍而有效的艺术形式。例如把一些具有特色的岁时节日食品与被社会公认的具有伟大人格特征的历史人物联系起来，使之产生一定的象征意义和教育意义，如端午节吃粽子纪念屈原，寒食节禁火吃冷食纪念介子推，春节吃年糕纪念伍子胥，河南一些地方六月六吃炒面纪念岳飞，满族人吃冻豆包纪念努尔哈赤，江苏泰兴黄桥吃烧饼纪念新四军，如此等等，反映了民众特定的英雄崇拜观念，具有教育启发后人的社会作用。另外，浙江人认为螺蛳整天躲在壳里，吃了螺蛳可以令人勤快，这种很普通的饮食现象被浙江人借以象征自身勤劳能干的品质和本领。广西有的壮族在农历初二过“开青节”时必须吃苦瓜酿猪肉、辣椒酿牛肉以及甜笋炒酸，因而这个节日也称“酸甜苦辣节”，意在教育子女后代不要忘本。

3. 调整人际关系

这是中国饮食象征艺术的第三大社会功能。我国各民族在长期的历史发展中，都形成了自己独特的热情待客的饮食礼俗，这些礼俗包含着丰富的象征意义，为增进主客间的友谊起着重要的作用。其中主人与客人之间的共饮共食行为所反映的就是两个不同主体之间在人际交往活动中形成的友谊和亲密关系，表达主人对宾客的热情、尊重与关照，以及宾客对主人的感谢与敬意。以饮酒为例，汉族人自古即有以敬酒方式表达感情的礼俗，《礼记·乡饮酒礼》曰：“宾酬主人，主人酬介，介酬众宾。”这已成为古人以酒传情的礼仪定式。傈僳族待客的最高礼节是喝同心酒。饮时由主人斟一木碗水酒，然后由主人和贵宾各自出一手捧起酒碗，脸贴着脸同时喝下这碗包含着主人深情厚谊的水酒。水族人待客要饮肝胆酒，即把猪肝胆汁注入酒中，由主人与客人联臂交杯，象征肝胆相照，相待以诚。在建立同盟关系的过程中，双方代表间的歃血或喝血酒仪式是沟通两个不同社会集团内在联系的重要媒介，这种饮食象征早在周代即已有之，至春秋战国，因诸侯间战事频繁，故歃血结盟现象很普遍。这种歃血结盟仪式在以后各个不同的历史时期以及不同的民族中都存在着，红军长征途中经过大凉山时，刘伯承将军与彝族首领小叶丹的饮鸡血盟誓并结为兄弟一事曾传为佳话。

4. 体现地位身份

这是中国饮食象征艺术的第四大社会功能。在中国传统社会中，人们往往会通过一定的饮食象征符号在规格、档次和行为举止的差异直观地判断和辨别不同社会层次的人的身份和地位。饮食行为的规格和与档次往往是通过一定的数量或型质来表现，某些特定食物和饮食器具在数量或型制的组合关系通常起到明显的标识作用，即通过食物和饮食器具在数量上的多少及型质特征来象征人们地位的尊卑与身份的贵贱，古文献对此多有阐述，如以用器而论：“天子之豆二十有六，诸公十有六，诸侯十有二，上大夫八，下大夫六。”“天子之席五重，诸侯之席三重，大夫再重。”“贵者献以爵，贱者献以散；尊者举觯，卑者举角”（《礼记·礼器》），“天子九鼎，诸侯七，大夫五，元士三也”（《公羊传》桓公三年，何休注）以食物数量而论：“天子一食，诸侯再，大夫士三，食力无数。”（《礼记·礼器》）除食物和饮食器具在数量上的差异外，不同等级阶层的人在享受食品的质量上也有明显的不同，如“诸侯无故不杀牛，大夫无故不杀羊，士无故不杀豕，庶人无故不食珍，庶羞不逾牲。”（《礼记·王制》）“凡食果实者后君子，火熟者先君子。”（《礼记·玉藻》）而饮食行为在饮食象征符号中也成了识别不同社会等级阶层身份的特定形式，特别是在中国古代宫廷举办的各种宴会中，不同等级的人们在特定的饮食活动中的坐次在方位和顺序及进餐或饮酒的行为举动上都有特定的、必须遵循的礼仪规范。其中，宴饮的座次安排就有一定的礼数，小卿次于上卿，大夫次于小卿，士和庶子依次往下排，形成一种令不同等级身份的人们共同认可的进餐就座模式。而进餐或饮酒时的象征性行为以君臣之间的馂礼最具代表性，“司宫设对食，乃四人馂。上佐食盥升，下佐食对之，宾长二人备。司士进一敦于上佐食，又进一敦黍于下佐食，皆右之于席上。资黍于羊俎两端，两下是馂。司士乃辩举，馂者皆祭黍、祭举。主人西面，三拜馂者。馂者奠举于俎，皆答拜，皆反，取举。司士进一铏于上馂，又进一铏于次馂，又进二豆湆于两下。乃皆食，食举，卒食。主人洗一爵，升酌，以授上馂。赞者洗三爵，酌。主人受于户内，以授次馂，若是以辩。皆不拜，受爵。主人西面，三拜馂者。馂者奠爵，皆答拜，皆祭酒，卒爵，奠爵，皆拜。主人答壹拜。馂者三人兴，出，上馂止。主人受上馂爵，酌以酢于户内，西面坐奠爵，拜，上馂答拜。坐祭酒，啐酒。上馂亲嘏，曰：‘主人受祭之福，胡寿保建家室。’主人兴，坐奠爵，拜，执爵以兴，坐卒爵，拜，上馂答拜。上馂兴，出。主人送，乃退。”（《仪礼·少牢馈食礼》）可见，这是地位低下的人吃地位在上的人剩余的食物。按馂礼的规定，每降一次，共馂的人就增多一次，这样做，既可区别尊卑贵贱的等级，亦可象征上对下的“施惠”，从中反映出多层次的社会等级结构。在这种象征性的饮食行为中，人们关注的不是食物的品种与质量，而是什么角色的人以何种顺序在何处吃祭品。又如，在体现长幼有序的饮食礼制中，古人仍通过一系列象征性的形式，这在《礼记》中多有阐述：“侍食于长者，主人亲馈，则拜而食；主人不亲馈，则不拜而食。共食不饱，共饭不泽手。”“侍饮于长者，酒进则起，拜受于尊所。长者辞，少者反席而饮。长者举，未釂，少者不敢饮。”（《曲礼上》）“五十异粮；六十宿肉；七十贰膳；八十常珍；九十，饮食不离寝，膳饮从游可也。”（《王制》）“食三老五更于大学，天子袒而割牲，执酱而馈，执爵而酳，冕而总干，所以教诸侯之弟也。”（《乐记》）“乡饮酒之礼，六十者坐，五十者立侍，以听政役，所以明尊长也。六十者三豆，七十者四豆，八十者五豆，九十者六豆，所以明养老也。”（《乡饮酒义》）又如在宴饮过程中，宰夫先向国君敬献酒，国君饮后举杯向在座的人劝饮。然后宰夫再向大夫献酒，大夫饮后也劝其他比自己地位低的人饮酒，宰夫最后劝庶子饮酒，因庶子地位低下，故为劝饮。从本质上说，这种饮酒方式就是一种识别人们等级身份的象征性饮食行为，通过敬酒过程中的某些特殊礼仪，不仅可以表明国君所处的核心地位以及众臣对国君的忠心与辅佐，而且也可体现出自上而下、层层隶属、尊卑有秩、长幼有序的社会关系。

综上所述，中国人的传统饮食活动绝不是一个孤立的现象，中国饮食象征艺术是一种综合交叉的艺术表现形式，它不仅反映着人的本能、固有的心理活动，而且它所表示的事物具有内在一致性，当人们通过联想寻找到另一层意思时，象征对象与象征本义因此而形成契合，使人们从中获得心理的愉悦感，人们的饮食活动也因此而变得内涵丰富，趣味横生。这正是中国饮食艺术博大深厚的一个重要因素。

阅读与思考

饮食觅佳境（节选）

王仁湘／文

佳境的寻觅，自然不限于春日。还有赏花，也是一个张筵的理由，花开四季，筵宴的名目也就与花朵密切联系起来。《闻见前录》说，洛阳人爱赏花，正月梅花，二月有桃李，三月牡丹，花开时都人仕女载酒争出，择园林胜地，引满歌呼，虽贫者亦以戴花饮酒为乐。赏花的方式新样迭出，《曲洧旧闻》说，宋人范镇在居处作长啸堂，堂前有酴醿架，春末花开，于花下宴请宾客。主宾相约，花落杯中，谁的杯子见花谁就要罚干。花落纷纷扬扬，无一人能免于罚酒，这酒宴就有了一个雅名，叫做“飞英会”。有了许多的赏花宴，也就有了许多的诗文，如唐人刘兼的《中春宴游》诗云“二月风光似洞天，红英翠萼簇芳筵”，写的就是这种赏花宴。在宋人欧阳修的诗作中，也能读到这样的句子，《南园赏花》云：“三月初三花正开，闲同春旧上春台。寻常不醉此时醉，更醉犹能举大杯。”又有邵雍《乐春吟》：“好花方蓓蕾，美酒正轻醇。安乐窝中客，如何不半醺？”

赏花筵宴名称一般也都是极美的，陶宗仪《元氏掖庭记》提及的这类筵宴的名称，有“爱娇之宴”“浇红之宴”及“暖妆”“拨寒”“惜春”“恋春”等，十分别致。花致美，酒致醇，这种感受并不是天天都能得到的，所以要赏花到花谢，饮酒到酒醉，明代李攀龙有一首诗表达的正是这样的感受：

梁园高会花开起，直至落花人未已。

春花著酒酒自美，丈夫但饮醉即休。

选自王仁湘：《往古的滋味》，山东画报出版社 2006 年 4 月版，152 页思考题：古人是通过怎样的方式去追求饮食外在的环境之美的？从艺术的角度看，饮食与佳境之间的关系如何？

总结

本章讲述了中国烹饪艺术的基本精神与主要内容、阐明了“和而不同”“以中为度”的烹饪美学理论，论述了中国饮食烹饪活动中的象征艺术。中国饮食审美是一个复杂的过程，它包括饮食环境的美化、菜点本身的美感和由此形成的象征艺术等。环境美化既有餐厅布置、桌面布置等物质层面，又有以增进愉快气氛的助兴娱乐形式；菜点本身的美感则包括菜点的色、香、味、形、器、名在内的审美范畴；饮食象征艺术是中国烹饪艺术中一幅绚丽多彩的画面，在中国人的早期饮食活动中，象征艺术内容就已十分丰富，从人们的饮食生活中，我们可以发现不同主题内容的象征艺术表现形态，饮食器具、饮食原料、饮食制作、饮食行为等，都可以成为象征艺术的载体。中国烹饪艺术是中国烹饪文化的升华，是当今中国餐饮企业家们普遍感兴趣的课题。

同步练习

1. 中国烹饪艺术的概念是什么？
2. 烹饪中的“和”的概念最早源于先民对什么的认识？
3. 古代哲学家和思想家们是怎样运用烹饪的道理解释“和”与“同”这对哲学范畴的？
4. 先民对本味之本质的理性认识及对取中而和的审美准则是什么？
5. 烹饪艺术的核心内容是什么？
6. 分别从广义和狭义的角度解释“味觉”的概念。
7. 怎样对味进行分类？
8. 盐在烹调中主要有哪些作用？
9. 甜味品在烹调中有哪些作用？
10. 调味品对味觉会产生怎样的影响？
11. 味觉审美形式的基本特征是什么？
12. 什么是“味外之味”？
13. 为什么说“味外之味”存在着个体感受上的差异？
14. 调味对人的心理味觉会产生怎样的影响？
15. 菜肴的命名对心理味觉会产生怎样的影响？
16. 请举出三个能体现出菜的口感及主观印象的菜名。
17. 美器与美食有几种配合方式？为什么？

18. 美食与就餐环境之间的关系怎样？
19. 什么叫筵席？它有多少种类？
20. 宴会主要有哪几个种类？划分的依据是什么？
21. 筵席的主要特点是什么？
22. 筵席设计的基本要求与原则是什么？
23. 礼仪制度中的饮食象征艺术主要表现在哪些方面？
24. 周“八珍”是专用以给谁享用的美撰？为什么？
25. 饮食象征艺术在原始宗教活动中具有哪些表现？
26. 试举例说明年节食俗中的象征艺术？
27. 中国饮食象征艺术的基本特征是什么？请举例说明。
28. 为什么说中国饮食象征艺术具有强大的社会功能？

第十章

中国烹饪的现状与未来发展趋势

本章内容： 中国烹饪发展现状

中国烹饪的未来发展

教学时间： 2课时

教学方式： 理论教学

教学要求： 1. 阐述中国餐饮业不断承袭前人优秀精华、开拓进取的发展历程；

2. 分析当代中国烹饪的发展基本特征；

3. 结合当今存在的实际情况，对中国烹饪未来发展作出科学预测。

课前准备： 阅读近年来出版的《中国餐饮产业经济发展报告》。

中国烹饪历史悠久，文化积淀深厚，中国历史发展过程的各个时期都赋予了中国烹饪以绚丽多彩的文化内涵。而地域特色及其相互间的兼收并蓄，又为今天绘制出一幅气象万千、多姿多彩的烹饪文化百花园。历史发展至今，中国烹饪的发展现状如何？面对 21 世纪来自国际的竞争与挑战，中国烹饪又该如何发展？中国烹饪文化在开放的今天应何去何从？应如何弘扬其优秀的传统？这是时代留给我们的问题，也是不可回避和必须要解答的问题。

第一节　中国烹饪发展现状

历史发展至今，中国烹饪有了很大的发展与变化，主要体现在餐饮市场、技术创新、烹饪教育、理论研究和国际交流等方面。

一、餐饮市场

中国烹饪借助于改革开放的动力，赢得了快速发展的机遇，经历了恢复期、增长期、成熟期和转型期四个发展阶段，既分享了改革开放红利带来的繁荣，又煎熬过内外环境动荡后的“寒冬”，餐饮产业回归发展，转型升级初步完成，产业融合效应增强，成为消费“新常态”下现代服务业的重要组成部分。国家统计局 2018 年 8 月 30 日发布的《改革开放 40 年经济社会发展成就系列报告》显示：2017 年，社会消费品零售总额中餐饮收入 29644 亿元，是 1978 年的 723 倍，年均增长 18.4%，比社会消费品零售总额年均增长率高 3.4 个百分点；餐饮收入占社会消费品零售总额的比重由 1978 年的 3.5% 提升至 2017 年的 10.8%。烹饪产业的发展巨变，不仅体现为规模和速度的超常规增长，也体现为结构和质量的优化提升；迈入新时代，中国餐饮产业拥有更丰富的业态和烹饪产品，更广泛的大众化消费群体，更加多元化、多层次的市场体系，更完善的网点布局，更先进的管理手段和科技应用水平，更严格的食品安全监管和更坚定的文化自信。

餐饮业在发展过程中，越来越重视企业品牌与企业文化的建设，现已形成三种企业文化形态。一是面向顾客满意的服务文化。实现顾客满意的文化，就是强调实现顾客通过餐饮企业传达信息形成的预期效果与餐饮企业实际情况的结合。具体地说，顾客餐饮企业消费首先能感受到了餐饮企业品牌的魅力，越来越多的消费者更关注可口卫生的食品和轻松愉快的环境，这也是现代餐饮企业通过企业文化建设所设定和必须达到的目标底线。餐饮企业除了做好微笑服务，并及时处理、记录顾客投诉外，还努力建立各种形式的餐饮企业的个性化服务。二是面向旅游经济的创新文化。随着旅游市场的蓬勃发展，餐饮企业越来越需要创新发展，不创新的餐饮企业就没有出路。如何将地方文化资源融入餐饮企业中来，让就餐环境、烹饪产品体现地方文化内涵，用烹饪产品讲好中国故事，从而吸引更多的游客变成自己的顾客，这就需要餐饮文化设计。餐饮企业的创新不仅包括菜品的创新，而且还包括管理的创新，如电子科技的应用。另一方面，餐饮企业也越来越重视员工创新素质与能力的培养，企业经营者们已经意识到员工是餐饮企业创新文化的活力基础。三是面向员工成长的能力文化。这是餐饮企业实现面向顾客满意文化和面向企业创新文化的保证，这不仅包括员工技能的提高，还包括员工素质的提高。员工技能的提高，一般通过交叉培训形式实现，这种形式不仅有利于各部门员工的相互理解与沟通，也有利于人力资源部门根据不同部门的淡旺季调配员工，而员工素质能力文化的提高通常由人力资源部门在员工的筛选、社会化等方面做好管理工作。

进入21世纪以来，中国餐饮业发展更加成熟，增长势头不减，整体水平提升，特别是一批知名餐饮企业在外延发展的同时，更加注重内涵文化建设，培育企业品牌，积极推进企业的产业化、国际化和现代化进程。许多餐饮企业的综合水平和发展质量不断提高，并开始输出品牌与经营管理，品牌创新与连锁经营力度增强，现代餐饮步伐加快。中国餐饮业发展已经进入了投资主体多元化、经营业态多样化、经营模式连锁化和行业发展产业化的新阶段。目前，全国大中城市涌现出一批连锁经营集团品牌企业，既有老字号品牌，也有更多的新品牌企业，为行业发展起到了骨干示范作用。

二、菜品改良

历史发展至今，在人们的饮食活动普遍追求回归自然的浪潮中，博大精深的中国烹饪文化怎样根据市场的变化拓展新的境界？现代烹饪将通过怎样的方式才能立足传统，尊重传统，超越传统？显然，菜品改良起着关键作用，而烹饪技术的创新主要体现在菜品的制作上。从中国烹饪历史的角度看，菜品改良一直是历史发展的主旋律，积淀至今的大量的传统菜品都是在历史的长河中经历了大浪淘沙、再经历不断的改良优化而富有了生命力。菜品改良除了注意具体方法外，还必须根据企业的市场定位、企业文化、企业特点和消费者心理需求来进行设计和创作。烹饪产品改良主要体现在以下几个方面。

（一）精美经济实惠，满足大众需求

传统菜品的改良不仅要有适应于精美细致的宴会大菜，还要注重经济实惠的大众菜品的创新，包括家常菜、乡土菜、农家菜等。这类菜品因其价格不高、

地方风味浓郁、适应面广的优势而吸引了广大消费者，故而占有很大的市场。

（二）强调营养质量，讲究膳食平衡

营养调配是现代烹饪饮食的最理性的要求，也是中式菜肴走向世界的关键所在。为此，在设计创新菜点时，设计者依据《中国居民膳食指南》，根据国民健康的饮食要求来设计菜点。在具体的设计创作中，一是重视菜点的科学搭配，二是重视菜点操作中的合理烹调，三是重视调味品和原料在加热中的相互影响，避免加热过程中的危害因素，使新出菜点更有利于人体健康。

（三）制作工艺简洁、出品速度快捷

中式菜品的改良，已尽可能地摆脱某些造型菜、象形菜精雕细作的套路，开发出一些制作简洁、滋味鲜美、小巧雅致、特色浓郁或能事先预制的菜点，以此确保上菜的速度，满足广大消费者快节奏的生活需求。

（四）注重综合开发，原料物尽其用

现代餐饮企业既要根据原料性状和营养价值开发改良菜点，而且还要把传统烹饪习惯上的废弃原料（边角原料）充分利用，发挥原料应有的作用，达到物尽其用的要求，如现代一些改良菜品“茄皮鳝鱼”“瓜瓤羊尾”“姜汁鱼皮”“鱼鳞冻” “椒盐椒叶”等，从而达到了既充分利用资源、又保护生态环境和有益于顾客身体健康的效果。

（五）注重改良出新，色香味形俱美

菜品既要突出新、奇、特的特点，又要保证菜点自身的本质属性，即在改良菜的色、香、味、形、质、器等方面，都能达到美的最高境界和各自的标准，做到真正符合菜点属性的要求。

（六）注重季节变化，尊重饮食习惯

现代菜点的改良者从多元角度考虑到本地消费者的饮食习惯、口味爱好和季节变化，设计出了适合当地消费者所喜欢的时尚菜品。

（七）根据宴会特点，把握改良思路

现代的宴会改良菜要从多方面考虑，按照宴会的主题要求、规格要求、礼仪要求来进行设计创作。改良菜既要考虑到菜点的食用价值，还要考虑到菜点的艺术价值，更要考虑到菜点消费的适应程度，如烹饪原料的适应性（民族信仰）、

饮食习惯的适应性（地域食俗）等。

（八）调研消费市场，重视成本控制

现代菜品的改良更加重视消费者的消费能力，充分利用主料、辅料和调料之间的标准合理搭配，以此降低成本，将销售价格控制在最低限度，以满足更多消费者的需求。

三、烹饪教育

烹饪职业教育是中国确保餐饮业可持续性发展的核心力量和必要前提，是我国职业教育事业的重要组成部分，是促进餐饮经济、社会发展和劳动就业的重要途径。烹饪专业是餐饮职业教育的传统特色专业，在我国职业教育界享有较高的声誉，也是餐饮职业教育的核心和重点，改革开放以来，随着市场经济的不断发展，中国餐饮业也迅速增长，带动了烹饪职业教育的迅速崛起，成为热门学科。

20 世纪以前，中国烹饪教育的形式主要是依靠家庭主妇和职业厨师的言传身教或以师带徒，而学校的烹饪教育尚处于萌芽时期。南京金陵女子大学的家政系，早在 1947 年开设了《烹调学》这门课程，成都女子师范学校也相应开设《中国烹饪技术》课程（见温雪秋、杨程：《中国烹饪教育的主要历史变革》，《科教导刊》2011 年，第 5 期，第 20 ～ 23 页），但并没有形成专业教学体系。饮食摊店的经营者，为了提高被雇佣者的技艺水准，或自行传授，或另请高厨传授技艺，其组织形式是分散的自发性的。由于技艺是谋生的资本，所以掌握烹饪技艺的人既不轻易传授，也不相互交流，致使大多数厨师的烹饪技艺和烹饪知识处于片面零散的状况。这种以师带徒的单线传艺形式，无疑阻碍了优秀传统技艺的交流，使烹饪技术的延续和扩散速度很慢，难以适应社会发展对烹饪技术人才的需求，客观上束缚了烹饪事业的进一步发展。自 20 世纪 50 年代，就有了烹饪技工学校，此后，烹饪专业学校如雨后春笋，发展迅速。自 1983 年江苏商业专科学校（现扬州大学旅游烹饪学院）创办中国烹饪系以来，烹饪高等教育也出现了迅猛的发展态势，至今已走过了 30 多年的发展历程，成绩喜人。

（一）中等烹饪职业教育发展状况

中等烹饪职业教育，主要培养中级烹饪技术人才，有烹饪技工学校、烹饪中专学校和烹饪职业中学等形式。这类学校主要培养中级烹饪技术人才，学生除了学习饮食基础知识、营养卫生知识、烹饪基础化学、烹饪原料知识、烹饪原料初加工技术、烹调技术、面点制作工艺、厨房管理知识等专业基础理论知

识外，主要侧重于专业技术操作动手能力的培养，学生基本功较扎实，动手能力强，有一定的理论基础。

烹饪专业与社会发展紧密相连，与人们的生活变化直接相关。20 世纪 80 年代后期，全国已有 360 多所设有烹饪专业的中等（中级）学校。其中，商业技工学校 70 余所，劳动技工学校 130 多所，旅游中专学校 10 多所，职业中学 150 多所。这些学校每年为各行各业培养中等烹饪技术人才达 20000 人左右。20 世纪 90 年代以来，经济迅速发展，人民生活水平进一步提高，餐饮市场火爆异常，厨师工资也随之水涨船高。烹饪职业也成为热门作业，各种形式的烹饪培训班如雨后春笋一般发展起来，与此同时烹饪中等职业教育也进一步壮大，烹饪专业的毕业生正在逐年大幅度呈递增的趋势。

（二）高等烹饪教育发展状况

烹饪高等教育，主要培养大学本科或专科的烹饪人才，一般招收应届毕业生或从烹饪中等学校对口招生。学生除学习高等理论文化知识外，还要学习中国烹饪概论、烹饪原料学、烹饪工艺学、营养卫生学、饮食保健学、餐饮经营与管理、中国烹饪史、中国饮食文化、烹饪美学、烹饪古籍文献等专业理论，同时也进行烹饪操作技术、技能的实践性教学。学生毕业后，主要从事餐饮企业管理或烹饪技术、餐饮管理的教学与研究工作。

我国的烹饪高等教育，真正起步于 20 世纪 80 年代。1983 年，原商业部在江苏商业专科学校（现扬州大学旅游烹饪学院）建立了烹饪系（以培养烹制淮扬菜为主的高级人才）。接着，商业部报经教育部批准，于 1985 年 5 月在四川成都建立了我国第一所培养川菜为主的高级烹饪人才的学校——四川烹饪专科学校。以后，广东商学院、武汉商业服务学院、吉林商业专业科学校、北京联合大学旅游学院、上海旅游专科学校、河北商业专科学校（现河北经贸大学职业技术学院）等院校都开设了烹饪专科教育。20 世纪 90 年代以后，中国烹饪教育向更高层次发展，出现了烹饪本科教育和研究生教育。为了培养烹饪职教师资，1993 年扬州大学商学院（现扬州大学旅游烹饪学院）开设烹饪与营养专业本科和烹饪教育函授本科教育。1997 年，国家教委又登记备案了河北师范大学的烹饪与营养教育（040431W）本科专业。1999 年以后，黑龙江商学院、武汉商业服务学院等院校也相继开设了烹饪本科专业，使烹饪本科教育形成了一定规模。在研究生教育方面，1993 年黑龙江商学院旅游烹饪系曾从该院食品工程系硕士招生指标中分得以烹饪科学为研究方向的两个名额，从而开启了中国烹饪硕士研究生教育的先河。2000 年国家教育部正式批准该校从中等职业学校对口招收烹饪专业在职研究生，为国家培养高水平的烹饪专业师资。随后，扬州大学旅游烹饪学院开办了研究生教育。研究生教育设有旅游管理和食品科学两个硕士点，同时还挂靠本校相关学科硕士点设有体育运动与营养保健、旅游经济和烹饪教育三个研究方向。

2001 ～ 2011 年，我国高等职业教育规模和教师队伍进入了改革开放以来发展最快的阶段。在国家不断出台适应度高、创新性强的职业教育法规政策的保障下，我国烹饪职业教育收获了丰硕红利，对产业的可持续性发展起到了积极作用，济南大学等 9 所院校开始进行本科层次的餐饮教育招生。杨遥、于干千同志在《改革开放 40 年中国餐饮业发展历程与产业发展贡献研究》一文中指出，受教育程度在高中以下的从业人员所占比例逐渐缩小，高中及以上的从业人员逐渐扩大到 32.4%。到 2018 年底，烹饪职业教育发展开始在供给侧结构性改革和促进就业大背景中布局谋篇，实施产教融合发展工程，吸取社会力量投入，紧跟产业变革创新人才培养模式。高等职业教育规模和教师队伍发展增速放缓，更注重学生技能和素质的培养，全国烹饪工艺与营养专业院校从 2013 年的 85 所增加到 2018 年的 176 所，餐饮职业教育从“量”到“质”都有了较大飞跃，对餐饮产业的可持续性发展起到了积极作用。

烹饪学校教育的兴起，直接带来了人才培养质量的提升，是切实改变餐饮烹饪人才综合素质普遍偏低的根本措施。它突破了固有的“以师带徒”形式，让分散型转为集中型，将盲目性转为目的明确、组织科学、计划合理的教学，使教学质量稳步上升，在餐饮经济的发展中起到了重要的作用。

四、理论研究

改革开放以来，中国烹饪理论研究进入了一个繁荣的时期。探索、总结烹饪饮食现象，揭示中国烹饪本质及其规律的学术探讨，已成为这一时期烹饪理论学术界的主旋律。

（一）研究机构与教材

这一时期，全国许多地方相继建立了烹饪研究机构，许多烹饪院校编撰、出版了系列烹饪教材，扬州大学旅游烹饪学院、哈尔滨商业大学旅游烹饪学院、四川烹饪高等专科学校、浙江商业职业技术学院、山东旅游职业学院、陕西旅游烹饪职业学院等都相继出版了烹饪专业系列教材，其中扬州大学旅游烹饪学院组织编写的高等院校烹饪系列教材在全国影响较广，特别是 2006 年，该校组织编写的《中国烹饪概论》《烹饪原料学》《烹饪工艺学》《中医饮食保健学》等 9 部教材被列入 “十一五”国家级规划教材，中国纺织出版社还在扬州大学旅游烹饪学院建立了烹饪类图书拍摄基地。1987 年，中国烹饪协会成立，建立了中国烹饪图书资料中心和中国烹饪菜肴检测中心。1989 年 8 月，中国烹饪协会在长沙召开了首届中国烹饪学术研讨会。台北三商行的饮食文化基金会也于1989年和1991年举办了两届有关中国饮食文化的国际研讨会。此后，在海峡两岸，每年各地都举办多次的饮食文化学术成果方面的交流与研讨会议。2006年12月，中国烹饪协会成立了专家工作委员会，通过开展行业理论研究、学术交流、咨询指导以及相关的科研活动，为中国餐饮业的发展提供智力支持，为建立规范、健全、良好的餐饮行业管理机制提供科学指引。

（二）学术研究与成果

进入20世纪80年代，大陆的中国饮食史研究开始进入繁荣阶段。据统计，《中国烹饪》杂志创刊后，至今已相继发表了数百篇中国饮食史方面的论著。20世纪80年代大陆的中国饮食史研究，主要体现在以下几方面：

一是对有关中国饮食史的文献典籍进行注释、重印。如中国商业出版社自1984年以来推出了《中国烹饪古籍丛刊》，相继重印出版了《先秦烹饪史料选注》《吕氏春秋·本味篇》《齐民要术》（饮食部分）、《千金食治》《能改斋漫录》《山家清供》《中馈录》《云林堂饮食制度集》《易牙遗意》《醒园录》《随园食单》《素食说略》《养小录》《清异录》（饮食部分）、《闲情偶寄》（饮食部分）、《食宪鸿秘》《随息居饮食谱》《饮馔阴食笺》《饮食须知》《吴氏中馈录》《本心斋疏食谱》《居家必用事类全集》《调鼎集》《菽园杂记》《升庵外集》《饮食绅言》《粥谱》《造洋饭书》等书籍。

二是编辑出版了一些具有一定学术价值的中国饮食史著作。如：林乃燊《中国饮食文化》（上海人民出版社1989年版）；林永匡、王熹《食道·官道·医道——中国古代饮食文化透视》（陕西人民教育出版社，1989年版）；姚伟钧《中国饮食文化探源》（广西人民出版社1989年版）；陶文台《中国烹饪史略》（江苏科学技术出版社1983年版）、《中国烹饪概论》（中国商业出版社1988年版）；王仁兴《中国饮食谈古》（轻工业出版社1985年版）、《中国年节食俗》（中国旅游出版社1987年版）；王明德、王子辉《中国古代饮食》（陕西人民出版社1988年版）；杨文骐《中国饮食文化和食品工业发展简史》（中国展望出版社1983年版）、《中国饮食民俗学》（中国展望出版社1983年版）；施继章、邵万宽《中国烹饪纵横》（中国食品出版社1989年版）；陶振纲、张廉明《中国烹饪文献提要》（中国商业出版社1986年版）；张廉明《中国烹饪文化》（山东教育出版社1989年版）；曾纵野《中国饮馔史》第一册（中国商业出版社1988年版）；林正秋、徐海荣、隋海清《中国宋代果点概述》（中国食品出版社1989年版）；庄晚芳《中国茶史散论》（科学出版社1988年版）；陈椽《茶业通史》（农业出版社1984年版）等。

论文方面主要有彭卫《谈秦人饮食》（《西北大学学报》1980年第4期）；

马忠民《唐代饮茶风习》（《厦门大学学报》1980年第6期）；韩儒林《元代诈马宴新探》（《元史及北方民族史研究集》第4期，1980年版）；刘桂林《千叟宴》（《故宫博物院院刊》1981年第2期）；张泽咸《汉唐时代的茶叶》（《文史》第11辑，1981年版）；黄展岳《汉代人的饮食生活》（《农业考古》1982年第1期）；孙机《唐宋时代的茶具与酒具》（《中国历史博物馆馆刊》总4期，1982年）；王树卿《清代宫中膳食》（《故宫博物院院刊》1983年第3期）；李春棠《从宋代酒店茶坊看商品经济的发展》（《湖南师范大学学报》1984年第3期）；蔡莲珍、仇士华《碳十四测定和古代食谱研究》（《考古》1984年第10期）；赵峰元《从〈浮生六记〉看清中叶的饮食生活》（《商业研究》1985年第12期）；史树青《谈饮食考古》（《考古与文物》1984年第6期）；赵匡华《我国古代蔗糖技术的发展》（《中国科技史科》第6卷第5期）；孟乃昌《中国蒸馏酒年代考》（《中国科技史料》1985年第6期）；童恩正《酗酒与亡国》（《历史知识》1986年第5期）；王慎行《试论周代的饮食观》（《人文杂志》1986年第5期）；贾文瑞《我国饮食市场的形成与变迁》（《商业流通论坛》1987年第2期）；赵荣光《试论中国饮食史上的层次结构》（《商业研究》1987年第5期）；史谭《中国饮食史阶段性问题刍议》（《商业研究》1987年第2期）；赵桦、陈永祥《试述春秋战国时期楚人的饮食》（《湘潭大学学报》1987年第1期）；林正秋《宋代菜肴特点探讨》（《商业经济与管理》1987年第1期）；赵锡元、杨建华《论先秦的饮食与传统文化》（《社会科学战线》1989年第4期）；李霖、叶依能《我国古代酿酒技术的发展》（《中国农史》1989年第4期）；王岩《中国食文化的发生机制》（《中国农史》1989年第4期）；王守国《中国的酒文化》（《学术百家》1989年第5期），纳古单夫《蒙古诈马宴之新释》（《内蒙古社会科学》1989年第4期）；王洪军《唐代的饮茶风习》（《中国农史》1989年第4期）；龚友德《云南古代民族的饮食文化》（《云南社会科学》1989年第2期），等等。

20世纪90年代以后的中国饮食史研究，无论是研究的角度还是研究的深度，都远远超过80年代，这具体体现在以下几个方面。

一是有关中国饮食史研究的著作纷纷涌现。主要代表作品有李士靖主编《中华食苑》（第1～10集）；林永匡、王熹《清代饮食文化研究》（黑龙江教育出版社1990年版）；王子辉《隋唐五代烹饪史纲》（陕西科技出版社1991年版）；陈伟明《唐宋饮食文化初探》（中国商业出版社1993年版）；王学泰《华夏饮食文华》（中华书局1993年版）；万建中《饮食与中国文化》（江西高校出版社1995年版）；王仁湘《饮食考古初集》（中国商业出版社1994年版）；谭天星《御厨天香——宫廷饮食》（云南人民出版社1992年版）；赵荣光《中国饮食史论》（黑龙江科学技术出版社1990年版）；王仁兴《中国饮食结构史概论》（北京市食品研究所 1990 年印行）；鲁克才《中华民族饮食风俗大观》（世界知识出版社 1992 年版）；李东印《民族食俗》（四川民族出版社 1990 年版）；季羡林《文化交流的轨迹——中华蔗糖史》（经济日报出版社 1997 年版）；黎虎主编《汉唐饮食文化》（北京师大出版社 1998 年版）；邱庞同《中国菜肴史》和《中国面点史》（青岛出版社 2001 年版）等。

二是在研究力度和研究深度上都有了进一步的拓展，主要代表作品有姚伟钧《论中国饮食文化植根的经济基础》（《争鸣》1992 年第 1 期）；严文明《中国稻作的起源和传播》（《文物天地》1991 年第 5、6 期）；梁中效《试论中国古代粮食加工业的形成》（《中国农史》1992 年第 1 期）；顾和平《中国古代大豆加工和食用》（《中国农史》1992 年第 1 期）；贾俊侠《古代关中主要粮食作物的变迁》（《唐都学刊》1990 年第 3 期）；张涛《试论石磨的历史发展及意义》（《中国农史》1990 年第 2 期）；胡志祥《先秦主食加工方法探折》（《中原文物》1990 年第 2 期）；萧家成《论中华酒文化及其民族性》（《民族研究》1992 年第 5 期）；张国庆《辽代契丹人的饮酒习俗》（《黑龙江民族丛刊》1990 年第 1 期）；张德水《殷商酒文化初论》（《中原文物》1994 年第 3 期）；李元《酒与殷商文化》（《学术月刊》1994 年第 5 期）；张平《唐代的露酒》（《唐都学刊》1994 年第 3 期）；拜根兴《饮食与唐代官场》（《人文杂志》1994 年第 1 期）；吴涛《北宋东京的饮食生活》（《史学月刊》1994 年第 2 期）；陈伟明《元代饮料的消费与生产》（《史学集刊》1994 年第 2 期）；陈珲《饮茶文化始创于中国古越人》（《民族研究》1992 年第 2 期）；王懿之《云南普洱茶及其在世界茶史上的地位》（《思想战线》1992 年第 2 期）；程喜霖《唐陆羽〈茶经〉与茶道（兼论其对日本茶文化的影响）》（《湖北大学学报》1990 年第 2 期）；陈香白《潮州工夫茶与儒家思想》（《孔子研究》1990 年第 3 期）；刘学忠《中国古代茶馆考论》（《社会科学战线》1994 年第 5 期）；陈伟明《唐宋华南少数民族饮食文化初探》（《东南文化》1992 年第 2 期）；马健鹰《味政合一，饮食之道》（《东南文化》1997 年 4 期）和《中国古代食礼规定下的饮食结构》（《扬州大学烹饪学报》3 期）；辛智《从民俗学看回回民族的饮食习俗》（《民族团结》1992 年第 7 期）；黄任远《赫哲族食鱼习俗及其烹调工艺》（《黑龙江民族丛刊》1992 年第 1 期）；贾忠文《水族"忌肉食鱼"风俗浅析》（《民俗研究》1991 年第 3 期）；蔡志纯《漫谈蒙古族的饮食文化》（《北方文物》1994 年第 1 期）；任飞《医食同源与我国饮食文化》（《上海师范大学学报》1992 年第 1 期）；裘锡圭《寒食与改火》（《中国文化》1990 年第 2 期）；万建中《中国节日食俗的形成、内涵的流变》（《东南文化》1993 年第 4 期）；杨学军《先秦两汉食俗四题》（《首都师大学报》1994 年第 3 期）；张宇恕《从宴会赋诗看春秋齐鲁文化不同质》（《管子学刊》1994 年第 2 期）；王晓毅《游宴与魏晋清谈》(《文史哲》1993年第6期);胡志祥《先秦主食文化要论》(《复旦学报》1990年第3期);杨钊《中国先秦时期的生活饮食》(《史学月刊》1992年第1期);宋镇豪《夏商食政与食礼试探》(《中国史研究》1992年第3期);杨爱国《汉画像石中的庖厨图》(《考古》1991年第11期);余世明《魏晋时期粮食生产结构之变化》(《贵州师范大学学报》1992年第2期);关剑平《"兰肴异蟹肴"(南北朝食蟹风俗)》(《北朝研究》1991年总第5期);黄正建《唐代官员宴会的类型及其社会职能》(《中国史研究》1992年第2期);徐吉军《南宋临安饮食业概述》(《浙江学刊》1992年第6期);程民生《宋代果品简论》(《中州学刊》1992年第2期);陈高华《元代大都的饮食生活》(《中国史研究》1991年第4期);张国庆《辽代契丹人饮食考述》(《中国社会经济史研究》1990年第1期);闻惠芬《太湖地区先秦饮食文化初探》(《东南文化》1993年第4期);杨亚长《半坡文化先民主饮食考古》(《考古与文物》1994年第3期);张萍《唐代长安的饮食生活》(《唐史论丛》第6辑,陕西人民出版社1995年版);黄正建《敦煌文书与唐五代北方地区的饮食生活》(《魏晋南北朝隋唐史资料》第11册,武汉大学出版社出版);马健鹰《"礼之初始诸饮食"质疑》(《江汉大学学刊》1998年1期)和《<左传>中饮食生活及宴饮诗研究》(《扬州大学烹饪学报》2003年1期),等等。

2007年,在中国烹饪协会成立20周年之际,中国烹饪协会本着兼顾20年来各个阶段行业发展特点,对各地烹饪餐饮行业协会推荐来的数千篇论文进行了多方位、多角度地严格筛选,将其中的94篇论文汇编成集,由中国轻工业出版社出版。这部论文集集中汇集了1987年至2007年这20年来的烹饪科研成果精华,展现了20年来中国烹饪学术界的发展历程。

2007～2018年,中国烹饪学术研究进入了精研致细、研以致用的繁荣阶段,学术成果转化为餐饮发展动力的可行度和应用价值更高。主要分两个部分:一是基础理论的学术研究成果,具有代表性的作品有,2011年上海古籍出版社出版的"中国饮食文化专题史"丛书,其中的俞为洁著《中国食料史》、姚伟钧等编《中国饮食典籍史》、瞿明安等编《中国饮食娱乐史》以及张景明等编《中国饮食器具发展史》四部,可谓研究至精,学术价值很高。而赵荣光主编的《中国饮食文化史》(中国轻工业出版社2013年出版,全十卷),是目前最为系统呈现中国饮食文化区域特征的代表著作。该套丛书被认为是中华民族五千年饮食文化与改革开放以来最新科研成果的一次大梳理、大总结,从区域性理论重新认知中国饮食文化,同样说明了目前国内研究者希望从更加专门而具体的视角审视中国饮食文化的历史发展。另外,文物出版社2008年出版的张景明《中国北方游牧民族饮食文化研究》、中华书局2010年出版的苏生文与赵爽合著《西风东渐:衣食住行的近代变迁》、江苏大学出版社2011年出版的韩荣《有容乃大：辽宋金元时期饮食器具研究》、江苏教育出版社 2012 年出版的马健鹰《中国饮食文化》、青岛出版社 2015 年出版邱庞同《中国饮食之源》和《中国饮食之魅》两书、吉林人民出版社 2015 年出版的王仁湘与肖爱兵合著《图说中国文化：饮食卷》、中国书籍出版社 2016 年出版的李登年《中国宴席史略》等都是具有很高的学术价值的经典之作。二是具有应用价值和实践意义的学术研究成果，具有代表性的作品有谭宏的《产生于农业文明背景下的传统饮食文化之现代化问题研究——基于非物质文化遗产保护和传承的视角》（《农业考古》2011 年 1 期）、邱庞同的《继承中国饮食烹饪文化遗产的断想》（《四川烹饪高等专科学校学报》2011 年 5 期）、周鸿承的《论中国饮食文化遗产的保护和申遗问题》（《扬州大学烹饪学报》2012 年 3 期）、彭兆荣的《中国饮食：作为无形遗产的思维表述技艺》（《民族艺术》2012 年 3 期）、侯兵与朱敏的《淮扬饮食文化景观谱系的构建及其旅游开发价值》（《扬州大学烹饪学报》2013 年 4 期）、曹仲文的《从中国古代烹饪器具看中国人的节用思想》（《美食研究》，2014 年 3 期）、于干千与程小敏的《中国饮食文化申报世界非物质文化遗产的标准研究》（《思想战线》2015 年 2 期）、马健鹰的《“曾”、“烝”考论——兼论远古蒸食工艺及先民对“气”的哲学思辨》（《美食研究》2015 年 3 期）、张爱平和马楠的《美食网络关注度时空特征及其与旅游的耦合性研究——以沪苏浙皖为例》（《美食研究》2016 年 2 期）等，从不同的角度，体现出中国烹饪理论研究在新的历史条件下专业化、实用化、思想化和逻辑化的发展范式，不仅对中国餐饮业发展产生指导意义，而且对未来中国烹饪理论研究发展方向直到了导向作用。

五、国际交流

早在 20 世纪 80 年代末，海外餐饮巨头就开始了对中国餐饮市场的积极渗透，一方面积极寻求与中国餐饮企业的合作，另一方面又逐渐形成了对中国餐饮业的竞争态势。随着对外交流的日益频繁以及整体国力的不断提升，世界餐饮业与中国传统餐饮业的融合进一步加深。与此同时，餐饮服务业对外开放的程度也明显提高。2017 年，中共中央办公厅、国务院办公厅印发的《关于实施中华优秀传统文化传承发展工程的意见》明确指出，支持包括中华烹饪在内的中华传统文化“走出去”。商务部等 16 部门联合发布《关于促进老字号改革创新发展的指导意见》，大力推动中华传统餐饮等领域老字号企业“走出去”。文旅部、国家侨办等中央部门也积极通过中外“海外中餐繁荣计划”等扩大中餐在海外的影响力。地方政府在国家“走出去”战略指引下，也纷纷制定各自的具体措施。一方面，江苏、四川、山东、福建、浙江、云南等地方政府在 2018 年都纷纷推出地方菜系“走出去”计划，另一方面，地方政府积极建设国际美食之都，扩大地方美食影响力。在澳门、扬州被联合国教科文组织评定为“世界美食之都”，中国已经有了包括成都、顺德在内的四个城市被纳入联合国创意城市网络。在企业层面，随着中餐企业自身市场竞争力的增强，相比于过去的中餐企业“走出去”的失败案例，当前中餐企业国际化经营的能力有着大幅度提升。在国家“发展更高层次的开放型经济”战略，特别是“一带一路”倡议支持下和行业组织引导下，包括全聚德、便宜坊、海底捞、大董烤鸭、小南国、眉州东坡、小尾羊、狗不理、广州酒家、冶春等在内的一批优秀中餐企业在拓展海外市场上颇有成就。。

正因世界餐饮业与中国餐饮业的融合不断加深，所以中国与世界各地餐饮业的各种形式交流与合作也日益频繁。1991 年，世界中国烹饪联合会（简称“世烹联”）由中国烹饪协会发起，联合了日本、新加坡、马来西亚、美国、法国等餐饮业同行共同筹建，经报请国务院正式批准后成立。现已发展为 100 多个会员单位，遍及亚洲、欧洲、美洲、大洋洲，为提高中国餐饮和中餐厨师在国际上的地位、推动中国烹饪在世界范围内的发展、密切国家和地区之间烹饪界的联系与合作，增进烹饪团体和餐饮业同行之间的团结和友谊做出了应有的贡献。历史进入 21 世纪以来，我国每年都接待大批各国和地区来访的餐饮代表团，并与国内餐饮界同行进行广泛的交流与合作。2005 年始，世烹联又开展了“中华美食之旅”活动，先后接待了来自美国、荷兰、日本等国的多个大型代表团来访。邀请海外著名烹调师来华参加中国厨师节、中国电视烹饪大赛以及在北京、上海、广州、武汉、青岛、烟台等地举办的美食节和烹饪比赛等活动。世烹联每年还多次组织中国内地的烹饪代表团到世界各地学习和交流，先后出访美国、加拿大、英国、荷兰、西班牙、澳大利亚、日本、韩国、马来西亚、新加坡等国。中国内地几乎每年都有很多团组参加和观摩在吉隆坡举行的“烹炉大观烹饪大赛”、日本的“青年厨师大赛”以及新加坡、韩国的美食节，极大地促进了中国烹饪事业的发展。

饮食文化是体现国家特色与文化的代表性媒介，也是国家宝贵的资产。不论东方还是西方，一个国家独有的饮食文化是其与世人沟通与交流的重心。中国烹饪作为中国饮食文化的集中表现，通过在海外的发展传播，促进华侨华人经济发展，提升国家文化软实力，推动国际交流与合作。“有太阳的地方就有华人，有华人的地方就有华商，有华商的地方就有中餐馆。”据《2019 中国餐饮产业蓝皮书》统计，至 2018 年底，海外目前已有 70 余万家中餐馆，主要集中在亚洲、北美和欧洲。亚洲是中国烹饪餐饮业的发展主阵地，全球有 6500 万华侨华人，其中 70% 居住在东南亚地区。在这里，中餐馆发展比较集中。日本和韩国是中餐在亚洲发展的重要市场。日本中餐馆约有 8000 家，韩国约有 1 万家。美国从事中餐业的人数约为40万，占美国餐饮总就业人数的2.6%。欧洲中餐馆（含外卖店）数量约为6万家，其中法国约为8000家，其中有3/4在巴黎；英国有9000家中餐馆，15000家中餐外卖店；西班牙约有3000家；意大利有4000家；希腊有500余家；奥地利有900家；葡萄牙600家。海外中国烹饪的发展已呈现出如下几个特点。

（1）中餐馆在海外数量逐年递增。中国烹饪承载的中国文化传播作用日益彰显。很多外国人对中国的印象来自中餐馆，其本身不仅仅是一个餐饮服务场所，也成为外国人了解中国文化、结缘中国的特殊窗口。虽然中餐在各大洲的发展水平有差异，但总体的接受度比较高。一些国家的总统、政要和各界名人经常光顾中餐馆。据中国外文局对外传播研究中心2017年3～6月开展的中国国家形象全球调查结果表明，中餐已成为海外受访者眼中最能代表中国文化的元素，占首选比例的52%；排在第二位的是中医药，武术排在第三位。品尝过中餐的海外人群中，72%人受访者给出了好评。庞大的从业人数，广泛的行业分布，较高的认可度，使中国烹饪在传播中国文化方面具有独特的优势。通过讲述中国美食故事，推广中国烹饪技艺，传播正能量，提升中国的国家形象，并引导世界全面客观地认识当代中国。

（2）海外中国烹饪向高品质发展的意识逐步觉醒。经过改革开放40多年的发展，国内烹饪行业经历了起步发展、数量扩张、连锁经营、品牌建设和综合发展等阶段，出现了一大批规模大、实力强、特色鲜明且具有现代管理理念与机制的优秀企业，形成了高、中、低多种档次，大、中、小多种规模，多种业态的市场体系。相对而言，海外中餐业在经营规模、经营方式、烹饪技艺、就餐环境、菜品更新等方面落后于国内。但随着国际交流的深入和扩大，海内外中国烹饪发展差距逐渐显现。很多海外中餐经营者已认识到这种差距，正通过经营管理、烹饪技艺、菜品服务、经营方式等多种创新提升发展质量。另外，国外市场提出了更高要求。很多外国人到中国后，体验到色彩鲜明、菜肴丰盛、高端大气、细致入微的餐饮服务，再加上日益增加的国际交流、国际旅行和对中国的了解，外国人对中餐的选择变得更具有鉴别能力。特别是在海外出生的华人，开始开办融合两地文化传统并具有创意的中餐馆，对高质量发展和个性化发展更加看重。他们不仅熟悉中国的传统文化，了解中国烹饪的发展状况，在经营理念上能够实现中西合璧，而且与当地的主流社会联系紧密。而很多留学人员和近年来的移民也加入到这个队伍中，发挥其经营理念和经济实力的优势。

（3）国内连锁与品牌企业走出国门，成为中国烹饪海外发展的新亮点。国内的许多连锁餐饮企业和一些成熟品牌，开始走出国门，将高品质的中国美食文化带给世界各地的消费者。第一，美国是首选市场。近年来，中国烹饪出海进入高潮期，美国是首选，其次为加拿大、澳大利亚、日本、新西兰、新加坡、韩国等地。第二、发展最快的是火锅。从品牌上看，火锅、正餐平分秋色，但从门店数量和发展速度看，火锅品牌占有绝对优势。第三，一些小吃，如沙县小吃、兰州拉面等，呈快速发展之势。这些品牌发展成熟，标准化程度较高，企业通过深入研究，当地法律法规、风土人情、饮食习惯等实现融合发展，并发挥在菜品研发、经营管理、人才管理等方面的优势，精选开店国家和区域，发挥了较好的示范作用，已经成为开拓国际市场的新生力量和传播中国烹饪文化的崭新窗口。

在推动中国烹饪向海外发展的过程中，华侨华人从业者、国外中餐企业积极努力的同时，国内各方也在大力推动。国务院侨务办公室于 2014 年推出“中餐繁荣计划”，作为“海外惠侨工程”八大计划之一，通过组织中国烹饪技术培训、在线授课、研习班学习等多种形式，提升海外中餐服务的质量和水平。世界中餐业联合会发挥国际性、专业性、行业性优势，认真研究、积极培育品牌活动，不断提升中国烹饪技艺的传播和创新能力，提升中餐国际影响力和竞争力。世界中餐业联合会于 1991 年策划了“中国烹饪世界大赛”，经报国家商务部批准，1992 年在中国上海开展了首届大赛，大大地促进了中国烹饪文化和技艺在国际平台上的交流，扩大了中国烹饪国际影响力，提高了中国烹饪文化的国际竞争力，目前已成为世界最高水平的中国烹饪比赛，被誉为“中餐奥林匹克”。

2016 年，世界中餐业联合会与法国旅游发展署建立合作关系，引导、组织中餐厅参评 LALISTE 榜单，中餐厅上榜数量呈现快速上升趋势。在 LALISTE 2017 榜单中，中餐厅的数量增加到 100 家，总数排名第 3，入选的前 100 名的餐厅 5 家，排名第 4。LALISTE 2018 榜单中，127 家中餐厅上榜，仅次于日本的 134 家，超过法国的 118 家，位居第 2。LALISTE 2019 榜单中，143 家中餐厅上榜，继续保持第 2 位，并缩小了与日本的差距。通过参评 LALISTE 榜单，中国的世界美食中心地位不断彰显，上榜中餐厅的国际知名度迅速提升。许多上榜企业通过参加活动，提升了品牌意识，扩大了国际视野，成功开拓了国际市场，成为传播中国烹饪文化的新生力量。

第二节 中国烹饪的未来发展

中国烹饪的未来发展究竟怎样？中国的餐饮市场、烹饪教育和饮食文化与科学研究将会发生怎样的变化？这些问题逐渐被越来越多的研究者所关注。随着世界新的经济格局的形成，中国烹饪将面临新的机遇和挑战。抓住机遇，迎接挑战，繁荣市场，开拓创新，这是中国烹饪未来发展的必由之路。

一、未来餐饮市场的变化趋势

（一）烹饪消费的方式将越来越呈现多元化和现代化

未来一个时期，个人旅行、公务差旅、居家消费、休闲娱乐等都将成为餐饮消费的动因，与之对应的消费门类也将突破传统的商务餐、家庭餐等范畴，餐饮服务将进一步拓展到自助、宴席、配送等领域。在我国东部沿海城市，快餐市场已经占据了连锁餐饮企业营业额的半壁江山，这一趋势还将带动更多各具特色的消费方式创新。快餐连锁店将持续发展，店态风格更加丰富，团体供餐异军突起，各地早餐工程纷纷启动，一批快餐连锁企业将继续担当主力，迅速崛起。外卖和送餐发展势头强劲，市场需求将继续增加，前景广阔。

（二）餐饮经营的取向将越来越集团化和品牌化

餐饮连锁需要发挥产业联合、菜品创新和现代技术的作用。经过20余年的摸索，到2018年，中国餐饮的连锁经营已经找到了品牌连锁模式的发展之路，餐饮经营模式已进入成熟期，从而涌现出一大批成功的连锁模型：如以服务为核心点的火锅品牌海底捞，以老字号为核心点的全聚德，以物美价廉为核心点的外婆家，以时尚小火锅为核心点的呷哺呷哺，以健康食材为核心点的西贝以简约快捷为核心点的黄记煌，如此等等，它们共同为中国餐饮走向集团化和品牌化谱写着顽强生存、迎难而上的新篇章。

（三）餐饮服务的内涵将越来越人性化和生态化

近年来，“绿色餐饮”的理念深入人心，有关部门和行业组织已经正式启动“全国餐饮绿色消费工程”，并开展了全国绿色餐饮企业认定工作。大连、成都、合肥、温州等城市进行了绿色餐饮企业的创建或评选活动。随着消费者日趋重视生活质量和品味，餐饮业将更多地将自身发展与环境保护、资源节约、健康生活等密切结合起来。

（四）烹饪文化的传播将越来越国际化和市场化

随着中国国力的日益强大，尤其是在“一带一路”倡议指引下，中国烹饪文化在全球的影响力与日俱增。仅以美国餐饮协会发布的报告为例，截止到2018年，全美中餐馆已达3万家，年营业额约400亿美元，约占美国餐饮业网点和营业额的9%，在美国中餐业颇具盛名的熊猫集团，已在美国各地成功地开设了1000多家中式快餐连锁，成为美国中餐文化重要的传播者和践行人。中国美食被海外民众认为是中国传统文化最具代表性的名片之一，也是最具吸引力的中国元素之一。勿庸置疑，海外民众对中国美食的认知渴望程度将越来越高。

二、烹饪产品与烹饪技术的变化趋势

（一）生产技术规范化

中式菜点的规范化生产是未来发展中重要的研究课题，集中体现在原料采购、加工制作、菜点口味、色泽、形状、数量等方面的规范化，有条件的大型餐饮企业内部将率先实现中式菜点规范化，当众多餐饮企业制定出不同的菜点规范后，就可以实现具有相对稳定性的“百菜百味”和“一菜一格”。

（二）营养质量标准化

这是中式菜点未来发展中一个十分重要的基础和前提，营养质量标准化主要解决菜肴在加工制作过程中，科学运用刀工、火候、烹调方法，保证菜点的营养不流失、不破坏，科学合理地配制菜点营养，使菜点最大限度地满足人的生理需求，实现菜点与人的生理需求和谐完美的统一，这也是中国餐饮界和科学界共同努力的重要目标。

（三）烹饪产品艺术化

在努力实现烹饪产品标准化的同时，最大限度地满足人的精神追求，注重消费者对每一款菜点的不同感觉，通过厨师的艺术加工和对菜点的艺术创新，每一款菜点都能给人以视觉、嗅觉、味觉的感觉的冲击，给人以美的享受，这不仅是未来中式菜点发展变化的出发点，也是中式菜点发展变化的落脚点。

阅读与思考

扬州包子“挂牌”出国

2005 年 12 月 13 日，久负盛名的“扬州包子”取得历史性突破，首次实现不贴牌、不拼箱，完全以自有品牌出口，25 万只百年老字号“富春”包子装箱销往美国。据悉，“扬州包子”目前已成功出口世界各国，但受市场对接、经营意识、品牌认同度等因素制约，一直只能以贴牌、拼箱的形式输出，离完全意义上的“出口”尚有差距。现在，以自有品牌出口美国的“富春”包子装了一个个集装箱，10 个品种共 25 万只。据介绍，今后每个月都有至少两个集装箱的“富春”包子销美，一年内出口量可达 600 万只。

选自中国烹饪协会主办《中国烹饪信息》2006 年 1 期

思考题：扬州包子挂牌出国说明了什么道理？

总结

本章分别论述了中国烹饪的现状与未来发展趋势问题。中国餐饮业的发展历程是不断承袭前人优秀精华、不断开拓进取的历程。当代中国烹饪的发展已开始进入了新的历史时期，世界范围内科学技术的进步、经济文化交流日益广泛频繁，尤其是中国自身的伟大变革，给中国烹饪的发展提供了前所未有的条件和契机。根据中国烹饪的历史发展规律，结合当今存在的实际情况，对中国烹饪未来发展作出科学预测，既是中国烹饪理论研究的主要任务，更是发展中国烹饪实践的必需。

同步练习

1. 餐饮业在发展过程中，越来越重视企业品牌与企业文化的建设，现已形成哪三种企业文化形态？

2. 现代烹饪产品创新主要体现在哪几个方面？

3. 中国烹饪高等教育的出现是以哪所院校烹饪专业的创办为标志的？中国烹饪教育是在什么时代出现了烹饪本科教育和研究生教育？

4. 中国烹饪协会成立于哪一年？其首届召开的中国烹饪学术研讨会是在何时何地？

5. 中国商业出版社于何时起推出了《中国烹饪古籍丛刊》？

6. 1991 年，由中国烹饪协会发起成立了什么组织？这个组织在哪一年开始开展了“中华美食之旅”活动？

7. 试述中国未来餐饮市场的变化趋势。

参考文献

[1] 阮元 .《十三经注疏》[M]. 北京：中华书局，1980.
[2] 许慎 .《说文解字》[M]. 北京：中华书局，1963.
[3] 陆佃 .《埤雅》[M]. 杭州：浙江大学出版社，2008.
[4] 孔广居 .《说文疑疑》[M]. 北京：中华书局，1988.
[5] 诸祖耿 .《战国策集注汇考》[M]. 南京：江苏古籍出版社，1985.
[6] 张志聪 .《黄帝内经素问集注》[M]. 上海：上海科学技术出版社，1959.
[7] 王先谦 .《汉书补注》[M]. 北京：中华书局，1983.
[8] 王先谦 .《后汉书集解》[M]. 北京：中华书局，1984.
[9] 杨树达 .《盐铁论要释》[M]. 北京：中华书局，1963.
[10] 董仲舒 .《春秋繁露》[M]. 北京：中华书局，1984.
[11] 卢弼 .《三国志集解》[M]. 北京：中华书局，1982.
[12] 司马迁 .《史记》[M]. 北京：中华书局，1959.
[13] 王引之 .《经义述闻》[M]. 南京：江苏古籍出版社，1985.
[14] 丁度 .《集韵》[M]. 上海：上海古籍出版社，1985.
[15] 吴曾 .《能改斋漫录》[M]. 上海：上海古籍出版社，1979.
[16] 袁枚 .《随园食单》[M]. 北京：农村读物出版社，2001.
[17] 童岳荐 .《调鼎集》[M]. 郑州：中州古籍出版社，1988.
[18] 梁实秋 .《雅舍谈吃》[M]. 北京：文化艺术出版社，1998.
[19] 李泽厚 .《中国美学史》[M]. 北京：中国社会科学出版社，1984.
[20] 万献初 .《〈说文〉字系与上古社会》[M]. 北京：新世界出版社，2012.
[21] 谢美英 .《〈尔雅〉名物新释》[M]. 北京：中国社会科学出版社，2015.
[22] 杨柳 .《2006 中国餐饮产业运行报告》[M]. 长沙：湖南科学技术出版社，2006.
[23] 邢颖 .《2019 中国餐饮产业发展报告》[M]. 北京：社会科学文献出版社，2019.
[24] 王仁兴 .《国菜精华》[M]. 北京：三联书店，2018.
[25] 王仁湘 .《往古的滋味——中国饮食的历史与文化》[M]. 济南：山东画报出版社，2006.
[26] 邱庞同 .《饮食杂俎》[M]. 济南：山东画报出版社，2008.

[27] 李羲 .《中国烹饪概论》[M]. 北京 : 旅游教育出版社，2003.
[28] 李登年 .《中国宴席史略》[M]. 北京 : 中国书籍出版社，2016.
[29] 周晓燕 .《烹调工艺学》[M]. 北京 : 中国纺织出版社，2008.
[30] 蔡万坤 .《餐饮管理》[M]. 北京 : 高等教育出版社，2005.